새로운 생명의 역사

새로운 생명의 역사

지구 생명의 기원과 진화를 밝히는
새로운 근본적인 발견들

피터 워드, 조 커슈빙크

이한음 옮김

까치

A NEW HISTORY OF LIFE :
The Radical New Discoveries about the Origins and Evolution of Life on Earth

by Peter Ward and Joe Kirschvink

역자 이한음
서울대학교 생물학과를 졸업했다. 저서로 과학 소설집 『신이 되고 싶은 컴퓨터』
가 있으며, 역서로 『DNA : 생명의 비밀』, 『유전자, 여자, 가모브』, 『살아 있는 지구
의 역사』, 『조상 이야기 : 생명의 기원을 찾아서』, 『생명 : 40억 년의 비밀』, 『암 : 만
병의 황제의 역사』, 『현혹과 기만 : 의태와 위장』, 『위대한 생존자들』, 『낙원의 새
를 그리다』, 『식물의 왕국』 등이 있다.

편집, 교정_이인순(李仁順)

새로운 생명의 역사 :
지구 생명의 기원과 진화를 밝히는 새로운 근본적인 발견들

저자/피터 워드, 조 커슈빙크
역자/이한음
발행처/까치글방
발행인/박종만
주소/서울시 마포구 월드컵로 31(합정동 426-7)
전화/02 · 735 · 8998, 736 · 7768
팩시밀리/02 · 723 · 4591
홈페이지/www.kachibooks.co.kr
전자우편/kachisa@unitel.co.kr
등록번호/1-528
등록일/1977. 8. 5
초판 1쇄 발행일/2015. 9. 10

값/뒤표지에 쓰여 있음

ISBN 978-89-7291-600-0 03470

이 도서의 국립중앙도서관 출판예정도서목록(CIP)은 서지정보유통지원시스템 홈페이지
(http://seoji.nl.go.kr)와 국가자료공동목록시스템(http://www.nl.go.kr/kolisnet)에서 이용하
실 수 있습니다. (CIP제어번호 : CIP2015023846)

생명 역사학자인 하워드 레너드와 피터 샬럿,
그리고 예일 대학교의 위대한 인물인 로버트 버너께—피터 워드

칼텍의 유진 슈메이커, 하인츠 로벤스탐, 클레어 패터슨을 추모하며.
그들을 비롯하여 내 뇌에 발자취를 남긴 많은 분들께—조 커슈빙크

차례

서론

아마도 역사는 어떤 형태든 간에 어린 학생들이 가장 싫어하는 과목에 속할 것이다. 제임스 로웬이 쓴 『선생님이 가르쳐준 거짓말(*Lies My Teacher Told Me*)』은 그 문제를 가장 깊이 있게 살펴본 책에 속한다.[1] 그의 결론은 "무관함"이라는 한 단어로 요약할 수 있다. "역사 교과서에 어떤 이야기들이 실려 있을지는 충분히 예상할 수 있다. 모든 문제는 이미 해결되었거나 곧 해결되려고 하고 있다.……집필자들은 현재를 과거를 조명하는 수단으로 삼는 일이 거의 없다. 역사 교과서의 집필자들에게 현재는 정보의 원천이 아니다."

로웬이 전하고자 하는 바는 아주 명확하다. 현재 고등학교에서 가르치는 미국 역사에서, 과거는 현재와 단절되어 있다. 마치 역사가 현재의 일상생활에 전혀 영향을 미치지 않는 양, 즉 현재의 삶과 무관하다는 식이다. 그러나 그 결론은 사실이 아니다. 생명의 역사, 즉 암석, 분자, 모형, 우리 몸의 모든 세포 안에 들어 있는 DNA 가닥에 새겨진 기나긴 역사는 더욱더 그렇다. 그 역사가 우리에게 현재와 연관지을 장소와 맥락을 제공하기 때문이다. 또 생명의 역사는 우리가 그 경고에 주목하고 주의를 기울인다면, 머지않아서 일어날 멸종으로부터 우리를 구할 수 있을지도 모른다.

1960년대 초에 미국의 위대한 작가 제임스 볼드윈은 이렇게 썼다. "사람들은 역사에 갇혀 있으며, 역사는 사람들에게 갇혀 있다."[2] 그 말을 쓸 당시에, 그가 염두에 둔 것은 인종이었다. 그러나 "사람들"이라는 단어를 "지구의 현재와 과거의 모든 생명"으로 바꾸어도 마찬가지로 옳다. 우리의 세포 하나하나에 들어 있는 각 DNA 가닥은 단순한 암호 형태로 세대를 거치면서 전해진 생물 역사의 오래된 기록이다. DNA가 역사에 다름 아니다라고 말할 수도 있다. 모든 현상들 가운데 가장 냉정한, 자연선택을 통해서 무수한 세월에 걸쳐 서서히 뒤섞이고 누적된 물리적 구현물로 이루어진 역사이다. DNA는 우리 안에 들어 있는—그러면서도 우리의 주인, 우리 몸의 청사진, 아이들에게 무엇을 물려줄지를 정하는 독재자, 축복이 될 수 있는 선물이기도 한—역사 또는 치명적인 시한폭탄이다. 우리는 진정으로 우리 안에 DNA를 가두고 있는 동시에 이 특별한 역사 전달의 수단에 갇혀 있다.

생명의 역사는 우리 모두가 직면한 당혹스러운 질문들 가운데 상당수에 답을 제공한다. 우리 인류는 거대한 생명의 나무에서 나중에야 뻗어나온 가장 변두리에 달린 이 가느다란 잔가지에 어떻게 살게 되었을까? 우리 종은 어떤 전쟁을 겪어왔을까? 40억 년 된 생명의 나무에서 인류에 해당하는 잔가지에는 어떤 재앙의 흔적이 새겨져 있을까? 과거는 현재 살고 있는 2,000만여 종, 그리고 사라진 미지의 수십억 종 가운데 우리가 어디에 놓여 있는지를 이해하는 데에 도움을 줄 수 있다. 한 종이 더 이상 존재하지 않을 때, 아직 구현되지 않은 미래의 미지의 종의 진화도 일어날 수 없다.

이 책에서 우리는 현재까지 이어지는 생명의 기나긴 여정과 오래 전 우리의 조상들이 겪어야 했던 과거의 시련들을 살펴볼 것이다. 불, 얼음, 우주 공간에서 내려오는 타격, 유독 가스, 포식자의 송곳니, 무자비한 경쟁, 치명적인 방사선, 기아, 대규모 서식지의 변화, 이 행성의 거주 가능한 구석구석까지 펼쳐진 무자비한 정착 과정에서 벌어진 수많은 전쟁과 정복 등은 현재 존재하는 DNA의 종합에 흔적을 남긴 일화들이다. 각각의 위기와 정복은 온갖 방식으로 유전자를 덧붙이거나 뺌으로써 유전체를 바꾼 용광로였고, 우리 각자는 격변을 통해서 단련되고 시간을 통해서 냉각된 생존자들의 후손이다.

생명의 역사에 주의를 기울여야 하는 아마도 더 중요할 또 한 가지 이유는 노먼 커즌스의 말에 요약되어 있다. "역사는 방대한 조기경보 체계이다."[3] 이 명언은 냉전이 끝날 무렵에 나온 것이다. 더 후대의 사람들은 1950-1960년대에 자랐다는 것이 어떤 의미인지 거의 감조차 잡기 어렵다. 매주 한 차례씩 정오에 울리는 사이렌은 그 암흑기의 아이들인 우리에게 소름끼치게 비명을 질러대는 한 차례의 사이렌 소리 뒤에 아마겟돈이 찾아올 수 있으며, 한밤중에 제트기가 지나가는 희미한 소리가 종말의 시작일 수 있음을 알려주었다.

인류는 전쟁으로 인해서 신체적으로, 경제적으로, 감정적으로 반복하여 그리고 끊임없이 지독한 희생을 당해왔다. 생명의 역사도 여러 면에서 인류의 갈등 및 전쟁과 비슷한 점이 많다는 것을 부정할 수 없다. 포식자의 공격 무기가 발달하면(먹이 종을 잡고 죽이는 더 나은 발톱, 이빨, 가스 공격, 독이 묻은 가시), 먹이 종에게서도 더 나은 갑옷, 속도, 숨는 능력, 때로 방어 무기까지 대항 수단들이 마찬가지로 빠르게 진화하는 공진화(共進化)가 이루어진다. 이 과정을 전체적으로 전문 용어로 생물학적 군비경쟁(biological arms race)이라고 한다. 대규모의 진화적 사건들 중에는 반복될 수 없는 것들이 많다. 진화를 통해서 오랜 세월에 걸쳐 고도의 경쟁력을 갖춘 효율적인 생물들로 생물권이 가득 채워져왔기 때문에, 이를테면 캄브리아기 대폭발처럼 동물들의 모든 기본 체제(體制, body plan)가 한꺼번에 출현하는 사건이 되풀이될 가능성은 희박하다. 그러나 살아가고 다양해지는 과정의 정반대되는 일은 얼마든지 되풀이될 수 있다. 한 생물의 멸종이나 더 큰 규모의 멸종, 즉 먼 지질시대의 무시무시한 대격변인 대량멸종 같은 사건이 그렇다.

우리가 대기로 이산화탄소 분자를 하나둘 뿜어낼 때마다 우리는 대기 이산화탄소의 급증이 먼 지질시대에 일어났던 십여 차례의 대량멸종과 현재 벌어지고 있는 일 사이의 공통점이라는 조기경보 사이렌을 무시하고 있는 것이다. 그 멸종들은 소행성 충돌로 일어난 것이 아니라, 화산 분출로 대기 온실 가스가 급증하면서 지구 온난화가 일어난 결과이다. 금세기 들어서 한 가지 섬뜩한 새로운 대량멸종 패러다임이 부각되어왔다. 바로 "온실 대량멸종(greenhouse mass extinction)"이다. 먼 과거에 엄청나게 많은 종들을 죽임으로써 대량멸종을 일으키곤 했던 원인을 콕 찍어서 붙인 명칭이다.[4]

이 온실 멸종이 언제 어디에서 어떻게 일어났는지를 말해주는 증거들이 폭넓은 다양한 자료들을 통해서 현재 우리 앞에서 울려 퍼지고 있다. 이 사이렌 소리를 듣는 이들에게는 그 위험이 지극히 현실적으로 느껴진다. 그러나 과

거의 방대한 교훈들과 우리 앞에 어떤 미래가 닥칠지를 외면하거나 알아차리지 못하는 이들이 너무나 많다. 생명의 역사는 인위적인 온실 가스 배출량을 줄여야 한다고 말하는 조기경보 체계를 제공하는 반면, 인류 역사는 경고에 귀를 기울이고 기후 변화로 손쓸 여지가 없이 인류가 대규모로 죽어나가는 일이 벌어지기 전에 피해를 되돌려야 한다는 경고를 무시하라고 말한다.

이른바 깊은 시간(deep time : '지질시대'를 뜻하는 18세기 지질학자 제임스 허턴의 개념/역주)에서 나오는 과학적 정보는 기후 변화 논쟁에서 가장 무시되어온 측면이다. 조지 산타야나는 역사에 관해서 가장 흔히 인용되곤 하는 경구를 말했다. 너무 흔히 쓰여서 이제는 진부하게 느껴질 정도이다. "역사를 무시하는 이들은 그 역사를 반복할 운명이다."[5] 그러나 가까운 미래에 대기 이산화탄소 농도가 급격히 증가함으로써 대량멸종이 일어나리라는 것이 역사적으로 볼 때 명백하므로, 우리는 산타야나의 예언 중에서 가장 중요한 단어에 특히 더 주의를 기울여야 한다. "운명이다"라는 단어이다.

이 "새로운 생명의 역사"에서 새로운 점

한 권의 책에 생명의 역사를 모두 담을 수는 없다. 따라서 취사선택을 해야 하며, 우리는 대체로 "새로운"이라는 우리의 지향점을 담은 단어를 중심으로 선택을 했다. 책 한 권에 생명의 역사를 "온전히" 담은 책이 마지막으로 나온 것은 1990년대 중반이었다. 영국 고생물학자이자 과학 저술가인 리처드 포티가 쓴 걸작이자 베스트셀러인 『생명 : 40억 년의 비밀(*Life: A Natural History of the First Four Billion Years of Life on Earth*)』이다.[6] 그의 글 솜씨와 서술 범위는 경이로우며, 그 책은 출간된 지 거의 20년이 지난 지금도 읽는—필자들에게는 다시 읽는—즐거움을 준다. 그러나 과학이 너무 빨리 발전하고 있기 때문에, 당시에 비해서 지금 우리는 훨씬 더 많이 알고 있다. 심지어 1990년대 중반에는 거의 존재하지 않았던 새로운 과학 분야도 두 개가 있다. 우주생물학과 지구생물학이다. 우리는 새로 개발된 연구 장비들 덕분에 전혀 새로운 사실들을 이해하게 되었고, 한편으로 이전까지 알려지지 않았던 시대나 분류군에 속한 화석을 담은 지층들도 발견되어왔다. 심지어 과학이 이루어지는 사회학적 측면에서도 변화가 일어났다. 지금은 예전에 당당하게 따로따로 서 있던 지질학, 천문학, 고생물학, 화학, 유전학, 물리학, 동물학, 식물학이라는 친숙한 분야들의 경계 사이에서 가장 중요한 과학적 돌파구가 열리고 있다고 받아들여지기 때문이다. 이 학문 분야들은 대다수의 대학교 교정에서 자체 건물별로 상징적으로 분리되어 있으며, 분야마다 자체 법칙과 영역을 가진 교수진, 자체 전문 용어와 연구로부터 얻은 정보를 전파하는 나름의 방식을 갖춘 하위 분야들이 있다.

우리는 세 가지 주제를 우리가 설명하려고 택한 역사를 위한 나침반으로 삼았다. 첫째, 우리는 생명의 역사가 찰스 다윈이—동일과정설(同一過程說, uniformitarianism)을 내세우는 영향력 있던 스승들로부터 받은 훈련을 토대로—처음으로 인식한 느린 점진적 진화를 포함하여, 다른 모든 힘들의 총합보다 격변에 더 큰 영향을 받아왔다고 가정한다. 2세기 넘게 지질학의 지도 원리가 되어온 동일과정 원리는 1700년대 말에 제임스 허턴과 찰스 라이엘이 처음으로 제시했다.[7] 찰스 다윈을 비롯한 젊은 세대의 자연사학자들은 그 이론을 배웠고, 이윽고 그것은 대대로 과학자들에게 주된 영향을 미치게 되었다.[8] 그러다가 6,500만 년 전 우리 행성에 소행성이 충돌하여 공룡들이 전멸했다는 것이 밝혀지면서, 종종 신격변론(新激變論, neocatastrophism)이라고 불리는, 동일과정설보다 더 앞서 있었던 패러다임인 격변론(激變論, catastrophism)의 한 형태로 추가 기울어지는 패러다임 전환이 시작되었다.[9]

뒤에서 설명하겠지만, 진화의 양상과 속도뿐 아니라 고대 세계를 동일과정설로 설명하는 것은 시대에 뒤떨어질 뿐 아니라, 그 설은 이미 대체로 논박된 상태이다. 현대 세계는 깊은 과거에 점진적이 아니라 정말로 갑작스럽게 일어난 많은 사건들을 설명할 최상의 도구가 되지 못한다. 예를 들면, "눈덩이 지구", "산소 급증 사건", 10억 년 넘게 유지되면서 동물 수준의 복잡성이 진화하는 것을 가로막았던 황(黃)이 풍부한 "캔필드 대양(Canfield ocean)"을 설명할 수 있는 사례를 지금은 전혀 찾아볼 수 없다. 공룡을 전멸시킨 K-T, 즉 백악기-제3기(지금은 K-Pg, 즉 백악기-고제3기라고 하지만, K-T가 더 널리 알려져 있고 발음하기도 더 좋으므로 그 용어를 쓰고자 하니 동료 연구자들의 용서를 구한다) 대량멸종 사건조차도 오늘날 비교할 만한 대상이 아예 없다. 지구에 생명체가 탄생할 수 있었던 대기와 대양의 조건도, 지구에 얼음 한 조각도 남아 있지 않을 만큼 이산화탄소 농도가 매우 높았던 대기 조건도 마찬가지이다. 대다수의 과거 사건들에서 현재는 열쇠 역할을 하지 못한다. 사실 플라이스토세의 열쇠 역할은 거의 하지 못하는 수준이다. 그런데도 현재를 열쇠로 삼아왔기 때문에, 우리의 시야와 이해는 매우 협소해져왔다.

둘째, 우리가 "긴 사슬" 탄소 분자들(탄소 원자들이 줄줄이 연결되어 형성된 단백질)로 이루어진 탄소 기반의 생명체라고 할지라도, 생명의 역사에 가장 큰 영향을 미쳐온 것은 단순한 기체 형태로 존재하는 세 가지 단순한 분자이다. 바로 산소, 이산화탄소, 황화수소이다. 사실 황은 이 행성에 있는 생명의 본질과 역사를 규정하는 원소들 가운데 가장 중요한 것일 수도 있다.

마지막으로, 생명의 역사가 종(種)으로 점철되어 있다고 할지라도, 오늘날의 생물들을 빚어내는 데에 가장 영향을 끼친 요인은 생태계의 진화였다. 산호초, 열대림, 심해저 "분출구" 동물상 등 많은 생태계들은 출연하는 배우는 때때로 바뀌지만, 기나긴 세월에 걸쳐 같은 극본으로 펼쳐지는 연극이라고 볼 수 있다. 그러나 우리는 깊은 과거에 종종 새로운 종류의 생물들로 가득한 전혀 새로운 생태계가 출현하곤 했다는 것을 안다. 날 수 있는 생물, 헤엄치거나 걸을 수 있는 생물의 출현은 세계를 바꾼 중대한 진화적 혁신이었고, 그 생물들은 새로운 유형의 생태계를 형성하는 데에 기여했다.

필자들의 목소리

어떤 역사 기록이든 간에 저자의 배경에 따라서 편향이 내재되기 마련이다. 피터 워드는 1973년부터 고생물학자로 일해왔고, 척추동물과 무척추동물의 대량멸종뿐 아니라 고대와 현대의 두족류(頭足類)에 관한 저술들을 두루 발표해왔다. 조지프 커슈빙크는 지구물리생물학자로서 처음에는 선캄브리아대-캄브리아기 전이 시기를 연구했지만, 그 뒤에 더 이전 시대(산소 증가 사건)까지 연구 범위를 확대했고, 생명의 역사에서 중요한 한 부분을 차지하는 눈덩이 지구의 발견자이기도 하다. 그 뒤에 필자들은 공동으로 데본기, 페름기, 트라이아스기-쥐라기, 백악기-제3기(제3기는 최근에 고제3기로 명칭이 바뀌었다)의 대량멸종을 연구해왔다.

우리는 1990년대 중반부터 이 분야에서 공동 연구를 해왔다. 1997-2001년 남아프리카에서 페름기의 대량멸종을 연구하고, 바하칼리포르니아, 캘리포니아, 밴쿠버 섬 지역에서 전기 백악기의 암모나이트 화석을 조사하고, 퀸샬럿 제도에서 트라이아스기-쥐라기 대량멸종을 연구하고, 튀니지, 밴쿠버 섬, 캘리포니아, 멕시코, 남극대륙에서 K-T 대량멸종을 조사하고, 웨스턴 오스트레일리아에서 데본기 대량멸종을 연구한 일 등이 여기에 포함된다.

우리는 이 책에서 불협화음 없는 완벽한 이중창을 할 생각이지만, 각자가 특히 관심을 가진 몇몇 주제들에서는 더 잘 아는 필자의 목소리로 말할 것이며, 필자 중의 한 사람이 그 분야 역사의 일부가 된 주제들에서도 그렇게 할 것이다.

명칭과 용어

앞에서 우리는 지구에 수백만 종이 산다고 말했다. 생명을 연구하는 이들은 대부분 현재 공식적으로 정의된 종(속명과 종명으로 이루어진 학명을 가져야 한다)의 수가 현재 살고 있는 실제 종수의 10퍼센트도 되지 않을 것이라고 인정할 것이다.[10] 그렇다면 과거에는 얼마나 많은 종이 살았을까? 수십억 종에 달한다는 것은 확실하다. 따라서 생명의 역사를 기술한다는 것은 어려운 과정이다. 고생물학, 생물학, 지질학은 각각 고도의 전문 용어들로 가득한 나름의 어휘들을 갖추고 있으며, 다음절로 이루어진 전문 용어나 나사

(NASA : National Aeronautics and Space Administration[미국항공우주국]) 같은 무수한 약어들을 해독하여 독자가 쉽게 이해할 수 있도록 풀어쓰는 것이 필자들이 할 일이다. 아마도 더욱 어려운 일은 지구 생명의 역사를 빚어냈고 지금도 이어가고 있는 크고 작은 많은 생물들의 학명을 이 책에 쓸 수밖에 없다는 점일 것이다.

마지막으로, 이 책을 쓰는 데에 도움을 준 많은 분들께 드리는 감사 인사는 이 책의 마지막 부분에 실려 있다. 그러나 워드는 자신에게 지대한 영향을 끼친 과학자이자 저술가인 두 사람에게 따로 감사를 드리고 싶어한다. 이 책에 반드시 포함되어야 할 산소와 이산화탄소 연구를 한 로버트 버너와 왕성하게 활동하는 과학자이자 저술가인 닉 레인이다. 닉 레인의 책들은 최고 수준의 명석함과 통찰력을 보여주며, 그의 연구는 적어도 필자 중의 한 명에게 지대한 영향을 미쳤다. 그의 저서들은 지금도 충격적으로 와닿는다.[11]

1
시간을 이야기하다

최근까지 생명의 역사는 햇수가 아니라, 지각에 흩어져 있는 암석들의 상대적인 위치로 측정되는 난해한 연대표로 이루어져 있었다. 이 장에서는 지구생명의 역사에서 상대적인 순서를 알아내는 데에 쓰인 도구인 지질연대표를살펴보기로 하자.

지질연대표는 19세기의 규칙들과 현재 유럽의 형식주의적인 태도가 결합되어 유지되는 허약한 낡은 고안물이다. 새로운 세대의 지질학자들은 이 연대표에 수반되는 고색창연하고 케케묵은 일련의 규약들을 좋아하지 않지만, 옛 전통하에서 배운 점점 더 고령자가 되어가는 지질학자들은 여전히 이연대표를 요구한다. 지금도 이 연대표에 어떤 수정을 하려면 온갖 위원회의승인을 받아야 한다.[1] 지질시대의 모든 세부 단위에는 "모식단면(模式斷面, type section)"이 제시되어야 한다. 모식단면은 그 시대를 가장 잘 대변한다고여겨서 선택한 실제 퇴적암 지층을 가리킨다. 모식단면은 쉽게 접근할 수 있어야 하고 구조 운동, 가열, "구조" 복잡성(단층, 습곡 등으로 수평으로 층층이 쌓인 원래의 구조가 일그러진 형태)을 통한 교란이 일어나지 않아야 한다. 또 뒤집히지 않아야 하며(뒤집히는 일은 생각보다 흔히 일어난다), 화석(대형 화석과 미화석 모두)이 많이 들어 있어야 하고, 방사성 연대 측정법, 지자기층서학(地磁氣層序學, magnetostratigraphy), 방사성 동위원소 연대 측정법(탄소나 스트론튬 동위원소 층서학 같은 것)을 조합하여 "절대" 연대를 파악할 수 있는 지층이나 화석, 광물을 포함해야 한다.

지질연대표는 복잡하기도 하지만, 누군가가 어떤 암석이 쥐라기의 것이라고 말할 때, 그 말이 사실 쥐라기의 모식단면인 유럽 쥐라 산맥에 있는 지층과 동시대의 것임을 뜻할 뿐이라는 점에서 아무 쓸모가 없을 때도 종종 있다. 그러나 우리 같은 지구와 생명의 역사가들은 화석을 통해서 암석의 연대를 알아내야 할 뿐 아니라, 그 암석의 실제 연대를 남들에게 알려주어야 한다. 비록 퇴적암 지층들의 상대적인 위치를 토대로 사건과 종의 연대를 파악하는 방법보다 더 현대적인 도구들이 이따금 이용되지만[2]—잘 알려진 탄소-14 같은 동위원소의 연대 측정법이나 암석에 들어 있는 다양한 원소의 붕괴율을 이용한 다른 유형의 "방사성" 연대 측정법을 써서 화석의 실제 연대를 결정하는 등의—사실 그런 형태의 절대 연대 측정법이 가능한 물질로 이루어져 있거나 그런 지층에서 발견되는 화석은 극히 적다. 대개 암석에 든 화석만을 그런 연대 측정법에 쓸 수 있고, 그 화석을 통해서 암석의 연대를 알아내야 한다.

지질연대표는 여전히 지구에 있는 (암질보다는 연대로 분류되는) 모든 암석의 연대를 측정하는 주요 도구이자, 생명의 역사에 일어난 사건들의 연대를 파악하는 수단으로 남아 있다. 그러나 복잡한 명칭과 아무렇게나 길고 짧게 뭉텅뭉텅 나눈 듯이 보이는 시대 구분을 이용한 이 연대표는 철저한 19세기 도구로 남아 있으며, 개발된 방식 때문이 아니라 오늘날 우리가 접하는 형태로 정립되고 규약을 갖추게 된 경직된 관료주의적인 방식 때문에 장애가 될 때가 많다. 여기에 비로소 새로운 지질 "기(紀)"가 끼워질 수 있었던 것은 2000년대에 들어서였다. 새롭게 확정되어 널리 쓰이고 있는 이 두 새로운 지질시대는 생명의 역사를 새롭게 이해하는 데에 핵심적인 역할을 하고 있다. 8억5,000만-6억3,500만 년 전의 크라이오제니아기(Cryogenian period)와 바로 뒤인 6억3,500만-5억4,200만 년 전의 에디아카라기(Ediacaran period)가 바로 그것이다.

2015년의 지질연대표

18세기 전반기는 지질학이라는 학문이 탄생하던 시기이자, 지금 우리가 알고 있는 형태의 지질연대표가 갖추어져가던 시기였다. 이 시기에 연대표상의 여러 대, 세, 기가 정의되면서 더 이전의 체계를 대체하고 있었다.[3] 1800년 이전까지는 지구에서 관찰되는 암석의 종류마다 연대가 다르다고 생각했다. 모든 산맥과 화산의 핵을 이루는 단단한 화성암과 변성암은 지구에서 가장 오래된 암석이라고 여겼다. 퇴적암은 그보다 더 젊다고 보았고, 세계를 뒤덮은 홍수의 산물이라고 생각했다. 수성론(水成論, neptunism)이라는 이 원리는 널리 받아들여져 있었고 퇴적암의 종류별로 특정한 연대가 지정될 정도까지 발전했다. 유럽 아대륙의 북쪽 경계를 정하고 아시아까지 뻗어 있는, 어디에서나 흔한 백악은 사암과 다르고, 더 고운 이암이나 셰일과도 다른 한 연대에 속한다고 보았다. 그러다가 1805년에 모든 것을 바꿀 발견이 이루어졌다. 윌리엄 "스트라타(Strata[지층])" 스미스는 암석의 연대를 결정하는 것이 암석 유형들의 순서가 아니라 암석에 든 화석들의 순서이며, 그 화석들을 이용하여 연대를 알아낼 수 있고 멀리 떨어진 지역들의 지층을 연관지을 수 있다는 것을 처음으로 인식한 사람이었다.[4] 그는 한 종류의 암석이라고 해도 연대가 다양할 수 있으며, 멀리 떨어진 지역들에서 동일한 순서로 화석들이 발견될 수 있다는 것을 보여주었다.

이 동물군 천이의 원리(principle of faunal succession)는 현대적 의미의 연대표가 정립되는 계기가 되었다.[5] 생명은 열쇠였고, 생명은 화석에 보전되었고, 들어 있는 화석의 상대적인 차이는 지표면에 있는 암석의 순서를 파악하는 데에 사용할 수 있었다. 우선 암석은 크게 둘로, 즉 화석이 흔히 들어 있는 암석들과 그 밑에 놓인 화석이 없는 더 오래된 암석들로 나뉘어졌다. 화석이 있는 가장 오래된 시대에는 웨일스에 있는 한 부족의 이름을 따서 캄브리아기라는 이름이 붙었다. 따라서 그보다 더 오래된 암석들은 모두 선캄브리아대의 것이라고 불리게 되었다. 캄브리아기 이후의 화석을 가진 암석들은 모두 현생누대(顯生累代, 현생이언), 즉 "눈에 보이는 생물들의 시대"라고 알려지게 되었다. 동물이 진화하기 전의 마지막 시대는 원생대가 되었고, 그 이전 시대에는 시생대와 하데스대라는 이름이 붙었다.

곧이어 현생누대의 기들이 정의되었다. 모두 화석을 토대로 했다. 이어서 수십 년에 걸쳐 화석을 진정한 과학적 방법으로 채집하고 분류하고 "기록하면서"(특정한 화석 집단이 기록에 처음 출현한 시기와 마지막으로 출현한 시기를 기록하면서), 현생누대가 크게 세 시대와 층서로 나뉠 수 있다는 것이 드러났다. 가장 오래된 시기에는 고생대(오래된 생물의 시대), 중간 시대에는 중생대, 가장 나중의 시대에는 신생대라는 명칭이 붙었다.

이 대들이 정해지기 이전에도, 오늘날 우리가 쓰는 기들의 명칭은 대부분 정해져 있었다. 고생대는 캄브리아기, 오르도비스기, 실루리아기, 데본기, 석탄기(유럽에서는 석탄기라고 하지만, 북아메리카에서는 석탄기를 미시시피기와 펜실베이니아기로 나눈다), 페름기 순이었고, 중생대는 트라이아스기, 쥐라기, 백악기 순이었다. 그리고 신생대는 고제3기와 신제3기(예전의 제3기), 제4기로 이루어졌다.

1850년 무렵에는 기들이 모두 정해졌고, 새로운 기는 거의 받아들여지지 않았다(비록 19세기 말의 많은 지질학자들이 새로운 기를 정의하는 영광을 누리려고 애썼지만, 그때쯤에는 기존 기들을 잠식해야만 그 자리에 대신 끼워넣을 수 있었다). 그런 시도들 가운데 실제로 성공한 사례는 단 하나뿐이었다. 찰스 랩워스라는 영국인이 해냈다.[6] 그는 캄브리아기 하부와 실루리아기 상부의 암석들이 독자적인 지질시대에 속한다는 주장을 계속 펼쳐서 1879년에 드디어 충분히 많은 지질학계 인사들을 설득함으로써 오르도비스기를 그 사이에 끼워넣는 데에 성공했다. 마침 그때쯤 기를 명명하는 일에 앞장서온 영국의 두 독불장군—캄브리아기를 정한 애덤 세지윅과 실루리아기와 페름기를 정한 로더릭 머치슨—이 세상을 떠나면서 소유권의 공백 상태가 생긴 덕분에 랩워스는 기회를 얻었다. 그 두 사람은 자부심이 엄청났고, "자신의" 지질시대를 사수하기 위해서 격렬히 논쟁을 벌이곤 했다.

생명의 역사라는 관점에서 지질연대표에 일어난 가장 중요한 실질적인 변화는 원생대 안에 생명이 동물을 출현시킬 준비를 하던 시기인 크라이오제니아기와 에디아카라기가 추가된 것이었다. 그러나 동물만이 아니라, 생명 자

대	기	(100만 년)
		0
신생대	신제3기	
		23
	고제3기	
		66
중생대	백악기	
		145
	쥐라기	
		200
	트라이아스기	
		252
고생대	페름기	
		299
	석탄기	
		359
	데본기	
		416
	실루리아기	
		444
	오르도비스기	
		488
	캄브리아기	
		542
신원생대	에디아카라기	
		635

(현생누대)

대	기	(100만 년)
	에디아카라기	542
신원생대	크라이오제니아기	635
		850
	토니아기	
		1000
중원생대	스테니아기	
		1200
	엑타시아기	
		1400
	칼리미아기	
		1600
고원생대	스타테리아기	
		1800
	오로시아기	
		2050
	리아시아기	
		2300
	시더리아기	
		2500
시생대	신시생대	
		2800
	중시생대	
		3200
	고시생대	
		3600
	시시생대	
하데스대		
		4567

(선캄브리아대 / 원생대 / 시생대)

현재의 지질연대표(다음의 자료를 수정한 것). Felix M. Gradstein et al., "A New Geologic Time Scale, with Special Reference to Precambrian and Neogene," *Episodes* 27, no. 2 (2004): 83–100.

체의 진화가 시작되기 오래 전에, 지구는 생명을 지탱할 수 있게 되기 전까지 상당한 변화를 겪어야 했다. 크라이오제니아기("추운"과 "탄생"이라는 그리스어를 합성했다)는 8억5,000만~6억3,500만 년 전에 해당하며, 1990년에 지질시대 명칭을 정하는 기관인 국제층서위원회와 국제지질학연합의 인정을 받았다.[7] 크라이오제니아기는 신원생대의 두 번째 기이며, 이어서 마찬가지로 다른 기들에 비해서 최근에 생긴 에디아카라기가 나온다. 뒤에서 상세히 다루겠지만, 이 두 시대는 생명의 역사에서 선구적인 시기이다. 에디아카라기는 사우스 오스트레일리아의 에디아카라 힐스(Ediacara Hills)에서 딴 명칭이다. 신원생대와 원생대의 마지막 지질시대이며, 곧이어 현생누대와 고생대의 첫

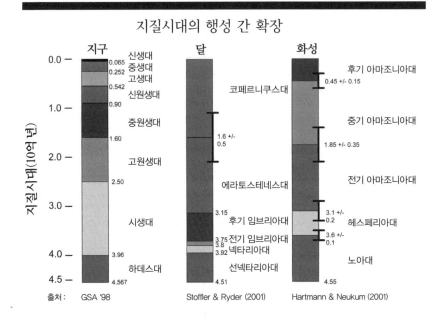

시대인 캄브리아기가 나온다. 에디아카라기는 2004년 국제지질학연합으로부터 정식 지질시대로 인정되었다.[8]

이렇게 구축된 지질연대표는 19세기부터 21세기까지의 과학이 뒤범벅된 혼합물이다. 이 점에서는 생물을 분류하는 일을 하는 생물학과 비슷하다. 둘다 역사적 선취권, 관찰, 용어와 정의의 우선순위에 토대를 두는데, 지질시대와 생물 종 양쪽에서 이런 방식의 정의는 새로운 방식의 정의와 종종 충돌하곤 한다. DNA 분석으로 우리의 진화관이 근본적으로 바뀌었듯이, 새로운 암석 연대 측정법들은 암석과 화석의 지층 누중 관계를 토대로 한 기존의 "상대적인" 연대표와 충돌해왔다. 종종 그 충돌은 매우 격렬해지기도 한다. 우리는 앞으로 한 세기 뒤에 지질연대표가 어떻게 변할지 궁금하다. 현재의 대학교들이 더 이상 지질시대를 정의하는 데에 필요한 화석을 동정(同定)할 만한 고도의 실력을 갖춘 전문가를 훈련시켜서 배출할 수가 없다는 점을 생각할 때 더욱 그렇다. 물론 스위치를 누르거나 스캔만 하면 모든 암석의 연대를 파악하여 알려줄 「스타 트렉」에 나올 법한 새로운 장치가 등장한다면, 아무 문제도 없을 것이다. 유감스럽게도 아마 그런 장치는 결코 나오지 못할 것이다. 우리는 암석과 그 암석의 전통적인 연대 측정법과 정의로 역사를 에워싸고 있다. 이 지질연대표는 단위 면적당 충돌 크레이터의 수를 토대로 다른 행성과 달에까지 확대 적용되어왔으며, 각 천체는 우리가 배워야 할 독특한 지질학적 조건들을 가지고 있다.

2

지구형 행성이 되다 :
46억-45억 년 전

르네상스 시대의 가장 깨어 있던 사상가들조차도 지구가 우주의 중심이자 태양계의 중심이며, 우주에서 생명이 존재하는 유일한 장소이고, 전능한 창조신의 모습을 딴 지적인 피조물이 사는 곳이라고 믿었지만, 우리는 더 이상 그렇게 믿지 않는다. 지금 우리는 지구가 많은 행성 중의 하나일 뿐이며, 지구의 생명도 마찬가지로 그리 특별하지 않다는 것을 안다. 이 점을 보여주는 가장 최근의 사례는 지구형 행성(Earthlike planet, ELP)의 탐사 결과이다. 해마다 새로운 지구형 행성이 발견되고 있으며,[1] 이 발견들은 우주에 생명이 얼마나 있을지를 둘러싼 논의 자체를 바꾸고 있다. 그러나 "지구형" 행성이 있다고 해서 생명이 있다는 뜻일까? 우리 행성이 어떤 식으로 초기 진화 단계를 거쳐서 생명이 거주할 수 있는 곳이 되고, 이어서 생명이 거주하는 곳이 되었는지를 살펴보기로 하자.

1990년부터 지금까지, 지구 생명의 역사를 연구하는 우리 두 사람의 분야에서 패러다임을 바꾸는 아주 특별한 두 가지 변화가 휘몰아쳤다. 그전까지 지구 역사학자들은 지구가 많은 행성들 가운데 하나일 뿐이라는 사실에 거의 관심을 기울이지 않았다. 마찬가지로 지구의 생명이 방대한 우주에 존재하는 유일한 생명인가 하는 문제에도 거의 관심을 두지 않았다. 그러다가 다른 별을 도는 행성들이 발견되면서, 과학적 및 사회적으로 기존 체제가 바뀔 수밖에 없게 되었다.[2] 그 발견은 엄청난 충격을 일으켰고, 그 결과 지구 바깥의 행성들을 연구하는 본래 분야들—천문학과 현재 외부행성(exoplanet)이

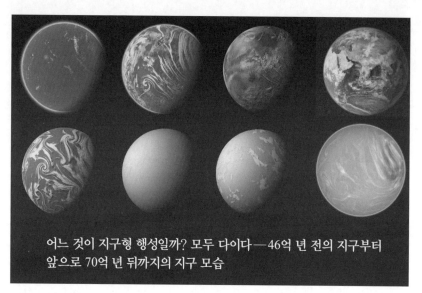

어느 것이 지구형 행성일까? 모두 다이다—46억 년 전의 지구부터
앞으로 70억 년 뒤까지의 지구 모습

"지구형 행성"이라는 말이 요새 흔히 쓰이고 있으므로, 우리가 이야기하는 것이 어떤 지구인지를
생각해볼 필요가 있다. 초창기의 지구—왼쪽 위, 완전한 "물의 세계"—일까, 아니면 오른쪽 아
래에 있는 지금으로부터 수십억 년 뒤 바닷물이 우주로 다 빠져나간 상태의 지구일까?

라고 하는 것에 관심을 보이는 지질학의 특정한 하위 분야들—을 넘어서 생
물학, 심지어 종교에까지 여파가 미쳤다. 외부행성을 처음 발견한 사람들 가
운데 한 명인 제프 마시는 외부행성의 발견이라는 기념비적인 업적을 발표한
뒤 처음 받은 전화들 중에 바티칸에서 온 것도 있었다고 말한다. 천문학에
여러모로 해박한 가톨릭 교회는 그 행성에 생명이 살 수 있는지, 그리고 그것
이 종교적으로 어떤 의미를 함축하고 있는지를 알고 싶어했다.

외부행성이 처음 발견된 것은 1992년이었고(펄서를 도는 행성),[3] 1995년에
는 "주계열성(主系列星)"을 도는 행성이 발견되었다. 펄서는 주위를 도는 행
성에 주기적으로 생명을 지워버릴 엄청난 에너지를 분출하는 지독한 습성을
가진 반면, 주계열성은 펄서보다 생명이 진화하기에 훨씬 더 좋은 온화한 별
이다.

이 두 번째 외부행성이 발견된 지 겨우 1년 뒤, 전혀 다른 또 하나의 천문
학적 발견이 이루어지면서 과학계, 정치계, 대중계에 충격을 일으켰다. 나사

의 과학자들이 화성에서 온 운석에 생명의 흔적일 가능성을 보여주는 것이 (그리고 아마도 미생물 화석까지) 들어 있다고 발표했던 것이다.[4] 이 두 가지 발견은 우주생물학이라는 새로운 학문이 탄생하는 데에 기여했다.

그 전까지 지구 생명의 기원과 특성 같은 문제에는 연구비 지원도 거의 없었고 아예 연구조차 거의 이루어지지 않았는데, 갑자기 생명의 역사에 관한 분야와 과제에 엄청난 연구비가 몰렸다. 이 엄청난 변화는 1990년대 후반기에 시작되었고, 생명의 역사는 새천년이 시작될 무렵에는 가장 활기찬 과학 분야 중의 하나가 되었다. 즉 그 발견들은 과학을 변모시켰을 뿐 아니라, 이 책의 주제에도 계속 변화를 일으키고 있다. 지구 생명의 역사, 다른 행성들에 생명이 살 가능성과 "다른" 생명의 역사를 이해하는 일에 말이다.

이제 많은 우주생물학자들에게는 우리 행성이 거주 가능한 많은 행성 중의 하나이고, 우리 생명이 가능한 수많은 화학적 요리법 중의 하나라는 사실이 명백해졌다. 그러나 현재 우리 지구에 사는 동물과 고등식물에 상응하는 복잡한 생물이 나오려면, 사소하지 않은 많은 것들이 필요하다. 우리 같은 생명은 아마 독특하지 않을 것이다(적어도 복잡성이라는 측면에서는 말이다). 그러나 필자 중의 한 명(워드)은 "희귀하다"는 말이 적절하다고 주장해왔으며, 그래서 "희귀한 지구 가설(Rare Earth Hypothesis)을 내놓았다.[5] 우주에 미생물은 흔할지 몰라도, 동물 수준에 해당하는 생물이 진화할 수 있을 만한 체계와 특히 오랜 시간 안정적으로 유지되는 환경을 갖춘 행성은 진정으로 드물 것이라는 가설이다.

"지구형 행성"이란 무엇일까?

우주에서 우리 자신 같은 생명만이 가능하다는 것은 어쩌면 지구 쇼비니즘(chauvinism)일 수도 있고, 진리일 수도 있다. 그러나 외부행성 탐색의 핵심 목표는 다른 "지구"를 찾는 것이다. 그 문제는 지구형 행성이 실제로 무엇을 의미하는지 정의하는 것이 된다. 우리 모두는 현재의 우리 행성에 관한 어떤 개념을 가지고 있다. 드넓은 대양이 펼쳐진 초록색과 파란색을 띤 행성이 우리의 고향이라는 것이다. 그러나 시간을 거슬러 올라가거나 미래로 향할 때, 우리는 지구가 현재 우리가 고향이라고 부르는 행성과 전혀 다른 곳이었고, 미래에도 절대적으로 그러리라는 것을 안다. 지구형은 사실 "장소"뿐 아니라 시간에 관한 정의임이 드러난다.

우리가 사는 행성이 어떤 유형인지 정의를 내리는 일에 가장 관심이 많은 두 분야인 천문학과 우주생물학에서는 다양한 정의가 쓰이고 있다. 가장 포괄적인 정의는 암석 표면과 더 고밀도의 중심핵을 가지고 있으면 지구형 행성이라는 것이다. 가장 한정된 정의는 지구형 행성이 표면에 액체 물이 형성될 수 있는 온화한 기온과 대기를 포함하여 "우리가 아는 유형의 생명"에 중요한 필요조건들을 갖추어야 한다고 본다. "지구형 행성"은 현대의 지구를 닮은 행성을 가리키는 의미로도 종종 쓰이지만, 우리는 지구가 형성된 이래로 45억6,700만 년을 거치는 동안 크게 변했다는 것을 안다. 지구 역사에서도 우리 자신의 지구형 행성이 생명을 전혀 지원하지 못한 시기가 있었으며, 동물과 고등식물 같은 복잡한 생명이 존재할 수 없었던 기간이 절반을 넘었다. 지구는 역사 내내 거의 젖어 있었다. 지구가 형성된 지 1억 년이 채 지나기 전, 화성만 한 크기의 원시행성이 아직 커지고 있던 지구만 한 크기의 천체에 충돌함으로써 달이 형성되는 사건이 일어날 무렵에 지구에는 이미 액체 물이 존재했다. 이것이 우연의 일치일까? 아니면 단순히 많은 물을 가진 혜성들이 지표면에 부딪혀서 엄청난 비를 쏟아내어 일종의 외계 홍수를 일으킨 결과일까?

작은 모래알에 든 지르콘(zircon)이라는 광물을 방사성 연대 측정법으로 조사하면 44억 년 된 것까지 나온다.[6] 이 지르콘은 판구조 방식의 섭입 과정을 통해서 맨틀로 빨려들어간 바닷물의 동위원소 지문이라고 할 수 있다. 설령 우리 태양이 초기 지구 역사에서 에너지를 훨씬 덜 내뿜었다고 할지라도, 지구 대기에는 지구를 데울 온실 가스가 충분했다. 그러나 태양에서 오는 열보다 더욱 중요했던 초기 지구의 화산 활동은 지금보다 10배나 더 활발했을 것이고, 그 결과 지구 내부로부터 엄청나게 많은 열이 뿜어져서 바다와 육지를 데웠을 것이다. 현재 몇몇 우주생물학자들은 지구가 처음 10억 년 동안보다 한참 낮은 온도까지 식지 않았더라면, 지구의 생명이 출현할 수 없었을 것이라고 생각한다. 그것이 바로 지구 생명이 화성 같은 행성에서 시작되었을 수도 있다고 생각하는 많은 근거 중의 하나이다. 그러나 우리 태양계의 역사 초기에 지구형 행성은 하나가 더 있었다. 바로 금성이다.

초창기의 금성은 태양의 거주 가능 영역 내에 있었을 것이다.[7] 비록 지금은 고삐 풀린 온실 효과 때문에 표면에 있는 모든 생물들을 확실히 없애버릴 만큼 표면 온도가 거의 섭씨 500도에 달하지만 말이다(그래도 대기에 미생물이 살고 있을 수도 있다고 보는 이들이 있지만, 우리는 그럴 가능성이 매우 희박하다고 생각한다). 대조적으로 화성의 지질 기록에는 그곳에 과거에 물이 흘렀고, 심지어 둥근 자갈을 만들고 선상지를 형성할 만큼 커다란 하천까지 있었음이 명확히 드러난다.[8] 지금 그 물은 사라졌거나 얼어붙었거나 진공에 가까운 대기에 희박한 수증기로 존재할 뿐이다. 아마도 화성은 질량이 작아서 지각 재순환에 필수적인 판구조 과정이 일어나지 않았을 것이다. 그래서 금속 핵의 열 기울기가 낮아서 대기를 보호하는 자기장을 형성하지 못했고, 태양에서 더 멀리 떨어져 있어서 영구적인 "눈덩이 지구" 조건으로 더 쉽게 빠져들 수 있었다. 과거에 화성에 생명이 존재했다면, 방사성 붕괴로 나오는 미약한 지화학적 에너지를 이용하면서 아직도 지하에 존재할 수도 있다.

약 46억 년 전, 태양계의 모든 행성들이 돌고 있는 납작한 타원형 궤도면에서 다양한 크기의 "미행성(微行星, planetesimal)", 즉 암석과 얼어붙은 기체로 이루어진 작은 덩어리들이 뭉쳐서 원시지구가 형성되었다.[9] 45억6,700만 년 전(연대는 다소 정확히 측정된 편이며, 기억하기도 쉬운 숫자이다), 화성만 한 천체가 등장해서 이 원시지구에 충돌했다. 양쪽 행성에 들어 있던 니켈-철 중심핵들이 융합되었고, 그 직후에 존재했던 규소 증기 "대기"가 응축하여 달이 형성되었다. 이 새로운 행성은 처음 수억 년 동안 끊임없이 유성들에 격렬하게 난타당했다.

이 대충돌기(heavy bombardment phase)에는 형성되고 있던 지표면의 온도가 용암이 끓는 수준이었고 마구 쏟아지는 유성들이 엄청난 에너지를 분출했기 때문에, 생명이 살 수 없는 조건이 형성되었을 것이 분명하다.[10] 약 44억 년 전보다 더 이전 시기에 이렇게 끊임없이 거대한 혜성과 소행성이 비처럼 쏟아지면서 분출한 에너지만으로도, 지표면은 표면의 모든 암석을 녹이고 녹은 상태를 유지할 만큼 온도가 유지되었을 것이다. 표면에 액체 상태의 물이 형성될 기회가 전혀 없었을 것이다. 새 행성은 처음 응축된 직후부터 급속히 변하기 시작했다. 약 45억6,000만 년 전, 지구는 여러 층으로 분리되기 시작했다. 가장 안쪽에는 주로 철과 니켈로 이루어진 핵이 형성되었고, 그 바깥을 맨틀이라는 밀도가 더 낮은 층이 감쌌다. 그리고 맨틀 위에는 밀도가 더 낮은 암석이 급속히 굳어가면서 지각이 형성되었다. 지각 위의 하늘에는 짙은 증기와 이산화탄소로 이루어진 대기가 들어찼다. 지표면에 물이 없다고 해도, 지구 내부에는 엄청난 양의 물이 갇혀 있었을 것이고, 대기에도 마찬가지로 증기 형태로 존재하고 있었을 것이다. 가벼운 원소들은 부글거리며 위로 올라오고 무거운 원소들은 가라앉음에 따라서, 물과 다른 휘발성 화합물은 지구 내부에서 빠져나와서 대기에 추가되었다.[11]

초기 태양계는 새로운 행성들과 행성 형성에 끼지 못한 많은 쓰레기들이 있는 곳이었다. 그것들은 모두 태양 주위의 궤도를 돌고 있었다. 그러나 모든 궤도가 현재의 행성 궤도들처럼 이심률이 낮은 안정한 타원형은 아니었다. 한쪽으로 심하게 치우쳐 있는 궤도도 많았고, 태양과 행성들 사이를 가로지르는 것들은 더욱 많았다. 따라서 태양계의 모든 행성은 우주적 집중 포화의 대상이 되었고, 42-38억 년 전까지도 상황은 그다지 달라지지 않았다. 이 천체들 가운데 일부, 특히 혜성은 행성에 물을 공급했을 수도 있다. 그러나 그 점은 열띤 논쟁거리이기도 하다. 우리는 우주적인 충돌로 초기 지구에 얼마나 많은 물이 공급되었을지 알지 못한다. 최근에 달에서 가져온 암석 표본에 들어 있는 미량의 물이 지구에 있는 물과 성분이 일치한다는 것이 발견되면서, 화성만 한 크기의 원시행성인 테이아(Theia)가 충돌한 직후에 형성된 지구 전체의 마그마 바다에 우리 수권과 대기의 대부분이 녹았을 것이라는 주장이 나왔다.

설령 당시에 생명체가 존재했다고 하더라도 희생되었을 것이 확실하다. 나사 과학자들은 그런 충돌 사건의 수학 모형을 구축해왔다. 지름이 500킬로미터인 천체가 지구에 충돌하면 거의 상상도 할 수 없을 대격변이 빚어진다. 엄청난 영역에 걸쳐 지표면의 암석들이 증발하면서 극도로 뜨거운 "암석-가스" 구름이, 즉 온도가 수천 도에 이르는 증기가 형성된다. 대기에 있는 이 증기는 대양 전체를 끓여 증발시켜서 해저에 녹은 소금 찌꺼기만 남길 것이다. 복사를 통해서 우주로 열이 빠져나가면서 냉각이 이루어지겠지만, 비가 내려서 새로운 바다가 형성되려면 적어도 수천 년은 지나야 할 것이다. 텍사스만 한 그런 커다란 소행성이나 혜성은 수심 3,000미터의 바다를 증발시키고, 그 과정에서 지표면의 모든 생물들을 죽일 수 있다.[12]

약 38억 년 전, 설령 최악의 유성 대충돌 시기가 지났다고 할지라도, 더 뒤의 시기보다 이런 격렬한 충돌이 일어나는 빈도가 여전히 훨씬 더 높았을 것이다. 하루의 길이도 지금과 달랐다. 당시 지구의 자전속도가 더 빨랐기 때문에 하루는 10시간도 되지 않았다. 태양은 훨씬 더 흐릿했을 것이다. 아마 약하게 열기를 띤 붉은 공 같았을 것이다. 타면서 내뿜는 에너지가 지금보다 훨씬 더 적었을 뿐 아니라, 햇빛이 굽이치는 이산화탄소, 황화수소, 증기, 메탄으로 이루어진 유독한 지구 대기를 뚫고 들어와야 했기 때문이다. 그리고 지구의 대기와 바다에는 산소가 전혀 없었다. 하늘 자체는 아마 오렌지색이나 붉은 벽돌색을 띠었을 것이고, 이때쯤 지표면을 거의 다 뒤덮고 있었을 것이 확실한 바다는 흙탕물 같은 갈색이었을 것이다. 그러나 이 시기의 지구는 기체, 액체 물, 온갖 광물질과 암석과 환경이 갖추어진 암석질 지각이 있는 장소였다. 두 단계로 이루어지는 생명 진화 과정에 필수적이라고 현재 여겨지는 환경 조건들까지 갖추어져 있었다. 많은 "부품들"을 생산하는 과정과 그 부품들을 한 공장의 바닥에 모으는 과정이 바로 그것이다.

생명을 지탱하는 데에 필요한 체계와 그 역사

지구 생명의 기원에 가장 중요한 선결조건 중의 하나는 지구 생명의 기본 구성단위인 생명 전구물질 분자가 형성될 수 있을 만큼 "환원성" 대기 기체들이 존재해야 한다는 것이었다. 산화와 환원이라는 화학 과정은 "잃다"와 "얻다"라고 기억하면 좋다. 즉 어떤 화합물이 전자를 잃으면 산화이고 전자를 얻으면 환원이다. 전자는 에너지와 교환할 수 있는 돈과 같다. 산화에서는 전자를 내주고 에너지를 얻는다. 환원에서 전자를 얻는 것은 은행에 돈을 저금하는 것과 같다. 이 돈은 에너지라는 형태를 하고 있다. 예를 들면, 석유와 석탄은 "환원된" 상태이다. 즉 우리가 그 연료를 태울 때 산화되어 풀려날 수 있는 에너지를 많이 저축하고 있다. 다시 말해서, 우리는 그것들을 산화하여 에너지를 생산한다.

지구 역사 초기의 대기 조성은 논쟁의 대상이자 많은 연구가 이루어진 주제이다. 대기 질소의 양은 지금과 비슷했을지 몰라도, 가용 산소가 거의 또는 전혀 없었음을 시사하는 증거들이 다방면으로 풍부하게 나와 있다. 그러나 이산화탄소는 지금보다 훨씬 더 많이 있었을 것이며, 지금보다 CO_2 분압이 1만 배 높아서 초온실 효과가 일어남으로써 이 이산화탄소가 풍부한 대기는 온실 같은 조건을 빚어냈을 것이다.[13]

현재 지구 대기는 질소가 78퍼센트이고 산소가 21퍼센트이며, 이산화탄소와 메탄은 1퍼센트에 못 미친다. 이 조성은 비교적 새로워 보인다. 우리 대기의 조성이 비교적 단기간에 바뀔 수 있다는 사실이 점점 더 뚜렷해지고 있다. 특히 고작 1퍼센트도 되지 않는 기만적일 만큼 미미한 비율이기는 하지만, 대기 조성 비율에 비해서 훨씬 더 중요한 역할을 하는 이른바 온실 가스(수증기도 포함) 가운데 두 가지인 이산화탄소와 메탄의 양이 그렇다.

원소 순환과 지구 온도

인체는 우리가 삶이라고 부르는 기이한 상태를 유지하기 위해서 엄청나게 많

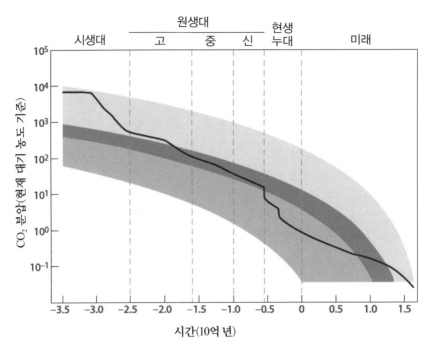

대기 이산화탄소 농도의 시간별 변화(수십억 년 전부터)와 미래 추정값. 0은 현재를 가리킨다.

은 복잡한 과정들을 수행해야 한다. 이 체계들 중에는 탄소 원자의 이동을 수반하는 것들이 많다. 마찬가지로 탄소, 산소, 황의 이동은 지구 생명에 적합한 환경을 유지하는 데에도 핵심적인 역할을 한다. 이 중 가장 중요한 것은 탄소이다.

탄소는 고체, 액체, 기체 상태를 활발하게 오가면서 순환된다. 바다, 대기, 생물 사이에 탄소가 오가는 것을 탄소 순환(carbon cycle)이라고 하며, 이 이동은 온실 가스의 농도에 변화를 일으킴으로써 지구 온도를 바꾸는 데에 가장 중요한 효과를 미친다. 우리가 탄소 순환이라고 하는 것은 사실 두 가지(하지만 서로 연결된) 순환 과정으로 이루어진다. 단기 탄소 순환과 장기 탄소 순환이다.[14] 단기 탄소 순환은 식물이 주도한다. 식물은 광합성을 하면서 이산화탄소를 흡수하며, 흡수된 탄소 중의 일부는 살아 있는 식물 조직에 갇힌다. 환원된 화합물의 형태이므로, 풀려날 수 있는 에너지가 풍부한 상태이다. 식물이 죽거나 낙엽이 지면, 이 탄소는 토양으로 옮겨가며, 이어서 토양 미생물, 다른 식물 혹은 동물의 몸에 들어가서 다른 탄소 화합물로 전환될 수 있다. 그 환원된 탄소 화합물은 몸속에서 산화될 때 생물에게 에너지를 제공한다.

그런 한편으로 생물은 에너지를 써서 다른 탄소 분자를 환원 상태로 바꾸기도 한다. 환원 상태의 이 탄소는 동물들의 먹이사슬을 거치면서 산화되어 이산화탄소 기체 형태로 동물이나 미생물의 몸 밖으로 배출될 수 있다. 그럼으로써 다시금 순환이 시작될 수 있다. 그러나 에너지가 풍부한 환원 상태의 탄소가 동식물의 조직 안에 갇힌 채, 다른 생물들에게 소비되지 않고 땅에 묻힘으로써, 지각 내부의 거대한 유기 탄소 저장고의 일부가 되기도 한다. 이 탄소는 더 이상 단기 탄소 순환에 속하지 않게 된다.

두 번째 순환, 즉 장기 탄소 순환은 전혀 다른 유형의 전환을 수반한다. 가장 중요한 점은 장기 순환이 암석 기록이 된 탄소를 다시 바다와 대기로 전달하는 과정을 포함하고 있다는 것이다. 이 전환에는 대체로 수백만 년이 걸린다. 암석 안팎으로의 탄소 전달은 지구 대기에 단기 탄소 순환이 할 수 있는 것보다 더 큰 변화를 일으킬 수 있다. 바다, 생물권(살아 있는 생물들의 총합), 대기에 있는 탄소를 더한 것보다 더 많은 양의 탄소가 암석에 갇혀 있기 때문이다. 이 말이 다소 놀랍게 들릴지도 모르겠다. 생물체에 들어 있는 양만 해도 엄청나니 말이다. 그러나 예일 대학교의 로버트 버너는 지구의 모든 식물이 갑자기 불에 타서 가지고 있는 탄소 분자들이 모두 대기로 뿜어진다고 해도, 이 단기 순환으로 증가할 대기 이산화탄소량은 25퍼센트에 불과할 것이라고 계산했다. 반면에 과거에 장기 순환은 대기 이산화탄소 농도를 1,000퍼센트 넘게 높이거나 낮추곤 했다.

지구 탄소 순환의 한 가지 중요한 측면은 탄산칼슘, 즉 석회암과 관련이 있다. 지구에서 흔한 이 물질은 겉뼈대를 가진 대다수 무척추동물의 뼈대를 이룬다. 또 원석조류(圓石藻類, coccolithophorid)라는 미세한 식물성 플랑크톤에도 들어 있다. 이 조류의 겉뼈대가 오랜 시간에 걸쳐서 쌓여 이루어진 퇴적암이 바로 백악이다. 이들의 겉뼈대를 이루는 판인 코콜리스(coccolith)는 지구를 거주 가능한 곳으로 유지하는 데에 핵심적인 역할을 한다. 장기 기온을 안정한 수준으로 조절하는 데에 기여하기 때문이다. 섭입이라는 판구조 과정 때문에, 이 백악 중의 일부는 이윽고 지각판의 컨베이어 벨트에 실려서 섭입지대로 향한다. 섭입지대는 지각이 깊이 가라앉은 부위가 띠처럼 죽 이어져 있는 곳으로서, 이곳에서 해양 지각이 가라앉아서 지구 내부로 들어간다. 지금의 해저 표면보다 수 킬로미터 더 밑으로 들어가면, 열과 압력이 크게 증가하여 탄산칼슘과 규소로 이루어진 뼈대가 규산염 같은 새로운 광물과 이산화탄소 기체로 바뀐다. 이 광물들과 뜨거운 이산화탄소 기체는 가스가 풍부한 상승하는 마그마라는 형태로 다시 지표면으로 되돌아간다. 광물은 용암으로 배출되고, 기체는 대기로 방출된다.

따라서 탄소 순환의 핵심 과정은 다음과 같이 요약할 수 있다. 이산화탄소는 생체 조직으로 전환되고, 그 생체 조직은 나중에 분해되어 다른 동식물의 뼈대를 형성하는 데에 기여한다. 그 뼈대는 궁극적으로 지구 깊숙한 곳에서 용암과 가스의 일부가 되며, 그 뒤에 다시 지표면으로 올라와서 순환을 재개한다. 따라서 장기 탄소 순환은 대기 기체 조성에 엄청난 영향을 미치며, 이 대기 기체 조성은 지구 기온을 조절하는 데에 주된 역할을 한다. 그리고 화학적 풍화뿐 아니라 퇴적물 매몰과 침식 과정이 바다에서 생물의 탄산염과 규산염 뼈대가 얼마나 빨리 만들어지는지를 결정하는 핵심 요소이므로, 궁극적으로 섭입지대라는 굶주린 입속으로 얼마나 많은 광물이 들어가느냐에 따라서 화산을 통해서 대기로 다시 뿜어져나오는 이산화탄소와 메탄의 양이 얼마나 될지가 결정될 것이다. 따라서 이 전체 과정은 대체로 생명의 통제를 받는 동시에 궁극적으로 지구에 생명이 존재할 수 있도록 해준다. 단순히 대기 농도를 결정하는 차원을 넘어서, 행성 온도조절 장치라고 할 법한 것을 만들었다. 이 순환에는 지구의 장기 온도를 조절하는 되먹임도 있기 때문이다.

이 온도조절 장치의 작동방식은 이렇다. 화산이 뿜어내는 이산화탄소량이 증가하여, 더 많은 이산화탄소와 메탄이 대기로 들어간다고 하자. 이 분자들 가운데 상당수는 상층 대기까지 올라가서, 지표면에서 올라오는 열 에너지(처음에 햇빛에서 얻은 것)를 다시 지표면으로 반사시킨다. 이것이 바로 온실 효과이다. 대기에 갇히는 열 에너지가 많아질수록, 지구 전체의 온도는 올라간다. 그러면 단기적으로 더 많은 액체 물이 증발하여 수증기 형태로 대기로 들어간다. 이 수증기 자체도 온실 가스이다. 그러나 이 온난화는 흥미로운 결과들을 낳는다. 기온이 높아질수록, 화학적 풍화속도는 증가한다. 화학적 풍화는 규산염 광물을 풍화시키는 데에 가장 중요한 역할을 한다. 앞에서 살펴보았듯이, 이 풍화 과정은 궁극적으로 탄산염과 새로운 유형의 규산염 광물의 형성으로 이어지지만, 풍화 과정 자체는 이산화탄소를 대기에서 제거한다.

풍화속도가 증가함에 따라서, 점점 더 많은 이산화탄소가 대기에서 빠져나가서 지구 기온에 일차적인 효과를 전혀 미치지 않는 다른 화합물들을 형성한다. 대기 이산화탄소 농도가 떨어지기 시작하면, 대기의 온실 가스 분자가 더 적어지므로 온실 효과도 약해져서 지구 기온도 떨어진다. 그와 동시에 기온이 낮아짐에 따라서 풍화속도가 줄어들면서, 가라앉아 쌓이는 뼈대의 양도 줄어든다. 뼈대에 쓰일 중탄산 이온과 규산 이온이 더 적어지기 때문이다. 그 결과 궁극적으로 섭입되는 뼈대 물질이 줄어들고, 화산으로 분출되는 이산화탄소의 양도 줄어든다. 이제 지구는 급속히 식어간다. 그러나 지구가 식어감에 따라서, 산호초나 플랑크톤이 퍼져 있는 수역 같은 많은 생태계들은 크기가 줄어들며, 따라서 생태계가 원하는 대기 이산화탄소량도 줄어든다. 이 세계에서 화산은 생물에 이용되는 것보다 더 많은 이산화탄소를 배출하기 시작하며, 순환은 새롭게 이루어진다.

풍화속도라는 핵심 과정은 온도에만 영향을 받는 것이 아니다. 산맥이 빠르게 솟아오르면, 기온이 어떻든 간에 규산염 광물이 침식되는 양은 늘어날 수 있다. 따라서 솟아오르는 산맥은 이런 광물들의 풍화속도를 높여서 대기 이산화탄소를 더 많이 제거한다. 지구는 빠르게 식는다. 많은 지질학자들은 울퉁불퉁한 거대한 히말라야 산맥이 빠르게 솟아오른 것이 대기 이산화탄소 농도를 급격히 떨어뜨렸고, 그리하여 냉각을 가져옴으로써 (혹은 적어도 냉각에 기여를 함으로써) 궁극적으로 약 250만 년 전에 시작된 플라이스토세 빙하기를 야기했다고 믿는다.[15]

화학적 침식속도에 영향을 미치는 세 번째 요인은 풍부하게 존재하는 유순한 식물이다. "고등식물"(다세포 식물)은 매우 효율적으로 암석 물질을 물리적으로 침식시키며, 그럼으로써 화학적 풍화가 일어날 표면적을 더 넓힌다. 따라서 식물의 양이 갑작스럽게 늘어나면—혹은 대부분의 나무가 가지고 있는 것과 같은 깊은 뿌리를 가진 새로운 식물이 진화하면—새로운 산맥이 단기간에 솟아오른 것과 동일한 효과가 나타난다. 즉 풍화속도가 증가하면서 지구 기온이 떨어진다. 정반대로 대량멸종이나 인류의 삼림 파괴를 통해서 식물이 제거된다면, 대기가 급속히 가열된다.

대륙이동도 세계의 풍화속도에, 따라서 지구 기후에 영향을 미칠 수 있다. 기온이 높아질수록 풍화 과정은 더 가속되므로, 아주 짧게 추운 시기에 들어선 세계에서 대륙이동으로 큰 대륙이 고위도에서 적도 쪽으로 이동한다면, 기온은 더욱 떨어질 것이다.

화학적 풍화속도는 남북극에서는 아주 느리지만, 적도에서는 빠르다. 대륙이 적도 지방으로 이동하면 지구 기온에 영향이 미칠 것이다. 대륙의 위치가 미치는 또다른 효과는 대륙들의 상대적인 위치에서 비롯된다. 뼈대를 만드는 데에 쓰이는 중요한 용매와 광물 종이 바다로 흘러들지 않는다면, 화학적 풍화가 아무리 많이 일어난다고 해도 지구 기온에는 변화가 없을 것이다. 이 물질들을 옮기는 것은 흐르는 물이다. 그러나 대륙들이 모두 하나로 융합된다면, 그 초대륙 안쪽의 드넓은 영역은 비가 전혀 내리지 않을 것이고 바다로 흘러들 강도 형성되지 않을 것이다. 약 3억 년 전 판게아가 형성되었을 때 그러했다. 그 거대한 대륙의 중심에서는 엄청난 양의 중탄산 이온, 용해된 칼슘 이온, 규산 이온이 생성되었겠지만, 그 물질들의 상당량은 결코 바다로 흘러들지 않았다.

그런 상황에서는 궁극적으로 강수량이 줄어들면서 기온이 더 높다고 해도 풍화속도는 줄어들 것이고, 되먹임 체계는 대륙들이 떨어져 있을 때보다 덜 작동할 수 있다. 대륙 융합으로 해안선의 총 길이가 훨씬 더 줄어든 것도 지구 기후에 심각한 영향을 미칠 것이다. 이전에 해양의 영향을 받던 지역과 습지 지역의 상당수가 바다와 그 물에서 멀리 떨어진 내륙 지역으로 바뀔 것이기 때문이다. 마찬가지로 사막과 북극 지방은 똑같이 풍화속도가 느리므로, 풍화의 부산물인 광물이 대기 이산화탄소를 흡수하는 속도를 늦춤으로써 세계 기온을 높이는 데에 기여한다.

현생누대의 이산화탄소와 산소 농도 곡선

아마도 지구 생명의 역사에 가장 중요한 영향을 미친 물리적 요인은 온도가 아니라, (식물에게는) 이산화탄소와 (동물에게는) 산소일 것이다. 지구 대기에 있는 이산화탄소와 산소의 농도는 다양한 물리적 및 생물학적 과정들을 통해서 시간이 흐르면서 변해왔으며(지금도 마찬가지이다), 지질학적 시간으로 볼 때 비교적 최근까지도 농도가 크게 요동쳤다고 말하면, 놀랄 사람들이 대부분일 것이다. 그런데 이 두 기체의 농도는 대체 왜 변하는 것일까? 주된 결정 요인은 탄소, 황, 철을 비롯하여 지각에 풍부한 원소들 가운데 상당수가 관여하는 일련의 화학반응들이다. 이 화학반응들은 산화와 환원을 둘 다 수반한다. 산화 때는 분자 산소(O_2)가 탄소, 황, 철을 함유한 분자와 결합하여 새로운 화합물을 형성하며, 그럴 때 산소는 대기에서 제거되어 새로 형성된 화합물에 저장된다. 이 산소는 화합물의 환원을 수반하는 다른 반응들을 통해서 풀려나서 대기로 돌아간다. 식물이 광합성을 할 때 일어나는 일이 바로 이것이다. 광합성은 일련의 복잡한 중간반응들을 통해서 이산화탄소를 환원하면서 그 부산물로 분자 산소를 생성한다.

과거의 대기 O_2와 CO_2 농도 변화를 추정하기 위해서 수학 모형들이 많이 나와 있는데, 그중에서 GEOCARB라는 방정식 집합이 가장 오래되었고 가장 정교하다.[16] 탄소 농도를 계산하는 데에 쓰이는 이 모형은 예일 대학교의 로버트 버너가 고안했다. 버너 연구진은 GEOCARB 외에도 O_2를 계산하는 별도의 모형들도 개발해왔다. 이 모형들은 O_2와 CO_2의 시간별 주요 추세를 보여준다. 이 연구는 과학적 방법이 이룬 위대한 성과 중의 하나에 속한다. 실제로 시간이 흐르면서 산소와 이산화탄소의 농도가 오르내리는 양상이 중요하다는 인식은 지구 생명의 역사에 관한 가장 새롭고도 근본적인 깨달음 중의 하나이다.

일부에서는 40억 년 전 무렵에 생명이 출현하기에 알맞은 조건과 물질들이 지구에 갖추어졌다고 믿는다. 그러나 지구가 거주 가능하다는 것이 반드시 생물이 거주할 것이라는 의미는 아니다. 다음 장의 주제인, 무생물에서 생명의 형성은 역사상 가장 복잡한 화학실험이었던 것처럼 보인다. 우주생물학자들은 지구에서 생명이 시작되기가 아주 "쉬웠던" 것이 틀림없다는 말을 끊임없이 하는 듯하지만, 더 자세히 들여다보면 그 말에는 결코 그렇지 않다는 낌새가 풍긴다.

다른 거의 모든 측면들보다 지구 대기의 다양한 성분들의 농도와 상호작용이 지구 생물의 유형(혹은 생명의 존재 여부)뿐 아니라 그 생명의 역사를 결정하는 주된 요인이었다는 것이 점점 더 명확해져왔다. 지구 생명 진화의 대규모 패턴뿐 아니라 미묘한 양상을 이해하는 데에도 산소와 이산화탄소의 농도가 주된 역할을 한다는 개념이 점점 더 받아들여지고 있다는 점이 여러 면에서 지구 역사를 해석하는 분야에서 일어난 21세기의 혁신이라고 할 수 있다. 그리고 생명의 역사에서 주된 역할을 해온 중요한 기체가 두 가지 더 있다는 점을 이해하게 된 것도 그렇다. 뒤에서 상세히 다루겠지만, 황화수소(H_2S)와 메탄(CH_4)이 그렇다. 이 기체들의 이야기는 암석에, 그리고 삶과 죽음에도 마찬가지로 적혀 있다.

3

삶과 죽음, 그리고 둘 사이의
새롭게 발견된 장소

삶과 죽음, 그리고 둘의 기이하고도 불안정한 혼합처럼 보이는 것을 다룬 가장 신기한 실험이 이루어지고 있다는 이야기가 2006년 과학계에서 새어나오기 시작했다. 처음에는 동료들 사이에 퍼진 소문에 불과했지만, 여러 학술대회에서 대화가 이루어지면서 서서히 진짜라는 인식이 무르익어갔고, 그 뒤에 당시 무명이었던 한 생물학자가 쓴 탁월한 논문들이 연달아 발표되면서 이 발견의 전모가 드러났다. 마크 로스는 머지않아서 무명 상태에서 벗어났다. 이 연구로 2010년에 맥아더 재단으로부터 이른바 천재 상(genius grant)을 받은 뒤로는 더욱 그러했다. 그는 "생명"이란 무엇인가만이 아니라 "삶"이란 무엇인가에 관해서, 그리고 현재만이 아니라 지구에 생명이 처음 출현한 먼 과거에도 한쪽이 다른 쪽 없이 존재할 수 있는가에 관해서 아주 많은 것을 말해줄 수 있는 머나먼 세계로 나아간 선구자이다.

로스는 포유동물이 거의 치사량에 가까운 황화수소를 마시면 가사 상태, 즉 활동유예 상태(suspended animation)라고 묘사할 수밖에 없는 상태가 된다는 것을 발견했다.[1] 대중문화는 이 용어에 온갖 의미를 가져다 붙였지만 (주로 과학 소설계를 통해서 말이다), 사실 이 두 단어는 이 기체를 흡입한 동물들에게 일어난 일을 꽤 제대로 묘사한다. 동물의 활동, 즉 움직임이 우리가 관찰 가능한 차원에서 멈추었을—더 이상 움직이지 않았고, 호흡과 심장박동도 크게 느려졌다—뿐 아니라, 더 근본적인 수준에서도 중단되었기 때문이다. 조직과 세포의 정상 기능들도 크게 느려졌다. 그리고 더욱 놀라운 일이 일어났다. 그 포유동물들은 체온조절 능력을 잃었다. 그들은 항온동물, 즉 온혈동물이기를 그만두고, 더 원시적인 척삭동물(脊索動物) 상태로 돌아갔다. 변온동물, 즉 냉혈동물 상태가 되었다. 그들은 죽지 않았지만, 진정으로 살아 있다고 할 수도 없었다. 포유동물의 가장 근본적인 특징 중의 하나를 보면, 죽은 것이나 다름없었기 때문이다. 그러나 그 죽음은 일시적이었다. 유한한 시간만큼 유예되었을 뿐이다. 그 기체의 공급을 중단하자, 모든 기능들이 정상적으로 돌아왔기 때문이다. 이 새로운 발견은 의학에 응용될 수 있을 것이 분명하며, 한편으로 생명이 무엇인지, 그리고 무엇이 아닌지에 관해서 많은 것들을 말해준다.

로스는 삶과 죽음 사이에 탐사되지 않았으면서 의학적으로 유용할 수 있는 상태가 존재할 것이고, 그 상태가 특정한 생물들이 대량멸종에서 살아남은 이유를 설명할 단서를 제공할 수 있지 않을까 하는 단순한 직감을 가지고 있었다. 어쩌면 죽음은 통상적으로 가정하는 것처럼 결정적인 것이 아닐지도 모른다.[2] 그는 생물을 이곳으로 데려왔다가 다시 깨울 수 있지 않을까 생각했다. 사실 이곳의 본질을 정확히 포착한 영어 단어는 없다. 영화 제작자들은 이곳을 좀비의 땅이나 그와 비슷한 용어로 부르며, 고상한 과학계도 결국은 그 용어를 채택할 것이라고 여긴다. 그러나 우리는 그렇지 않다고 본다.

그의 중요한 실험 중의 하나를 살펴보자. 그는 편형동물(扁形動物)을 실험 대상으로 삼았다. 편형동물은 단순하지만, 그래도 동물이다. 게다가 미생물에 비하면, 그 어떤 동물도 단순하다고 할 수 없다. 그는 편형동물이 호흡하는 산소의 농도를 낮추었다. 모든 동물들이 그렇듯이, 편형동물도 산소를, 많은 산소를 필요로 한다. 그래서 밀폐된 통에 든 편형동물들은 산소 농도가 떨어짐에 따라서, 서서히 움직임이 느려지다가 이윽고 완전히 멈추었다. 눌러보고 찔러보고 해도 그들은 아무런 반응을 보이지 않았다. 그러나 로스는 그쯤에서 결론을 내리지 않았다. 사실 그는 산소 농도를 계속 더 떨어뜨렸다가 다시 소생시켰다.[3] 그들은 살아 있지도 죽지도 않은 "휴면" 상태에 들어갔던 것이다. 현재 우리 대다수가 믿는 것보다 삶과 죽음은 훨씬 더 복합적인 상태인 듯하다.

가장 단순한 생물의 삶과 죽음

포유동물은 모든 동물들 가운데 가장 복잡한 편에 속한다. 흥미롭기 그지없는 이 실험에서도 대상 동물들은 분명히 살아 있었다. 설령 더 느리기는 해도, 심장이 아직 뛰고 있었고, 동맥과 정맥에 피가 계속 흘렀고, 신경이 발화했고, 생명 유지에 필요한 이온 수송이 계속 일어나고 있었다. 그러나 세균과 바이러스처럼 훨씬 덜 복잡하고 더 작은 생물의 활동은 어떻게 될까 하는 질문이 남아 있다. 특히 그들을 기체가 없거나 극도로 추운 환경에 놓았을 때 어떻게 될까? 이런 질문은 이론적인 차원의 것이 아니다. 매일 수많은 미생물이 격렬한 폭풍에 휩쓸려서 지구 대기의 가장 높은 곳까지, 우주에서 오는 자외선을 막아주는 주요 방어기구인 지구의 오존층보다 더 위쪽까지 올라가서 더 이상 자외선이 차단되지 않는 환경에 놓이곤 하기 때문이다. 이곳은 삶과 죽음 연구의 두 번째 최전선이다. 지구의 가장 높은 곳에서 살아가는 생명을 연구하는 것이다.

현재 이 대류권의 생물상을 연구하는 과학자들이 "고공 생명(high life)"이라는 밋밋한 이름을 붙인, 이 지구에서 가장 최근에 발견된 생태계의 일원들은 상층 대기에 며칠 또는 몇 주일 동안 머물다가 지상으로 내려온다.[4] 그러나 우주 공간에 가 있을 때, 그들은 과연 살아 있을까?

우주시대가 시작된 이래로 항공기가 올라갈 수 있는 최고 고도에서도 세균과 균류 포자가 발견된다는 것이 알려져오기는 했지만, 두 번째로 큰 서식지인 수면부터 바닥까지 펼쳐진 해양의 부피를 초라하게 만들 만큼 엄청난 공간을 차지한, 이 지구 최대의 서식지에 얼마나 많은 종이 사는지는 거의 알려져 있지 않았다. 그러나 2010년에 시작된 연구로 어느 시점에든 세균, 균류, 미지의 바이러스 수천 종이 그곳에 존재할 수 있다는 것이 드러났다. 또 워싱턴 대학교 연구진은 오리건의 캐스케이드 산맥의 한 산꼭대기에서 공기를 채집하여, 중국의 황사가 북아메리카의 서해안으로 균류, 세균, 바이러스를 품고 와서 떨구곤 한다는 것을 발견했다.[5]

이 발견은 미생물이 그렇게 높은 곳에서 발견될 수 있을까 하는 (혹은 대기가 무기화한 바이러스를 다른 대륙으로 보내는 운송 시스템이 될 수 있지 않을까 하는) 생물학적 호기심 차원을 넘어서, 근본적인 차원에서 생물을 새롭게 이해하는 계기가 되었고 그 깨달음은 이 책의 일부가 되어 있다. 바로 지구 최초의 생물이 대기 운송을 통해서 기원한 장소에서 다른 곳으로 옮겨갔을 수도 있다는 것이다. 하루도 걸리지 않아서 이 대륙에서 저 대륙으로 뛰어넘을 수 있는데, 변덕스러운 물결과 해류에 몸을 내맡긴 채 바다 위를 느릿느릿 둥둥 떠서 옮겨갈 필요가 있겠는가? 고공 생명이 지구 생명의 역사에 어떤 의미를 가지는지는 뒤에서 살펴보기로 하자. 여기에서는 그들이 대기에서 대륙 간 여행을 할 때 계속 살아 있는 상태인가, 아니면 휴면 상태인가 하는 문제를 살펴보기로 하자. 이 근본적인 유형의 생명에서 우리는 삶과 죽음이라는 범주가, 설령 믿지 못할 개념이라고까지 할 수는 없다고 해도, 다소 불완전한 개념임을 알게 된다.

고공 생명은 세 가지 방법으로 채집한다. 미군에서 퇴역한 고공 정찰 비행기와 고고도(高高度) 열기구로 채집하거나, 아시아에 거대한 폭풍이 일어날 때 말려 올라간 미생물이 태평양을 건너올 때 아메리카의 높은 산에서 공기 "포집기(sniffer)"로 대류권으로 내려오는 공기를 채취한다. 그 공기는 미생물로 가득한 일종의 미생물 전시장이다. 지금은 세포와 바이러스가 흔하게 존재한다는 것이 알려져 있는 드넓은 높은 고도에서 채집해보면, 세균들은 죽어 있다. 그러나 그들이 본래 진화했을 낮은 고도로 내려와서 어느 정도 시간이 지나면, 그들은 다시 소생한다.

우리 대다수는 포유동물, 아니 아마도 모든 동물들에게는 한번 죽음은 영원한 죽음이라는 데에 동의할 것이다. 그러나 더 단순한 생물에게는 그렇지 않다. 우리가 전통적으로 이해해온 살아 있다는 개념과 그렇지 않다는 개념

사이에는 탐사되지 않은 드넓은 공간이 있다는 것이 밝혀지고 있다. 그리고 이 새로 발견된 영역은 지구 생명의 역사 중 첫 장에 관한 중요한 의미들을 함축하고 있다. "죽은" 화학물질들을 제대로 조합하여 에너지를 불어넣으면 살아 있는 것이 될지 여부를 말해준다는 점에서 그렇다. 생명, 적어도 단순한 생명은 늘 살아 있는 상태가 아니다. 현재 과학은 이 사이에 있는 공간을 탐구하러 나서고 있다. 지구 최초의 생명은 우리가 죽음이라고 말하는 곳에서 출현했을 수도 있고, 아니면 살아 있는 쪽에 더 가까운 어딘가에서 출현했을 수도 있다.

생명의 정의

"생명이란 무엇인가?"라는 질문을 제목으로 삼은 책은 몇 권 나와 있다. 그 중 가장 유명한 책은 20세기 초에 물리학자 에르빈 슈뢰딩거가 쓴 것이다.[6] 이 얇은 책은 하나의 이정표가 되었다. 담긴 내용의 측면에서도 그렇고, 저자가 속했던 학문 분야 때문에도 그렇다. 슈뢰딩거는 물리학자였고, 그 전부터도 마찬가지였지만 그가 물리학자로서 활동하는 시기에도 물리학자들은 생물학을 연구할 가치가 없는 학문이라고 조소를 보내곤 했다. 물리학자이기 때문에 당연히 그랬겠지만, 슈뢰딩거는 생물을 물리학적인 의미에서 생각하기 시작했다. "생물의 가장 핵심적인 부분들을 이루는 원자들의 배치와 이 배치된 원자들의 상호작용은 물리학자와 화학자가 지금까지 실험 및 이론 연구의 대상으로 삼아왔던 모든 원자들의 배치 양상과 근본적으로 다르다." 이 책의 상당 부분은 유전과 돌연변이의 특성을 다루고 있지만(DNA가 발견되기 20년 전에 나왔으므로, 유전의 본질은 아직 곤혹스러운 수수께끼였다), 뒷부분에서 슈뢰딩거는 "살아 있음"의 물리학을 고찰하면서, "살아 있는 물질은 평형으로의 붕괴를 회피하며", 생명은 "음의 엔트로피(negative entropy)"를 먹고 산다고 썼다.

생명은 물질대사(物質代謝, metabolism)를 통해서 그렇게 한다. 공공연히 먹거나 마시거나 호흡하거나 물질을 교환함으로써 말이다. 물질대사라는 영어 단어는 교환한다는 뜻의 그리스어에서 유래한 단어이다. 물질대사가 생명의 열쇠일까? 적어도 생물학자는 그렇게 볼지도 모른다. 그러나 물리학자인 슈뢰딩거는 훨씬 더 심오한 뭔가를 보았다. "물질의 교환이 본질적인 것이라고 봐야 한다니 불합리하다. 질소, 산소, 황 등은 어떤 원자든 간에 같은 종류의 다른 원자들과 다를 바 없다. 그것들을 교환한다고 해서 무엇을 얻을 수 있겠는가?" 그렇다면 우리가 생명이라고 말하는 소중한 "무엇"은, 우리의 식량에 들어 있는 것, 우리를 죽지 않게 하는 것은 무엇이란 말인가? 슈뢰딩거는 쉽게 답할 수 있었다. "자연에서 일어나는 모든 과정, 사건, 일은 그것이 진행되는 공간의 엔트로피를 증가시킨다는 의미이다. 따라서 살아 있는 생물은 자신의 엔트로피를 끊임없이 증가시킨다." 그는 이것이야말로 생명의 비밀이라고 생각했다. 생명은 엔트로피를 증가시키는 물질이었고, 이 점에서 살아 있음과 살아 있지 않음을 비교하는 새로운 방식이 출현했다.

그래서 슈뢰딩거는 생명이 환경에서 "질서"를, 즉 (스스로가 어색한 표현이라고 한) "음의 엔트로피"라고 하는 것을 추출함으로써 유지된다고 보았다. 따라서 생명은 환경으로부터 계속 이 질서를 빨아들임으로써 아주 높은 수준의 질서를 유지하는, 많은 분자들로 이루어진 장치였다. 슈뢰딩거는 생물이 무질서에서 질서를 만들 뿐 아니라, 질서에서 질서를 만든다고 주장했다.

그것으로 생명을 모두 설명했다고 할 수 있을까? 무질서와 질서의 특성을 바꾸는 기계라는 말로? 물리학의 관점에서 볼 때, 생명은 에너지를 써서 질서를 유지하는, 한데 꾸려 넣어져서 어떻게든 통합된 일련의 화학 기계들이라고 이해할 수 있다. 수십 년 동안 이 견해는 생명의 정의에 관한 모든 논점에서 가장 큰 영향력을 발휘해왔다. 그러나 반세기가 지난 뒤, 그런 견해들에 의문을 제기하고 수정안을 제시하는 이들이 나오기 시작했다. 그중에는 폴 데이비스와 프리먼 다이슨처럼 슈뢰딩거와 같은 물리학자들도 있었다. 물론 생물학자들도 있었다.

폴 데이비스는 저서 『생명의 기원(The Fifth Miracle)』에서 다른 질문을 통해서 "생명이란 무엇인가?"라는 문제에 접근한다.[7] 생명이 하는 일이 무엇이냐는 것이다. 그는 생명을 정의하는 것이 활동이라고 주장한다. 주된 활동은 다음과 같다.

생명은 대사를 한다. 모든 생물은 화학물질을 처리하며, 그럼으로써 에너지를 몸으로 들여온다. 그런데 이 에너지는 어디에 쓰일까? 생물이 에너지를 처리하고 풀어놓는 과정을 물질대사라고 하며, 물질대사는 생명이 내부의 질서를 유지하는 데에 필요한 음의 엔트로피를 수확하는 방식이다. 이것은 화학반응이라는 관점에서도 생각해볼 수 있다. 생물이 스스로 (몸속에서) 화학반응을 수행하는 이 상태에서 반응을 멈추는 상태로 옮겨간다면, 그 생물은 살아 있기를 멈춘 것이다. 생명은 이 부자연스러운 상태를 유지할 뿐 아니라, 이 상태를 유지하는 데에 필요한 에너지를 발견하고 수확할 수 있는 환경을 찾아나선다. 지구의 환경 중에는 생명의 화학을 더 잘 따르는 환경(산호초가 자라는 따뜻하고 햇빛이 드는 해수면이나 옐로스톤 국립공원의 온천 같은 환경)이 있으며, 그런 곳에는 생명이 풍부하다.

생명은 복잡성과 조직 체계를 가진다. 단 몇 개(아니, 더 나아가서 수백만 개)의 원자로 이루어진 단순한 생명 같은 것은 없다. 모든 생명은 복잡한 방식으로 배치된 대단히 많은 원자들로 이루어진다. 이렇게 복잡성을 띤 조직 체계야말로 생명의 증표이다. 복잡성은 기계가 아니다. 그것은 특성이다.

생명은 번식한다. 데이비스는 생명이 자신의 사본을 만들어야 할 뿐 아니라, 사본을 만들 수 있게 해줄 메커니즘까지도 복제해야 한다고 지적한다. 데이비스의 표현에 따르면, 생명은 복제기구의 사본도 가지고 있어야 한다.

생명은 발달한다. 사본이 일단 만들어지면, 생명은 계속 변화한다. 이것을 발달이라고 할 수 있다. 이 과정은 기계에서는 찾아보기 어렵다. 기계는 성장하지도 모양이 변하지도 않으며, 성장하면서 기능이 변하는 일도 없다.

생명은 진화한다. 이것은 생명의 가장 근본적인 특성 중의 하나이며, 생명이 존재하는 방식이기도 하다. 데이비스는 이 특징을 영속성과 변화의 역설이라고 묘사한다. 유전자는 복제되어야 하며, 매우 정확하게 그렇게 할 수 없다면 생물은 죽을 것이다. 그런 한편으로 복제가 완벽하다면, 변이도 전혀 없을 것이고, 자연선택을 통해서 진화가 일어날 수도 없을 것이다. 진화는 적응의 열쇠이며, 적응이 없다면 생명도 있을 수 없다.

생명은 자율적이다. 이 말은 정의하기가 가장 까다로울지 모르겠지만, 살아 있다는 것의 핵심이기도 하다. 생물은 자율적이고 자기 결정을 한다. 다른 생물들로부터 끊임없이 입력을 받지 않아도 살 수 있다. 그러나 생물의 많은 부위들과 작동으로부터 어떻게 "자율성"이 도출되는가는 여전히 수수께끼로 남아 있다.

활동과 체제는 살아 있는 계에서 동전의 양면이다. 살아 있는 계는 하나의 조작 단위로 결합시킨 모든 과정들과 구성 요소들의 연속 생성(그리고 재생 : 단백질의 수명은 고작 약 이틀이다)을 통해서 유지된다. 이 견해에 따르면, 생명을 정의하는 것은 생명체의 끊임없는 재생산과 재생이다.

마지막에 말한, 살아 있는 데에, 따라서 생명에 대단히 중요한 분자들의 수명이 짧다는 사실은 생명이 어디에서 처음 형성되었는지를 이해하는 데에 주요한 단서이지만 제대로 평가를 받지 못해왔다. 나사의 생명의 정의는 더 단순하며, 칼 세이건이 선호한 정의를 토대로 한 것이다. 생명은 다윈 진화를 할 수 있는 화학계라는 것이다.[8] 여기에는 세 가지 핵심 개념이 담겨 있다. 첫째, 우리가 다루고 있는 것은 화학물질이지, 에너지도 전자 연산 시스템도 아니라는 것이다. 둘째, 화학물질만이 아니라 화학계도 관여한다. 따라서 화학물질 자체만이 아니라, 화학물질 사이의 상호작용도 있다. 마지막으로 다원 진화를 겪어야 하는 것은 화학계이다. 즉 환경에 이용 가능한 에너지보다 개체가 더 많이 존재한다면, 일부는 죽을 것이라는 의미이다. 살아남은 개체는 유전 가능한 유리한 형질을 가지고 있었기 때문에 살아남은 것이며, 그들은 그 형질을 후손에게 물려주므로 후손도 살아남는 능력이 더 크다. 세이건과 나사의 정의는 생명을 살아 있음과 혼동하지 않는다는 이점이 있다.

죽은 화학물질들을 살아 있게 하는 방식으로 결합시키는 "원동력"은 무엇일까? 생명을 낳은 원동력은 물질대사의 체계이고 나중에야 거기에 복제 능력이 추가된 것일까, 아니면 그 반대일까? 전자라면, 원시적인 대사 체계—반드시 세포와 비슷한 공간 안에 담겨 있어야 한다—가 나중에야 복제하고 정보를 운반하는 어떤 분자를 통합하는 능력을 획득한 것이다. 후자라면, 복제 분자(RNA나 그것의 어떤 변이체 같은 것)가 에너지 체계를 이용하여 자신의 복제를 지원할 능력을 획득했고, 나중에야 세포 안에 담기게 되었다는 것이 된다. 따라서 우리는 화학물질–분자 수준에서 이 물질대사 대 복제 문제가 극명한 대조를 이룬다는 것을 알 수 있다. 즉 단백질이 먼저였을까, 아니면 핵산(核酸)이 먼저였을까? 양쪽이 다 살아 있으며, 어느 시점에 각각이 하나의 화학반응에서 생명을 불어넣는 화학반응들로 전환하는 것일까? 그러나 살아 있는 세포의 핵심 특징이 항상성(恒常性)—변화하는 환경에서 안정적이고 다소 일정하게 화학적 균형을 유지하는 능력—이라면, 물질대사가 먼저 출현했어야 한다. 현재로서는 섭식이 번식보다 앞섰다는 견해가 받아들여져 있는 듯하지만, 생명의 기원 문제에서는 다루어야 할 사항이 아주 많으므로, 해결되지 않은 문제들이 남아 있다.

에너지와 생명의 정의

이제 생명을 유지하는 역할을 하는 에너지를 우리의 생명의 정의에 추가할 수 있다. 우리는 이미 생명을 대사하고 복제하고 진화하는 존재로서 정의해 왔다. 그러나 생명을 에너지 흐름 및 질서–무질서 연속체와 떼어내어 생각하지는 말자. 에너지를 가진다는 것 자체가 생명의 토대로서 충분하다고 할 수 없음은 명확하다. 비평형 질서 상태를 유지하려면, 에너지와의 상호작용, 그 것도 아주 기본적인 수준에서의 상호작용이 있어야 한다. 에너지가 없다면 생명은 무생명 상태가 될 것이므로, 생명은 정의 자체가 에너지 획득 및 에너지 폐기와 결부된 것이어야 한다. 생명은 에너지 흐름의 입력을 통해서 점점 더 질서를 갖출 수 있도록 하는 상태들을 가짐으로써 스스로를 유지한다. 우리 같은 생명은 탄소, 산소, 질소, 수소(그리고 양이 더 적은 일부 원소들)의 비교적 소수의 조합을 유지함으로써 그렇게 한다. 그러면서 궁극적으로 우리가 생명이라고 말하는 수준의 복잡성과 통합에 도달하고, 그것들을 유지한다. 이때 에너지의 흐름은 우리가 생명이라고 부르는 체내의 화학이 평형 상태, 즉 무생명 상태로 돌아가는 경향을 극복할 수 있을 만큼 충분해야 한다.

보편적으로 받아들여진 생명의 정의 중의 하나는 생명이 물질대사를 한다는 것이다. 지구 생명의 주된 에너지원은 지구 내부의 열이나 태양에서 온다. 태양에서 오는 에너지는 태양의 열핵융합 반응에서 나온다. 생명이 태양 에너지를 수확하는 가장 흔한 방법은 광합성을 통해서이다. 광합성 과정에서 햇빛은 이산화탄소와 물을, 에너지를 저장한 많은 화학결합을 가진 복잡한 탄소 화합물로 전환할 에너지를 제공한다. 이 화학결합을 끊을 때, 에너지는 방출된다.

지구 생명은 다양한 생화학 반응을 이용하며, 이 반응들은 모두 전자 전달을 수반한다. 그러나 이 체계는 전기화학적 기울기라는 것이 있어야만 작동한다. 기울기가 더 심할수록, 얻을 수 있는 에너지는 더 많아진다. 이것은 에너지를 더 많이 수확할 수 있는 유형의 환경이 있는 것과 마찬가지로, 다른 물질대사들보다 에너지를 훨씬 더 많이 얻는 유형의 물질대사도 있음을 의미한다. 저장된 에너지의 양이 가장 많은 유기(탄소를 포함한) 화합물은 지방과 지질이다. 화학결합에 많은 에너지를 가둔 긴 사슬 탄소 분자들이다.

물질대사는 한 생물 내에서 일어나는 모든 화학반응의 합이다. 바이러스는 아주 작다. 전형적인 바이러스는 지름이 50-100나노미터이다. 나노미터(nm)

는 10^{-9}미터를 뜻한다. 바이러스는 크게 두 유형으로 나뉜다. 한 집단은 단백질 껍데기로 감싸여 있고, 또 한 집단은 단백질 껍데기에 막 같은 외피를 더 가지고 있다. 이 껍데기 안에 바이러스의 가장 중요한 부분인, 핵산으로 이루어진 유전체가 들어 있다. DNA가 들어 있는 것도 있고, RNA만 들어 있는 것도 있다. 유전자의 수도 바이러스마다 크게 다르다. 겨우 3개의 유전자를 가진 것도 있는 반면, (천연두 바이러스처럼) 250개가 넘는 유전자를 가진 종류도 있다. 사실 바이러스는 종류가 대단히 많으며, 바이러스를 살아 있다고 여긴다면, 거대한 분류군을 이룰 것이다. 그러나 통상적으로 바이러스는 살아 있지 않다고 여긴다. RNA만을 가진 바이러스는 DNA가 없이 RNA 자체가 정보를 저장하고 사실상 DNA 분자 역할을 할 수 있음을 보여준다.[9] 이 발견은 우리가 아는 DNA와 생명이 기원하기 전에 이른바 "RNA 세계"가 있었을 수 있다는 강력한 증거이다.[10] 그리고 RNA 바이러스의 존재는 더욱 놀라운 의미를 함축한다.

바이러스는 기생체이다. 전문 용어로 절대세포내 기생체(obligatory intracellular parasite)이다. 숙주 세포가 없이는 번식을 할 수 없기 때문이다. 대부분의 사례에서 바이러스는 살아 있는 생물의 세포 안으로 침입하여 단백질을 만드는 세포소기관을 강탈하여 자신을 복제하기 시작함으로써, 침입당한 세포를 바이러스 생산 공장으로 바꾼다. 바이러스는 숙주의 생물학에 엄청난 영향을 미친다.

바이러스가 살아 있지 않다는 주장을 뒷받침하는 가장 큰 논리는 바이러스가 스스로 복제할 수 없다는, 따라서 어떤 대상이 살아 있는지 여부를 판정하는 이 주된 시험을 통과하지 못하는 듯하다는 것이다. 그러나 바이러스는 절대 기생체이며, 기생체란 숙주에 적응하기 위해서 형태적 및 유전적으로 상당한 변화를 겪는 경향이 있다는 점을 기억해야 한다.

그렇다면 우리는 다른 기생체들도 과연 살아 있는지 물을 수 있다. 본질적으로 포식의 고도로 진화한 형태인 기생은 일반적으로 오랜 진화 역사의 산물이다. 기생생물은 원시적인 생물이 아니다. 그러나 바이러스와 마찬가지로, 그들도 온전히 살아 있는 것 같지는 않은 단계들을 거친다. 사람과 다른 포유동물들을 감염시키는 기생생물인 크립토스포리디움(*Cryptosporidium*)과 기아르디아(*Giardia*)는 숙주 바깥에 있을 때는 바이러스처럼 죽어 있는 휴지 단계에 놓인다. 숙주가 없을 때, 이 두 생물(그리고 다른 수천 종)은 살아 있지 않을 것이며, 아마 살아 있다고 분류할 수도 없을 것이다. 그러나 숙주 안에 있을 때, 이들은 우리가 아는 생명의 모든 증표들을 보여준다. 물질대사를 하고, 번식하고, 다윈 선택을 겪는다. 그러나 바이러스가 살아 있다는 것을 받아들인다면—받아들이는 이들이 점점 늘어나고 있다—현재 받아들여진 생명 계통수를 근본적으로 재평가해야 한다.

지구의 생명을 연구할 때, 두 가지 의문이 제기될 수 있다. 원자들의 집합 중에서 살아 있는 가장 단순한 것은 무엇일까? 그리고 지구에서 가장 단순한 생명체는 무엇이고, 그것이 살아 있기 위해서 필요로 하는 것이 무엇일까? 이런 질문들에 대답하려면, 현재의 지구 생명이 위에서 말한 생명의 상태를 달성하고 유지하는 데에 필요한 것이 무엇인지를 살펴보아야 한다. 그러기 위해서, 먼저 지구의 모든 생명이 그 상태에 도달하고 그 상태를 유지하는 데에 쓰는 물질들의 화학을 잠시 살펴볼 필요가 있다.

지구 생명을 이루는 살아 있지 않은 기본 구성단위들

지구 생명을 구성하는 모든 분자들 중에 아마도 물이 가장 중요할 것이다. 이 물은 액체 상태의 물을 말한다. 얼음(고체)이나 수증기(기체) 상태의 물은 안 된다. 지구 생명은 액체에 담긴 분자들로 이루어지며, 생명이 가진 분자들의 수는 엄청나게 많지만, 사실 지구 생명이 주로 쓰는 분자들은 4가지에 불과하다. 지질, 탄수화물, 핵산, 단백질이다. 이 분자들은 모두 액체에, 특히 염분을 함유한 액체에 들어 있거나, 물과 다른 분자들을 가두는 벽 역할을 한다.

지질—우리가 지방이라고 하는 것—은 지구 생명이 가진 세포막의 핵심

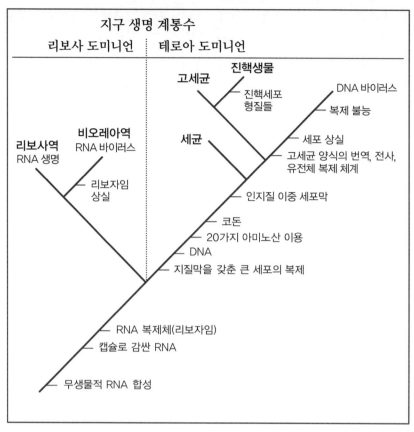

지구 생명 계통수

리보사 도미니언 | 테로아 도미니언

진핵생물

고세균
├─ 진핵세포 형질들
├─ DNA 바이러스
├─ 복제 불능

비오레아역
RNA 바이러스

리보사역
RNA 생명

세균
├─ 세포 상실
├─ 고세균 양식의 번역, 전사, 유전체 복제 체계
├─ 리보자임 상실
├─ 인지질 이중 세포막
├─ 코돈
├─ 20가지 아미노산 이용
├─ DNA
├─ 지질막을 갖춘 큰 세포의 복제

RNA 복제체(리보자임)
캡슐로 감싼 RNA

무생물적 RNA 합성

바이러스와 지금은 사라진 RNA 생명까지 포함시켜서 필자들이 수정한 생물 계통수. 여기에는 역(계보다 상위 범주)보다 더 상위에 있는 새로운 분류 범주가 필요하다. RNA 생명은 현재 받아들여진 계통수에 포함되어 있지 않다. (출처 : 피터 워드, 『우리가 모르는 생명[*Life As We Do Not Know It*]』, 2006)

성분이다. 지질은 수소 원자가 많아서 물에 잘 젖지 않지만, 산소와 질소 원자가 거의 들어 있지 않다. 지질은 우리가 생명이라고 말하는 액체로 채워진 내부를 외부 환경과 분리하는 세포의 경계 또는 벽의 주요 성분이다. 그러나 이 막은 매우 섬세하며 세포 안팎의 물질 이동을 조절한다.

탄수화물은 지구 생명을 이루는 두 번째 주요 성분이며, 우리가 흔히 당이라고 부르는 것이다. 당이 무수히 연결된 것을 다당류(多糖類, polysaccharide)라고 한다. "많은 당"이라는 뜻이다. 연결되어 있든 그렇지 않든 간에 당은 스스로 또는 다른 유기 및 무기 분자와 결합하여 더 큰 분자를 형성할 수 있기 때문에 중요한 구성성분이다.

또 당은 세 번째 기본 구성성분인 핵산(核酸)을 만드는 데에도 중요하다. 모든 세포에서 핵산은 유전정보를 담고 있다. 핵산은 뉴클레오티드(nucleotide)라는 질소 함유 화합물과 당이 결합된 거대한 분자이다. 그리고 뉴클레오티드는 염기, 인, 당이라는 하위 단위들이 결합된 것이다. 여기에서 중요한 부분은 염기이다. 염기가 유전암호의 "문자"이기 때문이다.

DNA와 RNA는 모든 생명 분자 중에서 가장 중요한 것에 속한다. 두 개의 뼈대(발견자인 제임스 왓슨과 프랜시스 크릭이 묘사한 유명한 이중나선)로 이루어진 DNA는 생명 자체의 정보 저장 시스템이다. 이 두 가닥의 나선은 사다리의 가로대처럼 양쪽에서 뻗어나온 부분들을 통해서 서로 결합된다. 뻗어나온 부분은 DNA 염기이며, 염기끼리 연결된 염기쌍이 바로 사다리의 단이 된다. 염기는 아데닌, 시토신, 구아닌, 티민의 네 종류가 있다. "염기쌍(base pair)"이라는 용어가 쓰이는 것은 염기들이 늘 서로 결합되어 있기 때문이다. 언제나 시토닌은 구아닌과, 티민은 아데닌과 짝을 짓는다. 염기쌍들의 순서가 바로 생명의 언어이다. 염기쌍이 이어져서 유전자를 이루고, 유전자의 염기쌍 순서에 어느 한 생명체에 관한 모든 정보가 담겨 있다.

DNA가 유전정보를 가지고 있다면, 그것의 변이체인 단일 가닥으로 이루어진 RNA는 DNA의 노예라고 할 수 있다. RNA는 정보를 활동으로 번역하는 분자이다. 즉 그 정보에 맞추어서 실제로 단백질을 생산하는 활동을 촉발한다. RNA 분자는 한 가닥이기는 하지만, 나선과 염기를 가진다는 점에서 DNA와 비슷하다. 그러나 DNA처럼 이중나선이 아니라, (늘 그런 것은 아니라고 해도) 대개 단일 가닥으로 존재한다는 점이 다르다.

DNA와 RNA가 엄청나게 복잡한 이유가 무엇일까? 생명을 만드는 데에 필요한 정보(청사진)와 그 생명을 살아 있게 유지하는 데에 필요한 정보를 담고 있기 때문이다. DNA는 청사진이자, 사용 설명서이자, 수리 설명서이자, 자신의 사본을 만들라는 명령문의 집합이자, 그 모든 일에 필요한 정보를 담은 것이다. 컴퓨터에 비유하면, DNA는 소프트웨어이다. 정보를 담고 있지만, 그 정보를 토대로 스스로 활동을 할 수는 없다는 점에서 그렇다. 단백질은 컴퓨터 하드웨어라고 볼 수 있다. 언제 어디에서 특정한 화학적 변화가 일어나야 하고, 생명에 필요한 물질을 생산해야 한다고 정보를 제공하는 DNA 소프트웨어가 필요하다는 점에서 그렇다. RNA는 하드웨어나 소프트웨어로 존재할 수 있고, 때로는 동시에 양쪽 역할을 다 할 수도 있는 흥미로운 특징을 가진다.

마지막 구성성분인 단백질은 지구 생명의 네 기능을 수행한다. 다른 큰 분자들을 만들고, 다른 분자들을 수선하고, 물질을 운반하며, 에너지 공급을 확보한다. 또 단백질은 다양한 목적을 위해서 크고 작은 분자들을 변형시키고, 세포 신호 전달에도 관여한다. 단백질은 종류가 엄청나게 많고, 우리는 그들이 어떻게 일하며 어떤 일을 하는지 이제야 겨우 이해하기 시작한 상태다. 우리는 단백질의 위상학, 즉 단백질이 접히는 형태가 화학적 조성 못지않게 단백질의 기능에 중요하다는 점도 이제야 새롭게 깨달았다.

지구 생명에 쓰이는 단백질은 모두 20개의 아미노산이 조합되어 만들어진다. 21세기에 새로 등장한 한 연구 분야는 오래된 질문을 새롭게 제기하고 있다. 그 20가지의 아미노산이 가장 좋은 기본 구성성분이라서 쓰인 것일까, 아니면 생명이 처음 형성될 당시에 흔해서 영구적으로 생명의 "암호"를 담게 된 것일까? 사실 전자일 가능성이 높아 보인다. 적어도 2010년에 이루어진 한 연구에 따르면, 그 아미노산들이 가장 낫다고 한다.[11] 이 아미노산 집합은 지구에 고유한 것이며, 아마 지구 생명의 식별표지가 될지도 모른다.

단백질은 세포 안에서 다양한 아미노산들이 줄줄이 이어져서 긴 선형 사슬이 되었다가 이리저리 접혀서 최종 형태가 됨으로써 만들어진다. 대개는 사슬이 다 만들어진 뒤에 접히지만, 때로는 합성되고 있는 도중에 접히기도 한다. 아미노산이 단백질로 조립되는 과정은 한 번에 하나씩 특정한 순서로 선형으로 이루어지므로, 각 아미노산을 단어에, 단백질을 문장에 비유하기도 한다. 살아 있는 세포의 세포벽 안에는 막대, 공, 판 모양을 한 온갖 분자들이

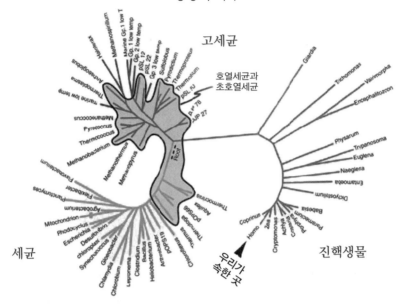

생명의 나무

계통수의 최종 형태는 이제 이와 같이 보일 것이다. 짙은 색깔을 띤 영역은 고온에서 번성하는 생물들이다. 무기화학에서부터 최초의 살아 있는 세포로 나아가는 단계적인 과정에 존재했을 많은 유형의 생물들과 "전생물(pre-organism)"은 여기에서 빠져 있다.

짭짤한 젤(gel) 속에서 떠다니고 있다. 핵산은 약 1,000개, 단백질은 3만 개가 넘게 돌아다닌다. 이 모든 것들이 결합되어서 우리가 생명이라고 부르는 과정을 이루는 화학을 빚어낸다. 많은 화학적 과정들이 이 단칸방에서 동시에 진행될 수 있다.

세포 내에는 리보솜이라고 하는 공 모양의 물체도 약 1만 개 들어 있다. 리보솜은 세포 전체에 다소 균일하게 퍼져 있다. 리보솜은 세 종류의 RNA와 약 50가지의 단백질로 이루어져 있다. 세포에는 염색체도 있다. 염색체는 DNA와 특수한 단백질이 결합된 긴 사슬 형태이다. 세균의 DNA는 대개 세포의 한쪽에 모여 있지만, 세포막을 통해서 세포 안의 다른 물질들과 격리되어 있지는 않다. 반면에 진핵생물(眞核生物)이라는 고등한 형태의 생물은 세포 안의 염색체가 핵막을 통해서 세포핵 안에 따로 들어 있다. 이 세포 안에서 "살아 있는" 것은 무엇일까?

세균은 무생물 분자들로 이루어진다. DNA 분자는 살아 있지 않은 것이 분명하며, 합리적인 사람이라면 어느 모로 보아도 그 결론에 동의할 것이다. 세포 자체는 수많은 화학적 활동으로 이루어지지만, 그 활동은 하나하나 떼어내서 보면 살아 있지 않은 화학반응이다. 아마 세포라는 전체만이 살아 있을 뿐, 그 안에 든 각각의 것들은 살아 있다고 할 수 없을 것이다. 생명이 처음에 어떻게 출현했는지를 이해하려면, 가장 적은 분자와의 반응으로 생명을 획득할 수 있는 최소 세포를 찾아야 할 필요가 있다.

이 단순한 세포를 알아보려고 할 때 나타나는 가장 큰 문제 중의 하나는 자세히 살펴보려고 하면, 결코 단순하지 않다는 것이다. 프리먼 다이슨은 다음과 같은 질문을 통해서 현대 생물의 이 점을 직시했다. "생명(적어도 현재의 생명)은 왜 그토록 복잡한가?"[12] 항상성이 생명의 필수적인 속성이고, 알려진 모든 세균이 수천 종류의 분자(DNA의 염기 수백만 개가 만드는 분자)를 가진다면, 그것이 최소 크기의 유전체인 양 보일 수도 있다. 그러나 현재의 모든 세균은 30억 년 넘게 (어쩌면 40억 년 넘게) 진화한 끝에 나온 것들이다. 아마 가장 단순한 지구 생명도 우주에서 가장 복잡한 생명체에 속할 것이다.[13]

4

생명의 형성 :
42억(?)-35억 년 전

1976년 7월 28일, 지구에서 화성까지 기나긴 침묵의 비행을 끝내고 화성 착륙에 성공한 지 며칠 뒤, 1톤짜리 거대한 기계는 로봇 팔을 뻗었다. 로봇 팔은 화성 토양을 떠서 바이킹 착륙선 안으로 들여왔다. 최초로 이루어진 이 토양 표본의 채취는 지구 바깥에서 이루어진 놀라운 공학적 성취였다. 나사의 바이킹 호는 자신의 복잡한 내부로 들여온 이 토양 표본을 가지고 네 가지 기초 실험을 수행했다. 모두 생명이나 생명 과정이 존재하는지 알아보기 위해서 고안된 것들이었다. 그리고 바로 그것이 바이킹 호가 화성으로 간 이유이기도 했다. 생명을 탐사하기 위해서였다.

첫 실험 결과는 토양에 정말로 생명이 존재하지 않을까 하는 희망을 품게 했다.[1] 토양의 산소량이 예상보다 높았고, 더 나아가서 적어도 화성 표토에 미생물이 존재함을 시사하는 화학적 활동이 일어난다는 것이 밝혀졌기 때문이다. 이 첫 실험들로 바이킹 호 탐사의 과학 담당자들은 낙관론에 휩싸였다. 그래서 탐사의 수석 과학자 중의 한 명인 칼 세이건은 「뉴욕 타임스(*New York Times*)」에 화성에 생명이, 심지어 커다란 생명체까지도 존재한다는 사실에 의문의 여지가 없다고 생각한다는 말을 할 지경에 이르렀다. 여기에서 커다란 생명이란, 말 그대로 몸집이 큰 생물을 뜻했다. 그 인터뷰 기사를 보면, 그는 화성판 북극곰까지 있을 것이라는 식으로 말했다!

그러나 착륙선의 분광기로 화성 토양을 꼼꼼히 분석한 결과, 토양에 유기화학물질이 있다는 증거를 전혀 찾을 수 없었다. 이 최초의 화성 착륙선이 얻은 증거들로 판단할 때, 화성은 죽어 있을 뿐 아니라, 생명에 적대적인 것처럼 보였다. 그래서 생명체가 있었다고 해도 토양의 유독한 화학물질 때문에 곧 죽었을 것이라는 추측이 제기되었다. 언제나 낙관주의자였던 세이건은 이제 화성 궤도를 돌고 있던 두 번째 바이킹 착륙선이 내려가서 생명이 있음을 알려줄 증거를 찾아내기를 기대하는 수밖에 없었다.

1976년 9월 3일, 두 번째 착륙선이 유토피아 평원(Utopia Planitia)이라는 화성 표면에 안전하게 내려앉았다. 첫 번째 착륙선과 마찬가지로, 이 거대한 기계도 완벽하게 작동했다.[2] 그러나 첫 번째 착륙선과 마찬가지로, 이 착륙선도 별도의 중요한 생명 검출 실험을 수행했지만 생명이 있다는 증거를 전혀 찾아내지 못했다. 바이킹 계획은 다목적 탐사 계획이라고 여겨져왔다. 그러나 화성 토양과 대기의 화학 및 지질학 연구도 중요하기는 했지만, 바이킹 호의 주된 임무와 그 비좁은 탐사선에 꾸려넣은 장비들의 대부분은 외계 생명을 탐사하기 위한 것이었다.

바이킹 호의 탐사 결과는 화성이 불모지임을 시사했고, 화성은 나사의 관심 대상에서 멀어지기 시작했다.[3] 나사가 화성에 관심을 가진 것은 지구 바깥의 생명을 탐사하기 위해서였고 지금도 마찬가지이기 때문이다. 나사가 관심을 끊자, 오히려 그 혜택을 보기 시작한 과학자들이 있었다. 마찬가지로 낯선 세계, 그리고 낯선 생명을 연구하는 이들이었다. 바로 해양학자들이었다. 바이킹 호 탐사 직후에, 엄청난 자원이 심해 탐사에 필요한 기술을 개발하는 쪽으로 쏠렸고, 곧 또다른 종류의 탐사선이 또다른 낯선 표면에 안착하는 데에 성공했다. 이번에는 생명을 발견했다. 그러나 전혀 예상하지 못한 종류였다. 먼저 대서양에서, 곧이어 갈라파고스 제도 주변의 심해와 그 다음에 캘리포니아 만에서 앨빈이라는 작은 노란색 심해 잠수정은 연달아 깊은 해저로 들어가서 햇빛이 아니라 근본적으로 다른 에너지원을 이용하는 생명체들의 사진을 찍고 표본을 채집했다.

이 심해 "분출구" 동물상이 발견되면서, 지구의 생명이 어디에서 어떻게 기원했는가에 관해서 우리가 이해하고 있던 사항들에 근본적인 변화가 일어났다. 사실 지구에 출현한 생명은 다른 곳에서 생성되어 지구로 운반되었을 가능성도 있기 때문이다. 지구가 우주 부스러기들이 뭉쳐져서 커졌다가 궁극적으로 거주 가능한 행성이 된 직후에 생명이 형성되었다면, 그것은 생명을 만들기가 결코 어려운 것이 아님을 시사한다. 그런데 가장 오래된 지구 생명은 실제로 얼마나 오래되었을까? 그리고 이 최초의 생명은 어디에서 형성되었을까? 대개 역사가들은 무엇인가의 "최초"를 찾으려고 할 때, 시간적으로 더 오래된 기록을 들여다보며, 지구 역사가들도 마찬가지였다. 그들의 문제는 충분히 오래된 암석이 극도로 희소하고, 세균과 비슷했던 초기 세포가 화석이 되기가 사실상 거의 불가능하다는 점이었다.

20여 년 동안, 지구에서 가장 오래된 생명의 흔적은 그린란드의 이수아(Isua)라는 얼어붙은 지역에서 나왔다는 것이 정설로 받아들여져 있었다.[4] 화석은 전혀 발견되지 않았다. 대신에 인회석(燐灰石, apatite)이라는 작은 광물에 미량 들어 있는 두 탄소 동위원소의 양이 오늘날 생명에게 독특하게 존재하는 비율과 매우 흡사하다고 알려졌다. 그린란드 이수아의 암석은 약 37억 년 된 것이라고 알려져 있었지만, 나중에 새로운 연대 측정법으로 조사했더니 더 오래된 약 38억 5,000만 년 전의 것임이 드러났다. 그리고 이 연대는 오랫동안 교과서에 실려왔다.

37-38억 년 전이라는 연대는 지구에서 가장 오래된 생명을 찾는 이들에게 많은 의미를 가졌다. 앞에서 살펴보았듯이, 약 42억 년 전부터 38억 년 전까지 당시 아직 어렸던 태양계의 지구를 비롯한 모든 천체들과 행성이 형성된 뒤 남은 부스러기들에 소행성들이 빗발치듯이 쏟아졌다. 앞에서 말했듯이, 당시에 설령 생명이 형성되었다고 한들 (아니, 이보다 더 이전부터 존재했다고 한들) 그 생명은 "충돌 좌절(impact frustration)" 과정으로 몰살당했을 것이다.[5] 따라서 이수아 암석의 연대는 완벽했다. 즉 극심한 충돌기가 막 끝나고, 생명이 시작될 수 있는 시기의 것이었다. 이렇게 모든 것이 산뜻하게 들어맞았지만, 불행히도 21세기에 개발된 새 장치를 이용하여 조사하자, 그린란드 이수아 암석에 든 소량의 탄소는 생명이 만든 것이 아님이 드러났다.[6]

그 다음으로 오래된 생명이라고 주장된 것은 35억 년 된 것인데, 이 주장은 단순히 화학적 단서가 아니라 화석을 토대로 나왔다. 미국 고생물학자 윌리엄 쇼프가 약 35억 년 전의 마노(瑪瑙, agate) 같은 암석에서 실 같은 형체를 발견했다.[7] 이 화석은 현재 지구에서 가장 살기가 어려운 장소 중의 하나인 웨스턴 오스트레일리아의 에이펙스 처트(Apex Chert)라는 이전까지 불분명하고 오래된 암석 집합으로 여겼던 고도로 변형된 암석에서 나왔다. 웨스턴 오스트레일리아의 먼지로 뒤덮인 이 황량하고 메마른 지역에서 지리적으로 이 화석들이 발견된 곳의 정확한 지명은 "노스폴(North Pole, 북극)"이다. 그곳이 사실 지구에서 가장 뜨거운 곳 중의 하나이며, 지리적으로 또 기후상으로 북극과 가장 거리가 멀다는 점 때문에 몇 년 전에 붙여진 역설적인 지명이다.

쇼프의 발견에 과학계는 흥분했다. 이 생명이 정말로 지구 역사의 아주 초기에 시작되었음을 보여주었기 때문이다. 거의 20년 동안 오스트레일리아의 이 오래된 화석은 지구에서 가장 오래된 화석 생명체라고 받아들여져왔다. 그러다가 옥스퍼드의 마틴 브레이저가 이 화석에도 의문을 제기했다. 그는 이른바 지구에서 가장 오래된 화석이라는 이것이 생명의 흔적이 아니라, 미세한 결정의 흔적에 불과하다고 주장했다.[8]

곧이어 열띤 과학적 논쟁이 벌어졌다. 과학자들은 양편으로 나뉘어 대체로 정중하게(물론 그렇지 않은 사례도 있기는 했다) 공격과 반론을 주고받았다. 몇 년에 걸쳐 논쟁이 벌어지면서 쇼프는 점점 설 땅을 잃어갔다. 옥스퍼드의 동료들로부터 에이펙스 처트에 든 미세한 흔적을 잘못 해석했다고 공격을 받았기 때문이기도 하지만, 곧 에이펙스 처트 자체의 연대에도 의문이 제기되었기 때문이다.

2005년경, 워싱턴 대학교의 로저 뷰익은 에이펙스 처트에 든 미세한 흔적이 결코 화석이 아니며, 암석 자체도 쇼프가 주장한 것보다 훨씬 젊다고, 10억 년 이상 젊다고 주장했다. 그래도 여전히 오래된 암석이겠지만(수십억 년 된 화석이라면 충분히 생일을 기념할 자격이 있다), 지구에서 가장 오래된 생명

근처에도 가지 못하는 연대였다. 이렇게 연달아 타격을 받고서 에이펙스 화석은 논의에서 아예 배제되고 말았다.

그런 상황이 2012년까지 죽 이어지다가, 그해 여름에 마틴 브레이저는 적어도 34억 년 된 생명이 존재한다는 논문을 공동으로 내놓았다.[9] 저자들은 그것이 지금까지 발견된 화석 중에서 가장 오래된 것이라고 주장했다. 화석 자체가 오늘날 지구에 살고 있는 특정한 유형의 세균과 모양과 형태가 비슷하다는 점에서 그 발견은 더욱 중요한 의미를 가지고 있었다. 그 가장 오래된 생명체는 바다에 살았고, 살아가는 데에 황을 필요로 하는 듯했고, 미량의 산소 분자에 노출되어도 즉시 죽었을 것이다. 그래도 이 화석을 탄소 기반의 생명체라고 부를 수 있겠지만, 그 생물은 황이라는 원소를 생명이 어떻게 출현했는가라는 논의의 중심으로 끌어들인다.[10]

브레이저 연구진이 논문에서 기술한 화석들은 현재 지구에 사는 미세한 화석과 유연관계가 있어 보인다. 살아가는 데에 원소 황이 필요하고, 가장 희박한 산소에 노출되어도 곧바로 죽고 마는 세균이다. 이 발견이 옳다면, 그 화석은 우리 행성의 생명이 현재의 대부분의 지구 환경에 지극히 낯설고 산소가 아니라 황에 의지하는 곳에서 시작되었음을 입증하는 것이 된다.

우리는 지구 생명을 대개 현재 지구의 숲, 바다, 호수, 하늘과 연관지어서 생각한다. 맑은 공기, 깨끗한 푸른 바다, 풀로 뒤덮인 언덕에 사는 생물들과 말이다. 그러나 브레이저가 발견한 미세한 화석은 지금보다 온도가 훨씬 더 높고, 공기는 메탄, 이산화탄소, 암모니아 같은 유독 가스로 가득하고 황화수소라는 독성을 띤 기체도 적잖이 들어 있는 환경에서 살았다.[11] 대륙이 전혀 없는, 아니 이따금 잠시 치솟곤 하던 화산섬을 제외하고는 육지라고는 아예 찾아볼 수 없었을 행성에서 살았다. 생명은 이런 환경에서 시작되어서 (아니면 도착했을 것이다. 이 가능성은 뒤에서 살펴보기로 하자), 수십억 년 동안 번성했다. 이렇게 우리 모두가 지옥 같은 이 지구의 요람에서 생겨난 생명의 후손이며, 황이 풍부했던 생명의 기원 시기의 흔적과 유전자를 간직하고 있다는 것이 현재 학계의 주류 견해이다.

지구 최초의 생명이 황이 풍부한 무산소 환경에서 출현했다는 이 논문이 발표된 직후, 나사의 탐사 로봇인 큐리아서티(Curiosity)가 화성 표면에 착륙했다.[12] 지구 최초의 생명을 발견했다고 발표한 직후였으므로, 마틴 브레이저는 화석으로 남은 그 황 미생물이 화성에 살았을 수도 있지 않을까, 아니 지금도 살고 있지 않을까 하는 질문을 받았다. 그는 잠시 생각한 뒤, 그렇다고 대답했다.[13]

34억 년 된 생명이 지구에서 가장 오래된 생명체임이 드러난다면, 현재 지구 최초의 생명이 출현한 장소로서 선호되고 있는 "요람(crèche)" 가운데 상당수에 의문이 제기된다. 당시 우리 행성은 이미 기나긴 역사를 거친 상태였다. 앞에서 말했듯이 45억6,700만 년 전에 형성되었으니 말이다. 이 화석이 정말로 최초의 생명이라고 보면, 생명 자체가 애초에 생겨나기가 비교적 쉬웠을 것이 분명하다고 여기는 연구자들이 있다.

그러나 얼마나 쉬웠다는 것일까? 그리고 그 생명은 어떤 과정을 거쳐서 생겨났을까? 지구에 생명이 탄생하기까지 어떤 일이 일어났을지 살펴보기로 하자. 생명이 탄생하기까지는 네 단계를 거쳐야 했다.

1. 아미노산과 뉴클레오티드 같은 작은 유기 분자들의 합성과 축적. 인산염(식물비료의 주성분이기도 함)이라는 화학물질의 축적도 중요한 전제 조건 중의 하나였을 것임. 인산염은 DNA와 RNA의 뼈대를 이루기 때문.
2. 이 작은 분자들이 결합되어 단백질과 핵산 같은 더 큰 분자를 형성.
3. 단백질과 핵산이 작은 방울 안으로 모여듦. 이 방울은 주변 환경과 다른 화학적 특성을 띰. 세포의 형성.
4. 더 복잡한 분자를 복제할 능력과 유전 능력을 획득.

RNA의 합성—그리고 DNA의 합성이라는 더 어려운 업적—으로 이어지는 단계들 중의 일부는 실험실에서 재현할 수 있지만, 그렇지 못한 단계들도 있다. 1950년대에 밀러-유리(Miller-Urey) 실험으로 드러났듯이, 실험실에서 아미노산—생명의 가장 기본적인 구성단위—을 합성하는 데에는 아무런 문제가 없다. 그러나 DNA를 인공 합성하는 것에 비하면, 실험실에서 아미노산을 만드는 것은 사소한 일임이 드러났다. 문제는 DNA (또는 RNA) 같은 복잡한 분자가 단순히 유리관 안에서 다양한 화학물질을 결합시킨다고 해서 형성되는 것이 아니라는 점이다. 그런 유기 분자는 가열하면 분해되는 경향도 있다. 그것은 그런 분자가 고온보다는 저온이나 중간 온도인 환경에서 처음 형성되었을 것이 분명함을 시사한다. 지구의 생명은 핵산인 RNA와 DNA를 가진다. 일단 RNA가 합성되면, 생명으로 나아가는 길이 열린다. RNA는 궁극적으로 DNA를 생산할 수 있기 때문이다. 그러나 최초의 RNA에 어떻게—어떤 조건과 어떤 환경에서—출현했는지는 생명이 어디에서 어떻게 기원했는지를 밝히려고 하는 이들이 직면한 핵심 문제가 되었다. 생명이 시작된 장소라고 가설로 제시된 곳은 많다.

다윈의 연못

지구 최초의 생명이 어떻게 출현했을지를 처음으로 제시한 사람은 찰스 다윈이었다. 그의 모형은 가장 유명하면서 가장 오랫동안 받아들여져온 것이기도 하다. 그는 친구에게 보낸 편지에서 생명이 일종의 "햇빛이 드는 얕고 따뜻한 연못"에서 시작되었다고 제시했다. 민물 연못이나 바닷가의 조수 웅덩이일 이런 유형의 환경은 지금까지도 일부 학계와 교과서에서 유력한 생명 탄생의 후보지로 여겨지고 있다. J. 홀데인과 A. 오파린 같은 20세기 초의 과학자들은 다윈의 견해에 동조하면서 이 개념을 더 확장했다.[14] 그들은 서로 독자적으로 초기 지구가 "환원성" 대기(철이 결코 녹슬지 않는 환경처럼, 산화와 정반대의 화학반응을 일으키는 대기)를 가졌다는 가설을 내놓았다. 당시의 대기는 메탄과 암모니아로 가득해서, 최초의 생명이 어떤 얕은 물에서 출현할 이상적인 "원시 수프(primordial soup)"를 형성했을지도 모른다.

생명의 기원 단계

지구의 형성	안정한 수권	전생물적 화학	RNA 이전 세계	RNA 세계	최초의 DNA/ 단백질 생명	마지막 공통 조상
4.5	4.4	4.2–4.0	~4.0	~3.8	~3.6	3.6–현재 (10억 년)

1950년대와 1960년대까지도, 연구자들은 초기 지구의 대기가 메탄과 암모니아로 이루어져 있다고 여겼고, 따라서 단순히 물과 에너지가 추가되면 아미노산이라는 기본 구성단위인 유기물이 무기적으로 흔히 합성될 수 있었을 것이라고 믿었다.[15] 그저 다양한 화학물질이 축적될 만한 곳만 있으면 되었다. 악취를 풍기는 얕은 연못이나 따뜻한 얕은 바다의 가장자리에서 파도에 씻기는 조수 웅덩이가 바로 그런 최적의 장소처럼 보였다. 그리고 그 개념에 따르면, 그런 장소에는 유기 분자로 가득한 일종의 원시 수프가 프랑켄슈타인 박사를 기다리고 있었다.

현재 초기 지구의 환경을 연구하는 많은 과학자들은 이 시나리오에 의문을 제기한다. 생명을 형성하는 데에 필요한 유기 화합물은 복잡하며 가열된 용액에서는 쉽게 분해된다. 게다가 이 수프를 평형 상태에서 벗어난 상태로 유지하려면, 엄청난 에너지가 필요할 것이다. 생명이 출현하려면, 그런 비평형 상태가 유지되어야 한다. 당시 다윈은 지구(그리고 다른 지구형 행성들)의 형성으로 이어진 과정들이 지구 역사 초기에 혹독하고 유독한 세계, 19세기와 20세기 초에 상상했던 한가로운 조수 웅덩이나 연못과 거리가 먼 세계를 빚어냈다는 점을 알지 못했다.

그러나 이 장의 앞부분에서 말한, 심해저 화산지대로 잠수한 앨빈 호는 1980년대 초에 새로운 가능성을 제시했고, 현재 워싱턴 대학교에 있는 존 바로스를 비롯한 연구자들이 그 견해를 주창하고 나섰다. 새롭게 발견된 심해 열수 분출구에서 지구 생명이 시작되었다는 것이다.[16] 곧 열수 분출구 미생물을 분류하는 새로운 분자 기법들을 통해서 이 개념을 뒷받침하는 증거가 추가되었다. DNA는 생명이 최초에 뜨거운 물, 사실상 아주 뜨거운 물에서 지냈는지, 아니면 차가운 곳에서 생겨난 뒤에 고대의 어떤 에너지가 넘치는 과정 속에서 거의 죽기 직전까지 달궈졌는지를 알려줄 수 있다.

열수 분출구에서 채집한 미생물은 대부분 고세균(古細菌, Archaea)에 속한다는 것이 밝혀졌다. 고세균은 지구의 생물들 가운데 가장 오래된 계통에 속하며, 이 가장 오래된 것들은 연못이 아니라 거의 끓는 물에서 번성할 만큼 호열성(好熱性), 즉 열을 좋아하는 성질을 띤다. 이 발견은 열수 분출구의 미생물이 대단히 오래되었음을 시사했다.[17]

앞의 장에서 말한 44-38억 년 전의 대충돌기에, 충돌 사건(지름이 500킬로미터에 이르는 혜성도 있었다)이 일어날 때마다 대양은 부분적으로 또는 완전히 증발했을 것이다. 지구 암석 표면도 엄청난 영역에 걸쳐 증발하면서 온도가 수천 도에 달하는 과열된 암석-가스 혹은 증기 구름이 형성되었을 것이다. 대기에 있는 이 뜨거운 증기는 바다 전체를 수증기로 증발시키면서 갓 태어난 모든 생명을 없앴을 수 있다. 이어서 우주로 복사선이 뿜어지면서 지구는 식어갔겠지만, 각 사건이 일어난 지 적어도 수천 년은 흘러서야 비가 내려 새로운 바다가 형성되었을 것이다. 따라서 지표면의 어디에서든 간에 생명이 살아남았을 것이라고 상상하기가 어렵다.

그 전까지 대형 천체의 충돌 사건은 생명의 기원을 다룰 때 아예 논의조차 되지 않았다. 그러나 현재 우리는 생명이 지구에 처음 출현했을 것이 분명한 그 시기에, 대충돌의 엄청난 에너지를 피했을 만한 장소가 심해나 지각 내부밖에 없었으리라는 것을 안다. 바다나 암석 깊숙한 곳만이 초기 생명이 살아남는 데에 필요한 대피소가 되었을 것이다.

약 40억 년 전에는 육지라고는 거의 없었다. 그리고 지구 내부로부터의 용암 분출과 화산 활동은 지금보다 훨씬 더 흔하고 극심했다. 따라서 1970년대에 소수의 작은 심해 잠수정으로 탐사된 심해 해령과 열수 분출구는 그 먼 옛날에는 훨씬 더 길고 더 활발했다. 종합하면, 당시는 지구 깊숙한 곳에서 해양 환경으로 엄청난 양의 화학물질과 화합물이 뿜어지는 에너지가 대단히 풍부한 화산 세계였다. 바닷물은 지금과 화학적으로 크게 달랐을 것이다. 바다는 (산화성인 현재의 해양과 정반대로) 우리가 환원성이라고 부르는 상태였을 것이다. 바닷물에 녹아 있는 유리 산소가 전혀 없었기 때문이다. 바다의 수온은 익을 정도로 높았을 것이다.

대기에는 지금보다 이산화탄소가 100-1,000배 더 많았을 것이다. 또 지표면에는 치명적인 수준의 자외선이 계속 쏟아졌을 것이다. 연못이 있으려면 육지가 필요한데, 지구에 생명이 처음 형성될 시기에는 육지라고는 아예 없었을 수도 있다. 아마도 남극에서 북극까지 오직 뜨거운 유독한 바다만 있었을 것이다.

열수 분출구의 광물 표면

열수 분출구와 그곳의 풍부한 호열성 고세균을 비롯한 극한미생물들이 살아가는 환경은 생명이 기원하기에 좋은 곳이라고 여겨지고 있으며, 초기 지구의 해양 및 대기와 마찬가지로 진정으로 강한 환원성을 띤 곳이다. 열수 분출구는 황화수소, 메탄, 암모니아 같은 생명의 진화에 쓰일 화학물질을 함유한 뜨거운 물을 뿜어낸다. 열수 분출구는 화학적으로 대체로 대기와 격리되어 있었을 것이며, 따라서 생명의 진화는 대기와 무관하게 일어났을 수 있다. 그럼으로써 당시의 지구 대기가 화학적으로 생명을 형성하기에 적합하지 않았다는 문제가 해결되었다. 그러나 이른바 열수 분출구 기원 모형도 나름의 문제를 안고 있다. 고도로 불안정한 분자인 RNA가 고온과 고압 상태인 열수 분출구에서 어떻게 형성될 수 있었을까?[18]

적어도 초기 생명에 관한 저명한 이론가인 귄터 베흐터쇼이저는 초기 생명이 황화철 광물의 표면에서 형성되었을 수 있다고 주장한다. 그는 이 개념을 "황화철 세계 이론(iron-sulfur world theory)"이라고 했다.[19] 이 이론은 베흐터쇼이저가 "개척자 생물(pioneer organism)"이라고 이름 붙인 최초의 생명이 수중 열수 분출구라는 고온고압 환경에서 형성되었다고 본다. 수천 킬로미터에 걸쳐 뻗어 있는 심해의 균열을 따라서 놓인 암석 틈새로부터 수중 화산 활동을 통해서 광물질이 풍부한 뜨거운 액체가 뿜어지는 곳에서 말이다. 생명은 물이 끓을 만큼 뜨거운(섭씨 100도) 표면에서 시작되었을 것이다. 그러나 수면과 달리, 열수 분출구에서는 수압이 높아서 물이 끓지 않으며, 열수 분출구에서 나오는 물은 원소와 화합물을 지속적으로 공급하는 화학물질 집합이었다. 그러나 어떤 종류든 유기물이 형성되려면, 열수 분출구에서 나오는 액체에 일산화탄소, 이산화탄소, 황화수소가 충분히 녹아 있어야 했다. 아미노산과 더 나아가서 핵산, 단백질, 지질을 형성하는 데에 필요한 탄소와 황이 공급되어야 했다.

화산 활동으로 가열된 분출구에서 광물이 함유된 뜨거운 액체가 뿜어짐에 따라서, 이윽고 철, 황, 니켈을 함유한 광물들이 쌓였다. 그러면서 탄소를 함유한 분자를 포획할 수 있는 미세한 공간들이 형성되었고, 그렇게 갇힌 분자들에서 화학적 변화가 일어나서 먼저 탄소 원자가 분리되었고, 그 탄소 원자들은 서로 결합하여 탄소를 많이 함유한 더 복잡한 분자를 형성했다. 유독한 기체인 황화수소가 같은 지역의 다양한 광물들에 들어 있는 철 원자와 접촉할 때, (바보의 금이라는) 황철석이 형성되었다. 이 반응으로 에너지를 간직한 분자가 형성되고, 그럼으로써 생명의 두 가지 중요한 측면이 통합되었다. 생명을 빚어내는 데에 알맞은 원소들과 필요한 화학을 추진할 에너지원이 하나로 결합되었다. 그러나 황철석이 반응하여 생기는 에너지는 아주 작으며, 어떤 원시적인 생명체의 형성을 추진하기에는 부족하다. 베흐터쇼이저는 또다른 기체인 일산화탄소의 반응이 연료 역할을 했을 것임을 깨달았다. 이 에너지는 그 뒤의 모든 반응을 추진한 대단히 중요한 원동력이었다. 분자들이 레고처럼 서서히 끼워 맞추어지면서 다양한 화학적 부품들이 단순히 모여 있는 것과는 전혀 다른 최종 산물이 형성되어 천천히 축적되었다.

광물 표면이 생명 형성의 주형 역할을 할 수 있다는 개념은 새로운 것이 아니다. 점토와 규산염 광물 같은 납작한 광물이나 황철석의 면은 초기 유기 분자가 축적될 수 있는 미세한 영역이 될 수 있었다. 수십 년 전 지질학자 A. G. 케언스스미스가 상상했듯이, 최초의 생명은 몇 가지 특징을 가지고 있었을 것이다. 진화할 수 있었고, 유전자(DNA 분자에서 특정한 단백질을 만드는 암호를 가진 부위)가 거의 없고 분화가 거의 이루어지지 않은 "낮은 수준의 기술"을 가지고 있었고, 황철석이나 황화철의 단단한 표면에서 응축반응을 통해서 생성된 지구화학 물질로 이루어져 있었다. 그러나 많은 초기 생명 연구자들은 이 시나리오에 회의적이다. 특히 유기물로 넘어갈 때 진화가 이루어질 자연선택을 수반하는 과정이 없기 때문이다.

일산화탄소와 황화수소는 동물을 죽이는 물질이며, 일산화탄소는 의도적으로 또는 우연히 중독을 일으켜서 수많은 사람들의 목숨을 앗아가곤 한다. 그러나 이 개념이 옳다면, 두 가지 살인 가스와 바보의 금의 조합이 생명으로 나아가는 경로였다는 뜻이 된다. 닉 레인은 이 개념을 이렇게 표현했다. "생명의 마지막 공통 조상은⋯⋯자유 생활을 하는 세포가 아니라, 자연적인 양성자 기울기를 통해서 에너지를 공급받는 철, 황, 니켈로 이루어진 촉매 벽이 늘어선 광물 세포들의 암석 미로였다. 따라서 최초의 세포는 분자와 에너지를 생성함으로써, 단백질과 DNA 자체의 형성까지 나아간 다공성 암석이었다."[20] 윌리엄 마틴과 마이클 러셀은 2003년과 2007년에 이 개념을 수정한 이론을 내놓았다.[21] 그들은 열수 분출구 기원 개념을 더 확장하여, 그런 환경이 생명에 필요한 모든 원료와 에너지만이 아니라, 생명의 핵심 측면 중의 하나인 세포도 제공할 수 있다고 주장했다. 그들은 생명이 황화제일철(黃化第一鐵, iron monosulfide)이라는 고도로 조직된 광물에서 시작되었다고 본다. 생명이 형성되었을 장소는 (너무 뜨거운) 화로와 (너무 차가운) 깊고 푸른 바다 사이의 어딘가였을 것이다. 지리적으로 말해서 (화산 활동으로 생성되는) 열수 분출구나 누출지에서 뿜어지는 황이 풍부한 (그리고 뜨거운!) 액체와 철분이 풍부했을 고대 바닷물 사이의 어딘가였다. 그러나 이 개념은 단순히 이론적인 차원의 것이 아니다. 오늘날 관찰할 수 있는 분출구와 누출지 화석 근처에는 정말로 삼차원 구조들이 있으며, 그것들은 세포벽의 전구체가 될 수 있었을 것이다. 유기 분자의 "전생물적 합성(prebiotic synthesis)"은 분출구나 누출지 부근에 쌓이는 광물들 내부에 형성되는 미세한 방들의 안쪽

표면에서 일어났을 것이다. 뒤이어 이 광물질 세포벽 안에서 "RNA 세계"의 화학이 진행되었을 것이다.

새천년에 들어설 무렵, 많은 단서들이 나와 있었고, 생명이 처음 기원했을 만한 많은 장소들이 논의된 상태였다. 지구에 생존한 생명 중에서 가장 오래된 것은 분명히 열을 사랑하며, 열수 분출구에서 아직도 발견되는 종류이다. 열수 분출구에서는 생명에 필요한 모든 화학물질과 에너지가 발견되었다. 비록 생명이 반드시 그곳에서 진화했다고는 할 수 없을지라도 말이다. 그리고 마지막으로, 열수 분출구는 초기 지구의 표면에서 벌어지는 격렬한 사건들을 겪지 않을 피신처를 제공했다. 가장 중요한 점은 지구 역사의 처음 10억 년 동안 쏟아졌던 소행성들의 포화를 피할 방공호 역할을 했다는 것이다. 그러나 이 이론이 널리 받아들여지려면, 넘어야 할 커다란 장애물이 하나 있었다. 바로 RNA가, 그리고 그보다 조금 덜하기는 하지만, DNA도 열수 분출구 같은 고온에서 극도로 불안정하다는 점이다. RNA가 일단 합성되면, RNA에서 DNA로 넘어가는 일은 훨씬 더 쉬웠을 것이다. RNA는 DNA의 주형(鑄型)으로 작용한다. 그러나 작은 분자에서 RNA 같은 복잡한 분자로 넘어가는 과정은 지금도 수수께끼로 남아 있다. 가장 단순한 형태의 RNA조차도 정확히 제자리에 끼워진 수많은 분자들로 이루어진다. 수수께끼이기는 하지만, 해결이 완전히 불가능한 것은 아니며, 본질적으로 시험관에서 인공적으로 합성하는 분야에서 급속히 발전이 이루어진 덕분에 지금은 모든 세부적인 사항들까지는 아니라고 해도 전반적인 경로는 드러나 있다.

생물학자 칼 우즈는 또다른 가능한 생명의 기원 경로를 제시했다.[22] 지구가 완전히 형성되어 오늘날 우리가 보는 중심핵, 맨틀, 지각으로 분화하기 이전에 생명이 시작되었다는 것이다. 분화가 덜 되었기 때문에, 이 초창기에는 지구 표면에 금속 철이 다량 존재하면서 이산화탄소와 수소로 가득한 대기와 접촉하는 한편으로, 증기 및 일부 액체 물과도 접촉하고 있었을 것이다. 여기에서 대단히 흥미로운 원소는 수소이다. 수소는 화학반응의 강력한 추진력이다. 그러나 수소는 아주 가볍기 때문에, 지구, 화성, 금성처럼 질량이 작은 행성들에서는 쉽게 우주로 날아간다(가스상 거대행성은 질량이 커서 수소를 붙잡아둘 수 있다). 이 시기에 지구는 크고 작은 우주 부스러기들의 포화를 맞으면서, 먼지 입자들과 수증기로 뿌옇게 에워싸인 모습이었다. 수증기들은 상층 구름을 형성했을 것이고, 이 미세한 물방울들은 원세포(原細胞, protocell)—세포처럼 생긴 미세한 물체—역할을 했을 것이다. 햇빛이 에너지원 역할을 했고, 소행성 충돌 때 하늘로 휩쓸려 올라간 많은 분자 및 원자와 함께 유기 분자를 함유한 먼지도 지표면에서 공중으로 솟구쳤을 것이므로, 생명체를 형성할 원료는 풍부했을 것이다. 수소도 많이 존재했으므로, 진화한 최초의 원시 생물은 이산화탄소를 탄소 공급원으로 쓰면서 메탄을 생산했을 수도 있다. 오늘날 이 경로를 이용하는—수소로 에너지를 얻고 이산화탄소를 탄소 공급원으로 쓰는—미생물을 메탄생성균(methanogen)이라고 한다. 지구가 식고 바다가 형성되자, 생명은 하늘에서 떨어져 바다에서 번성했을 것이다.

사막의 충돌 크레이터

가장 최근에 나온 이론 중의 하나는 플로리다 대학교의 스티브 베너와 이 책의 저자인 조 커슈빙크가 내놓았다.[23] 앞에서 말했듯이, 이 모든 과정에서 가장 어려운 단계는 RNA를 만드는 것이다. 이유는 RNA가 크고 복잡하면서 아주 허약한 분자라서 매우 쉽게 파괴되기 때문이다. 물은 RNA를 구성하는 핵산 중합체(더 작은 분자들이 죽 이어진 것)를 공격하여 분해한다. 사실 RNA를 만드는 데에는 많은 단계가 필요한 듯하며, 단계마다 필요한 조건, 즉 화학적 환경이 서로 달랐을 것이다. 생화학자 안토니오 라스카노는 이 문제를 다음과 같이 말한다. "RNA 세계 모형은 몇 가지 심각한 난제에 직면해 있다. 리보오스(ribose)의 형성과 축적을 설명할 설득력 있는 원시적인 무생물 메커니즘이 없다는 것도 그중 하나이다."[24] 리보오스가 현재의 기온에서 사막에 흔한 광물들로부터 만들어질 수 있다는 가설은 이 난제에서 빠져나올 수 있는 방안 중의 하나이다.

베너는 주된 문제가 (리보오스를 포함한) 탄수화물을 만드는 것이 아니라, 미친 듯이 계속 만들어서 모든 것을 뭉쳐버리는 끈적한 갈색 콜타르가 형성되지 못하게 막는 것이라고 했다. 합성 양상을 세심히 살펴보고 이온 반지름이 적힌 표를 검토한 그는 콜타르의 형성 경로를 칼슘 이온(Ca^{+2}) 및 붕산 이온(BO_3^{-3})과의 반응으로 차단할 수 있다는 것을 깨달았다. 콜레마나이트(colemanite)와 울렉사이트(ulexite) 같은 칼슘-붕산염 광물은 비누에 흔히 쓰이며, 건조하고 뜨거운 환경에서 짠물이 증발할 때 생긴다. 여기에서 산화한 몰리브덴을 촉매로 삼아서 추가로 미묘하게 원자들을 재배치하면, 생물학적으로 활성을 띤 리보오스가 생산될 수 있다.

또 베너는 단서를 찾기 위해서 현생 생물들도 살펴보았다. 그는 다양한 세균들의 안정성을 분석한 끝에, 가장 오래된 계통이 섭씨 65도에서 형성되었을 것이라는 결과를 얻었다. "따뜻한 작은 연못"보다는 뜨거운 온도이지만, 대개 온도가 수백 도에 이르는 열수 분출구보다는 훨씬 낮은 온도이다. 사실 오늘날, 아니 37억 년 전에도 지표면에 그 정도 고온인 곳은 거의 없다. 사막을 빼고 말이다.

전체 환경이 알칼리성을 띠고 붕산칼슘이 풍부한 사막 같은 조건은 붕산염 광물에서 리보오스가 형성되기에 알맞은 유일한 환경이다. 또 그런 환경에는 다양한 종류의 점토 광물도 흔하며, 점토에서 형성된 주형이 생명에 필요한 복잡한 유기 화합물이 합성되는 데에 도움을 주었을 가능성이 점점 더 높아지고 있다.

RNA를 안정화하는 데에 필요한 붕산염 광물이 형성되려면, 상호 연결된 일련의 단계들 속에서 액체가 고였다가 증발하는 과정이 반복되는 액체계가 있어야 한다. 커슈빙크는 MIT 교수인 벤 와이스와 공동으로, 스티브 베너가 제시한 것과 대체로 같은 양상으로 자연 환경에서 붕산염에서 RNA가 형성될 수 있다는 가설을 내놓았다. 캘리포니아에서 좋은 사례를 찾아볼 수 있다. 그곳에서는 시에라네바다 산맥의 화성암에서 스며나오는 붕소가 모노 호, 오웬스 호, 차이나 호, 시어스 호, 패너민트 호 등 간헐적으로 형성되면서 사슬처럼 연결되곤 하는 호수들을 통해서 데스밸리의 바닥까지 흘러든다. 데스밸리의 바닥에 대규모로 쌓인 붕산염 퇴적물은 세계에 몇 군데 없는 붕소 저장고이다. 적어도 초기 지구, 특히 42-38억 년 전 생명이 처음 형성되었을 수 있는 시기에 이런 액체계가 존재했을 만한 가장 유력한 후보지는 사막 환경과 이어진 일련의 충돌 분화구들이었을 것이다. 크레이터들을 따라서 고지대에서 저지대로 물이 흐를 수 있는 수계가 형성된 곳이다. 그러면 동일한 양상으로 물이 고였다가 증발하는 과정들이 일어날 수 있을 것이다. 그러나 이 모든 초기 화학이 일어나고 있었을 시기인, 40억 년 전의 지구에서는 그런 장소가 있었을 가능성이 적다. 또 당시의 지구는 강한 환원성을 띠고 있어서, 리보오스 합성의 마지막 단계인 원자 재배치를 이룰 산화한 몰리브덴이 존재할 수 없었다.

최초의 지구 암석들은 모두 물 속 환경에서 형성된 듯하다. 사실 30억 년 전까지도—지구의 나이는 46억 년이다—지구에 대기에 노출된 넓은 대륙이 있었다는 믿을 만한 증거는 전혀 없으며, 가장 오래된 쇄설성 지르콘은 해양이 적어도 44억 년 전부터 있었음을 시사한다. 우리가 손에 쥔 가장 나은 증거에 비추어볼 때, 생명이 처음 형성되었을 시기에 지구는 거의 전부 바다로 덮여 있었고, 기껏해야 줄지어 늘어선 화산섬만이 있었을 것이다. 그러나 지구가 유일한 지구형 내행성은 아니었다. 금성도 지구와 크기가 비슷하지만, 태양에 너무 가까이 있어서 그곳에서 생명이 형성될 수 있을 가능성은 아주 낮다. 그러나 우리는 또다른 가능성이 있음을 한다. 과학 소설에서 애호되는 곳인 바로 화성이다.

21세기에 들어서서 화성의 고대 지질사를 이해하는 분야에서 큰 발전이 이루어져왔다. 화성은 결코 행성 전체가 바다로 뒤덮인 적이 없었다. 더 오래된 암석들이 지금도 지표면에 노출된 채 그대로 있기 때문에 확신할 수 있다. 그러나 여러 화성 탐사 로봇들이 보내온 엄청난 양의 새로운 자료들을 통해서 우리는 이 이른바 붉은 행성이 거대한 호수와, 더 나아가서 작은 바다까

지 가지고 있었으며, 북극 분지에는 고대의 대양이 있었으리라는 것까지 알
게 되었다. 또 화성이 지구보다 산화환원 기울기가 더 컸다는 증거도 있다.
이 기울기는 생명이 에너지를 얻는 데에 쓰는 중요한 수단이다. 화성의 깊은
맨틀도 환원성이어서 생명에 필수적인 탄소 함유 화학물질을 전생물적으로
합성하는 데에 필요한 메탄, H_2 같은 기체 원료를 제공했다. 일부 연구자들
은 40여억 년 전에 화성에서 생명이 형성되었을 뿐 아니라, 그것이 운석에 실
려서 지구로 들어왔으며, 우리가 그 후손이라고 믿는다. 이 책의 필자 중의
한 명인 조 커슈빙크도 그 이론을 신봉하는 사람에 속한다. 문제는 초기 화
성 생명이 어떻게 지구로 올 수 있었나 하는 것이다.

범종설과 화성 사례

대체로 오늘날 지표면은 면적의 약 75퍼센트를 차지하는 더 넓은 해양 분지
들과 평균 해수면 위로 솟아 있는 대륙들로 나뉘어 있다. 우리는 대륙을 직
접 연대 측정한 자료와 다양한 지구화학적 측정 자료들을 통해서, 대륙들이
시간이 흐르면서 서서히 커져왔다는 것을 안다. 섭입지대에서는 대륙의 가장
자리를 따라서 화강암으로 이루어진 새로운 기반암이 덧붙여진다. 섭입지대
는 축축한 퇴적물로 뒤덮인 해저 암석이 수백 킬로미터를 운반되었다가 부
분적으로 녹아서 화강암을 형성하는 곳이다. 따라서 지질시대를 점점 더 거
슬러 올라갈수록, 육지의 면적은 줄어들고 바다의 면적은 늘어나리라고 예
상할 수 있다. 그러나 고려해야 할 요인들이 더 있다. 우리는 지구물리학적
모형들을 통해서, 45억 년 전 달을 형성한 대충돌 사건 직후에 지구 전체가
녹았다는 것을 안다. 거대한 마그마 바다가 형성되었다. 충돌로 생긴 엄청
난 열과 니켈-철 금속이 가라앉으면서 중심핵으로 분리되는 과정의 산물이
었다.

이 사건이 일어난 뒤부터 5억 년 남짓한 기간은 강한 열기가 흐르면서 지
구 암석권의 가장 바깥층인 지각이 서서히 굳어가는 시기였다. 이런 강한 열

흐름은 땅덩어리가 평균 해수면 위로 상승하는 것을 막는다. 대륙이 해저보다 더 높이 솟아 있는 것은 그저 그 아래에 있는 물질의 밀도가 더 낮아서 위로 "떠오르는" 것일 뿐이다. 열 흐름이 강하다면, 대륙의 뿌리에 해당하는 암석이 녹을 것이다. 그러면 높은 산맥이 형성되지 못한다.

마지막으로 지구화학자들은 지구 바다의 부피가 시간이 흐르면서 서서히 줄어들었을 것이라고 추측한다. 지구를 형성하는 거대한 사건이 일어난 뒤, 거기에 있던 많은 수증기는 젊은 지구의 표면에 증기 형태로 응축되었다가, 판구조 과정을 통해서 서서히 맨틀로 돌아갔을 가능성이 높다. 앞에서 말한 44억 년 된 지르콘이라는 화학물질 지문에 남아 있는 것이 바로 이 재가공 과정일 것이 확실하다. 이 초기 대양의 크기가 가장 작게는 현재의 대양과 비슷한 규모였다고 보는 견해도 있고, 지금보다 서너 배는 더 컸다고 보는 견해도 있다. 이 모든 요인들을 고려할 때, 약 35억 년 이전에는 화산섬의 불안정한 봉우리 외에는 그 어떤 것도 해수면 위로 솟아 있었을 가능성이 거의 없다.

물의 세계는 리보오스가 형성되기에 그다지 좋은 곳이 아니다. 게다가 단백질과 핵산 같은 큰 분자가 형성되기에는 너무 불리한 곳이다. 이 분자들은 새 하위 단위가 추가될 때마다 약간의 물을 방출한다. 이런 이유로 지구는 아마 약 35억 년 전까지는 생명이 기원하기에 그다지 좋은 장소가 아니었을 것이다. 그리고 35억 년 전에도 그리고 훨씬 뒤까지도 초기 생명에 절대적으로 필요했던 리보오스와 다른 탄수화물을 안정화하는 데에 필요한 수준만큼 붕산칼슘 광물을 공급할 수 있는, 데스밸리에 있는 것과 같은 일련의 호수들이 존재했을 가능성은 적다. 엉성한 초기 물질대사를 추진하는 데에 충분한 에너지를 생산할 만큼 큰 규모의 화학적 체계는 없었을 것이 확실하다.

지난 10년 사이에 이루어진 포괄적인 실험들은 예외 없이 화성 표면에서 나온 운석이 열에 멸균되는 일이 없이 지표면에 도달할 수 있음을, 따라서 화성에서 지구로 생명을 운반할 수 있음을 보여주었다.[25] 지난 45억 년에 걸쳐 이렇게 지구로 온 화성 암석은 10억 톤이 넘는다. 따라서 생명의 기원을 논의할 때, 생명이 화성에서 출현하여 운석을 통해서 지구로 운반되었을 가능성도 고려하는 것이 중요하다.

화성은 지름이 지구의 약 절반이며, 질량은 지구의 약 10퍼센트에 불과하다. 더 작은 행성이기 때문에, 중력장도 더 작다. 따라서 운석이나 기체 분자 같은 것이 탈출하기도 더 쉽다. 그래서 작은 소행성이 화성 표면에 충돌할 때(초속 15−20킬로미터의 속도로), 지표면의 많은 물질들이 튀어나와서 태양 주위의 궤도에 진입할 수 있으며, 그렇게 튀어나온 화성 암석들은 멸균시킬 만큼의 열이나 "충격"을 받지 않았을 것이다. 지구는 중력이 더 세므로, 물질이 깊은 우주로 나가려면 훨씬 더 많은 에너지가 필요하며, 따라서 그런 식으로 튀어나가는 물질은 녹을 가능성이 아주 높다. 지금까지 자연적인 과정을 통해서 지구에서 빠져나간 물질 중에 멸균되지 않은 것은 전혀 발견된 적이 없다.

생명이 화성에서 진화했다면, 쉽게 화성을 탈출할 수 있었을 것이다. 반면에 지구는 중력장이 더 강하므로, 화성에 비해서 오랜 지질시대에 걸쳐 수권과 대기를 훨씬 더 온전히 보전할 수 있다는 의미가 된다. 화성은 기압이 아주 낮아서 상온에서도 액체 물이 끓어올라서 사라질 것이다. 가장 최근인 2012년에 화성에 착륙한 탐사 로봇인 큐리아서티가 보낸 자료를 보면, 착륙 지점인 게일 크레이터(Gale crater)에는 커다란 호수나 아마도 바다였을 곳을 향해서 거품을 일으키며 하천이 흘러들면서 생긴 선상지가 뚜렷하다. 화산암과 거품을 일으키며 흐르는 하천과 바다가 있고, 물 순환이 활발하게 이루어지는 세계는 생명을 가졌어야 하지 않을까? 아니 생명을 가질 수 있었을 것은 분명하다. 우리는 생명, 즉 현재 지구의 생명이 사실상 처음 진화한 곳이 화성일 수 있다고 주장하겠다.

지구의 하데스대 기록을 더 깊이 파고들면, 44억 년 전에도 바다가 있었다는 것이 명확히 드러난다. 21세기 초에 커슈빙크와 와이스는 베너가 내놓은 붕산염 경로 가설과 사막 환경에서 서로 이어진 크레이터들을 지나는 수계를 토대로 삼아서 화성 환경에서 생명이 출현했다는 이 새로운 가능성을 주창했다.[26] 현재는 많은 실험들을 통해서 복잡한 유기 분자, 더 나아가서 휴지 상태의 미생물까지도 행성 간 범종설(interplanetary panspermia)이라는 과정을 통해서—이를테면 36억 년 전에 화성 표면에 대충돌이 일어나서 아주 많은 화성 운석을 지구로 날려보내는 식으로—화성에서 지구로 운반될 수 있고, 그럼으로써 화성 생명을 지구에 이식할 수 있다는 것이 입증되어 있다.

산타크루즈에 있는 캘리포니아 대학교의 데이비드 디머의 새로운 연구를 토대로 할 때, 화성 기원을 지지하는 증거가 하나 더 있다.[27] 뭔가를 할 수 있을 만큼 긴 RNA 가닥을 형성하기 위해서 극복해야 할 커다란 문제 중의 하나는 RNA의 조각들이 서로 연결되어 "중합체(重合體)"를 형성하는 것이다. 즉 RNA 뉴클레오티드라는 소단위들이 많이 연결되어 긴 RNA 가닥을 만드는 과정을 거쳐야 한다. 디머는 단일한 뉴클레오티드들의 묽은 용액을 얼리면 얼음 결정의 가장자리에서 많은 뉴클레오티드들이 결합된다는 것을 보여주었다. 당시 지구에는 얼음이 전혀 없었다. 그러나 화성의 극지방에는 얼음이 풍부했을 것이다. 지금도 그렇지만, 태양이 더 흐릿했던 역사 초기에는 더욱더 그러했을 것이다.

생명의 형성—2014년 요약본

초기 지구에서 무생물로부터 어떻게 최초의 생명이 형성되었는지를 이해하는 일은 어느 정도는 우리가 시험관에서 생명을 생성하는 일에 얼마나 가까이 와 있는가에 달려 있었다. 5년 전만 해도, 그다지 가까워지지 않았다고 답을 했을 것이다. 그러나 하버드의 생화학자이자 2012년 노벨상 수상자인 잭 쇼스택의 연구진 덕분에, 우리는 대다수가 인식하는 것보다 더 가까이 다가가 있다.[28] 쇼스택 연구진은 거의 20년 동안 RNA를 화학적으로 실험해왔다. 최초의 정보 분자는 RNA였거나 나중에 우리가 아는 형태의 RNA로 진화한 그와 흡사한 분자였다. 그리고 쇼스택 연구진은 바로 이 RNA 연구에서 금세기에 큰 발전을 이루었다.

그들은 용액에 든 뉴클레오티드들을 연결하여 짧은 길이의 RNA를 만들려고 시도해왔다. 그것들이 사슬로 연결되도록 하는 일은 일단 형성된 RNA 사슬이 복제되도록 하는 것보다 더 쉽다. 그러나 뉴클레오티드들이 약 30개가 연결된다면, 복제가 이루어질 것이다. 길이가 그 수준 이상이 되면 RNA 분자는 전혀 새로운 특성을 가지기 때문이다. 바로 촉매라고 하는 화학물질이 된다. 화학반응의 속도를 높이는 분자이다. 여기에서 가속되는 반응은 RNA 분자가 똑같은 사본을 만드는 복제 반응이다.

초기 지구의 표면이나 내부의 어딘가에서 적어도 뉴클레오티드 30개 길이의 RNA 가닥이 형성되려면, 아마도 주형 역할을 할 점토가 필요했을 것이다. 점토 광물인 몬모릴로나이트(montmorillonite)가 가장 적절해 보인다. 이 가설에 따르면, 액체에 떠다니는 단일 뉴클레오티드들은 점토에 부딪힌다. 그러면 점토에 약하게 결합되어 고정된다. 점토 광물의 부위에 따라서는 뉴클레오티드 30개 이상의 사슬이 형성되었을 것이다. 그것들은 약하게 결합되었을 뿐이므로 쉽게 떨어졌고, 이 가닥들이 어떤 식으로든 농축되었다가 비누 거품과 흡사한 지질이 풍부한 작은 액체 방울에 삼켜진다면, 최초의 원세포가 만들어졌을 것이다.

생명에 필요한 두 가지 주요 구성요소는 스스로 복제할 수 있는 세포와 화학적 촉매 작용(촉매의 활동 때문에 촉매가 없었다면 일어나지 않았을 화학반응이 일어나도록 조건을 바꾸는 것)을 할 수 있는 동시에 정보를 가질 수 있는 분자이다. 새 RNA 구성요소들을 충분히 세포 안으로 들여올 수 있다면, 세포 안으로 적절한 새로운 화학물질들이 들어옴에 따라서 RNA의 촉매 반응으로 RNA가 더 많이 만들어질 것이다. 기존에는 세포와 정보를 가진 작은 분자가 어딘가에서 따로따로 형성된 뒤에 나중에 융합되었다고 생각했다. 지금은 둘이 협력하면서 진화한 것으로 본다.

많은 생물학자들은 최초의 생명이 단지 "벌거벗은" RNA 분자라고 생각해왔다. 뉴클레오티드 수프 안에서 떠다니면서 끊임없이 스스로를 복제하는 분자라고 말이다. 그러나 지금은 그보다 세포와 RNA가 한 단위로 진화했

북대서양의 중앙해령에서 워싱턴 대학교 해양학자들이 발견한 열수 분출구인 이른바 잃어버린 도시(Lost City). 이곳은 석회가 풍부한 암석으로 이루어져 있어서 태평양에 더 흔한 검은 굴뚝 (black smoker)보다 더 하얀색을 띤다. 지구에 생명이 처음 조립되었을 주요 후보지 중의 한 곳 으로 여겨진다. (사진 : 워싱턴 대학교 제공)

다는 견해가 선호된다. 더 많은 지방과 뉴클레오티드를 획득함으로써 자라 는, 작은 RNA 뉴클레오티드를 가진 지방 이중막을 가진 세포라고 말이다. 작은 뉴클레오티드들은 세포막의 지방 틈새를 지나갈 수 있었지만, 안에 있 는 연결된 더 큰 뉴클레오티드들은 너무 커서 세포막을 빠져나갈 수 없었을 것이다. 초기 지구에서 원세포를 만드는 데에 필요한 물질은 결합하여 지방 (지질) 분자를 형성할 만한 화학물질들이었고, 지질 분자들은 서로 쉽게 결합하여 판 모양을 형성하고, 이어서 공 모양을 이루곤 했다.

물을 뒤흔들면 잠시 수면에 미세한 방울들이 형성되는 것처럼, 지방 분자가 충분히 축적되면, 그 분자의 화학적 특성 때문에 뒤흔들릴 때 속이 빈 공 모양의 형태가 쉽게 생성될 것이다. 이런 공 모양이 형성되면, 액체 안에 뉴클레오티드가 있을 때 그 분자들이 공 안으로 스며들어가서 RNA를 형성할 수 있다. 여기에서도 농도가 대단히 중요하며, 그것이 바로 "전생물적 수프(prebiotic soup)"라는 비유가 널리 쓰이는 이유이다. 원세포 안에서 RNA가 형성될 기회가 있으려면, 갑작스럽게 형성된 원세포 안에 아주 많은 뉴클레오티드가 갇혀야 할 것이다. 물론 새 원세포가 바깥에 있는 뉴클레오티드를 막을 통해서 능동적 또는 수동적으로 안으로 들여오는 특성이 있지 않다면 말이다.

세포막은 뉴클레오티드만 "먹은" 것이 아니다. 지방 분자도 더 많이 축적할 것이고, 그러면서 소시지 모양으로 길어질 것이다. 이윽고 세포막은 갈라질 것이고, 그러면 공 모양의 원세포가 두 개 생길 것이다. 이제 각각은 RNA의 약 절반씩을 가질 것이다. 물론 RNA만이 아니라 다른 것도 많이 가지고 있을 것이다. 얼마간 제 기능을 하려면, 이 세포는 에너지를 획득하고—단백질로 이루어진—화학기구를 갖추어야 할 것이다. 따라서 내부에는 많은 화학물질이 들어 있어야 할 것이고, 필요한 화학물질은 들여오고 불필요한 화학물질은 내보낼 수 있는 식으로 어떤 질서를 띠고 기능이 펼쳐져야 할 것이고, 쉽게 이용할 수 있도록 여분의 부품들(다양한 종류의 분자들)도 많이 들어 있어야 할 것이다.

이것이 바로 진화가 시작되는 무대이다. 일부 세포는 안에 있는 분자들의 특성에 따라서 남들보다 더 빨리 복제되었을지 모른다. 그리하여 자연선택이 작용하기 시작하고, 우리가 아는 생명의 엔진이 돌아가기 시작했다. 자율적이고 대사를 하고 번식을 하고 진화하는 세포가 말이다. 오래 전 위대한 프랜시스 크릭이 했던 유명한 말처럼, 나머지는 역사가 말해준다.

다윈 문턱

초기 지구 생명의 세포는 조립식 주택과 비슷했을지 모른다. 각각의 구성요소들이 서로 다른 곳에서 별도로 만들어져서 한 곳으로 운반된다는 점에서 그렇다. 각 운송 체계는 물이나 공기를 통해서 이루어질 수 있었다. 2010년부터 시작된 새로운 연구, 즉 상층 대기에 많이 있는 생명과 생물체를 살펴보는 연구는 후자 쪽을 강력하게 뒷받침하는 역할을 한다.

최초의 생명은 구멍이 아주 많은 세포막을 가진 세포로 이루어졌을지도 모른다. 그래서 수평 유전자 전달이라고 하는 유전체 전체를 주고받는 과정이 이루어졌을 수도 있다. 그러나 세포 체계가 일시적인 것에서 영속적인 것으로 넘어가는 시기가 왔다. 생물학자 칼 우즈는 이 전환점에 "다윈 문턱(Darwinian threshold)"이라는 이름을 붙였다. 현대적 의미에 어느 정도 근접한 종을 알아볼 수 있고, 자연선택—다시 말해서 진화—가 일어나는 시점이다. 자연선택은 더 단순한 전구체보다는 기능적으로 더 복잡하고 통합된 세포를 선호하며, 그런 세포는 더 단순한 모듈 형식의 세포들을 희생시키면서 번성했다.

현생 지구 생명은 유전자의 급격한 변화가 멈추었을 때 탄생했다. 최초 생명의 진화를 연구하는 이들 중에는 칼 우즈처럼 이 조직화 수준에 이른 것이 모든 진화사에서 가장 중요한 사건이라고 믿는 사람들이 있다. 그러나 이 최초의 세포들은 분명히 홀로 있지 않았다. 생명의 특성을 적어도 일부 가진 온갖 복잡한 화학물질 집합체들이 가득한 생태계에 있었을 것이다. 우리는 살아 있는 것, 거의 살아 있는 것, 살아 있음을 향해서 진화하고 있는 것으로 가득한 거대한 생태원을 연상할 수 있다. 이 생태원에는 무엇이 있을까? 더 이상 존재하지 않는, 따라서 이름이 아예 없는 것들, 온갖 종류의 핵산 생명체들이 많이 있었을 것이다. 우리는 대강 RNA-단백질 생물, RNA-DNA 생물, DNA-RNA-단백질 생물, RNA 바이러스, DNA 바이러스, 지질 원세포, 단백질 원세포 등으로 정의되는 복잡한 화학적 혼합체들을 상상할 수 있다. 그리고 살아 있는 것과 거의 살아 있는 것으로 이루어진 이 모든 거대한 생태원은 혼잡스럽고 경쟁하는 하나의 번성하는 생태계 안에 존재했을 것이다. 지구에 생명 다양성이 가장 높았던 시기는 아마도 39-40억 년 전일 것이며, 우리의 새로운 관점에 비추어볼 때, 차라리 늦은 편이 더 나았다. 자연선택은 1,000가지의, 진정으로 다른 생명이었을 것들을 하나로 줄였으니 말이다.

노벨상을 받은 크리스티앙 드뒤브는 초기 지구의 화로에 적절한 양의 에너지가 있는 상태에서 성분들이 일단 제자리에 놓이면, 무생물에서 생명이 아주 빨리 출현했을 것이라고 말한다. 아마도 몇 분 사이에 말이다.

5
기원에서 산소화까지 :
35억–20억 년 전

웨스턴 오스트레일리아의 북쪽 절반은 지구에서 가장 인적이 드문 (그리고 인구도 적은) 곳에 속한다. 미국 서부의 로키 산맥에서 태평양 연안까지의 지역과 면적이 비슷한 이 드넓은 지역은 메말랐으며, 온통 붉은색을 띠고 있다. 그리고 지구 생명의 역사를 이해하는 데에 가장 중요한 역할을 한 장소들 중에서 몇 곳이 여기에 있다. 그중 가장 중요한 곳은 지구 최초의 생명이라고 (현재까지) 알려진 것들이 발견된 지점들이다. 산화철이 풍부한 오래된 언덕지대인 필바라(Pilbara)라는 황량한 지역에는 타버린 암갈색 캔버스 같은 풍경에 생명의 첫 장—적어도 우리 행성에서—의 흔적이 남아 있다. 필바라의 붉은 언덕은 엄청난 양의 철광석이 만든 것이며, 그래서 이 지역에는 철을 함유한 고대 지층들을 파내는 거대한 노천 광산이 있다. 여기에서 캐낸 철광석은 대부분 즉시 끝없이 이어지는 화차들에 실려서 중국으로 향한다.

그러나 필바라의 고대 언덕에서 발견되는 것은 철광석만이 아니다. 나무 하나 없는 황량한 이곳에는 지구에서 가장 오래된 화석을 품고 있다고 오랫동안 여겨져온 암석들이 드러나 있다. 앞의 장에서 말한 에이펙스 처트도 그렇고, 필바라의 에이펙스 처트가 발견된 곳에서 30킬로미터쯤 떨어진 "지구에서 가장 오래된 생명"을 찾는 경기에 새롭게 출전한 스트렐리 풀(Strelley Pool)도 그렇다.

에이펙스 처트와 스트렐리 풀은 화석을 품고 있다고 (혹은 에이펙스 처트의 사례에서는 품지 않고 있다고) 떠벌이지 않는다. 그러나 그 주변을 둘러

보면, 초기 생명의 증거가 명백히 드러나 있다. 이곳 경관에는 스트로마톨라이트(stromatolite)가 많이 보이기 때문이다. 스트로마톨라이트는 얕은 물과 조간대의 미끈거리는 세균 덩어리들이 생명이 존재함을 선언하면서 층층이 혹처럼 쌓아올린 퇴적물이다. 그리고 사실 스트로마톨라이트는 생명이 기원한 뒤의 어느 시점부터 약 5억 년 전까지도 지구에서 가장 흔한 형태의 생명이었다. 역설적이게도 웨스턴 오스트레일리아의 샤크 만(Shark Bay)이라고 알려진 긴 강어귀의 끝에는 훨씬 더 오래된 고대 세계, 즉 대기나 물에 산소가 전혀 없었던 시대의 바다에 살던 그 마지막 잔재 중의 하나가 아직도 살고 있다. 지극히 놀라운 우연의 일치이다.

알려진 가장 오래된 생명 화석과 가장 오래된 생명이라고 할 수 있는 것의 살아 있는 최상의 표본을 공교롭게도 함께 가지고 있기 때문에, 웨스턴 오스트레일리아는 초기 지구 생명의 세계에서 가장 중요한 "박물관"이라는 지워지지 않을 인상을 남길 수도 있다. 생명이 처음 출현했을 때부터, 본질적으로 고세균 시대를 종식시킨 첫 번째 눈덩이 지구 시대가 도래할 때까지, 10억 년이 넘는 이 기나긴 시대의 화석 기록은 주로 스트로마톨라이트에 남아 있으며, 더 드물게 예외적으로 마노와 비슷한 처트라는 암석의 화석에도 남아 있다. 지구에서 가장 오래된 생명의 특성에 관해서 가장 많은 것을 알려준 스트로마톨라이트는 두 지역—웨스턴 오스트레일리아의 노스폴 지역과 남아프리카의 유명한 크루거 국립공원 근처의 바버턴 그린스톤 벨트—에 있는데, 양쪽 지역에 모두 아주 오래된 형태의 스트로마톨라이트가 있다.

1900년대의 거의 내내, 모든 연구자들은 이 구조물이 바닥에 붙어서 자라는 조류 덩어리의 부산물이라고 생각했다. 조류가 광합성을 할 때 만들어지는 탄산염이 쌓여서 생길 수 있다고 보았던 것이다. 그러나 지난 20년에 걸쳐 많은 지구과학자들은 미세한 층을 가진 이 구조물 중의 일부(전부는 결코 아니다!)가 짠물에서 직접 화학적 침전이 일어나서 형성될 수도 있다는 결론에 도달했다. 그것을 생명 과정을 통해서 형성된 것과 구별하려면, 현대에 생긴 것을 찾아야 하지만, 사실상 거의 찾기가 어렵다.

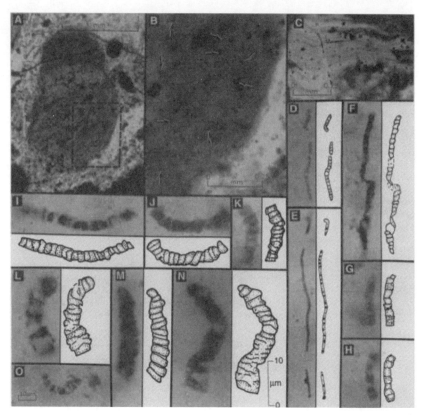

1980년대와 1990년대에 UCLA의 빌 쇼프가 발표한 이른바 가장 오래된 화석 생명체의 유명한 사진과 그림. 당시 이 화석들은 적어도 35억 년 전의 것이라고 했다. 그 뒤에 연대(지금은 10억 년은 더 젊은 것이라고 여겨진다)와 화석인지 여부까지 의문시되고 있다.

현재 살아 있는 스트로마톨라이트를 관찰하기에 가장 좋은 곳은 앞에서 말한 웨스턴 오스트레일리아의 샤크 만으로서, 이곳은 세계문화유산으로 등재되어 있다. 주로 모래와 진흙으로 이루어진 침전물 사이사이에 혹 같은 것들이 곳곳에서 솟아 있다. 지름이 1미터에 달하는 커다란 것도 있다. 그 둔덕의 꼭대기와 아래에서는 광합성 세균들이 우글거리고 있다. 이 스트로마톨라이트 하나를 톱을 써서 세로로 자른다면, 양쪽의 잘린 면에 미세한 층들이 보일 것이다. 아주 독특한 물결무늬가 군데군데 있는 층이다. 스트로마톨라이트는 대개 꼭대기가 둥그스름하지만, 잘라보면 모양과 구조가 놀라울 만큼 다양하다.

샤크 만의 스트로마톨라이트는 오랫동안 시생대를 이해하는 데에 가장 좋은 수단으로 여겨져왔다. 여기에서도 우리는 동일과정설이 적용되고 있음을 본다. 오스트레일리아의 한 뜨거운 지역에서 살아가는 이 구조물의 구성, 화학, 생물학적 특성이 깊은 과거를 들여다보는 창문이며, 그것이 화석 스트로마톨라이트를 해석하는 데에 이루 헤아릴 수 없는 가치를 가지고 있다는 점에는 의문의 여지가 없다. 그러나 이곳을 다룬 무수한 텔레비전 다큐멘터리와 글과 사진에 언급되지도 묘사되지도 않은 것이 있다. 이곳이 결코 시생대 바다의 모형이 아니라는 것이다. 주된 이유 중의 하나는 샤크 만(이 만은 거대하며, 면적이 약 1만 제곱킬로미터에 이른다)에서 스트로마톨라이트가 자라는 가장 중요한 지역에 사는 다른 생물들 때문이다. 그들도 적어도 지구 생명이 첫 10억 년 동안 어떠했을지를 떠올리게 하는 잔재들이다.

시생대 생명과 산소를 향한 길

약 25억 년 전, 지구와 생명의 역사에 큰 변화들이 일어났다. 이 변화의 여파가 너무나 컸기 때문에, 지질연대표에 새로운 대가 설정되었다. 가장 오래된 대인 하데스대는 지구가 형성될 때(45억6,700만 년 전)에 시작되어 약 42억 년 전 첫 암석 기록이 출현하면서 끝났다. 그 뒤를 시생대가 이었다. 시생대는 지구 역사상 격렬했던 시기로서, 대충돌기가 시작될 때부터 25억 년 전까지 이어졌다. 그 다음이 바로 원생대이다. 시생대에서 원생대로 넘어가는 시기는 산소가 증가한 시기와 대체로 일치한다. 그리고 그 산소는 광합성 생물이 만든 것이다.

광합성은 생명이 불활성인 이산화탄소를 살아 있는 세포 물질로 (따라서 무기 탄소를 우리가 유기 탄소라고 하는 것으로) 바꾸는 과정이다. 생명이 처음 진화했을 때인 42-25억 년 전, 즉 시생대에도 일종의 광합성 생물이 존재했다는 증거가 있다. 또 광합성이 가장 오래된 생명보다 나중에 진화했다는 점도 명확한 듯하다. 최초의 생명은 아마도 수소가 화학적으로 황 원자와 결합되어 있는 화합물 속에 든 수소를 이용하면서 필요한 에너지를 얻기 위해서 황화수소라는 (생명의 역사에) 아주 중요한 화합물을 생성했을 것이다.[1] 수소는 에너지가 풍부하며, 그것이 바로 인류가 자동차에서 발전소에 이르기까지 온갖 장치에 수소를 연료로 이용할 수 있는 기술을 개발하기 위해서 애쓰는 이유이다. 또 우리는 시생대 생물이 오늘날의 생명이 여전히 쓰고 있는 주요 필수 생명 원소들인 탄소, 황, 산소, 수소, 질소를 이용한 듯하다는 것도 안다.

우리는 35억 년 전의 바다와 대기가 어떠했을지에 대해서 어느 정도 안다. 이산화탄소 농도는 지금보다 훨씬 더 높았을 것이다. 대기에 수증기와 메탄 가스도 많았을 것이다. 메탄은 열을 가두는 온실 가스로서, 태양 활동이 지금보다 훨씬 덜했던 그 시기에 지구를 따뜻하게 했을 것이다. 수증기, 메탄, 이산화탄소라는 이 시생대의 온실 가스가 없었다면, 지구에는 액체 물이 아예 없었을 것이다. 온실 가스는 열을 가둘 수 있는 대기를 형성함으로써, 지구를 덥히는 온난화 현상을 일으킨다. 그러나 그 대기에는 산소가 없었다.

이 기나긴 시생대의 생명에 관해서 우리가 이해한 내용의 상당수는 꽤 유사한 듯이 보이는 오늘날의 환경들을 연구함으로써 얻은 것이다. 오늘날의 바다에는 산소가 적은 환경이 비교적 드물지만, 작은 호수에서는 훨씬 더 많이 찾아볼 수 있다. 사실 현대의 많은 호수들은 층을 이루고 있다. 대기로부터 흡수한 산소를 머금은 얇은 층이 맨 위에 있고, 그 아래에 산소가 전혀 없는 층이 있다. 과학자들은 이런 유형의 환경에서 사는 미생물 군집을 연구함으로써, 먼 과거의 생명이 어떠했을지에 대한 단서를 얻어왔다. 현대 호수의 탄소 순환에 필요한 중요한 생물 집단 가운데 하나이자, 고대 시생대의 바다에서도 같은 일을 했을 가능성이 가장 높은 생물은 화학물질인 메탄과도 관련이 있는 생물이다. 앞에서 말했듯이, 메탄 가스는 열을 가둠으로써 지구에 들어온 태양 에너지가 다시 우주로 빠져나가는 것을 막는다.[2] 세균 중에는 메탄을 분해하여 먹이로 삼을 수 있는 종류가 있다. 지구의 초기 생명 중에서 상당수는 이런 식으로 메탄을 이용했다. 그것은 지구에 생명이 진화한 직후에, 생명이 에너지를 획득하는 방식이 빠르게 다양해졌다는 것을 의미한다. 마치 자동차가 에너지를 얻는 방식에 따라서 다양한 계통으로 진화했듯이 말이다. 자동차는 처음에 증기에서 에너지를 얻었고, 이어서 디젤 연료, 휘발유(디젤과 휘발유는 메탄과 마찬가지로 에너지를 가진 탄소 화합물이다)가 연료로 쓰였고, 곧 수소 연료도 쓰일 것이다. 우리 문명은 마지막에야 이 수소 연료원을 이용하려고 하지만, 생명은 맨 처음부터 그것을 이용했다.

지구 초기 생명의 역사에 관해서 알려주는 증거의 상당 부분은 퇴적암 기록에서 나온다. 한 예로, 시생대 퇴적층의 특징 중의 하나는 시생대 퇴적암 안에 연한 붉은 층이 종종 섞여 있다는 것이다. 이것을 층상철광층(banded iron formations, BIF)이라고 하며, 이 흥미로운 퇴적암은 다음 장에서 상세히 다룰 선캄브리아대 말에 한 번 혹은 두 번 일어난 눈덩이 지구 시기를 제외하고는, 지난 18억5,000만 년 동안 지표면에서 의미 있다고 할 수준으로 형성된 적이 전혀 없다.

층상철광층은 오랫동안 수수께끼로 남아 있었다. 그렇게 폭넓은 지역에 걸쳐 얌전히 쌓이려면, 철이 물에 녹아 있어야 하는데, 그것은 철이 제1철이라는 녹색을 띤 환원된 형태로 있었어야 한다는 의미이다. 그런 한편으로, 철이 침전되었다는 것은 붉은색을 띤 제2철로 녹이 슬었다는 의미가 된다. 제2철은 물에 녹지 않는다. 마치 각설탕처럼, 물에 녹기보다는 알갱이 형태로 물에서 그냥 가라앉는다. 문제는 산소이다. 제1철은 산소 분자와 즉시 반응하여 붉은색의 제2철로 변한다. 철이나 철광석이 붉은색을 띠고 있다면, 우리는 철이 바로 이 화학적 변화를 겪었다는 것을 알 수 있다. 우리는 흔히 그것을 녹(綠)이라고 하며, 녹이 슬려면 거의 예외 없이 산소 분자가 있어야 한다. 어떻게 철이 녹색의 용해된 형태로 남아 있을 만큼 바닷물의 산소 농도가 낮으면서도 녹이 슬게 할 수 있을까? 이 문제는 오랫동안 과학계에 당혹스러운 수수께끼로 남아 있었다.

50여 년 전, 선캄브리아대 고생물학계의 중요한 인물이었던 산타바버라 소재 캘리포니아 대학교의 프레스턴 클라우드는 바다에서 용해된 제1철을 녹슨 형태로, 특히 제2철로 전환하는 데에 필요한 산소가 남조류(藍藻類, blue-green algae)라는 원시적인 광합성 미생물로부터 나왔다는 가설을 세웠다.[3] 남조류는 지금은 남세균(藍細菌, cyanobacteria)이라고 한다. 지구에서 호기성(好氣性) 광합성이라는 생기를 불어넣는 과정을 수행하는 법을 터득한 생물은 그들뿐이다. 말 그대로 물 분자를 쪼개어 산소 원자를 해방시키는 능력이다. 그 후손들 가운데 일부는 다른 생물의 노예가 되었고, 지금은 식물과 조류의 세포 안에서 빛을 모으는 세포소기관으로 지내면서 우리 모두에게 봉사하고 있다. 현재 지구의 모든 식물은 이 최초의 남세균에서 진화한 미세한 "캡슐"을 몸속에 가지고 있다. 그러나 이 캡슐은 현재 다세포 식물의 명령에 따라서 일을 하는 "세포내공생(細胞內共生, endosymbiosis)" 노예이다. 프레스턴 클라우드는 이 최초의 미세한 광합성자인 남세균이 미량의 산소를 뿜어내는 떠다니는 "산소 오아시스" 역할을 하면서, 수억 년에 걸쳐 지구에 사는 생명의 특성만이 아니라 지구의 바다, 대기, 심지어 암석 표면의 화학적 특성까지도 근본적으로 바꾸어놓았다고 추정했다. 시생대의 바다로 새로 생긴 미량의 산소가 방출될 때마다, 녹슨 철의 미세한 알갱이가 해저로 가라앉으면서, 서서히 하지만 꾸준히 쌓이면서 층상철광층을 형성했다는 것이다.

분자 산소는 가장 유독한 물질 중의 하나이다. 비타민 보충제와 함께 항산화제를 먹는 사람은 누구나 항산화제가 암에 맞서 싸운다고 알고 있을 것이다. 그리고 암은 대개 산소가 잘못된 시간에 잘못된 장소에서 섬세한 세포 화학에 문제를 일으켜서 정상 세포를 좀비 같은 살해 세포로 변신시킴으로써 일어난다. 항산화제는 단순히 광고 문구용이 아니다. 산소는 격렬한 화학반응을 일으키기 때문에, 세포 파괴자이자 세포 변형자이자 때로 세포 살해자가 된다. 그런데 이 독소를 생산하는 생물이 어떻게 산소 분자를 방출하면서 살아남을 수 있었던 것일까?

이 의문은 고전적인 "닭이 먼저냐 달걀이 먼저냐" 하는 문제로 이어진다. 몸을 보호할 항산화 효소 없이 산소 분자를 방출하는 체계를 갖추는 쪽으로 진화한 초기 생물은 자살하는 꼴이 되었을 것이므로, 산소를 통제하는 체계가 먼저 진화했어야 한다. 그러나 우리 대기의 산소가 모두 산소를 뿜어 내는 광합성을 통해서 나온 것이므로, 그 이전에는 보호 효소의 진화를 추 진할 산소 자체가 아예 없었을 것이 분명하다! 그렇다면 미량의 산소 분자 를 생산하는 어떤 무생물적 원천이 있어서 원시 세포가 그 산소에 노출되면 서 서서히 이 독소로부터 자신을 보호할 효소 체계가 진화할 수 있는 환경이 있었어야 한다. 아주 어릴 때 미량의 병원균에 노출시켜서 몸이 서서히 방어 체계를 구축할 수 있도록 함으로써, 살인자인 질병으로부터 몸을 보호하는 것과 비슷한 방식으로 말이다.

그러나 이 초기 산소 "백신"이 광합성이 아니라면 어디에서 나왔다는 것일 까? 무생물적인 방식으로 산소를 생산하기란 대단히 어렵다. 자외선이 수반 되는 광화학 반응을 통해서 만들어지는 방법이 있기는 하다. 노출된 피부를 그을리는 바로 그 자외선이다. 자외선이 대기의 CO_2와 물 분자에 부딪히면, 미량의 O_2와 그밖의 화학물질이 생길 수 있다. 지금은 수증기가 있는 층보 다 훨씬 위쪽(수증기가 얼어붙는 곳이다)의 대기에 오존층이 있어서 태양의 자외선을 대부분 차단한다. 그러나 지구 역사 초기에는 산소가 전혀 없었으 므로 오존층도 없었으며, 따라서 자외선 차단막도 없었다. 태양에서 오는 아 주 강력한 자외선이 지구를 강타하면서 미량의 산소 분자를 생산했을 것이 다. 불행히도 산소를 생성하는 반응과 비슷한 반응들을 통해서 산소 분자 는 금방 소멸되므로, 산소가 오래 존속하면서 생물에 영향을 미칠 만큼 많 은 양으로 늘어났을 가능성은 적다. 그런 일이 DNA를 파괴하고 닿는 모든 것을 멸균시키는 효과가 아주 좋은 자외선이 강하게 내리쬐는 상황에서 일 어나므로 더욱 그렇다. 그렇다면 생산된 산소를 소멸하기 전에 다른 산물들 (특히 수소와 일산화탄소)과 격리시킬 메커니즘이 필요하다.

그것이 가능하다고 알려져 있는 과정은 두 가지이다. 첫 번째로 대기의 물 분자가 아주 높은 곳까지 올라간다면 자외선에 분해될 것이고, 그때 생긴 수소 원자 중의 상당량이 지구의 탈출속도보다 더 빨리 움직이면서 우주로 사라질 수 있다. 남은 산소, 오존, 과산화수소는 서서히 찔끔찔끔 아래로 확산되어 내려올 것이다(무거워서 탈출할 수 없다). 그러나 말 그대로 찔끔찔끔일 뿐이다. 생물 활동과 화산 분출로 생성된 환원성 기체들은 이 산화성 화합물을 생물권에 도달하기 전에 소멸시킬 것이다. 두 번째 과정은 지표면에서 일어난다. 그러나 땅이 아니라 빙하의 표면에서이다! 오늘날 남극대륙 상공에 "오존 구멍(ozone hole)"이 생길 때 더 넓은 스펙트럼의 자외선이 지표면에 도달한다. 그러면 물 분자가 분해되면서, H_2와 H_2O_2(과산화수소)가 생길 수 있다. 이 과산화수소는 얼음에 갇혀서 H_2 기체와 격리될 수 있다. 우리는 칼텍(캘리포니아 공과대학)의 대학원생인 대니 리앙과 함께, 선캄브리아대 빙하기 때 H_2O_2로 이루어진 얼음의 비율이 0.1퍼센트에 달할 수도 있다는 계산 결과를 내놓았다.[4] 빙하가 녹을 때, 이 과산화수소는 O_2와 물로 전환되었을 것이다. 비록 산소 호흡을 할 수 있을 만큼 많은 양은 아니지만, 그에 반응하여 우리가 강력한 연장통(powerful tool kit)이라고 부르는 것을 갖춘 생명이 진화할 수 있을 만큼은 된다. 뒤에서 말하겠지만, 우리는 산소를 방출하는 최초의 남세균이 바로 이 선캄브리아대 빙하기 때 진화했고 산소로부터 몸을 보호할 기구를 갖추었을 것이 확실하다고 본다.

생명과 초기 지구 연구 분야에서 가장 많은 업적을 쌓은 인물에 속하는 워싱턴 대학교의 로저 뷰익은 2008년에 산소화가 "언제" 일어났는가라는 질문에 몇 가지 답을 제시하는 논문을 내놓았다. 첫째, 대기 산소화가 상당한 수준까지 이루어진 것은 호기성 광합성(오늘날의 모든 녹색식물이 하는 것과 같은 광합성)이 진화한 지 수억 년이 지난 뒤였다. 계속 생산되는 환원된 화산 가스, 열수 분출구에서 뿜어지는 액체, 지각 광물을 산화시키는 데에 오랜 세월이 걸렸기 때문이다. 둘째, 24억 년 전에 우리가 이 책에서 산소 급증 사건(great oxygenation event)이라고 부르는 사건이 일어남으로써 즉각적인 환경 변화를 일으켰다. 셋째, 광합성이나 다른 어떤 수단을 통해서 산소 생산이 시작된 것은 지구 역사의 아주 초기, 지질 기록이 시작되기 전부터였고, 오랜 세월에 걸쳐 시생대(25억 년 이전) 대기를 고도로 산소화했다. 이 답들 중에 고르기 위해서, 우리가 현재 알고 있는 기록을 살펴보기로 하자. 이 사건이 생명의 역사를 올바로 이해하는 데에 대단히 중요하기 때문이며, 사실이 사건에 관한 "새로운" 연구 결과가 아주 많이 나와 있다.

산소 급증 사건의 지질학적 제한 조건들

남세균의 진화가 지구에서 가장 중대한(진핵세포의 진화나 다세포 생물의 진화보다도 더 중대한) 생물학적 사건이라는 견해가 널리 받아들여져 있기는 해도, 이 선구적인 생물학적 혁신이 정확히 언제 일어났는지에 관해서는 놀라울 만큼 의견이 갈린다. 50여 년 전 지질학자들은 하천을 통해서 쌓인 퇴적물에서 형성된 지구에서 가장 오래된 퇴적암 중의 일부에 황철석(바보의 금)이라는 흔한 광물의 둥근 알갱이들뿐 아니라, 우라늄을 미량 포함한 또다른 광물이 들어 있다는 것을 알았다. 이 광물을 섬우라늄석(우라니나이트[uraninite])이라고 한다. 이 광물은 산소가 있을 때 극도로 불안정하며(철과마찬가지로 금방 녹슨다), 산소를 가진 정상적인 대기와 철저히 단절된 곳이아닌, 산소를 함유한 탁 트인 바다와 육지에서는 결코 발견된 적이 없다. 그럼으로써 시생대가 끝날 무렵까지, 아마도 25억 년 전이나 그보다 더 나중 시기까지, 대기에 산소가 거의 없었다는 개념이 도출되었다. 지질학계의 대다수는 25억 년 전 무렵에도 대기의 산소 농도가 너무 낮아서 육지와 바다에 황철석과 섬우라늄석이 녹슬지 않은 채 존재할 수 있었다고 보며, 실제로 25억 년전의 암석에도 황철석과 섬우라늄석이 풍부하게 들어 있다. 즉 그 시대까지도 대기와 바다에 산소가 없었다는 의미이다. 그러나 24억 년 전 무렵에는 물 속이나 육지에서 형성된 암석에서 두 광물이 사라지고 없다. 남세균이 25억 년전보다 나중에, 그리고 24억 년 전보다는 더 이전에 진화했다는 의미일까? 이때문에 생명의 역사를 이해하는 데에 대단히 중요한 심각한 논쟁이 벌어졌다.

이 대단히 중요한 문제가 해결되기까지는 오랜 시간이 흘러야 했다. 의견이 가장 심하게 갈린 부분은 남세균이 약 25억 년 전에 진화했는지, 아니면 그보다 훨씬 전인 34억 년 전에 가까운 시기인 지구에 생명이 처음 출현한 거의 직후부터 존재했는지 여부였다. 1990년대 말에, 당시 새로운 생물표지(biomarker)라고 하는 화학물질 화석을 이용하면서, 이 문제가 해결된 듯이 보였다. 오스트레일리아의 지질학자들은 시생대 말기(25억 년 전까지)에 얕은 바다에서 뭔가가 산소를 만들고 있었음을 보여주는 명확한 생물표지 증거가 있다고 결론을 내렸다. 그들은 시생대 암석에 분자 산소를 필요로 하는 생합성 경로—적어도 현대 생물권에서—가 있었음을 보여주는 미량의 생물표지를 찾아냈다고 발표했다. 스테롤(sterol)이라는 유기 분자들이 주된 사례이다.

이 발견은 독특하므로 논문의 초록 자체를 조금 표현을 바꾸어 인용해보자. "오래된 오스트레일리아 퇴적암의 깊숙한 부위에서 채취한 27억 년 된 퇴적암 지층에서 얻은 분자 화석(생물표지)은 이 고대의 지층이 퇴적되고 있을 당시에, 남세균이라는 광합성 세균이 그 환경에 있었음을 시사하며, 따라서 산소를 생산하는 이 아주 작은 미생물성 식물의 최고 연대도 훨씬 더 거슬러 올라간다." 그런데 더욱 놀라운 점은 그 지층에서 스테란(sterane)이라는 또 다른 생물표지가 발견되었다는 사실이다. 스테란은 원핵생물만이 아니라 진핵생물도 존재했다는 설득력 있는 증거였다. 이 연구에 쓰인 암석 코어의 연대보다 10억 년 뒤의 지층에서야 처음 화석이 출현하는 생물 집단이 말이다.

권위 있는 학술지 『사이언스(Science)』에 실린 이 논문은 두 가지 이유로 과학계에 혁신적인 새로운 발견으로 여겨졌다. 매우 일찍부터 산소를 생산하는 광합성 생물이 존재했다고 했을 뿐 아니라, 세 가지 큰 생물 집단인 진핵생물역(다른 두 집단인 세균역과 고세균역은 미생물이며 주로 단세포 생물이다)까지도 그 오래된 암석에 존재했다는 더욱 놀라운 발견을 했다는 점에서 그렇다. 이 모든 증거는 지구의 깊숙한 곳에서 채취한 암석 코어에서 나왔다. 이 논문은 한 가지 난제를 안겨주었다. 광합성 세균과 진핵생물이 기존에 생각했던 것보다 훨씬 더 앞선 시대부터, 무려 27억 전부터 존재했다는 것이다. 과학의 역사뿐 아니라, 생명의 역사를 한꺼번에 새로 쓴 전율을 일으킨 논문이었다.

그러나 과학이란 본래 의심하고 의문을 품는 분야이다. 약 10년을 뛰어넘어서 2008년으로 가서 이 주제를 다룬 또 한 편의 논문을 살펴보자. 1999년 『사이언스』에 실렸던 바로 그 논문의 교신 저자였던 조천 브룩스가 공동 저술한 논문이었다. 2008년 논문에서 눈에 띄는 두 문장을 인용해보자. "따라서 진핵생물과 남세균의 가장 오래된 화석 증거는 각각 17억8,000만–16억 8,000만 년 전과 약 21억5,000만 년 전으로 되돌아간다. 우리의 연구 결과에 따르면, 약 27억 년 전에 산소성 광합성이 이루어졌다는 증거는 없으며, 최초의 산소 생성 남세균이 출현한 시점과 대기 산소 농도가 증가한 24억5,000만–23억2,000만 년 전 사이에 오랜 시간 지체(약 3억 년)가 있었다는 이전의 생물표지 증거도 배제된다."

결과가 전혀 딴판이다! 그렇다면 1999년에서 2008년 사이에 어떤 일이 벌어졌기에, 이렇게 과학적 견해가 정반대로 바뀐 것일까?

1990년대 말에 나온 원래의 생물표지 연구들은 몇 가지 측면에서 비판을 받았다. 산소를 이용하지 않는 고대의 많은 생화학적 경로들이 산소 급증 사건 이후에 산소를 이용하는 효소를 통합하는 쪽으로 "수정되었다"는 사실을 논거로 든 비판도 제기되었다. 그러나 생물표지 연구들의 진짜 문제는 표본에서 무엇을 분석했나가 아니라, 표본을 얻는 데에 쓴 방법에 있었다. 어쨌거나 연구자들이 정확한 생물표지를 찾아내고 있었던 것은 확실하다. 그러나 생물표지가 정확히 언제 암석 코어에 들어갔을까? 우리는 대개 암석이 침투 불가능하고 단단하고 내구성을 가진다고 생각하지만, 그렇지 않다. 사실 암석은 화학적 변화—그리고 나중에 오염—가 일어나는 환경에 존재할 때가 종종 있다. 1990년대 말에는 이 고대의 표본이 오염될 가능성을 검사할—그리고 오염 가능성을 제거할—필요성이 있음을 아직 충분히 인식하지 못했다. 있다고 추정하는 생물표지가 표본보다 주변 공기에 훨씬 더 많이 있을 때에는 더욱 그러했다.

따라서 주류 생물표지 학계는 떠오르는 샛별 중의 하나였던 오스트레일리아 국립대학교의 조천 브록스가 2005년에 갑자기 어조를 바꾸어서(그 어조가 앞에서 인용한 2008년 논문으로 이어졌다), 시생대 생물표지가 있다는 이전의 연구가 오염 때문에 일어난 오류라고 주장하고 나서자 경악했다! 그러자 지구생물학 연구를 후원하는 주요 기관 중의 하나인 어거론 연구소는 새로운 오염 검사법들을 써서 암석에서 생물표지를 찾아낸 기존의 연구들을 비판적으로 재검토하는 연구 계획을 지원하고 나섰다. 조사 결과 (이 글을 쓰고 있는 2014년 중반 기준으로) 생물표지는 전혀 발견되지 않았다. 사실 2013년 말에 열린 한 학술대회에서 스테인리스 강철 톱날이 오염원임이 드러났다. 제조사가 "스테인리스"를 만들 때 석유 산물을 고압으로 함침시켰던 것이다! 이 글을 쓰는 현재, 생물표지 학계는 시생대 암석—혹은 어떤 암석이든 간에—의 유기 생물표지가 그 퇴적층이 쌓인 시점의 것인지를 검증하는 엄밀한 검사법을 아직 개발하지 못한 상태이다.

지구 대기의 분자 산소 기원에 관한 대논쟁에서는 새로운 종류의 지구역사학 도구를 중심으로 논쟁이 전개되는 분야도 있다. 바로 황의 동위원소 농도를 비교하는 것이다. 우리는 탄소의 동위원소 비율 비교가 생명 연구에 유용하다는 것과 최초의 생명이 지구에 언제 출현했는지를 파악하려고 할 때에도 그 방법을 쓴다는 것을 이미 살펴보았다(그리고 뒤에서 대량멸종을 이야기할 때 다시 살펴볼 것이다). 살아 있는 세포는 같은 원소의 원자들(탄소나 산소, 그리고 여기에서 살펴볼 황) 중에서 특정한 동위원소를 더 선호하기 때문이다. 정상적인 화학반응에서는 가벼운 동위원소가 무거운 동위원소보다 화학반응들을 좀더 빨리 거친다. 가벼운 원소가 화학 결합이 좀더 약하기 때문에 결합이 이루어지거나 깨지는 속도가 더 빨라서 반응속도가 더 빠를 수 있고, 그 때문에 식물이 탄소와 산소의 더 무거운 동위원소보다 가장 가벼운 동위원소를 선호하기 때문이다. 샌디에이고의 캘리포니아 대학교에 있는 제임스 파쿼와 마크 시먼스 연구진은 2000년에 연대가 알려진 암석들에 든 황 동위원소들의 상대적인 비율을 이용하여 특정한 유형의 생물이 언제 출현했는지를 알아내는 새로운 방법을 내놓았다.

파퀴와 시먼스는 시생대에서 고생대까지의 퇴적암에 든 황 동위원소의 양상을 분석하여, 약 24억 년 전까지는 황 동위원소의 양이 큰 폭으로 변하곤 했다는 것을 알아냈다. 그러나 그 이후의 암석에서는 변동이 사라진다. 이 변화를 가장 설득력 있게 해석한 이론은 지구 대기의 SO_2를 분해하는 자외선이 약해졌기 때문이라는 것이다. 자외선 약화는 오늘날 존재하는 오존층이 형성됨으로써만—그 무렵에 처음 형성되었다—일어날 수 있었다. 산소가 전혀 없다면, 오존 차단막도 없다. 현재 우리는 약 24억 년 전보다 더 이전 시기에는 오존층이 아예 없었다는 증거를 가지고 있다. 24억 년 전 이후로는 다른 많은 퇴적암 지표들에서도 대기 산소가 존재한다는 증거가 나오기 시작한다.

따라서 24억 년 전보다 더 이전에는 산소가 전혀 없었다. 적어도 오존층을 형성할 만큼은 없었다. 그러나 어딘가에 남세균은 있지 않았을까? 아마도 그렇지 않은 듯하다. 남아프리카에서 이루어진 주요 과학 시추 계획(앞에서 말한 어거론 연구소가 후원한 것)에 산소 급증 사건이 빠져 있다는 것이 명확해지자, 연구진은 그 사건이 일어난 시대까지 확실히 관통할 수 있도록 좀 더 젊은 퇴적암에 구멍을 두 개 뚫어서 표본을 채취했다. 그 사건은 ~24-22억 년, 고원생대의 가장 초기에 일어났다. 그들은 다소 특이한 것을 발견했다. 앞에서 말했듯이, 황철석과 섬우라늄석이라는 광물과 황의 동위원소들은 산소가 없다는 가장 강력한 지표들이다. 한편 이 스펙트럼의 반대편에는 망간이라는 원소가 있다. 망간은 대개 분자 산소가 존재한다는 강력한 지표이다. 새로운 자료들에는 퇴적층에 산화망간이 풍부하다고 나와 있다. 그러나 바로 그 암석에 들어 있는 다른 지표들은 산소가 없다고 말하고 있다!

상황은 점점 더 복잡해졌다. 칼텍에 있는 우리의 젊은 동료인 우드워드 피셔는 대학원생인 제너 존슨과 칼텍 졸업생인 샘 웨브(스탠퍼드 선형 가속기의 미시분석 빔라인 중의 하나를 맡고 있다)와 함께 더 깊이 살펴보기로 결심했다.[5] 이 쌓인 망간 덩어리를 가진 바로 그 퇴적암에는 실트 입자 크기의 퇴적된 황철석과 섬우라늄석 알갱이도 들어 있고, 또한 분자 산소가 전혀 없어

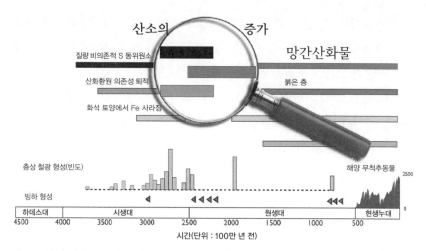

산소 증가에 관한 모순되는 지구화학적 증거들이 겹친 기간. 가장 희박한 수준의 산소에도 금방 파괴되는 실트 크기의 둥근 황철석과 섬우라늄석 알갱이가 정상적으로 분자 산소를 필요로 하는 최초의 망간 퇴적물과 함께 나타난다. 이 겹친 시기(돋보기로 확대된 부분)는 망간을 침전시키는 광합성 세균이 있었다는 단서일지 모른다. 그 세균은 산소성 광합성으로 나아가는 중요한 진화적 징검다리일지 모른다. (그림 : 칼텍의 우드워드 피셔)

야만 하는(1ppm 미만) 황 동위원소 표지도 들어 있었다. 전혀 예상하지 않은 결과였다. 게다가 그것이 끝이 아니었다. 퇴적 과정에서 이루어지는 광물의 이동을 연구하는 지구물리학자인 마이크 램은 칼텍의 젊은 터키인 동료와 함께, 산소가 없어야 한다는 이 조건을 퇴적 체계 전체에 확대 적용했다. 우리가 삼각주 끝에서 표본을 채취한 실트는 원래 대륙의 다른 어딘가에서 침식되어 수계를 통해서 운반되었을 것이다. 구불거리는 하천에 실려서 강어귀로 들어와서 해안 쪽의 침전이 이루어지는 환경에 놓였다가 삼각주의 맨 끝자락으로 흘러갔을 것이다. 이 모든 환경들에서 분자 산소는 1ppm도 되지 않았을 것이다(그리고 빙하가 녹은 물에도 영향을 받지 않았을 것이 분명하다. 당시에는 빙하가 거의 없었을 것이니 말이다).[6] 산소성 남세균은 주로 철과 인을 비롯한 양분들을 필요로 한다는 것이 잘 알려져 있으며, 이 양분들은 이 퇴적 경로의 여러 곳에서 제공되었을 것이다.[7] 그들은 자라면서 많은 양의 산소—거품—를 생산한다. 이 "산소성 광합성의 섬" 중에서 어느 하나가 실제로 존재했다면, 어디에 있었을까? 그들이 자라기에 최악의 장소는 바다에서 멀리 떨어진 곳, 이런 양분 공급원에서 멀리 떨어진 곳일 것이다. 앞에서 말한 프레스턴 클라우드는 바로 그런 곳에 살았다고 추정했지만, 솔직히 이 맥락에서는 아귀가 맞지 않는다. 무산소 상태임을 보여주는 퇴적층 지표들이 있다는 것은 퇴적물질이 여행하는 도중에 그런 알갱이들을 획득한 환경에 산소—그리고 남세균—가 있다는 말과 전혀 들어맞지 않는다.

그렇다면 이 역설을 어떻게 해야 해결할 수 있을까? 우리는 남세균의 산소를 방출하는 체계가 이 시점(24억 년 전)에 아직 진화하지 않았지만, 거기까지 이르는 데에 필요한 진화 단계들 중의 상당수는 이미 거쳤다고 본다. 물 분자를 쪼개어 에너지를 얻고 산소를 방출하는 광합성을 담당하는 실제 생화학적 복합체에는 운 좋게 칼슘 원자가 하나 내쫓기고 그 자리에 대신 망간 원자 4개가 끼워진 부위가 있다. 식물은 이 단백질을 합성할 때, 산화시키는 광자의 도움을 받아서 망간 원자를 한 번에 하나씩 그 복합체에 끼워넣는다. 우리는 퇴적층에 갑자기 망간이 (찔끔찔끔 보이는 것이 아니라) 대량으로 쌓인 것이 남세균의 진화적 조상이 물에 녹아 있는 환원된 망간을 먹어서 그것을 광합성에 필요한 전자의 원천으로 삼은 결과일 수도 있다고 주장했다.[8] H_2S, 유기 탄소, 제1철에서 에너지를 얻는 원시적인 광합성 세균들은 많이 있지만, 망간을 이용할 수 있는 세균은 아직까지 발견된 적이 없다. 이런 유형의 광합성은 퇴적층에 많은 양의 부산물—망간산화물—을 남기겠지만, 퇴적물에 든 황철석이나 섬우라늄석을 파괴할 분자 산소를 방출하거나 황 화학을 바꿀 오존 차단막을 형성하지는 않을 것이다. 황철석과 섬우라늄석이라는 침전된 둥근 광물 알갱이들이 망간 침전물과 함께 존재하는 이 겹침 구간은 지질시대에 24억-23억5,000만 년 전에 한 차례—단 한 차례—짧게 출현한다.[9] 이 단백질이 정말로 이 시기에 진화했다면, 간접적인 논거들을 토대로 더 이전에 산소성 광합성이 존재했다고 본 다른 모든 주장들은 틀렸다고 할 수 있다. 이것이 바로 우리가 이 책에서 제시하는 새로우면서도 논란을 야기할 해석이다. 그러나 우리는 이 해석이 옳다고 확신한다.

우리 모형에 따르면, 어떤 무작위적인 새로운 돌연변이를 통해서 세계에 새로 출현한 이 망간 산화 미생물은 위쪽의 물에 녹아 있는 모든 망간이 고갈될 때까지 수백만 년 동안 생태계를 지배했다. 어떤 생화학적 재배치를 통해서, 이 미세한 새로운 미생물은 물 분자에서 직접 전자를 얻을 수 있게 되었고, 그러면서 대량의 O_2를 뿜어냈다. 아마 그들이 최초의 진정한 남세균이었을 것이다.

기본적으로 물은 어디에나 있으므로, 이 남세균의 증식은 더 이상 환경에 있는 전자 공여자의 공급에 따라서 제한될 이유가 없어졌을 것이다. 이들은 미량의 철과 인산염만 있으면 증식할 수 있었다. 그런데 이 시기에는 빙하 퇴적물도 형성되었다는 기록이 뚜렷하다. 이 퇴적물에는 이 새로운 남세균이 증식하는 데에 쓰일 철, 인산염, 다른 양분들이 많이 들어 있다. 사실 빙하로부터 비료를 공급받으면서 일어난 이 증식으로 대기에서 중요한 두 기체인 이산화탄소와 메탄이 100만 년도 되지 않는 짧은 기간에 회복 불가능할 만큼 급속히 제거됨으로써 지구의 온실 효과 체계가 사라졌을 것이다.[10] 그리고 온실 효과가 갑작스럽게 파괴된 결과, 세계적인 빙하 작용이 일어났을 것이다. 그것이 바로 "눈덩이 지구(snowball Earth)" 사건이다.

앞의 절에서 어쩔 수 없이 복잡한 화학적 내용을 서술한 데에 사과를 드린다. 그러나 이 이야기를 제대로 설명하려면 복잡성이 필요하다. 이제 알아차렸겠지만, 이 시점부터 세계는 돌이킬 수 없이 달라졌다.

지옥에서 온 눈덩이

지금까지 설명한 지구 역사 내내, 우리는 대양의 성층화를 거의 본 적이 없다(성층화란 산소를 가진 수심이 얕은 위층과 그 아래의 산소가 없는 훨씬 두꺼운 층으로 대양의 물이 나누어지는 것을 말한다). 성층화는 지구의 남북극에 빙하가 생길 때 일어난다. 찬물은 극지방에서 가라앉으면서, 물의 순환을 이끈다. 게다가 빙하 자체는 대륙의 암석을 가루로 빻아서 대양으로 돌려

보내는 일을 매우 잘한다. 그렇게 바다로 돌아간 녹슨 철과 인의 미세한 알갱이들은 오늘날 우리가 잔디밭과 정원에 뿌리는 비료의 핵심 성분이기도 하다. 녹고 있는 빙하를 찍은 위성사진을 보면, 빙하 뒤쪽으로 긴 연기 기둥처럼 광합성 활동이 활발하게 일어나고 있는 자취가 보인다. 그것은 빻아진 작은 암석이 해양 생산성에 강력한 효과를 미칠 수 있음을 입증한다. 그리고 2012년에 태평양 북서부에서 하이다과이(Haida Gwaii, 예전의 퀸샬럿 제도) 주도로 불법적으로 철을 바다에 쏟아부은 실험의 효과를 놓고 오늘날까지도 큰 논쟁이 벌어지고 있다. 그로부터 겨우 2년 뒤에 연어가 엄청나게 불어났다.

시생대와 전기 원생대 때, 산소 급증 사건이 일어나기 전, 몇 차례 큰 빙하기가 있었다. 29–27억 년 전에는 소규모로 세 차례 일어났고, 24억5,000만–23억5,000만 년 전에도 몇 번 더 일어났다. 간단히 계산을 해보면, 이런 빙하기 때 바다로 유입된 철과 인산염의 양이 남세균—그들이 그 무렵에 진화해 있었다면—이 지표면의 무산소 환경을 완전히 뒤덮고, 지구의 대기와 해수면을 오늘날처럼 산소가 풍부한 안정한 조건으로 충분히 만들고도 남았음을 알 수 있다. 100만 년도 되지 않는 짧은 기간에 말이다.[11] 당시에 그런 일이 일어나지 않았다는 사실은 산소성 광합성이 아직 진화하지 않았다는 강력한 논거가 된다.

대기에 많은 산소가 존재했음을 보여주는 가장 확실하면서 가장 최근의 증거는 남아프리카의 칼라하리 망간 광상(鑛床)이라는 곳에 드넓게 쌓인 엄청난 양의 망간 광물이다. 어거론 시추 계획으로 암석 표본을 채취한 곳도 바로 이 분지이며, 이 망간은 22억2,000만 년 전에 쌓인 것이다. 이 광상은 엄청난 규모이다. 한 대륙붕에서 거의 500제곱킬로미터의 면적에 50미터 두께로 망간이 침전되어 생긴 것이다. 황철석, 섬우라늄석, 기이한 황 동위원소가 퇴적된 흔적은 전혀 없다. 이 광상은 산소가 풍부한 대기에서만 형성될 수 있었으며, 따라서 이 광상이 형성된 시기가 우리가 남세균, 오존 차단막, 바다와 대기의 산소가 존재한 세계가 있었다고 확신할 수 있는 가장 오래된 연대인 셈이다.

이 광상과 그 아래의 망간 겹침 시대 사이의 기간도 독특하다. 열대까지 빙하가 밀려올 만큼 빙하 작용이 대단히 활발했고,[12] 해양 표면 전체가 얼어붙음으로써 최초로 눈덩이 지구가 형성되었을 가능성이 가장 높은 시기이다.[13]

사실 이 책의 공저자인 커슈빙크가 명칭을 붙인 이 최초의 눈덩이 지구는 거의 1억 년 동안 지속되었을지도 모른다.[14] 그렇다면 눈덩이 지구란 무엇일까? 사실 눈덩이 지구 사건은 더 젊은 암석에서 처음 발견되었다.

현재 우리는 7억1,700만–6억3,500만 년 전에 빙하 퇴적물이 형성되었음을 알며, 거의 모든 대륙에서 그 퇴적물을 찾아볼 수 있다. 20세기 전반기에 활동한 영국의 브라이언 할랜드와 오스트레일리아의 더글러스 모슨이라는 두 지질학자는 지구 전체를 뒤덮을 만큼 유달리 규모가 컸던 듯한 후기 선캄브리아대 대빙하기가 있었음을 일찍 알아차린 사람들이었다. 그들은 그 퇴적물에서 낙하석, 빙성암, 빙하가 지나가면서 깎아낸 줄무늬 흔적 등 빙하에서 기원했음을 명백히 보여주는 특징들을 알아보았지만, 그런 퇴적물에는 몇 가지 수수께끼 같은 특징들도 있었다. 이 쇄설암 중에는 얕은 물에서 형성된 석회암으로 조성된 것이 많았다. 바하마에 있는 것과 같은 (오늘날 열대에서만 형성되는) 탄산염 대지 위를 마치 빙하가 행군하면서 으깨고 그 부스러기들을 끌고 간 것처럼 보였다. 또 거의 10억 년 전부터 지구에서 사라졌던 것과 비슷한 층상 함철암(含鐵岩)도 특이하게 다시 보였고, 빙하 퇴적층을 대개 석회암층이 뒤덮고 있었다(이것도 이 퇴적층이 저위도에서 형성되었다는 "지문"이다). 1964년에 『사이언티픽 아메리칸(*Scientific American*)』에 발표한 리뷰 논문에서 할랜드는 지구의 자전축이 어디로 움직였든 간에 빙하 퇴적물 중의 일부는 저위도에 놓여 있었을 것이기 때문에, 빙하가 적도까지 도달한 것이 분명하다고 주장했다. 그러나 할랜드는 바다까지 얼어붙었을지 모른다는 개념은 거부했다. 기후 모델 연구자들이 그러면 지구 전체가 결코 피해갈 수 없었을 "빙하 대격변(ice catastrophe)"이 일어났을 것이라고 그를 설득했기 때문이다.

대륙들의 과거 위도를 측정하는 일은 고지자기학(古地磁氣學, paleomagnetism)이라는 지구물리학 분야에 속한다. 고지자기학은 지구 자기장의 회석 기록을 연구한다. 지구의 자기장은 남북극에서는 수직으로 뻗어 있지만, 적도에서는 수평으로 뻗어간다. 따라서 암석이 형성될 당시의 자기장이 (수평인) 층리면과 어떤 각도를 이루고 있는지를 측정하면, 형성 당시의 위도를 추정할 수 있다. 그러나 불행히도 그러려면 먼저 측정하려는 고지자기가 암석만큼 오래된 것이고, 나중에 풍화나 어떤 변성 작용을 거치지 않았다는 것을 증명할 필요가 있다. (의미가 있으려면, 암석이 형성된 바로 그 시기를 진정으로 알려주는 것들을 조사해야 한다. 이것은 앞에서 말한 선캄브리아대 생물표지 연구가 가진 결함이다.)

저위도 빙하 작용 가설을 검증할 수 있을 가능성이 엿보였기 때문에, 초기에 고지자기를 분석하려는 시도들이 많이 이루어졌다. 그러다가 1966년에 지구과학에 새로운 패러다임이 제시되었다. 바로 판구조론이었다. 대륙들이 서로 상대적으로 이동할 수 있다면, 모든 선캄브리아대 말 빙하 퇴적물이 사실상 극지방에서 형성되었다가, 판구조 작용으로 저위도에 있는 현재의 위치로 내려왔을 수도 있었다. 그 결과 저위도 선캄브리아대 빙하 작용이라는 개념은 지구물리학계의 레이더 화면에서 사실상 사라지고 말았다. 초기 지구를 연구하는 과학자들에게는 너무 억지스럽게 여겨졌기 때문이다.

상황은 1987년까지 별 변화가 없었다. 그러다가 오스트레일리아의 빙하 퇴적암에서 직접 캐낸 새 표본의 지자기의 방향을 상세히 분석하자, 퇴적물이 진흙에서 암석으로 변하기 전에 저위도에 있었다는 사실이 입증되었다. 적도의 해수면까지 빙하가 널리 퍼져 있었음을 명확히 말해주는 최초의 분석 결과였다.

그리고 지구가 적도까지 얼어붙었다면, 극지방으로 가면 더욱 추웠을 것이 분명했다. 이것을 계기로, 과학적 견해에도 변화가 일어났다. 먼 과거에 얼음이 전 세계를 뒤덮었을 가능성이 있다고 일단 받아들이자, 화석 분포, 암석 종류, 더 나아가서 고지자기 자료가 말하는 정보들이 더 이해가 갔다. 그러나 그 정보들은 주요 대륙 덩어리들이 계속 적도에 놓여 있었다고 말하고 있었다. 고위도에서 대륙을 따라서 빙하가 적도까지 밀려왔다는 (그리고 결코 바다까

지구 역사상 최초의 "눈덩이 지구" 사건 때 생긴 줄무늬가 있는 왕자갈. 남아프리카의 마카니엔 빙기(Makganyene glaciation) 표본. 이 암석의 표면에는 서로 다른 방향으로 나 있는 평행한 줄무늬 집합들을 볼 수 있다. 이런 패턴은 기반암 위에서 활발하게 움직이는 빙하의 바닥을 따라서 끌려간 자갈들에서만 나타난다고 알려져 있다. 서로 다른 방향의 홈들은 얼음 바닥에서 암석이 끌려간 방향에 따라서 결정된다. 이런 돌은 대부분 먼지가 될 때까지 잘게 갈려서 빙하에 흡수된다. 이 돌은 운 좋게 살아남았다.

지 뒤덮지는 않았다는) 널리 받아들여진 모형은 자료와 들어맞지 않았다.

적도의 빙하 퇴적물이 어떻게 형성되었을지 다양한 가능성이 재검토되었고, 적어도 이 시대를 연구하는 과학자들 중의 일부는 전 세계가 정말로 얼어붙었던 것이 분명하다고 보았다. 일단 신념의 대도약이 이루어지고 나자, 나머지는 일사천리로 받아들여졌다. 떠다니는 유빙들은 해수면을 뒤덮음으로써 광합성을 줄이고 그 밑에 갇힌 바다와 대기 사이의 기체 교환을 막음으로써 바다를 무산소 상태로 만들었을 것이다. 그러자 해저의 열수 분출구는 서서히 바닷물의 철과 망간 농도를 높였을 것이고, 그럼으로써 앞서 말한 층상 함철암이 퇴적되는 데에 필요한 금속이 공급되었을 것이다. 햇빛이 가려지면서, 광합성은 오늘날의 남극대륙과 아이슬란드의 일부 지역에서

처럼, 얼음을 깰 만큼 열수가 솟아오르는 극소수 지역에서만 이루어졌을 것이다. 광합성 생명은 그런 곳에서 생존했을 수 있다. 1992년 조 커슈빙크는 UCLA의 한 연구 과제로 나온 1,400쪽에 달하는 책(연구 과제가 수행된 지 4년 뒤에 나왔다)의 7개 문단으로 된 짧은 장에서, 처음으로 이 자료들을 종합하여 새로운 이름을 붙였다. 바로 눈덩이 지구라고 말이다. 동시에 그는 한 걸음 더 나아가서 원생대에 한 번 이상의 눈덩이 지구 사건이 일어난 뒤, 급속한 진화가 일어날 환경 조건이 형성되었을 수 있다는 가설을 제시했다. 바로 오늘날 우리가 동물 문(門)들의 방산을 낳은 진화적 원동력으로 받아들이고 있는 조건 말이다.

그렇다면 기후 모형은 어떤 부분이 잘못된 것일까? 그 모형들은 모두 일단 이런 형태의 세계적인 빙기가 찾아오면, 지구가 세계를 뒤덮은 얼음에서 결코 벗어날 수 없을 것이라는 결과를 내놓았다. 문제는 지질시대에 걸쳐 이산화탄소 농도가 증가하면서 온실 효과가 서서히 증가한다는 점을 고려하지 않았다는 데에 있었다. 기후과학자들, 특히 제임스 워커와 짐 캐스팅은 이미 10년 전에 이산화탄소의 적외선 흡수 스펙트럼의 압력 선폭 증대(pressure broadening) 때문에, CO_2의 효과로 결국은 빙하 대격변에서 벗어날 수 있을 것이라고 말했다. 그러나 그들은 긴 논문의 단 한 문단에 그 말을 적어놓았을 뿐이며, 그 뒤로도 그 항목은 지구 기후 모형에 결코 포함된 적이 없었다. 이유는 간단하다. 지구적인 빙기가 실제로 닥쳤을 것이라고 추측한 사람이 아무도 없었기 때문이다!

눈덩이 지구 개념이 나온 뒤 20년 동안, 수많은 지질학자, 지구화학자, 기후과학자들은 이 가설을 놓고 격렬한 논쟁을 벌이고 검증하려고 애쓰면서, 개념을 확장하고 모형들의 예측값을 다듬어왔다. 한 예로 하버드의 폴 호프먼 연구진은 늘어난 대기의 이산화탄소가 빙하 퇴적물을 뒤덮는 석회암과 탄산염으로 전환될 가능성이 매우 높다는 안정 동위원소 자료를 무수히 내놓았다. 지질연대학자들은 고분해능 우라늄-납 연대 측정법을 써서 신원생대에 두 차례 있었던 대규모의 저위도 빙기가 모형이 명확히 예측한 것처럼,

동시다발적으로 끝났다는 것을 보여줄 수 있었다.

여기에서 다시금 우리는 동일과정설의 원리가 크게 논박당하는 것을 본다. 눈덩이 지구 시기에는 해빙(海氷)이 햇빛을 차단할 것이므로 불가피하게 해양의 유기물 생산량이 심각하게 줄어들 것이다. 눈덩이 빙기에 이은 온실 효과의 종식은 생명의 진화에 가혹한 환경 여과기로 작용했을 것이 틀림없다. 에디아카라기 이전의 화석 기록에는 찾아볼 단서가 거의 없지만, 아크리타치(acritarch, 미세한 플랑크톤성 생물이지만, 진핵생물임이 분명하다)라는 해양 미화석들의 다양성이 급격하게 변동하곤 했다는 것은 알려져 있다. 많은 현생 생물은 유전체를 전체적으로 재편함으로써 환경 스트레스에 대처한다는 것이 알려져 있다. 그런 유전체 변화가 발달 및 진화 면에서 어떤 의미가 있는지는 분자생물학계에서 열띤 연구 주제이다. 에디아카라기의 다양한 화석이 눈덩이 빙기 직후에 처음 출현했다는 사실은 그들을 갑작스럽게 출현시키는 생태적 "방아쇠"가 있다는 가설을 뒷받침한다. 현생 생물들의 분자 서열을 비교한 연구들은 주요 후생동물(後生動物, metazoan) 계통군들의 일부 또는 전부가 눈덩이 사건이 일어나기 이전에 이미 진화했다고 말하고 있지만, 그런 "분자시계(分子時計)"는 유전적 변화의 속도가 일정하다고 가정한다. 눈덩이 사건과 연관된 기후 충격이 가장 오래된 후생동물 계통들에서 유전자 치환속도를 대폭 높였다고 보면, 분자 증거와 화석 증거가 서로 들어맞을 수도 있지 않을까?

그러나 얼어붙은 바다는 수면 근처에 사는 생물들에게는 좋지 않은 환경이며, 따라서 산소 급증 사건이 시작될 만한 장소가 아니었다. 얼음을 녹일 단초가 보이기 전까지는 말이다. 이 눈덩이 지구 시기에 남세균은 아마 곳곳의 온천에서 살아남았을 것이다. 지구는 태양과 충분히 가깝고 결국에는 눈덩이 상태에서 벗어나게 해줄 만큼 온실 가스를 뿜어내는 화산 활동이 충분히 일어나고 있었다는 점에서 운이 좋았다. 그렇지 않았다면 지금까지 얼어붙은 상태일 수도 있었으며, 점점 뜨거워지고 있는 태양이 먼 훗날 마침내 얼음을 녹일 때까지 액체 상태의 바다를 보지 못할 수도 있었다. 지구가 태양에서 조금만 더 멀리 떨어져 있었다면, CO_2는 극지방에서 메마른 얼음으로 얼어붙었을 수도 있었다. 그러면 지구는 눈덩이 상태에서 벗어나서 화성과 흡사해졌을 것이다. 표면의 생물들은 모조리 죽었을 것이다.

새로운 산소 대기를 가진 지구는 기묘한 곳이었다. 적어도 생명에게 벌어지고 있던 혹은 벌어지지 않고 있던 일을 볼 때 그러했다. 호기성 호흡, 즉 산소를 들이마실 수 있게 해주는 생화학이 산소가 존재한 뒤에야 진화할 수 있었다는 점은 명백하다. 산소의 출현과 그것을 호흡할 수 있는 최초의 생물 출현 사이에는 시간적으로 간격이 있었을 것이 분명하다. 사실 진화는 산소를 이용할 수 있는 생물을 훨씬 더 선호했을 것이다. 산소만큼 우리가 생명이라고 하는 화학반응을 더 빨리 더 정확히 일어나도록 하면서 훨씬 더 많은 에너지를 방출하는 분자는 없기 때문이다.

산소가 급증한 시기와 생물권에서 그것을 호흡할 수 있는 생물이 출현한 시기 사이의 간격은 지질 기록에 드러나 있다. 갑자기 세계가 더 이상 얼음으로 뒤덮여 있지 않다는 것을 알아차린 남세균은 곧 새로 드러난 모든 바다의 따뜻한 얕은 물로 퍼졌을 것이다. 22억여 년 전의 육지는 면적이 지금보다 훨씬 더 작았고, 해양에는 수백만 년에 걸쳐 열수 분출구로부터 나온 양분이 떠다니고 있었을 것이므로, 남세균은 산소량을 급속히 늘리면서 거의 이해 불가능한 수준으로 급속히 불어났을 것이다. 그들은 빛이 도달할 수 있는 수면 아래의 얕은 물에 형성된 생태계에서 떠다녔을 것이며, 얼마 되지 않는 육지에도 존재했을 것이다. 이들은 해양 환경에서 많은 탄화수소를 생산하면서 분자 산소를 미친 듯이 뿜어내는 한편으로, 자신들이 일으킨 눈덩이 지구 사건 때 대기에 축적되었던 이산화탄소를 빠르게 고갈시켰을 것이다. 광합성으로 O_2 분자 하나가 방출될 때마다, 탄소 원자 하나가 생명을 구성하는 유기물질에 통합된다. 오늘날 그런 가벼운 탄화수소는 산소 호흡을 하는 생물에게 먹혔다가 다시 이산화탄소로 전환된다. 그러나 산소 호흡 능력을 가진 생물이 아직 진화하지 않았다면, 이 모든 떠다니는 유기물질이 어디로 갔을지 궁금증이 생긴다. 그 유기물질은 지구 표면의 화학 및 해양과 대기에 큰 변화를 일으킬 만큼 많아졌을 것이다.

기름과 산소는 공기 중에서 뒤섞이면 폭발력이 강한 혼합물을 형성한다. 번갯불이 한 번 치기만 해도 멈추지 못할 반응이 일어날 것이다. 그러나 미세한 방울 형태로 물에 흩어져 있는 기름은 미생물의 활동을 통해서만 분해될 수 있다. 효율적인 재순환 과정이 없었으므로, 지구의 탄소 순환에는 엄청난 불균형이 빚어졌을 것이다. 특히 엄청난 양의 기름이 생산되는 동안, 같은 양의 엄청난 산소가 대기로 뿜어졌을 것이다. 바로 이 시기인 21억 년 전에 대규모의 산소 급증 사건이 일어났다는 증거가 있다. 그 사건으로 순수한 적철석(赤鐵石, hematite, Fe_2O_3)이 엄청난 규모로 쌓인 세계 최대의 광상 중의 하나가 형성되었다.[15] 바로 남아프리카의 시센 광산이 있는 곳이다. 당시의 지구 대기는 그 뒤로도 유례가 없을 만큼 산소 농도가 엄청나게 높았을 것이 분명하다. 아마 어떤 이상한 생물권이 형성되어 그쪽으로 내몰지 않는 한, 앞으로도 그 수준에 도달하기란 불가능할 것이다. 다른 별을 도는 행성이 같은 과정을 거쳤다면, 대기의 매우 높은 산소압 때문에 스펙트럼 분석을 통해서 멀리서도 생명이 존재한다는 사실을 알 수 있을 것이다. 마치 이렇게 적힌 깃발을 흔드는 것이나 다름없다. "우리는 여기 있다. 우리는 광합성 문제를 풀었다!"

사실 22-20억 년 전의 탄소 동위원소 기록을 보면, 지구화학자들이 "로마군디-자툴리 변동(Lomagundi-Jatuli excursion)"이라고 이름 붙인 입이 쫙 벌어질 만큼 심하게 균형을 벗어난 시기가 있다. 우리 행성의 역사 전체에서 변동이 그렇게 크고 오래 지속된 사례는 다시 없다. 화산에서 뿜어진 탄소는 대부분 유기물질 형태로 격리되었고, 그 과정에서 대기로 산소가 방출되면서 벌어진 일이었다. 대조적으로 오늘날 대기의 산소 농도는 약 20퍼센트에 불과하다. 따라서 이 탄소 동위원소 변동은 산소는 있었지만 그것을 호흡할 수 있는 생물이 없던 시기가 있었다는 증거이다. 남세균이 많은 탄소 화합물을 노폐물로 배출하고 있었지만, 그 화합물을 먹이로 삼는 생물이 전혀 없었기 때문에 탄소 순환에 큰 폭의 변동이 일어났던 것이다. 사실 러시아의 카렐리야 지역에 존재하는 슝기트(shungite)라는 기이한 유형의 암석은 바로 이 슬러리(slurry)의 잔해인 듯하다. 오늘날 같으면, 이 기름 같은 화합물은 대부분 산소를 호흡하는 미생물을 통해서 금방 분해될 것이다. 딥워터 호라이즌(Deepwater Horizon) 누출 사고로 흘러나온 원유의 대부분이 그러했듯이 말이다. 그 암석은 환경이 탄화수소를 곧바로 재순환시키기보다는 그것에 질식되었음을 보여주는 직접적인 증거이다. 산소 농도가 계속 증가하면서, 이윽고 오늘날보다 대기의 산소압이 훨씬 높은, 산소로 과포화한 상태의 대기가 형성되었다. 당시에 숲이 있었다면, 번갯불이 한 번 치기만 해도 숲이 존재해온 동안 지구에서 일어났던 그 어떤 산불보다 열기와 규모 면에서 훨씬 더 엄청났을 전 세계적인 삼림 화재가 일어났을 것이다.

생명의 역사에 나타난 이 기이한 시대는 산소를 효율적으로 호흡할 수 있는 최초의 생물이 진화하면서 갑작스럽게 끝이 났다. 효율적인 산소 호흡은 구리를 함유한 특수한 효소가 진화함으로써 이루어졌다. 그러나 구리 퇴적물 자체는 산소가 풍부한 환경이 있어야만 형성된다. 이 시기에 전혀 새로운 종류의 세포소기관이 출현했다. 이 소기관은 지금도 존재한다. 바로 진핵세포의 주요 에너지 생산 공장인 미토콘드리아이다. 진핵세포는 조상인 원핵세포(세균)보다 더 크며, (그 전에 존재했던 모든 세포들과 비교할 때) 거대한 세포 안에 막으로 둘러싸인 "방들"이 따로 있다. 미토콘드리아는 자체 DNA도 가지고 있다. 과거에 독립생활을 하던 세균일 때 가지고 있던 DNA 중의 일부가 남아 있는 것이다. 바로 이 미토콘드리아의 조상이야말로 산소를 효율적으로 호흡하는 법을 터득한 미생물이었다. 그러다가 세포 안에 갇히면서 20억 년 동안 노예로 살아왔다.

약 19억 년 전이 모든 진핵생물의 마지막 공통 조상이 출현한 연대를 가장 정확하게 추정한 값이며, 그때가 진핵생물이 드디어 진화하여 세계 탄소 순환의 균형을 회복한 시점을 뜻할 수도 있다고 하면 흥미가 동할 것이다. 따라서 본질적으로 유독한 산소에 충분히 반응하기까지 생물권은 무려 2억 년이 넘는 세월을 진화해야 했던 듯하다.

6
동물을 향한 머나먼 여정 :
20억-10억 년 전

(23억 년 전에 정점에 달한) 산소 급증 사건이 일어난 시기부터 다세포 생물의 공통 조상이 처음 출현한 시기까지를 흔히 지루한 10억 년이라고 불러왔다. 이유는 그 기간에 주된 생물학적 변화가 거의 전혀 일어나지 않았기 (혹은 그렇다고 여겼기) 때문이다. 마치 생명의 역사가 빈둥거리며 시간만 죽치고 있던 듯하다. 거의 아무 일도 일어나지 않았다고 한다면, 10억 년은 아주 긴 세월이다. 그러나 지루한 10억 년이 다른 시기와 마찬가지로 그렇게 지루하지 않았다는 사실이 최근 들어서 밝혀져왔다. 생명이 결코 쉬고 있지 않았음을 보여주는 새로운 발견들이 나오고 있다. 그런데 또다른 10억 년이 있다. 동물이 전혀 출현하지 않은 채 흘러간 기간이다. 이 기간에 동물이 출현했다는 주장이 끊임없이 나오고 있음에도, 연구 결과들은 정반대의 결론을 내린다. 이 기나긴 세월은 대기에 산소가 처음으로 상당히 존재한 시기에 시작되며, 20억 년 전 무렵에는 생명에 한 가지 주된 혁신이 일어난다. 즉 우리와 같은 유형의 생물인 세포핵을 가진 커다란 세포, 즉 진핵생물이 흔해진다. 그리고 이 기간에 이 새로운 생물들 중에서 다양성이 가장 높았던 것은 원생동물, 즉 우리에게 친숙한 아직도 살고 있는 아메바, 짚신벌레, 유글레나, 그리고 그 친척들이었지만, 좀더 큰 기이한 화석들도 일부 출현했다. 그 중 하나는 지금까지 발견된 화석 중에서 가장 기이한 편에 속한다.

여러 전문가들은 22-10억 년 전에 산소 농도가 동물을 지탱할 만큼 충분하지는 않았을 것이라는 데에 동의한다.[1] (동물 이야기가 나온 김에 동물, 후생동물, 원생동물의 차이점을 짧게 요약해보자. 셋 다 진핵생물이다. 즉 미토콘드리아 같은 작은 세포소기관들과 세포핵을 가진 커다란 세포로 이루어진 생물이다. 동물과 "후생동물"은 같은 말이다. 모두 수정될 때 말고는 둘 이상의 세포로 이루어진 몸을 가지고 살아간다. 원생동물도 동물과 비슷해 보일 수 있다. 움직이고 비교적 복잡한 행동을 할 수 있는 종류가 많기 때문이다. 반면에 원생동물은 모두 단세포로 이루어져 있다. 그렇기는 해도 세균보다는 훨씬 더 크고 훨씬 더 복잡하다.) 그러나 산소 농도가 낮았다는 데에는 동의해도, 낮았던 이유를 놓고서는 의견이 갈렸다. 당시 생명은 산소성 광합성을 할 수 있었다. 그런데 모든 증거들은 당시 생명이 훨씬 더 많았고 산소 농도가 이보다 훨씬 더 높았어야 한다고 시사한다. 하버드 고생물학자 앤디 놀 연구진은 2009년『국립 과학 아카데미 회보(Proceeding of the National Academy of Sciences)』에 발표한 논문에서, 지루한 10억 년 동안 산소 농도가 더 높았어야 하지만, 그렇지 않았다는 것을 보여주었다.[2] 무엇인가가 증가를 막고 있었다. 동물이 살아가려면 대기의 산소 농도가 10퍼센트는 되어야 한다(지금은 21퍼센트이다). 따라서 당시 "광합성 생물"은 맡은 일을 제대로 하고 있지 않은 셈이었다. 이유가 무엇이었을까? 마침내 나온 해답은 이 책에서 다룬 역사에서 계속 반복되어 나타난 원소에 있었다. 바로 황이었다. 황은 대체로 가장 유독하면서 동시에 생명을 주는, 삶과 죽음의 분자인 황화수소 형태로 존재했다.

　23억 년 전 산소 급증 사건을 일으킨 단세포 생물과 시간적으로 훨씬 더 늦은 시기에 출현한 더 큰 다세포 생물 사이에 진정으로 그 어떤 중간 수준의 생물도 없는 상태에서 오랜 세월이 흘렀다는 것은 사실이었다. 이 기나긴 기간에 우리가 복잡하다고 말할 수 있을 형태의 생명체는 전혀 없었다(비록 우리는 앞의 장들에서 한 설명을 통해서 지구의 가장 단순한 생명체도 분자와 화학물질 수준에서 보면 믿어지지 않을 만큼 복잡하다는 사실이 명확해지기를 기대하지만 말이다!). 이유는 산소를 방출하는 생명체와 경쟁하고 있던 황을 이용하는 단세포 세균이 지나치게 많았기 때문이었다. 따라서 전혀

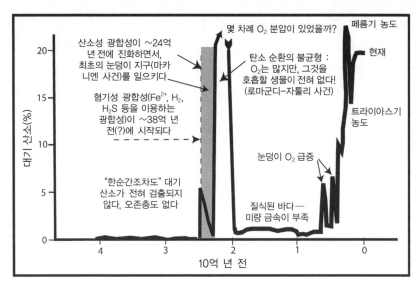

대기 산소 증가와 관련된 사건들 중 몇 가지를 설명하는 우리의 새로운 모형

다른 두 생명체가 모든 생명이 탐내는 자원—공간과 양분—을 차지하기 위해서 경쟁하고 있었던 것이다. 녹색황세균과 자색황세균이라고 하는 황을 요구하는 미생물은 지금도 살고 있지만, 산소가 전혀 없으면서 광합성을 할 수 있을 만큼 햇빛이 들어오는 얕은 호수나 일부 해역처럼 가장 유독한 곳에서만 산다. 문제는 이런 유형의 광합성은 물 분자를 쪼개지 않으므로, 산소를 부산물로 내놓지 않는다는 것이다.

기본적으로 생명은 게을렀던 듯하다. 사실 물을 쪼갠다는 것은 어려운 과제이며, 그 과정에서 온갖 성가시고 유독한 화합물이 생긴다. 광합성에 H_2O 대신에 H_2S를 이용하면, 독성이 덜한 황 화합물이 생기며, 많은 남세균들은 선택권이 주어진다면 산소를 발생시키는 기구를 멈추고 물 대신 H_2S를 사용할 것이다.

지루한 10억 년의 대부분의 기간에 걸쳐, 해양은 성층화가 이루어진 상태였다. 즉 산소가 녹아 있는 얇은 층이 맨 위에 있었고, 그 맑은 물에는 햇빛을 받아들여 그 에너지를 세포 생장에 이용하면서 산소를 방출하는 단세포 남세균이 살았다. 그러나 그 아래로, 수심 3~6미터쯤 들어가면 전혀 다른 해수층이 나오며, 이 층은 가장 깊은 해저까지 죽 이어져 있었다. 이 심층의 가장 위쪽, 가장 얕은 곳은 무수한 자색황세균이 우글거려서 자주색을 띠었을 것이다. 그들이 살았던 물은 우리 세계의 대다수 해양생물에게 치명적인 독성을 띠었을 것이다. 거의 끓는 듯한 온도의 액체 황에서 피어오르는 유독한 H_2S로 가득 차 있었기 때문이다. 죽음조차도 그 세계에서 산소를 앗아가는 데에 기여했을 것이다(물론 알지 못한 채이다. 비록 일부 미생물 전문가들은 미생물이 늘 영리한 구석이 있었다고 확신하는 듯하지만 말이다). 죽은 미생물의 자그마한 몸은 바닥으로 가라앉았거나, 물에 염분이나 침전물이 충분히 많았다면 계속 떠다니면서 썩어서 산소를 생산하는 미생물들이 위쪽의 얕은 표층수에서 만드는 얼마 되지 않는 소중한 산소 분자들을 더욱 없앴을 것이다. 대기와 맑은 바다로 향했어야 할 소중한 산소 분자들이 대신에 자색의 죽은 미생물을 썩히는 데에 쓰였다.

지금의 지구에서는 드물지만, 똑같은 층이 형성되는 수역이 몇 군데 있다. 가장 널리 알려진 곳은 팔라우의 미크로네시아 섬에 있는 유명한 "해파리" 호수이다. 이곳의 넓은 민물 호수들은 산소가 풍부한 하늘색 물 속을 우아하게 헤엄치는 해파리로 가득하다. 그러나 산소 호흡을 하는 생물들로 가득한 이 수정처럼 맑은 물 아래로 몇 미터만 들어가면, 전혀 다른 층이 나온다. 어둡고, 빛과 산소를 이용하는 우리 같은 생물들에게는 극도로 유해한 곳이다. 이 층은 산소가 거의 또는 전혀 없고, 대신에 황화수소로 포화되어 있다. 그리고 이 층은 짙은 자주색을 띤다. 풍부한 산소를 필요한 이들이 이용하지 못하게 하고 세계를 안전하지 못한 상태로 유지함으로써, 자신들에게는 전혀 지루하지 않았을 세상에서 살았던 바로 그 자색황세균이 무수히 우글거리고 있기 때문이다.

자색황세균과 그들의 세계는 마침내 우리 세계의 습하고 유독한 골방으로 물러났다. 그러나 그들은 언제나 그곳에 있었다. 그리고 약 6억 년 전 마침내 산소 농도가 더 높은 수준으로 치솟았을 때에 잃어버린 자신들의 세계

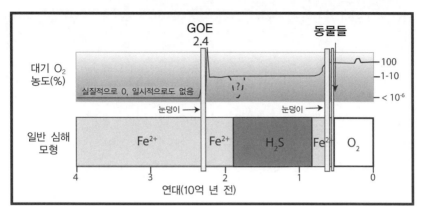

우리가 수정한 대기와 바다의 산소 농도 모형

를 언제든 되찾을 준비를 한 채 계속 그곳에 머물러 있다. 그곳을 악의 제국이라고 생각할 수도 있다. 그리고 데본기, 페름기, 트라이아스기, 쥐라기, 백악기 중반에 이 제국은 다시 영토를 되찾곤 했다. 그 이야기는 뒤에서 나올 것이다.

이윽고 황 광합성 세균과 산소 생산자 사이의 균형은 산소 생산자 쪽으로 기울어졌다. 수면 위로 노출된 대륙의 면적이 서서히 늘어나면서 변화가 촉발되었을 것이다. 대륙에서 침식되어나온 철이 물에 씻겨서 바다로 흘러들면서 황과 급속히 반응했을 것이고, 그 반응으로 생긴 무겁고 단단한 황철석 덩어리는 가라앉아서 순환 과정에서 제거되었을 것이다. 그 결과 살아가는 데에 반드시 필요한 원소를 잃은 황세균들은 굶주리게 되었을 것이다. 게다가 대륙의 풍화와 침식으로 생기는 점토 광물은 유기 분자와 강하게 결합하여, 유기 분자를 침전물 속에 묻는다. 유기 탄소 원자가 누군가에게 먹히기 전에 묻혔다면, 그 유기물질이 형성될 때 함께 생산된 산소 분자는 환경에 계속 남아서 산소 농도를 증가시키고 H_2S를 파괴했을 것이다. 두 차례의 눈덩이 지구 사건 직후에, 남세균이 크게 불어나면서 산소 농도도 크게 늘어났고, 그 결과 환경은 일종의 전환점을 돈 듯하다. 6억3,500만 년 전, 마지막 눈덩이 지구 사건이 일어난 뒤, 처음으로 몸집이 큰 동물의 흔적이 나타났다.

일단 지구에서 지옥이 사라지자, 그들은 머지않아서 모습을 드러냈다.

기이한 최초의 다세포 생물들

지금은 그다지 지루하지 않았다고 보는 10억 년 동안의 생명은 대부분 장거리 우승자들, 모든 생명들 가운데 가장 오래 존속하고 있는 것들로 이루어져 있었다. 바로 스트로마톨라이트이다. 지구에 처음 출현했을 때부터 죽 그래왔듯이, 이 시기에도 여전히 미생물이 세계를 지배하고 있었다. 그러나 약 22억 년 전에 낯선 새로운 형태의 생명체가 출현했다. 가느다란 검은 나선처럼 보이지만, 현미경이 없어도 볼 수 있는 크기임에는 분명하다. 이름은 그리파니아(*Grypania*)이며, 그 모습을 보면 생명이 한 가지 중요한 발전을 이루었음이 드러난다. 바로 세포들이 함께 모여서 막을 통해서 결합된 "군체"를 형성하는 능력을 획득했다는 점이다. 이들이 바로 최초의 다세포 생물이다.

그리파니아는 오래 전부터 알려져 있었다. 그러나 2010년에 아프리카의 가봉에서 기이한 화석들이 연이어 발견되면서 우리의 시각을 바꾸어놓았다.[3] 그리파니아가 원핵생물(아마도 세균)의 군체일 가능성이 있는 반면에, 아직 이름이 붙여지지 않은 새로운 화석들은 그보다 대단히 크고 대단히 복잡했다. 그것들이 무엇이었든 간에, 우리는 그것들이 무엇이 아니라는 것은 안다. 즉 그들이 최초의 동물이 아니라는 것은 확실하다.

최초의 진정한 동물은 그리파니아와 그 동족들보다 훨씬 더 나중에 출현한다. 동물의 나이는 10억 년이 채 되지 않으며, 동물 화석을 검출하는 수단이 점점 더 정교해짐에 따라서 최초의 동물이 출현한 정확한 연대도 점점 더 거슬러 올라가고 있기는 하지만, 마지막 눈덩이 사건보다 더 오래된 동물 화석은 아직 전혀 없다. 그러나 어떤 의미에서 그것은 이 행성의 생명이 살아온 기나긴 시간에 비하면 다소 짧은 기간을 둘러싸고 논쟁을 벌이는 셈이기도 하다. 물론 상당히 다양한 형태의 원핵생물들까지 포함하여 다세포 생물은 종류가 많으며, 둘 이상의 세포로 이루어진 생명이 20여억 년 전에 진화했다는 점에는 의문의 여지가 없다. 그러나 그 다세포 원핵생물은 대부분 겨우 두 종류의 세포로 이루어져 있으며, 동물로 착각할 여지가 전혀 없다.

세포성 점균(細胞性粘菌, cellular slime mold)은 다세포 생물이며, 일부 남세균과 주자기성 세균의 한 집단도 그렇다. 그러나 이들은 어떤 의미에서는 진화적 막다른 골목이라고 볼 수 있다(물론 당신이 점균이 아니므로 하는 말이다. 어쨌거나 점균은 궁극적으로 점균류밖에 낳지 못했다). 그들은 수십억 년 동안 지구에 존재했으며, 진화적인 의미에서 볼 때 고도로 보존되어왔다. 10여억 년 전에 출현한 다세포 식물은 그보다 더 복잡하며, 현재 조간대에서 물 속의 햇빛이 드는 곳까지 모든 해안에서 발견되는 녹조류나 적조류와 아주 흡사해 보인다. 그러나 동물은 그보다 더 젊다.

생물의 크기는 대기 산소 농도와 관계가 있는 듯하다. 대기에 산소가 없을 때보다 있을 때 몸집이 더 커질 수 있었고, 산소 흡수속도와 양을 늘리는 적응형질을 갖추면 거대해지는 사례도 종종 나타났다.[4] 거대화의 가장 좋은 사례는 다음 장에서 다룰 예정인데, 공룡의 거대화는 새로운 유형의 고도로 효율적인 허파와 호흡계를 갖춤으로써 이루어졌다.

진정한 동물의 화석은 약 6억 년 전에야 많이 나타나기 시작한다. 이 무렵의 암석 기록에 "흔적 화석(trace fossil)"의 증거가 처음으로 나타난다. 흔적 화석은 퇴적층에 몸 화석이 아니라 활동 화석, 즉 고대에 활동한 기록의 형태로 고대 동물이 지나갔거나 뭔가를 먹은 흔적이 남아 있는 것을 가리킨다. 그 무렵에 산소 농도는 현대의 수준에 접근하고 있었다(그러나 아직 그 수준에는 이르지 못한 상태였다). 산소 분자뿐 아니라 오존 농도도 비교적 고농도에 이르렀고, 그 결과 더 이전에 지표면까지 도달했던 강한 자외선 같은 태양 복사선들은 상당히 약해졌다.

아크리타치라는 신기한 생물

선캄브리아대 생명을 논의할 때면, 으레 아크리타치 이야기가 상당 부분을 차지한다. 아크리타치는 지구에 일찍 출현했다. 몇몇 가장 오래된 종류는 약 32억 년 전에 출현한 듯하며, 그들은 동물의 시대까지 죽 존속해왔다. 그러나 그들이 "잡동사니(garbage can)" 분류군, 즉 이 포괄적인 명칭 아래에 놓이는 온갖 수많은 종, 때로 계와 영역 수준에서까지 다른 생물들을 뭉뚱그린 분류군이라는 사실은 우리가 동물과 고등식물의 화석이 흔해지기 이전 시대의 생명의 역사를 얼마나 모르고 있는지를 말해주는 또 하나의 사례이다.

이들은 20억 년 전이라는 거의 상상할 수 없는 먼 옛날에 처음 출현한, 가장 오래된 다세포 화석에 속하면서도, 비교적 희귀한 상태로 남아 있었다. 그러나 원생대가 절반쯤 지났을 때, 즉 약 10억 년 전에, 이들은 다양성, 크기, 수, 형태적 복잡성이 증가하기 시작했다. 복잡성 증가는 대개 공 모양의 작은 몸에서 바깥으로 뻗은 가시의 수가 늘어나는 양상으로 나타났다. 10억 년 전부터 8억5,000만 년 전 사이에 그들은 흔했고, 이어서 지구 전체에 엄청난 변화가 일어나면서 크라이오제니아기가 시작되었다. "크라이오(cryo)"라는 그리스어 단어에서 이 변화가 무엇이었는지를 쉽게 짐작할 수 있다. 바로 심하게 얼어붙었다는 뜻이다. 이 원생대 눈덩이 지구 사건으로 해양뿐 아니라 육지에서도 대량멸종이 일어났을 것이 분명하다. 눈덩이 지구 기간—지표면의 전부 혹은 거의 전부가 얼음과 눈으로 뒤덮인 시기—에 개체수가 급감했지만, 그들은 캄브리아기 대폭발 때 마구 불어났고 이어서 고생대에는 다양성이 최고 수준에 이르렀다.

포부가 넘치는 젊은 고생물학자가 다른 화석들보다 공룡 화석에 더 끌리는 것은 이해가 간다. 고생물학자의 길을 택한 이들은 모두 어릴 때 화석에 열광하던 이들이었으며, 사실 흥미를 덜 자극하는 화석 집단에는 관심이 훨씬 덜 가기 마련이다. 전문가들의 세계에서도 마찬가지이다. 실제로 눈에 잘 보이지도 않는 미화석을 연구하고 싶어하는 젊은 과학자는 거의 없다. 그러나 과학의 가장 중요한 질문 중의 몇 가지는 미화석에서 답을 얻을 수 있다. 아크리타치를 비롯한 10억 년 전의 미화석들은 생명의 역사에 관한 원대한 질문들에도 해답을 제공할 수 있는 정보를 많이 간직하고 있으며, 그들을

보기 드문 화창한 날에 동(東)그린란드에서 지표면에 노출된 신원생대 암석을 살펴보고 있는
하버드 대학교의 지구생물학자 앤디 놀. (사진 : 앤디 놀 제공)

연구하면서 우리는 최근에야 10억 년 전에 시작된, 사실상 생명의 역사에 대
단히 중요했던 시기가 어떠했는지를 완전히 새롭게 깨닫고 있다.

20–10억 년 전, 지구의 미화석들은 단순했으며, 암석 기록에 꾸준히 나타
났다. 이 화석 기록은 원생생물(原生生物)과 현재도 살고 있는 원생동물(原
生動物) 같은 작은(후대의 생물에 비해서이다) 단세포 진핵생물이 남긴 흔적
일 것이 분명하다. 그러다가 약 10억 년 전에 기이한 일이 일어났다. 그 전까
지 장식이라고는 전혀 없던 미화석들에 장식이 달리기 시작했다.

약 10억 년 전부터 그 뒤로 죽 캄브리아기까지 아크리타치에는 가시가 점
점 늘어나기 시작했는데, 그 이유는 몇 가지가 있을 수 있다. 첫째, 작은 공
에 가시가 달리면 부피에 비해서 표면적이 더 늘어나므로, 바다에서 가라앉
는 속도가 더 느려진다. 많은 현생 플랑크톤 종들은 이 방법을 씀으로써 깊
은 바닥에 가라앉아서 대부분의 대양 해저에서 볼 수 있는 특징인 눈송이처

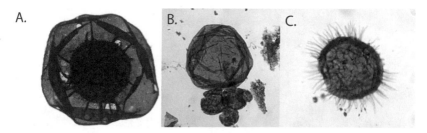

많은 종류의 독특한 작은 부유성 해양생물들로 이루어진 수수께끼의 미화석인 아크리타치의 형태 변화. 원생대(A)의 매끄러운 형태가 신원생대 말(B)과 캄브리아기(C)에 걸쳐 점점 더 가시투성이로 변했다.

럼 끊임없이 쏟아져내리는 침전물들에 뒤덮이는 일 없이 수면 근처에서 둥둥 떠다닌다. 그러나 가시의 두 번째 용도는 포식자에 맞서는 방어 수단이다. 어쩌면 10억 년 전의 바다에서 육식동물(혹은 아크리타치를 염두에 두고 말하면, 학술적으로 초식동물이라고 볼 수도 있다)이 점점 더 늘어나기 시작한 것인지도 모른다. 어쨌든 먹는 자를 어떻게 부르든 간에, 먹히는 것은 먹히는 것이다. 놀 연구진은 새로운 연구를 통해서 가시 달린 미화석들이 약 6억 3,500만 년 전에 일어난 마지막 눈덩이 지구 사건이 끝난 직후에 훨씬 더 다양해지고 풍부해졌다가, 동물의 진화가 한창 이루어지고 있던 약 5억6,000만 년 전에 완전히 사라졌음을 보여주었다. 다음 장에서 우리는 가시 달린 미화석들의 기록과 그들의 멸종이 우리가 에디아카라 혁명이라고 부르는 것을 이해하는 데에 대단히 중요한 역할을 했음을 알게 될 것이다. 다음 장에서 이 가시 달린 미화석의 이야기로 돌아가기로 하자.

지루한 10억 년의 끝

약 10억 년 전의 얕은 바다 밑을 상상해보자. 미역 같은 식물들과 녹조류가 물결에 따라서 흔들거리고, 햇빛이 드는 곳마다 무지갯빛으로 반짝이는 미생물들이 온통 형형색색의 부드러운 천처럼 뒤덮고 있다.[5] 그 미생물 깔개 사이사이에 스트로마톨라이트들이 솟아 있다. 작은 돔이나 언덕만큼 커다란 것도 있다. 물에도 단세포 생물에서 다세포 생물에 이르기까지 온갖 생물들이 우글거린다. 그러나 이 행성 어디에도 동물은 한 마리도 없다. 그렇기는 해도 격변과 얼음의 한가운데에 생명의 온상이 형성되는 시기를 향해서 유전적 및 대기의 시계는 계속 째깍거리고 있다.

10억 년 전 해양에서 혁명의 조짐이 보일 무렵, 육지에는 이미 생물량이 엄청날 만큼 생명이 우글거리고 있었을지도 모른다. 언제든 새로운 묘안을 짜내는 미생물들은 먼저 연못과 늪으로 침입했을 것이고, 결국에는 햇빛에 노출되면서 조금이라도 수분이 있는 습지와 진창 등을 모조리 뒤덮었을 것이다. 그들은 바람에 날리는 먼지에서 인산염과 질산염을 충분히 얻었을 것이고, 단세포 식물 같은 이 작은 미생물들은 녹색 콧물로 만든 천처럼 육지 곳곳을 뒤덮었을지 모른다. 즉 생명은 육지에 풍성하게 자리를 잡았다. 그리고 그럼으로써 궁극적으로 자기 자신을 지구에서 거의 전멸시킬 뻔했다.

7

크라이오제니아기와 동물의 진화 : 8억5,000만−6억3,500만 년 전

오스트레일리아의 애들레이드 시는 한 가지 비밀을 간직하고 있다. 나머지 세계와 동떨어져 있는 이 섬 대륙 안에서도 오스트레일리아의 나머지 지역들과 동떨어져 있는 이 해안도시는 예술적 및 과학적으로 나름의 독특한 문화를 발전시켜왔다. 그리고 과학적 문화는 제2차 세계대전 직후에 이루어진 엄청난 고생물학적 발견으로부터 지대한 영향을 받았다. 그 애들레이드 내륙의 메마른 언덕지대에서 최초의 커다란 동물 화석이라고 알려진, 에디아카라 화석들이 발견된 것이다. 애들레이드는 10억 년에서 6억 년 전까지의 시대를 규명하는 데에 큰 기여를 한 과학자 두 명의 이름을 딴 건물과 연구소를 짓는 등 여러모로 이 화석에 경의를 표하고 있다. 한 명은 혹독한 남극대륙 탐험과 제1차 세계대전 때 많은 인명이 희생된 프랑스의 전쟁터에서 살아남았고, 당시에 거의 믿는 이가 없었던 선캄브리아대 말 빙기의 증거를 오스트레일리아에서 발견하겠다고 돌아다닌 강인한 오스트레일리아인인 더글러스 모슨이다. 그리고 또 한 명은 그 화석을 발견한 레그 스프리그이다.[1] 뒤에서 자세히 말하겠지만, 그도 모슨과 마찬가지로 마틴 글래스너의 뒤를 이어서 애들레이드 대학교에서 지질학 교수로 있었다.[2] 이 책의 필자 중의 한 명인 워드가 현재 몸담고 있는 곳이기도 하다. 동물의 기원을 연구하는 이 전통을 계속 잇고 있는 새로운 세대의 연구자들도 있으며, 애들레이드 대학교 바로 옆에 자리한 사우스 오스트레일리아 박물관의 짐 게링은 그중 가장 중요한 인물에 속한다. 게링은 박물관의 새로 단장한 커다란 현대적인 방에 에디아카라 화석들을 진열한 새 전시실을 마련하는 일을 총괄해왔다. 그리고 진짜 화석은 대중이 보지 못하는 곳에 숨겨놓고, 대신에 석고로 뜬 모형이나 다른 모조품을 전시하고 있는 수많은 새 박물관들과 달리, 짐 게링이 맡고 있는 에디아카라 전시실에는 진짜 화석, 즉 진짜 에디아카라 화석이 전시되어 있다.[3] 놀라운 점은 그 화석들이 매우 크고 복잡하다는 것이다. 또 한 가지 놀라운 점은 그것들을 해석하는 방식이다. 최근까지도 그것들이 바다 밑에 놓인 속을 채운 베개처럼(쫙 펴면 베개만 한 것들도 있다) 주로 납작하면서 한자리에서 움직이지 않는 기이한 생물들이라는 견해가 주류를 이루어왔다. 그러나 전시실 위쪽 화면들에서 펼쳐지는 재구성한 영상들을 보면, 그것들은 결코 가만히 앉아 있는 존재들이 아니었다. 헤엄치는 것들도 있고, 힘차게 움직이는 것들도 있다. 바로 여기에서 논쟁이 촉발된다. 이 관점은 새로운 것이다. 그러나 이 견해가 과연 옳을까?

이 장에서 다루는 기간은 약 10억 년 전에서 시작하여 약 5억 4,000만 년 전 캄브리아기의 출범과 더불어 끝난 긴 세월이다. 이 기간에 생명의 역사에는 이루 말로 표현하기 힘든 엄청난 변화들이 일어났다. 25-24억 년 전에 그랬듯이, 약 7억 1,700만 년 전에도 지구는 차갑게 식었다. 시생대 말 무렵에 그랬듯이, 너무나 차갑게 식는 바람에 바다가 얼어붙기 시작했다. 고위도부터 얼어붙기 시작하여 점점 더 저위도까지 얼어붙다가 이윽고 극지방에서 적도까지 바다 전체가 얼었다. 지구는 다시금 눈덩이가 되었다. 첫 번째 눈덩이 지구는 생명의 역사에 일어난 대혁명이 원인이었고, 그 결과 산소가 풍부한 대기가 형성되었다.

두 번째인 원생대 눈덩이 지구도 기념비적인, 그러나 전혀 다른 효과를 빚어냈다. 이번의 눈덩이는 동물을 출현시켰다. 그러나 지구의 다른 모든 생물들은 무사하지 못했다. 이번에도 생명은 다시 균형을 잡아야 했다. 가장 중요한 의문은 이 눈덩이 지구 사건이 동물이 갑작스럽게 출현한 핵심 이유인가 하는 것이다. 우리가 입증하려는 것이 바로 그것이다.

생명과 눈덩이 지구 사건

앞의 장에서 살펴보았듯이, (약 23억5,000만 년 전에 시작된) 첫 번째 눈덩이 지구 사건은 생명이 일으켰던 듯하다. 남세균이 폭발적으로 불어나면서 대기의 메탄과 이산화탄소가 급감하고 그에 따라서 온실 효과가 약해지면서 일어났다. 기나긴 지구 역사상 두 번째이자 마지막 눈덩이 지구 사건이 시작된 시점은 제1장에서 말한 크라이오제니아기 때이다. 최근 연구를 통해서 크라이오제니아기의 연대 보정이 이루어진 덕분에, 현재 우리는 이 두 번째 주요 사건이 7억1,700만 년 전에 시작되어 6억3,500만 년 전에 끝났을 가능성이 높다는 것을 안다. 이 두 번째이자 마지막 눈덩이 지구 사건은 지질연대표에 크라이오제니아기라고 현재 공식적으로 실려 있는 시대(8억 년 전보다 조금 더 앞선 시기에 한 쌍의 동위원소 비율에 급격한 변동이 일어나는데, 그보다 앞서 시작된다. 이 동위원소 변동은 진극배회[眞極徘徊, true polar wander]의 산물이다)의 한가운데에서 시작되었다.

두 차례의 눈덩이 지구 사건 때(바다가 얼어붙는 사건과 녹는 사건으로 이루어져 있었다)마다 해양 유기물 생산량이 심각하게 감소했다. 해빙이 햇빛을 차단했을 것이기 때문이다. 따라서 (생물량이라고 하는) 총질량을 기준으로 할 때, 두 사건 전에 비해서 그 이후에 지구 생명의 양은 심각하게 줄어들었다. 23억5,000만-22억2,000만 년 전과 7억1,700만-6억3,500만 년 전의 눈덩이 빙기와 온실 효과 중단은 생명의 진화에 심각한 환경 여과망으로 작용했을 것이 분명하다. 화석 기록은 단서를 거의 제공하지 않지만, 앞의 장에서 말한 아크리타치(작은 크기의 플랑크톤 생물)가 다양성과 개체수 측면에서 불어났다가 줄어들었다가 하는 양상은 나타난다.

많은 현생 생물들은 유전체를 전면적으로 재편함으로써 환경 스트레스에 반응하며, 눈덩이 지구 사건도 (적어도) 스트레스를 주었을 것이다. 이런 유전체 변화가 발달과 진화에 어떤 의미가 있는지는 분자생물학계의 열띤 논쟁거리이다. 눈덩이 빙기 직후에 더 복잡한 생물들의 다양한 화석들이 나타나기 시작한다는 사실은 눈덩이 사건이 생명의 복잡성과 다양성에 엄청난 변

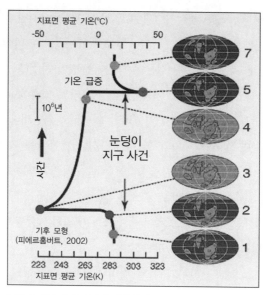

지표면 평균 기온(°C)

기온 급증

10^6년

시간

눈덩이
지구 사건

기후 모형
(피에르훔버트, 2002)

223 243 263 283 303 323
지표면 평균 기온(K)

눈덩이 지구 사건 시기에 시간별 기온 변화를 보여주는 그림

화를 일으킨 일종의 생태적 방아쇠 역할을 했다는 개념을 뒷받침한다.

눈덩이 지구 사건과 관련된 의문들 중에서 원인 문제는 가장 심오한 질문에 속한다. 앞에서 최초의 눈덩이 지구 사건을 생물 자신이 촉발했을 수 있다는 말을 했다. 산소성 광합성이 발명됨으로써 온실 가스가 급감한 것이 원인일 수 있다고 했다. 그러나 첫 번째 사건보다 10억여 년 뒤에 일어난 두 번째 사건의 원인은 전혀 달랐을 수도 있다. 두 번째 눈덩이 지구는 당시 대륙들의 이동과 판구조 활동으로 촉발되었을 수도 있다.[4]

이른바 신원생대 눈덩이 사건, 즉 두 차례의 대규모 눈덩이 지구 사건 중에서 나중 것은 대륙들의 거대한 융합체인 로디니아(Rodinia)라는 초대륙(모든 대륙이 하나로 합쳐져서 하나의 거대한 땅덩어리를 이룬 것)이 갈라지기 시작한 지 약 4,000만 년 뒤에 일어났다. 초대륙이 형성되면 육지 면적의 대부분이 바다에서 멀리 떨어져 있기 때문에, 기후가 건조한 경향을 보인다. 반면에 대륙, 특히 초대륙이 쪼개지면, 해양성 기후가 이전의 건조한 기후를 대체함으로써, 화학적 풍화가 증가할 수 있다. 규산염 광물의 화학적 풍화는 대기의 이산화탄소 농도를 급감시킨다. CO_2 농도가 낮아지면, 기온도 낮아진다. 즉 이 두 번째 눈덩이 지구 사건은 생물이 아니라 무기화학 반응이 일으켰을지 모른다. 매우 흥미로운 점은 두 번째 눈덩이 사건(오스트레일리아에서 그 흔적이 남아 있는 지역의 이름을 따서 스터트 빙기[Sturtian glaciation]라고 한다)이 시작된 시기가 약 7억1,650만 년 전 지금의 캐나다 지역에서 대규모 화산 분출이 일어난 시기와 다소 정확히 일치한다는 것이다.[5] 이런 대규모 화성암 지역에서 화산이 분출할 때 CO_2가 배출되기는 하지만, 육지에서 분출될 때에는 뿜어내는 양보다 소비하는 양이 훨씬 더 많으며, 먼지가 지구 전체를 새하얗게 뒤덮음으로써 들어오는 햇빛의 대부분이 다시 우주로 반사된다. 그 결과 지구는 더욱 추워진다.

그러나 아마도 그것이 전부가 아닐 것이다. 새로운 유형의 생명이 갑작스럽게 급진적으로 지구 전체에서 급증하는 일이 일어났다면, 화학적 풍화보다는 광합성을 통해서 이산화탄소가 갑작스럽게 감소하는 일이 관련되었을 가능성도 있다. 실제로 그랬을지도 모른다. 우리가 이해하고 있는 생명의 역사에 관한 내용 중에서 육상식물이, 즉 아직 단세포 상태이기는 하지만, 그럼에도 드넓은 육지로 뻗어나갈 잠재력을 가진 식물이 약 7억5,000만 년 전에 출현했다는 발견은 가장 최근에 알려진 것에 속한다. 그들의 출현이 핵심적인 역할을 했을 수도 있다.

눈덩이 대량멸종─그리고 눈덩이가 자극제가 되어서 수많은 동물이 기원한 것일까?

약 7억5,000만 년 전에서 약 6억여 년 전 사이, 바다와 육지로 이루어진 세계가 온통 눈과 얼음과 헐벗은 암석으로 뒤덮인 세계로 변한 시기에 지구 생명에는 어떤 일이 일어났을까? 단순한 사고실험만으로도 이 원생대 눈덩이 지구 사건이 일어나기 직전에 존재했던 생명의 다양성과 수가 줄어들었을 것임을 짐작할 수 있다. 그 뒤에 남은 생명은 주로 단세포 생물이었다. 현재 세계의 수많은 해안에 살고 있는 갈조류와 녹조류, 홍조류 같은 다세포 식물들도 이 무렵에 존재했을 것이다. 그러나 생명의 상당수는 모두 진핵생물인 단세포 원생동물이거나 해안 근처의 스트로마톨라이트와 그밖의 남세균 덩어리 형태로 드넓게 막을 이루면서 자라거나 떠다니면서 광합성을 하는 무수한 미생물로 이루어져 있었다. 육지에서는 단세포이기는 하지만, 아마도 좀더 복잡했을 광합성 생물 무리가 민물에 살았을 것이며, 축축한 표면에도대개 군데군데 덩어리를 이루어서 넓게 뒤덮은 채 살고 있었을 것이다. 우리가 아는 토양은 아직 존재하지 않았겠지만, 암석의 화학적 풍화로 생긴 육지 표면의 점토와 모래에 식물이 죽거나 썩으면서 나온 유기물이 혼합되었을 것이다. 그 뒤에 육지와 바다의 표면을 얼음이 뒤덮었다. 바다는 얼음만이 얼마간 위를 뒤덮고 있었을 뿐이지만, 육지에는 추위까지 확실히 밀려들었다.

생물량의 관점에서 보면, 멸종이 어떻게 진행되었을지 이해하기가 더 쉽다. 킬로미터 두께의 얼음이 해수면을 뒤덮고 있었으니 햇빛이 크게 줄어들었을 것이다. 얼음에도 미생물이 살고, 해빙을 뚫고 햇빛이 일부 들어가기도 했겠지만, 식물의 생물량은 급감했을 것이 확실하다. 햇빛 차단도 중요했겠지만, 중요한 양분들, 그중에서도 우리 세계에 가장 중요한 철, 질산염, 인산염을 얻을 수 없게 되었다는 점도 마찬가지로 중요했을 것이다. 육지 표면이 차가워지고 많은 부분이 눈과 얼음으로 뒤덮임에 따라서, 화학적 풍화가 느려졌고, 어떤 종류(물론 줄기와 잎을 가진 진정한 복잡한 육상식물이 등장하기 수억 년 전이다)가 있었건 간에 육상 "식물"의 활동과 수도 줄어들었다. 또 육지에서 바다로 들어가는 비료의 양도 크게 줄었을 것이다. 해양 생산성이 급감했고, 그에 따라서 개체 수준에서만이 아니라 종 전체 수준에서도 대량 멸종이 일어났을 것이 분명하다.

그러나 왜 그토록 많은 동물들이 출현했는가라는 질문에 답할 모형은 아마도 다음의 시나리오로부터 나올 듯하다. 비록 해수면 전체가 총빙으로 얼어붙었다고 해도, 사실 당시 세계는 지금보다 화산 활동이 더 많았다. 바다로 열을 뿜어내는 온천, 간헐천, 특히 활화산들이 많이 있었을 것이며, 그러면서 얼음이 없는 소규모의 따뜻한 수역을 형성했을 것이다. 빙산과 얼어붙은 바다에 에워싸인 이 소규모 "수족관"은 고립된 채 전 세계에 흩어져 있었을 것이며, 각기 다른 수많은 환경 조건을 빚어냈을 것이다. 진화는 소규모의 격리된 개체군에서 가장 잘 작동한다. 수천 군데에 달하는 이 소규모 해양 및 민물 대피소들은 "유전적 병목(genetic bottleneck)"(작은 집단이 고립될 때 유전자 수가 적기 때문에 빠르게 진화할 수 있는 곳) 원리에 따라서, 진화 보육실이 되었을 것이다. 그렇게 하여 작은 단세포 진핵생물인 원생동물은 수많은 종류의 후생동물, 즉 동물로 진화했을지 모른다. 수많은 활화산들이 뿜어낸 온실 가스가 쌓임으로써 마침내 눈덩이 상태에서 풀려나자, 빠르게 얼음이 녹았을 것이고, 그에 따라서 새로운 진화 실험실이었던 이 수천 곳의 동물들도 빠르게 퍼져나갔다.

지구는 6억3,500만 년 전에 오늘날 우리가 아는 행성과는 전혀 다른 곳이었던 마지막 눈덩이 상태에서 빠져나왔다. 그러나 진화적 및 물리적 힘이 발휘되면서 원생대 말의 지구는 훨씬 더 지구다워졌을 것이다. 우리가 아는 지구와 비슷해졌다는 의미에서 그렇다. 바다에는 생명이 우글거렸다. 대부분은 단세포였지만, 대체로 아메바, 짚신벌레, 다세포인 볼복스와 단세포인 유글레나처럼 절반은 식물이고 절반은 동물인 수수께끼 같은 생물 등 복잡한 원생동물들로 이루어져 있었다. 해안과 해저에는 지구에 아주 흔했으며, 지금도 여전히 흔한, 예전보다 더 커진 다세포 갈조류, 홍조류, 녹조류가 가득했다. 최초의 동물이 진화할 무대가 마련된 것이다. 약 6억3,500만 년 전, 마침내 그 진화 과정이 시작되었다. 우리 필자들은 그렇다고 본다. 새로 명명된 에디아카라기는 마지막 눈덩이 시대가 끝날 때 시작되어 동물임이 너무나도 확실한 생물들이 출현하면서 끝이 났다. 또 에디아카라기는 고생대가 시작되기 전의 마지막 공식 지질시대이기도 하다. 이 시대는 가장 중요한 시민들, 즉 당대까지 진화했던 가장 복잡한 생물들의 이름을 딴 것이다. 우리는 그들을 에디아카라 생물이라고 부른다.[6]

선캄브리아대의 마지막 시기—원생대의 마지막 시대—에 속한 이 상징적

인 화석들은 오늘날 존재하는 그 어떤 생물과도 다른 온갖 특이한 체형들을 가진다. 전에는 사우스 오스트레일리아의 에디아카라 힐스에서만 발견되었지만, 지금은 세계의 많은 지역에서 이 수수께끼 같은 화석들이 발견되었다. 그러나 가장 잘 보존된 화석은 애들레이드 북부의 낮은 언덕지대에서 발견된다.

에디아카라 힐스는 오스트레일리아 남부의 최대 산맥인 플린더스 산맥에 속해 있다. 더 파릇파릇한 해안에서 멀리 떨어진 많은 지역들과 마찬가지로, 플린더스 산맥도 대부분 모래와 튀어나온 암석 사이로 반건조 환경에 적응한 식생이 드문드문 보이는 곳이다. 멀리 유칼립투스, 사이프러스 파인, 블랙오크 같은 키가 좀더 큰 나무들이 점점이 보인다. 사시사철 물이 솟는 샘은 아주 드물지만, 그런 곳에는 오스트레일리아의 상징적인 동물들이 모여든다. 한때 가장 위험한 포식자였던 딩고를 박멸한 뒤, 이 지역에는 붉은 캥거루와 서부회색 캥거루가 번성해왔다. 한때 멸종 위기에 처했던 노란발바위왈라비도 지금은 으레 눈에 띈다. 그러나 이곳이 특별한 이유는 캥거루와 더 작은 유대류들 때문이 아니다. 바로 고대의 화석 동물군 때문이다.

캐나다의 버제스 셰일, 독일의 졸른호펜 석회암, 북아메리카의 헬크리크 지층과 더불어, 에디아카라 힐스는 가장 유명한 4대 화석 산지 중의 하나라고 말한다. 이 언덕지대의 5억6,000만 년 전부터 5억4,000만 년 전 사이의 지층에는 대다수의 고생물학자들이 최초의 동물 신체 화석이라고 인정하는 것들이 들어 있다.

그 화석들은 지질학자 레지널드 스프리그가 사우스 오스트레일리아의 에디아카라 힐스 지역의 오래된 광산을 살펴보다가 발견했다. 스프리그는 사우스 오스트레일리아 주정부 소속의 지질학자였다. 그는 주의 광물자원을 재산정하는 일을 하는 중이었고, 황량한 시골 지역의 침식된 언덕을 걷고 있었다. 이 지역이 새로운 채굴 활동을 할 만한 곳인지를 파악하는 것이 그의 임무였다. 그러나 스프리그는 학창 시절에 열렬한 아마추어 화석 수집가였기 때문에, 굽이치는 에디아카라 힐스에 흩어져 있는 거친 사암 석판 안에서 우연히 발견한 기이한 흔적들이 생물이 남긴 것이 분명하다는 점을 알아차릴 수 있었다. 그런데 어떤 종류일까?

스프리그는 해파리가 눌려서 찍힌 것처럼 보이는 화석과 마주쳤다. 그러나 그는 해파리가 화석이 될 일이 거의 없다는 것을 알고 있었다. "거의"는 불가능하다라는 말의 완곡어법에 불과했다. 스프리그가 살펴보고 있던 지층은 극도로 오래된 것이었고, 그는 채집한 기이한 화석들이 세상에서 가장 오래된 동물을 담은 기록에 속할 것이라고 제대로 추측했다. 화석을 발견한 이듬해에 그 소식을 발표하면서 그는 그 화석들이 다양한 유연관계에 속한 동물들을 대변하는 듯하다고 적었다.[7]

첫 발표 직후에 스프리그는 더 기이한 화석들을 채집했다. 이번에는 애들레이드 대학교의 더글러스 모슨 교수와 학생들이 함께했다. 1949년 스프리그는 같은 지역에서 채집한 훨씬 더 많은 화석들을 연구한 결과를 발표하면서, 이 신기한 화석들을 처음으로 상세히 기술했다.[8] 화석들은 모두 결코 흡족할 만큼 연대가 밝혀진 적이 없는 지질층인 파운드 규암층(Pound Quartzite)에서 나왔다. 그것들이 캄브리아기에서 나왔다면, 별 관심을 끌지 못했을 것이다. 그러나 원생대에서 나왔다면, 이 기이한 화석들은 정말로 지금까지 지구에서 발견된 가장 오래된 동물의 흔적이 될 터였다. 후속 연구를 통해서 이 화석들이 정말로 당시 캄브리아기를 정의(그 뒤로 수정되어왔다)

사우스 오스트레일리아에서 발견된 선캄브리아대 말 에디아카라 화석인 스프리기니아(*Sprigginia*). 체절이 있는 벌레처럼 생긴 동물이다. 원시적인 환형동물이자 아마도 삼엽충의 조상으로 여겨진다.

하는 데에 쓰였던 전형적인 캄브리아기 화석(삼엽충)보다 더 오래되었다는 사실이 드러났다.

이 화석들을 자세히 조사하니, 그 어떤 현생 동물과도 달랐다. 20세기 말의 몇몇 과학자들은 그들이 더 이상 존재하지 않는 체제를 가졌고, 알려진 후손을 전혀 남기지 않은 동물이었다고 주장했다. 이 견해는 안타깝게도 지금은 고인이 된 위대한 과학자 돌프 사일라처가 처음 내놓았다.[9] 그러나 그들이 가진 수수께끼 중에서 가장 기이한 측면은 아마 화석으로서의 특성이었을 것이다. 무엇보다도 단단한 부위가 없는 생물은 화석이 되는 일이 거의 없다. 그런 생물은 대개 정체된 고요한 물의 바닥에 쌓인 퇴적암인 이암이나 셰일 같은 입자가 아주 고운 암석에서만 화석이 된다. 그러나 스프리그가 발견한, 뼈대가 없는 것이 분명한 동물들은 입자가 더 고운 암석이 아니라, 입자가 거친 사암에 보존되어 있었다.

스프리그의 화석이 정말로 현생 생물인 해파리, 말미잘, 바다조름(말미잘과 비슷한 부드러운 동물)과 가장 가까운 몸을 가진 동물의 것일까? 그런 화석이 정말로 생길 수 있는지를 알아보기 위해서 여러 실험과 검사가 이루어졌다. 오스트레일리아 지질학자이자 『동물의 출현(The Dawn of Animal Life: A Biohistorical Study)』을 쓴 저자인 마틴 글래스너도 실험에 나섰다.[10] 그는 얇게 깐 모래층 위에 막 잡은 아주 커다란 해파리를 올려놓는 식으로 일련의 실험을 했다. 그는 해파리가 정말로 모래 안에 자국을 남겼다고 했다. 그러나 모래 자체에 문제가 있었다. 스프리그의 화석은 모래에 결코 보존될 수가 없었다.

모래알은 상대적으로 에너지가 높은 곳에서 쌓인다. 오늘날 사암은 해안, 강, 모래언덕 근처에서 발견된다. 모두 움직이는 물이 꽤 무거운 알갱이를 운반할 수 있는 곳들이다. 더 미세한 진흙과 점토 입자는 그런 환경에서 결코 쌓이지 않는다. 너무 가벼워서 쌓이는 대신에 다시 해류, 파도, 바람에 휘말려서 다른 곳으로 운반된다. 그러나 에디아카라기 화석은 크고 수가 많은데도, 그런 사암지대에서 발견된다.

이 난제를 더 깊이 살펴보기 위해서, 1987년 여름에 필자 중의 한 명인 피터 워드는 워싱턴 주 산후안 섬의 워싱턴 대학교 프라이데이 하버 해양연구소에 고생물학 상급반을 개설하여 학생들을 모았다. 학생들은 에디아카라 화석이 형성될 수 있는 조건을 재현하려고 애썼다. 몇 가지 종류의 실험이 이루어졌다. 산후안 섬 주변의 내해에는 에디아카라 동물들과 체제가 가장 비슷해 보이는 자포동물문(刺胞動物門, cnidaria)의 동물들이 아주 다양하고 많이 살고 있다. 학생들은 6억 년 전의 얕은 해저를 모사하기 위해서, 커다란 양동이에 다양한 크기로 분류한 모래를 넣은 뒤, 바닷물을 채웠다. 앞에서 마틴 글래스너가 했던 실험과 비슷했지만, 이번에는 해파리 외에 더 크고 더 다양한 동물들도 이용했다.

학생들은 막 죽은 바다조름, 말미잘, 세계에서 가장 큰 해파리를 모래 위에 놓았다. 그 위를 모래로 덮은 다음 얼마간 두었다. 그리고 며칠 뒤 위쪽 모래층을 걷었다. 사실 어떤 식으로 실험을 해도 모래에는 흔적이 전혀 남지 않았다. 자포동물들은 썩어서 아무것도 남기지 않고 사라지곤 했다.

마침내 한 학생이 완전히 색다른 착상을 내놓았다. 학생은 나일론스타킹을 네모나게 오린 아주 섬세한 나일론 망을 사암 위에 깐 뒤, 아주 커다란 해파리를 조심스럽게 그 위에 올려놓았다. 그런 뒤 좀더 고운 모래를 뿌려서 해파리를 전부 뒤덮었다. 바다조름과 말미잘도 똑같이 했고, 그 위를 바닷물로 채웠다. 몇 주일 뒤, 위층의 모래와 나일론 망을 제거하자(그 위에 놓았던 동물의 부드러운 부위는 이미 썩어 사라졌다), 나일론스타킹 바로 밑에 찍혀 있는 동물의 아름다운 모습이 드러났다. 실험에 쓴 동물들의 형태가 아주 세세한 부분까지 고스란히 찍혀 있었다.

어쩌면 이 실험은 아무런 의미도 없을지 모른다. 그러나 당시 세계가 나일론스타킹과 두께와 물질적 특성이 비슷한 뭔가로 덮여 있었다면, 즉 아주 미약한 물의 흐름에도 휘말릴 모래알을 제자리에 붙들어놓을 특성을 가진 뭔가로 덮여 있었다면? 우리는 미생물들이 얇게 한 층 또는 여러 층으로 뒤덮고 있는 얕은 해양 환경을 상상할 수 있다. 비록 허약하고 폭풍에 쉽게 파괴되지만, 이 미생물 덮개는 퇴적물을 안정화하고, 동물이 죽어서 바닥에 가라앉으면 그 밑의 모래에 부드러운 부위가 눌린 자국을 남길 것이다. 그리고 그 위를 모래가 더 뒤덮는다면, 새로운 모래층은 썩지 않게 차단하는 역할을 했을 것이다.

오늘날에는 뼈대 없는 생물의 조직 윤곽과 눌린 자국을 보전할 만한 해양 환경이 존재하지 않는다. 자원이 풍부한 미생물 덮개를 찢고 먹어치우는, 움직이는 동물이 진화했기 때문에 그런 것들은 파괴되었을 것이다. 스트로마톨라이트가 초식동물이 진화하면서 모조리 사라진 것처럼, 전 세계의 얕은 물 환경에 있던 미생물 덮개와 깔개 중에도 먹혀서 사라진 것들이 많았을 것이다.

전 세계에 걸쳐 있는 에디아카라 동물군

오늘날 "에디아카라 생물상(Ediacaran biota)"은 6대 대륙의 약 30곳에서 발견되며, 그 동물군은 70종으로 분류된다. 모두 신원생대의 말기에만 한정되어 나타난다(비록 캄브리아기 초까지 살아남은 종도 극소수 있을지 모르지만 말이다).[11] 에디아카라 생물은 5억7,500만 년 전 아발론 다양화(Avalon diversification)라는 진화적 사건 때 다양성이 정점에 이른 듯하다. 이 사건은 원생대의 마지막 눈덩이가 사라진 뒤 5,000만 년 동안 이어졌을 것이다.

그들은 그 시점부터 번성했던 듯하다. 사실상 그들의 군집 전체가 그랬을 것이다. 그러다가 약 5억5,000만-5억4,000만 년 전, 이 시기의 화석 기록에 흔적 화석(퇴적물에 움직이거나 먹은 자국 등 동물이 활동한 흔적이 화석이 된 것) 형태로 동물이 돌아다녔다는 증거가 처음으로 나타날 때, 에디아카라 동물군은 다소 갑작스럽게 사라졌다. 최초의 동물들이 지구에 빠르게 출현하던 바로 그때, 즉 캄브리아기 대폭발(Cambrian explosion)이라는 사건이 일어날 때, 한 다양한 대규모 생물 집단이 사라졌다.[12] 이 소멸은 사실상 화석 기록에 나타나는 최초의 대량멸종이다(비록 실제 최초의 대량멸종이 아니라는 것은 확실하지만 말이다). 처음에는 이 사건이 오스트레일리아 대륙에서만 일어났다고 생각했지만, 지금은 에디아카라 생물들이 전 세계에 퍼져 있었다는 것이 명확해졌다.

에디아카라 생태계 군집에서 에너지가 어떻게 흘렀을지를 놓고 무수한 가설들이 나와 있다.[13] 현대 생태계에서는 광합성 식물이 먹이사슬의 바닥을 이루고, 몇 단계의 소비자들이 식물을 뜯어 먹으며, 그 소비자들은 다시 몇 단계의 포식자들에게 먹힌다. 각 단계의 생물량은 바로 그 아래의 "영양 단계"에 있는 생물량의 약 10퍼센트에 불과하다. 에디아카라 생물들은 전혀 다른 유형의 군집 구조를 가졌다고 보는 연구자들도 있다. 턱을 가진 생물은 전

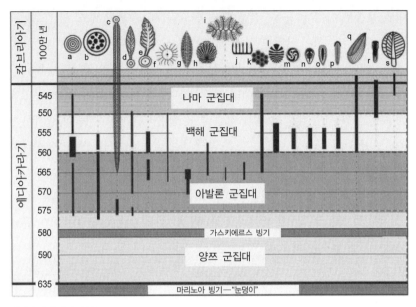

에디아카라기의 종들

혀 발견되지 않았고, 포식이 일어났음을 시사하는 흔적도 전혀 없다. 그런데 연구자들은 대체로 에디아카라 생물의 대부분을 자포동물문으로 분류한다. 자포동물은 모두 포식자이다! 에디아카라 생물들이 현생 산호처럼 미세한 공생 조류(쌍편모충류[雙鞭毛蟲類])를 다량 가지고 있었을지 모른다는 주장도 나와 있다. 그러나 그렇다는 증거는 전혀 없다. 포식자가 없어 보이므로, 에디아카라 동산이라는 이 옛 시대를 묘사하는 가장 인상적인 표현 중의 하나가 나오기도 했다. 포식자가 없는 세상에서 몸집이 큰 생물들이 살았던 마지막 시대라는 것이다. 5억4,000만 년 전 기어다니고 헤엄치는 온갖 다양한 포식성(그리고 초식성) 동물들이라는 뱀이 등장하면서, 이 동산은 사라졌다.

지구에서 움직이는 최초의 동물이 등장하기까지 왜 이렇게 오래 걸렸을까? 낮은 대기 산소 농도나 온도가 아주 높은 공기와 바다 같은 외부 환경 요인들 때문이었을지도 모른다. 우리가 아는 것은 6억3,500만-5억5,000만 년 전이라는 이 기간에 전혀 새로운 범주의 생물들이 진화했다는 것이다. 내부의 뼈대, 즉 정역학적 뼈대(hydrostatic skeleton) 역할을 할 수 있는 물로 채워진 내부 공간뿐 아니라, 근육, 신경, 특수한 감각 세포, 생식 세포, 연결조직 세포, 물질을 분비하여 단단한 껍데기를 만드는 능력까지 갖춘 생물이다. 동물이든 아니든 간에, 에디아카라 생물상은 비록 광물화가 이루어지지 않았을지라도 지구에서 처음으로 뼈대를 진화시켰다. 뼈대는 근육이 붙을 수 있게 해주며, 근육은 움직일 수 있게 해준다. 운동은 복잡성이 더욱더 증가하는 쪽으로 진화를 계속 추진하는 다른 욕구들을 낳는다. 일단 움직이기 시작하면, 동물은 먹이와 짝을 찾고, 포식자를 피할 수 있게 해줄 감각 정보가 필요해진다. 감각 정보는 그것을 처리할 뇌를 필요로 한다. 이 모든 발달은 서로 얽혀 있으며, 진핵생물인 후생동물 혁명이 이룬 업적이다. 원생대가 끝날 무렵에 일어난 것은 바로 이 혁명이었다.

이제 우리는 "줄기 후생동물(stem metazoan)"이라고 부를 만한 존재, 즉 현재 지구에 있는 모든 복잡한 생물의 단일 조상이 어떻게 출현했을지 가설을 세울 수 있다. 그것은 작고, 비교적 적은 수의 세포로 이루어졌을 것이다. 내부에 세포벽은 전혀 없었을 것이다. 외부 환경과 내부를 심하게 격리시키는 상피 세포를 가지고 있었겠지만, 생물에 뻣뻣함을 제공하는 콜라겐으로 채워진 내부 공간도 있었을 것이다. 또 크기와 복잡성이 증가하도록 해주는 "유전적 연장통(genetic toolbox)"도 있었을 것이다. 크고, 생태적으로 분화했고, 유성생식을 하는 다세포 진핵생물이었다. 이들은 생명의 역사상 가장 큰 적응방산(適應放散, adaptive radiation)을 일으킴으로써 오늘날 지구의 특징인 기고, 꿈틀거리고, 헤엄치고, 걷고, 붙어 있는 엄청난 동물 다양성을 빚어낸 동물이었다. 현생 동물계에서 가장 수가 많은 것은 우리 같은 좌우대칭인 동물들이다. 좌우대칭 동물들은 캄브리아기 초에는 수가 아주 적었지만, 지구를 정복할 준비를 하고 있었다.

몸집 큰 에디아카라 생물들의 고생태학

일반적으로 과학은 흥미로운 문제를 쉽게 해결한다. 그러나 에디아카라 생물들의 특성은 대단히 많은 열성적인 노력에 저항해온 모양새이다. 그들은 여전히 수수께끼 같은 존재로 남아 있다. 그러나 지난 몇 년 사이에 새로운 연구를 통해서 가장 큰 수수께끼들이 하나둘 풀리기 시작했으며, 가장 중요한 연구 성과 중의 일부는 지난 수십 년 동안 다소 경시되어온 한 고생물학 분야를 활용함으로써 나왔다. 바로 고생태학(paleoecology)이라는 분야이다. 고생태학은 1960년대부터 고생물학 연구를 탁월하게 이끌어왔지만, 일반화할 새로운 주요 개념을 내놓지 못했기 때문에, 스티븐 제이 굴드는 지난 세기에 출간한 고생물학 논총 중의 한 권에서 그 분야를 빼버렸다. 그러나 리버사이드에 있는 캘리포니아 대학교의 메리 드로저와 사우스 오스트레일리아 박물관의 짐 게링은 금세기에 이 구식 탐구방식을 이용하여, 에디아카라 생물들과 그들의 세계를 아마도 가장 잘 이해했다고 할 수 있는 성과를 얻었다.

게링과 드로저가 한 연구의 핵심은 에디아카라 생물들을 당시 미생물 매트가 틀림없이 해저를 뒤덮고 있었을 것이라는 점과 연관지어서 살펴볼 필요가 있다는 것이다. 무성하게 자라는 미생물 매트는 생태계와 특히 이 군집의 침전물 양을 조절하는 주된 요인이었을 것이다. 굴을 파는 생물이 우글거리는 오늘날의 해저와 달리, 당시에는 굴을 파는 생물이 거의 또는 전혀 없었으므로, 이 군집의 생태는 오늘날 우리가 아는 생태와 전혀 달랐을 것이다.

미생물 매트와 연관이 있는 동물의 생활양식은 네 가지로 나눌 수 있을 것이다. 매트 덮는 자(mat encruster)는 매트 위에 붙어서 소화효소를 분비하여 자신이 먹이로 삼는 매트를 녹여 먹을 것이다. 매트 긁는 자(mat scratcher)는 실제로 매트를 활발하게 긁어 먹는다. 매트 뚫는 자(mat sticker)는 매트의 높낮이가 변할 때(스트로마톨라이트처럼 매트도 태양을 향해서 위로 자랐을 것이기 때문이다) 매트에서 일부가 바깥으로 튀어나와서 위로 자란다. 매트 밑 채굴자(undermat miner)는 매트의 밑에서 굴을 판다. 이 전략 중의 몇 가지는 캄브리아기에 들어설 때까지도 존속한 듯하지만, 그 무렵에 뼈대나 단단한 턱을 가진 활발한 육식동물과 초식동물뿐 아니라 굴을 파는 더 큰 동물들이 불어나면서 세계는 급속히 변하고 있었다.

또한 이 매우 기이하면서 기묘한 생물들의 세계는 그것들이 어떻게 보존되었는가 하는 맥락을 통해서만 이해할 수 있다. 에디아카라 생물을 연구하는 전문가들이 일반화한 흥미로운 개념 중의 하나는 그 화석들을 이전 세기에 유럽을 비롯한 문명들에서 죽었거나 죽어가는 왕족과 귀족이 사용했던 석고 "데스 마스크(death mask)"에 비유할 수 있다는 것이다. (당대의) 유명 인사가 사망하면 곧바로 얼굴을 본뜬 마스크를 만들곤 했다. 우리가 보는 에디아카라 화석들도 마찬가지일지 모른다. 동물의 실제 화석이 아니라, 위쪽 표면과 아래쪽을 재현한 것일 수 있다. 데스 마스크를 만들려면, 마스크의 재료가 무엇이든 간에 빨리 굳어야 하며, 따라서 에디아카라 화석도 죽은 몸 위에서 빨리 굳는 물질로 이루어졌을 것이라고 여겨진다.

에디아카라 세계의 가시 달린 미화석

앞의 장에서 에디아카라 시대의 더 큰 화석이 아니라, 미화석을 연구하는 하버드의 앤디 놀 연구진을 언급했다. 단세포 생물은 10억 년 동안 세계를 지배했으며, 그들이 남긴 화석은 주로 작고 매끄러운 벽을 가진 공 모양이었다. 그러나 세계가 신원생대 눈덩이 지구 시기를 벗어날 무렵에, 가시 장식을 가진 미화석들이 대량으로 출현했다. 이 미화석들이 존속한 기간은 다소 짧았으며, 이 시기를 연구한다면 복잡한 동물이 어떻게 갑자기 출현했는지에 관하여 중요한 사항을 알아낼 수 있을지 모른다(이 미화석은 6억여 년 전에 출현했다가 약 5억6,000만 년 전에 사라졌으며, 그 뒤로 2,000만 년 동안에는 더 커다란 에디아카라 미화석들이 살았다). 이 시점 이전의 미화석들은 전적으로 단세포 생물이었지만, 이 "가시 달린" 미화석들은 사실 다세포 동물일 수도 있다. 우리가 보고 있는 것이 포낭 같은 휴지 단계에 있는 미세한 생물일지도 모른다.

이 미세한 화석들에 관해서 몇 가지 중요한 연구가 이루어져왔다. 고생물학자이자 발생학자인 닉 버터필드와 케빈 피터슨도 큰 기여를 해왔다.[14] 그들은 에디아카라기 초의 심하게 장식된 미화석이 최초의 작은 선형동물 같은 초기의 작은 육식동물에 반응하여 출현한 것이라고 주장했다. 따라서 미화석의 가시는 방어 적응형질로서, 단세포라고 해석되어왔던 이 화석의 뼈대를 보강하는 역할을 했다는 것이다. 그러나 놀 연구진은 복잡하게 장식된 미화석이 초기 동물 자신의 휴지 단계라고 주장한다. 그 말은 크기가 더 큰 에디아카라 화석이 출현하기 한참 전에 동물의 복잡성과 초기 진화가 둘 다 이루어졌음을 시사한다. 또 동물의 초기 환경이 20세기 말 고생물학자들이 주장했던 에덴 동산과 비슷한 에디아카라 동산 같은 것이 결코 아니었음을 시사한다. 휴지 단계의 포낭이 필요했다는 것은 그들이 이따금 황화수소가 왈칵 뿜어지기도 하고 물에 산소가 전혀 녹아 있지 않을 때도 있는 등 산소 농도가 달라지는 험한 환경에서 살았음을 시사한다. 이 생명관은 최초로 출현한 동물이 맞닥뜨린 세계가 힘겹고 극단적이고 때로 유독한 곳이었다고 본다.

가시 달린 미화석은 약 5억6,000만 년 전에 사라지고, 몸집이 큰 전형적인 에디아카라 화석들이 번성하면서 그들을 대체한다. 에디아카라 생물은 5억4,000만 년 전보다 좀더 이전인 캄브리아기 초에 전혀 다른 부류의 동물들에 대체될 때까지, 지구에서 가장 큰 생물이었다.

"좌우대칭 동물" 찾기

가시 달린 미화석이 커다란 원생생물(단세포 생물)이 아니라 동물의 휴지 단계를 나타내는 것이라면, 그 동물은 어떤 종류였을까? 장식이 달린 미화석이 지질 기록에 등장하는 바로 그 시기에, 또 하나의 엄청난 진화적 사건이 일어난 듯하다. 바로 좌우대칭인, 즉 운동성이 극도로 향상된 동물이 출현한 것이다. 좌우대칭 체제의 출현은 진화에 또 하나의 거대한 이정표였다. 좌우대칭 동물은 "앞"과 "뒤"가 뚜렷하며, 관처럼 생긴 몸을 따라서 앞뒤를 축으로 양쪽에 대체로 대칭적으로 기관들이 놓여 있다. 다양한 동물 문들을 출현시켰을 것이라고 예상되는 바로 그런 유형의 조상이다. 그러나 이 수수께끼 같은 화석의 연대는 오랫동안 논란의 대상이었다.

유전적 연구들은 이 조상이 ~5억7,000만–6억6,000만 년 전에 살았을 것이라고 말한다.[15] 그러나 뼈대가 없고 작은(아마도 길이가 1밀리미터쯤이었을 것이다) 지렁이처럼 생겼을 것이 분명한 이 화석의 기록은 모호한 상태로 남아 있었다. 이 부분은 다윈 이래로 적잖이 경멸의 대상이 되어왔지만, 화석 기록은 얼마간 감안을 해야 한다. 단단한 부위가 없는 작고 부드러운 지렁이처럼 생긴 동물이 화석 기록으로 남을 확률은 정말로 낮기 때문이다.

구원자로 나선 것은 중국의 화석이었다.[16] 최초의 좌우대칭 동물이 살았을 가능성이 가장 높다고 추정되던 바로 그 시대의 암석이 21세기 초 중국에서 발견되었다. 연구자들은 좌우대칭 동물이 처음 출현한 것이 틀림없다고 여겨지는 시간대를 아주 구체적으로 파악할 수 있도록, 서두르지 않고 공들여서 이 암석의 연대를 더 정확히 측정했다. 마침내 연대 측정이 끝나자, 이론상의 바로 그 화석을 찾는 작업이 시작되었다. 결코 쉽지 않은 일이었다.

3년에 걸쳐 무려 1만 개가 넘는 "박편"(암석 덩어리를 현미경에 놓고 들여다보았을 때 빛이 투과할 수 있을 만큼 얇게 잘라서 연마한 조각)을 만들어 들여다본 끝에야, 마침내 그런 동물을 발견할 수 있었다. 그것은 길이가 3밀리미터도 채 되지 않았다. 연구자들은 사람의 머리카락 굵기만 한 길이의 미세한 화석을 찾아내어 조사하고 연구했다. 베르나니말쿨라(*Vernanimalcula*)라는 이 미세한 경이로운 화석의 연대는 거의 6억 년 전이었다.

이제 잃어버린 고리를 찾은 셈이었다. 작고 주제넘지 않은 모습의 진정한 혁신적인 이 초기 좌우대칭 동물은 미래를 위한 길을 닦았다. 그리고 이 지층에서 그들만 나온 것이 아니었다. 중국 남서부 두산퉈 층에서는 좌우대칭 동물 화석과 함께 최초의 동물의 알과 배아도 발견되었다. 또 이 지층은 6억 년 전의 세계를 들여다보고 동물이 퇴적학적 기록의 특성 자체를 어떤 식으로 바꾸었는지를 살펴볼 새로운 창문을 제공했다.

동물이 등장하기 이전에는 "생물교란(生物攪亂, bioturbation)", 즉 새로 쌓인 퇴적층이 생물의 활동으로 교란되는 현상이 전혀 없었다. 오늘날에는 생물교란이 어디에서든 흔하므로, 그것이 법칙이 아니라 예외 사례인 시대가 있었다는 상상조차 하기 어렵다. 현재는 흑해의 바닥처럼 매우 기이한 환경에서만 이 동물 이전 시대의 퇴적층 보전 양상을 볼 수 있다. 흑해의 바닥은 헝클어지지 않으며, 바다 표면에서 1미터쯤 들어가면 엽층(葉層), 즉 얇게 줄무늬처럼 쌓인 수분 함량이 아주 적은 층들이 보인다. 산소를 함유한 현대의 해저와 전혀 다른 양상이다. 오늘날의 해저는 바닥 위쪽에 몇 센티미터 두께로 유기물 덩어리, 즉 점액, 배설물, 유기물 찌꺼기, 녹아 있는 유기물 등이 가득 쌓여 있다. 아래를 파보면 엽층이 보이지 않는다. 동물들이 끊임없이 굴을 파면서 먹어치우기 때문이다. 느릿느릿 움직이는 무척추동물들은 움직이면서 먹어대거나(침전물을 먹고서 침전물질이 풍부한 배설물을 내놓는다) 포식자를 피해 돌아다니면서 굴을 남긴다. 이 바닥 퇴적층은 상당한 두께에 걸쳐서 수분 함량이 많다. 동물들이 계속 움직이면서 헤집어놓기 때문이다.

변화라는 측면에서 볼 때, 이것은 엄청난 변화였다. 20세기 말에 여기에 "농업 혁명(agronomic revolution)"이라는 이름이 붙었다. 그것이 바로 원생대와 현생누대 해저—그리고 그 시대들의 층서학적 기록—의 주된 차이점이다.[17] 새로운 좌우대칭 동물은 움직이고 있었으며, 그들이 침전물과 물의 경계면 위쪽에서만 계속 불어나고 있던 것은 아니었다. 수직으로 굴을 파는 행동도 출현했다. 여기에서 우리는 바다의 산소 농도가 높지 않고서는 이런 일이 일어날 수 없었을 것이라고 추정한다. 산소화가 이루어지지 않으면 침전물에 굴을 뚫기가 어려우며, 지구의 산소 농도가 10퍼센트 미만이었다면 아예 불가능했을 것이다. 기존에는 새로 진화한 동물이 스트로마톨라이트와 미생물 매트를 점점 더 많이 먹어치움으로써 원생대-캄브리아기 경계에 이를 때쯤에는 그들을 전멸시켰다고 보았다. 그러나 새로운 견해는 미세한 좌우대칭 동물들이 양분이 풍부한 미생물 매트를 단지 먹어치우기만 한 것이 아니라고 본다. 그들은 매트가 형성되는 데에 필요한 어디에나 흔했던 안정적인 바닥을 거의 존재할 수 없게 만들고도 있었다.

원생대가 끝날 무렵에 세계는 동물을 위해서 준비된 상태였다. 활동에 필요한 더 큰 몸집, 뼈대, 여러 종류의 조직이 진화하는 데에 필수적인 유전적 "연장통"이 갖추어져 있었다. 부족한 것은 단 한 가지뿐이었다. 바로 산소였다. 6억3,500만 년 전 마지막 눈덩이 지구 이후에, 동물은 준비되어 있었다. 그러나 산소 농도가 너무 낮았다. 그러다가 약 5억5,000만 년 전에는 상황이 달라져 있었다. 산소 농도가 증가해 있었다.

산소 농도가 영구히 증가하려면, 석회암보다는 퇴적물에 묻히는 유기 탄소의 비율이 증가해야 한다. 대부분의 유기 탄소는 대륙에서 침식된 점토에 뒤덮여 격리되므로, 점토 유입량을 증가시키는—특히 생산성이 가장 높은 열대 해양에서—요인들은 모두 대기 산소 농도를 증가시킬 것이다. 일종의 육지 생물권이 커지면서 풍화를 통해서 점토 생산량이 증가했을 수도 있다는 주장도 나와 있다.[18] 깊이 뿌리를 뻗을 수 있는 능력을 가진 육상 관다발식물이 진화한 뒤에는 이 말이 분명히 맞다. 그러나 추운 극지방보다 더운 열대지방이 물리화학적 풍화속도가 훨씬 더 높으므로, 대륙들이 적도에서 얼마나 멀리까지 이동하느냐도 큰 효과를 미친다. 크라이오제니아기가 시작될 무렵(그러나 눈덩이 지구가 되기 전, 약 8억 년 전), 약 1,500만 년에 걸쳐서 탄소 순환에 서서히 변화가 일어났다. 이 시기에 매몰되는 유기 탄소의 비율이 급격히 떨어졌다. 이 비터 스프링스(Bitter Springs : 규산염암에 들어 있는 선캄브리아대 미생물 화석이 처음 발견된 오스트레일리아 지역/역주) 사건의 흔적은 센트럴오스트레일리아에서 처음 발견되었으며, 그 뒤로 전 세계의 많은 지역에서 발견되었다. 아마 지표면의 산소가 급감한 것이 원인인 듯하다. 이 사건의 원인은 프린스턴 대학교의 애덤 말루프 연구진이 사건의 시작과 끝이 지구 자전축이 두 차례에 걸쳐 ~60도까지 아주 급속히 변동한 시기(스발바르의 아카데미케르브렌 층군[Akademikerbreen Group]이라는 발음하기 어려운 암석 집단을 통해서 알려졌다)와 일치한다는 사실을 발견할 때까지 수수께끼로 남아 있었다.[19] 이런 유형의 변동을 "진극배회 사건"이라고 하며(뒤에서 상세히 다룰 것이다), 이 사건이 일어날 때 단단한 지구 전체가 핵과 맨틀의 경계에 있는 액체 금속에 이르기까지 지질학적인 차원에서 급격히 움직인다. 이 두 차례의 변동 때, 로디니아라는 초대륙의 한 커다란 땅덩어리 조각이 적도를 벗어나서 중위도로 이동했다가 다시 돌아왔고, 그에 따라서 탄소가 묻히고 산소가 생산되는 양도 요동쳤다. 세계 각지에서 얻은 고지자기와 지구화학적 자료들도 같은 시기에 동조하여 변동했음을 보여주므로, 우리는 지구가 작동하는 방식에 관해서 무엇인가를 배울 수 있다. 이 사례에서는 산소 농도가 어떻게 변했는지를 파악할 수 있다. 현재 우리는 30억 년 동안 이런 진극배회 사건이 30번쯤 일어났으며,[20] 그중에는 캄브리아기 대폭발 같은 흥미로운 사건과 관련이 있는 것이 많다고 추측한다.

8
캄브리아기 대폭발 :
6억-5억 년 전

찰스 다윈이 70세가 되었을 때 찍은 사진들을 보면, 실제 나이보다 훨씬 더 늙어 보인다. 80세 또는 그보다 더 나이를 먹은 듯한 모습이다. 그러나 다윈에게는 70세가 말년이었고, 이 노쇠한 모습은 스트레스와 젊을 때 비글 호를 타고 느릿느릿 전 세계를 돌 때 열대에서 감염되었을 가능성이 높은 질병 때문인 듯하다. 많은 비판자들에게 너무 시달린 탓도 있을 것이고, 생물이 어떻게 형질을 물려주는지를 이해하지 못해서—유전학은 20세기 초에 그레고어 멘델의 연구가 "재발견된" 뒤에야 받아들여졌다—받는 스트레스도 한몫을 했을 것이다. 특히 캄브리아기 대폭발 문제도 그에게 신체적, 정서적으로 큰 부담을 주었을 것이 분명하다. 다윈은 화석 기록 자체, 그중에서도 캄브리아기 화석 기록을 몹시 싫어했다. 캄브리아기 화석 기록은 그가 세상을 떠난 뒤에도 해결되지 않은 성가신 문제들을 제기했다. 캄브리아기 화석과 유전이 어떻게 이루어지는지를 모른다는 점은 그를 가장 가슴 아프게 한 문제들에 속했다.

동물의 화석들이 화석 기록에 갑작스럽게 출현하는 듯 보인다는 사실은 다윈이 등장하기 한참 전부터 알려져 있었다. 캄브리아기라는 명칭 자체를 만들고 정의한 영국의 위대한 지질학자 애덤 세지윅은 삼엽충이 처음으로 등장하는 지층을 그 시대의 출발점으로 삼았다. 현재 우리는 지질시대를 이야기하면 먼저 시간을 떠올리지만, 사실 지질시대는 원래 이어지는 지층들의 집합을 의미했다. 어떤 화석이 처음 나타나는 지층이 한 지질시대의 시점이었고, 어떤 화석의 멸종 또는 더 낫게는 다른 종의 첫 출현이 그 시대의 종점을 뜻했다. 캄브리아계(Cambrian System)도 그러했다. 이 계는 웨일스의 지층들을 토대로 정해졌다. 캄브리아기는 더도 덜도 말고 캄브리아 지층들이 쌓인 시기를 말한다.

세지윅은 짧은 지층 간격들에 걸쳐, 화석이 없어 보이는 퇴적암이 있고 그 위를 눈에 잘 띄는 화석들이 풍부한 암석층들이 덮고 있다는 것을 발견했다. 가장 흔한 화석은 삼엽충이었다. 삼엽충은 화석 절지동물이며, 따라서 그 화석은 고도로 진화한 복잡한 동물의 잔해이다. 이 화석은 다윈에게 골칫거리였다(그의 비판자들에게는 몹시 위안이 되었다). 새로 제시한 자신의 진화론에 위배되는 듯이 보였기 때문이다.[1]

그래서 찰스 다윈은 화석 기록에 저속한 저주를 퍼붓기까지 했다. 그는 자신이 옳다는 것을 알 만큼 뛰어났지만, 판을 거듭하면서 계속 출간한 걸작 『종의 기원(On the Origin of Species)』에서 자신이 그토록 설득력 있게 주장한 진화 과정이 단번에 만들 수 있었다고는 상상도 할 수 없을 만큼 복잡성을 가진 생물, 즉 삼엽충이 지구 "최초의" 생명이라고 지적하는 비판가들에게 시달려야 했다. 그러나 커다란 아이러니는 삼엽충이 캄브리아기의 적어도 절반이 지난 뒤에야 출현했다는 점이다.[2]

상징적인 화석 중의 하나인 삼엽충은 지구 동물의 역사에서 비교적 초기에 해양 서식지를 지배한 절지동물이었다. 그런데 얼마나 일찍 출현했을까? 다윈의 시대에는 삼엽충이 최초의 동물이라고 생각했다. 그러나 삼엽충은 의심의 여지가 없이 복잡한 동물이다. 세 부위로 나뉜 몸, 겹눈과 부속지(附屬肢), 게다가 커다란 몸집까지도 그랬다. 최초의 삼엽충 화석 중에는 길이가 60센티미터에 달하는 것도 있었다. 사람들이 최초의 동물에게서 예상했던 모습과 전혀 판판이었다. 작고 그럭저럭 복잡한 형태를 갖추었다고 할 만한 동물을 예상했는데 말이다. 오늘날 우리는 삼엽충이 최초의 동물이 아님을—사실 전혀 가깝지도 않다는 점을—안다.[3]

지구 동물의 기원에 관한 역사는 생명의 가장 흥미로운 장 가운데 하나이

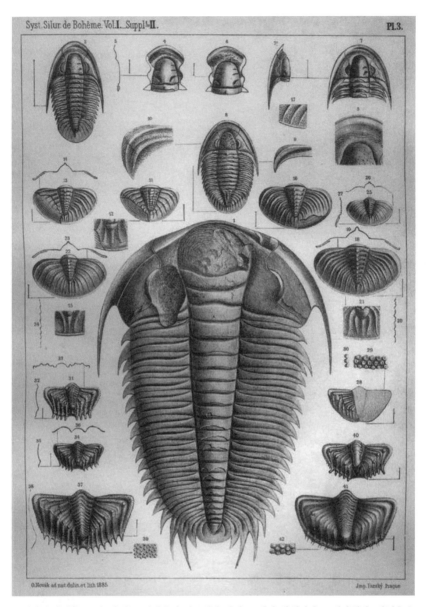

19세기의 삼엽충 그림. 당시는 삼엽충이 지구에서 가장 오래된 화석이라고 생각했다. 삼엽충은 캄브리아기의 출발점을 "표시하는" 데에 쓰였다.

며, 가장 논란이 많은 부분이기도 하다. 지난 10년 사이에도 엄청나게 많은 새로운 정보가 나왔다. 동물 문들이 처음 다양화한 시기를 놓고 전혀 다른 견해를 뒷받침하는 두 계통의 증거들이 있다. 한쪽은 암석에서 동물 화석들이 출현하는 양상을 보고 얻은 증거들이다. 또 한 계통은 현생 동물들의 분자시계 연구에서 나온다. 이 증거들은 고생물학의 가장 큰 수수께끼 중의 하나에 중요한 단서를 제공한다. 바로 동물들이 급속히 다양해진 이유가 무엇인가이다.

캄브리아기 대폭발에 관한 첫 번째 주요 증거는 화석에서 나온다. 동물의 출현은 암석 기록에 네 차례 연속적인 물결 형태로 증거를 남겼다. 첫 번째 물결은 약 5억7,500만 년 전에 시작되었고, 아발론 폭발(Avalon explosion)이라고 불린다. 이 집단의 가장 오래된 화석이 발견된 캐나다 동부 지역의 이름을 딴 명칭이다. 두 번째 물결은 에디아카라 생물들이 거의 완전히 사라진 시기와 일치하며, 실제 화석이 아니라 움직인 흔적이 고스란히 남아 있다는 점이 특징이다. 이 수많은 "흔적 화석"은 다세포 생물, 즉 동물이 활발하게 움직임으로써만 형성될 수 있었을 것이다. 그중에는 5억6,000만 년 된 것도 있지만, 대부분은 약 5억5,000만 년 전의 것이다. 해저에서 작은 지렁이 같은 형태들이 활발하게 움직이면서 남겼을 것이다.[4]

세 번째 돌파구는 뼈대의 출현이며, 5억5,000만 년 전보다 조금 나중의 지층에서 미세한 뼈대 성분들이 무수히 발견된다. 탄산칼슘으로 된 아주 미세한 가시와 비늘이다. 이들은 거의 타일처럼 작은 동물의 몸을 뒤덮은 겉뼈대였을 것이다. 마지막으로 삼엽충, 조개처럼 생긴 완족류, 가시로 뒤덮인 극피동물(棘皮動物), 달팽이 같은 모습의 수많은 연체동물 등의 좀더 큰 화석 동물들이 5억3,000만 년보다 더 이후의 지층들에서 출현한다. 다윈의 시대에는 앞쪽의 세 가지가 전혀 알려져 있지 않았고, 캄브리아기가 퇴적층에 삼엽충이 처음 출현할 때 시작되었다고 보았다. 이런 순서로 사건들이 일어난 이유는 어처구니없을 만큼 단순할 수도 있다. 바로 산소 농도이다. 그때까지 세계의 산소 농도가 최고 수준으로 치솟았기 때문일 수 있다.

오늘날 우리는 이렇게 순차적으로 기원한 동물들이 화석 기록에 비교적 짧은 간격으로 나타났다는 것을 안다. 현재 새로운 연대 측정법들에 따르면, 최초의 복잡한 화석(작은 뼈대 화석으로서, 최초의 흔적 화석보다 1,000만-2,000만 년 더 뒤에 나타난다)이 출현한 시기가 5억4,000만 년 전보다 조금 더 오래되었으며, 최초의 삼엽충이 그로부터 약 2,000만 년 뒤에 출현했다고 한다.

화석 기록에서 동물의 출현은 중요한 사건이며, 캄브리아기 대폭발이라고 불린다. 고생물학자에게 캄브리아기 대폭발은 암석 기록에 잔해를 남길 만큼 몸집이 큰 주요 동물 문들의 대다수가 처음으로 출현한 시점을 뜻했다. 한편 분자생물학자에게 캄브리아기는 동물이 처음 진화한 시기를 뜻했다. 그래서 양쪽은 1990년대 내내 격렬한 논쟁을 벌였고, 금세기 초에 새로운 분자 연구를 통해서야 결말이 났다.[5] 본질적으로 새로운 연구들은 더 정교한 분석을 통해서 고생물학자들이 주장해온 더 나중 시기에 동물이 기원했음을 입증했다. 지금은 지구의 동물이 6억3,500년 전보다 더 이전에는 없었으며, 출현 시기가 5억5,000만 년 전에 더 가까울 수 있다는 쪽으로 견해가 일치되어 있다.[6]

지금은 캄브리아기를 5억4,200만 년 전에서 약 4억9,500만 년 전까지로 본다(뒤쪽 연대가 개략적인 것은 오르도비스기의 출발점을 좀더 올려 잡기도 하기 때문이다). 그러나 동물 문들의 대다수는 이 기간 중에서도 짧은 시기인 5억3,000만-5억2,000만 년 전에 출현했다. 모든 전문가들은 이것이 생명의 역사 전체에서 세 번째 또는 네 번째로 중요한 사건이라는 데에 동의한다. 지구 최초의 생명 출현, 분자 산소에 대한 적응, 진핵세포의 기원 다음으로 중요하다는 것이다.[7]

가장 믿을 만한 새 정보에 따르면, 캄브리아기 대폭발이 시작된 직후의 산소 농도는 약 13퍼센트였다가(현재는 21퍼센트이다), 그 뒤로 요동쳤다고 한다.[8] 이 시기에 이산화탄소 농도는 지금보다 훨씬 더 높았다. 사실 수백 배는 더 높았고, 그렇게 높았기 때문에 강한 온실 효과를 낳았을 것이다. 지금

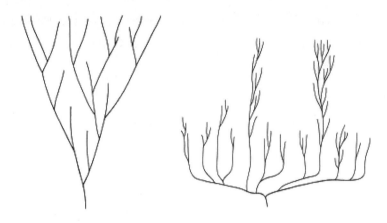

왼쪽의 원뿔 모양은 점점 차이가 벌어져간다고 본 전통적인 모형이며, 오른쪽의 뒤집힌 원뿔은 다양화와 소멸을 나타낸다.

보다 ~5퍼센트 덜 밝은 태양빛을 보완할 만큼은 되었다. 설령 이 시기의 말에 CO_2 농도가 떨어졌다고 해도, 이 시기의 기온은 아마도 지구 동물의 역사상 가장 높았을 것이다. 온도가 높을수록 바닷물에 산소가 덜 녹으므로, 그렇지 않아도 무산소 상태였던 해양의 조건은 더욱 나빠졌을 것이다.

중국의 청장 지역에서 새로 발견된 단단한 부위와 부드러운 부위를 모두 가진, 잘 보존된 환상적인 화석들은 지구의 동물 문들의 기원과 화석 산지들 가운데 가장 유명한 브리티시 컬럼비아의 버제스 셰일보다 더 이전의 캄브리아기 생명의 특성을 들여다보는 새로운 창을 제공해왔다. 현재 청장 지층은 5억2,000만–5억1,500만 년 전에 쌓였다고 보고 있다. 반면에 버제스 셰일의 연대는 5억500만 년을 넘지 않는다고 여겨진다. 이 두 퇴적층의 연대가 약 1,000만 년 차이가 난다는 사실을 토대로 우리는 동물이 어떻게 다양화했는지를 새로운 관점에서 파악할 수 있다.

청장과 버제스 양쪽에 동물의 뼈대뿐 아니라 부드러운 부위도 보존되어 있기 때문에,[9] 우리는 그곳에 무엇이 있었으며, 상대적으로 얼마나 많이 있었는지를 꽤 정확히 안다. 보존된 부드러운 부위를 통해서 새로운 관점에서 보게 되지 않았다면, 우리는 다양한 동물들의 상대적인 분포 비율을 결코 확실히 알지 못했을 것이다. 부드러운 지렁이와 해파리 같은 동물들, 뼈대를 가지지 않은 형태들이 엄청나게 많이 있었을 것이기 때문이다. 그래서 양쪽 화석들이 동물군의 특성을 명확히 보여주는 듯하다는 점 때문에 우리는 놀라게 된다. 현재 버제스 셰일에서 채집한 화석은 5만 점이 넘는다(청장 화석은 그보다 조금 적다). 데릭 브리그스, 더그 어윈, 프레드 콜리어는 버제스 동물군을 탁월하게 요약한 『버제스 셰일의 화석들(The Fossils of the Burgess Shale)』 (1994)에 총 150종의 동물들을 실었다.[10] 그중 거의 절반은 절지동물이거나 절지동물과 비슷한 동물이다. 그러나 더욱 흥미로운 통계값은 개체수에 관한 것이다. 화석들 가운데 90퍼센트 이상은 절지동물이고, 해면동물(海綿動物)과 완족동물(腕足動物)이 그 다음이다. 더 앞선 시대의 청장과 마찬가지로, 버제스 해저도 종류와 개체수 양쪽으로 절지동물이 지배하고 있었다.

절지동물은 모든 무척추동물 중에서 가장 복잡한 축에 속한다. 그럼에도 거의 가장 오래된 이 동물 화석층에서도 그들은 다양하고 흔하다. 그것은 기록에 그들이 처음 출현하기 이전에 오랜 진화 역사가 있었음을 말해준다. 아마도 해저에는 밀리미터 단위의 (혹은 그보다 작은) 절지동물이 기어다니고, 바닷물에도 훨씬 더 많은 종들이 헤엄치거나 떠다니고 있던 시기가 있었을 것이다.

버제스 셰일을 방문했을 때(우리 두 필자도 그런 행운을 누릴 수 있었다) 가장 놀라게 되는 것 중의 하나는 가장 흔한 화석이 색다른 분류군, 다시 말해서 버제스 셰일 동물군과 식물군을 다룬 많은 책들의 지면을 가득 채운 부드러운 몸을 가진 온갖 기이한 생물들이 아니라, 삼엽충이라는 사실을 깨달을 때이다. 삼엽충, 그리고 수는 더 적지만 고도로 다양한 절지동물들은 개체수와 종수 면에서, 그리고 상이성(disparity, 분류군의 수를 가리키는 다양성과는 다른 개념)이라고 하는 척도로 기술되는 체제의 다양성 면에서 버제스를 지배했다.[11] 절지동물은 캄브리아기에 가장 성공한 동물인 듯하다. 그들 체제의 주된 특징이 이 성공에 얼마나 기여를 했을까? 체절(몸마디) 말이다.

체절을 가진 동물은 지구의 모든 동물들 중에 가장 다양하며, 대부분은 절지동물이다. 고도로 다양한 곤충 집단을 포함하여, 모든 절지동물의 몸은 그 동물에게서 특정한 기능을 하는 개별 체절들이 모여서 이루어진 구성단위들과 부위들이 반복되어 만들어진다. 그리고 관절을 갖춘 겉뼈대가 이 체절들의 집합 전체를 감싸고 있다. 겉뼈대는 창자까지도 닿아 있다. 겉뼈대는 자랄 수 없기 때문에, 주기적으로 허물벗기를 해서 좀더 큰 껍질로 교체해야 한다. 그 몸은 분화가 잘된 머리, 몸통, 꼬리로 이루어지며, 각 부위의 비율은 다양하다. 부속지들도 대개 분화해왔다. 육상 절지동물은 대개 부속지가 (커다란) 한 부분으로 이루어져 있지만, 해양 형태는 일반적으로 부속지가 안쪽 다리 가지와 바깥쪽의 아가미 가지라는 두 개의 가지, 즉 두 부위로 이루어져 있으며, 그래서 2지형(biramous)이라고 한다. 겉뼈대는 갑옷처럼 부드러운 부위를 감싸며, 그것이 주된 기능일지도 모른다. 보호 말이다. 그러나 이런 형태의 뼈대는 엄청난 결과를 낳는다. 몸의 어느 부위로도 산소가 수동적으로 확산되어 들어갈 수가 없게 된다. 산소를 얻기 위해서, 모두 바다에서 살았을 최초의 절지동물들은 특수한 호흡 구조, 즉 아가미를 진화시켜야 했다. 체절을 가진 동물은 지구의 동물들 가운데 가장 다양하다. 이 형질을 가진 것이 절지동물만은 아니다. 모든 환형동물은 체절을 가지며, 단판강(單板綱, monoplacophora)의 연체동물처럼 일반적으로 체절이 없는 집단에서도 적어도 어느 정도 체절을 가진 종들이 있다. 동물의 역사 초기에, 그리고 사실 캄브리아기 삼엽충을 통해서 우리는 이 초기에 보존된 동물 화석들 가운데 이 형질을 가진 것이 가장 흔했음을 알 수 있다.

제임스 밸런타인도 2004년에 내놓은 『문의 기원(On the Origin of Phyla)』이라는 책에서 이 주요 진화적 수수께끼를 깊이 살펴보았다.[12] 캄브리아기에 왜 그토록 많고 그토록 다양한 절지동물들이 살았을까? 그가 이 주제에 관해서 쓴 내용은 살펴볼 가치가 있다.

비록 초기의 많은 절지동물이 무기질화가 되지 않은 큐티클을 가지고 있었지만,

초기 절지동물들이 경이로울 만큼 다양한 체형을 가지고 있다는 사실이 드러나고 있으며, 너무 많고 너무 독특하기 때문에 계통학 원리를 적용하는 데에 심각한 지장이 있을 정도이다. 이 상이한 절지동물 체형들은 계통학적으로 당혹스럽다.……이렇게 절지동물형 체형이 갑작스럽게 한꺼번에 진화한 현상은 캄브리아기 대폭발 분류군들 내에서도 매우 두드러진다.

우리가 말하는 절지동물은 서로 독자적으로 진화하면서 수렴 진화를 거쳐서 대단히 다양한 체제를 갖추게 된 듯한 동물들로 이루어져 있다. 한 가지 특징만 빼고 말이다. 바로 모두 2지형—즉 일종의 다리 역할을 하는 가지와 긴 아가미 역할을 하는 가지로 이루어진—체절로 된 부속지를 가진다는 것이다.

근원 동물 집단은 왜 체절을 택한 것일까? 아마 이 질문은 잘못된 것일지도 모른다. 밸런타인 같은 연구자들은 절지동물의 몸이 비교적 적은 수의 체절로 이루어져 있다고 말하기 때문이다. 적어도 대체로 칸칸이 분리된 방 형태의 체절들이 계속 반복되는 몸을 가진 환형동물과 비교할 때 그렇다. 밸런타인은 절지동물의 인상적인 체제가 이동자의 필요에 반응하여 생긴 것이라고 주장한다. "절지동물 몸의 체절 특성은 몸 움직임의 역학, 특히 이동과 그것을 지원하는 신경 및 혈액 공급과 관련이 있는 것이 분명하다." 이런 유형의 체제가 이동을 돕는 적응형질이라는 점에는 의문의 여지가 없다. 그러나 이런 유형의 체제가 나옴으로써 아가미 체절이 반복하여 몸에 배치될 수 있었고, 각각은 충분히 작아서 체절 아래쪽에 알맞은 방향으로 끼워질 수 있었다. 2006년에 워드는 절지동물이 그렇게 자리를 잡은 깃털 모양의 아가미들을 통해서 물을 능동적으로 빨아들여서 흐르게 할 수 있었고, 매순간 아가미에 닿는 산소 분자의 수도 늘릴 수 있었다고 주장했다.[13]

캄브리아기의 가장 오래된 퇴적층에 많이 들어 있는 또 한 종류는 해면동물이다. 자포동물처럼, 해면동물도 호흡기관이 전혀 없을 뿐만 아니라 우리는 그것이 있을 것이라고 기대하지도 않는다. 해면동물의 체제는 기본적으로 주머니들이 모여 있는 형태이며(이 점에서 자포동물과 비슷하지만, 체계가 더 엉성하다. 해면동물은 진정한 세포 조직을 갖추고 있지 않다), 모든 해면 동물은 부피에 비해서 표면적이 대단히 넓다. 사실 해면동물은 무수한 단세 포 생물들의 집합에 가까우며, 본질적으로 모든 세포가 바닷물과 접하고 있 다. 이런 이점을 갖추고 있을 뿐 아니라, 해면동물은 산소를 얻는 더 효율적 인 방법도 쓰고 있다. 깃세포(choanocyte)라는 이들의 주요 섭식 세포는 대량 의 물을 통과시키도록 되어 있다. 일부 해면동물 전문가들은 해면동물이 매 일 자기 몸 부피의 1만 배에 달하는 많은 양의 바닷물을 몸속으로 통과시 킨다고 말한다. 따라서 해면동물은 대량의 물을 효율적으로 몸속으로 통과 시키기 때문에, 산소가 거의 없는 물에서도 충분한 산소를 얻음으로써 산소 농도가 극도로 낮은 물에서도 살아갈 수 있다.

캄브리아기에 단단한 부위를 가진 주요 동물 집단을 꼽자면, 먼저 거대 한 부족을 이룬 절지동물이 있고, 그 다음으로 수가 많은 부족(대부분의 캄 브리아기 해성층에서)은 완족동물이다. 이어서 수가 더 적은 극피동물과 연 체동물이 있다. 완족류(腕足類)는 태형동물(苔形動物)과 유연관계가 있으 며, 현재도 살고 있다. 사람들은 종종 이들을 이매패류(二枚貝類)로 착각하 곤 한다. 그러나 이매패류와 완족류는 겉보기에는 비슷한 패각을 가지고 있 어도, 해부 구조를 보면 근본적으로 다르다. 완족류의 주된 특징은 촉수관 (lophophore)이라는 섭식기관을 가진다는 것이다. 촉수관은 패각 안쪽에 가 느다란 긴 손가락 같은 촉수들이 커다란 고리 모양으로 늘어서서 섬세한 부 채처럼 보이는 기관이다. 이 기관은 바닷물을 걸러서 먹이를 얻는다. 그리고 체액으로 채워져 있고 아주 가늘기 때문에, 절묘한 호흡기관 역할도 한다. 우 리 같은 전문가들 중에는 완족류를 비극적인 집단이라고 보는 이들도 있다. 완족류는 고생대 해저에서 가장 흔했던 집단이었다가 ~2억5,000만 년 전 페 름기 대멸종 때 거의 전멸했으며, 그 뒤로 세력을 회복하지 못했기 때문이다.

캄브리아기 극피동물은 작은 상자 같은 동물들로 이루어진 기이한 집합 이다. 최초의 극피동물 중에는 솔방울 모양의 독특한 헬리오플라코이드

(helioplacoid), 일부 퇴적층에서 발견되는 원시적인 팔을 가진 에오크리노이드(eocrinoid)와 에드리오아스테로이드(edrioasteroid)가 있다. 연체동물은 극피동물보다 더 흔했다. 캄브리아기의 연체동물은 대부분 작았고, 주요 강들(복족류, 이매패류, 두족류)이 모두 캄브리아기 지층에서 발견된다. 그러나 가장 흔했던 연체동물은 단판류였다. 이 강은 오늘날에는 소수에 속하지만, 캄브리아기에는 흔했다. 이들은 삿갓조개 같은 패각과 기어다니는 넓적한 발이 달린 달팽이 같은 몸을 가지고 있었다. 가장 흥미로운 점은 당시의 연체동물 가운데 체절 분화가 일어났음을 시사하는 체제를 가진 것들이 있다는 것이다. 화석 패각에 남은 근육의 흔적을 현생 종들의 해부 구조와 비교할 때, 필자들은 캄브리아기 단판류가 여러 개의 아가미를 가지고 있었다고 추정한다. 현생 복족류는 아가미를 한 쌍, 또는 단 하나만 가진다. 그러나 어느 모로 보나 고둥과 아주 흡사한 삶을 살았던 캄브리아기 단판류는 여러 개의 아가미를 가질 필요가 있다는 것을 알아차렸다. 그들은 다른 모든 연체동물을 낳은 조상 연체동물이라고 알려져 있다. 복족류, 두족류, 이매패류, 다판류, 그외의 소규모 연체동물 강들을 말이다.

단판류는 페름기 말에 멸종했다고 오랫동안 여겨져오다가, 1950년대에 심해에서 살아 있는 단판류가 발견되면서 초기 연체동물의 생활을 이해하는 데에 대단히 큰 기여를 했다. 현생 단판류는 최초의 단판류 패각 화석의 안쪽에 있는 근육의 흔적에 관해서 나온 주장이 옳았음을 입증했다. 한 쌍의 아가미에 불과한 것이 아니라는 주장이었다. 사실 패각 안쪽에는 여러 쌍의 근육들이 죽 늘어서 있다. 그것은 이 초기 형태가 체절을 가졌거나 적어도 아가미-혈관계가 반복되어 있었다는 결론으로 이어졌다. 이 반복 패턴을 보이는 것이 아가미(그리고 지원하는 역할을 하는 혈관과 여과기관)뿐이므로, 절지동물에서와 마찬가지로 이 반복 패턴이 아가미의 호흡 표면적을 늘리기 위한 적응형질이라고 추정할 수 있다. 오늘날 조간대에 흔한 다판류에서도 다소 비슷한 반복 패턴을 볼 수 있다. 다판류는 이 패턴이 패각에서도 나타난다.

극피동물의 몸과 마찬가지로, 완족류 패각의 내부도 거의 전부 물이다. 살은 거의 없고, 꾸준히 흐르는 바닷물과 계속 접촉하고 있다. 완족류의 촉수관은 몇 가닥의 물 흐름을 일으킨다. 이 물은 패각의 옆을 통해서 흘러들어와서 촉수관을 통과한 뒤, 패각 앞쪽으로 배출된다. 완족류의 몸속으로 꾸준히 흘러드는 새로운 물은 해면동물의 몸속을 통과하는 물 흐름과 동일한 효과를 낳는다. 얼마 되지 않는 살의 부피에 비해서 촉수관의 표면적이 대단히 넓고, 물(패각 내부의 부피에 비해서 엄청나게 많은 양의 물)이 꾸준히 흘러들기 때문에, 완족류는 산소가 낮은 세계에 더할 나위 없이 잘 적응할 수 있다.

캄브리아기 대폭발을 일으킨 물리적 및 화학적 사건

이 책의 앞부분에서 우리는 전혀 새로운 학문 분야들, 특히 우주생물학 및 관련 분야인 지구생물학이 출현했다는 말을 했다. 그러나 또다른 분야, 전통적으로 생물학의 주류에 속해 있던 한 분야도 주로 진화 쪽에서 이루어진 발전 덕분에 부흥기를 맞이하고 있다. 마찬가지로 새로운 분야라고 보아도 될 만큼 중요한 성과를 내놓고 있다. 그 분야에 속한 이들은 현재 자기 분야를 이보디보(evo-devo)라고 부른다. 이 분야에서는 지난 10년 사이에 캄브리아기 대폭발에 관해서 많은 것을 알려줄 혁신적인 연구 결과들을 내놓았다. 가장 탁월한 이보디보 연구자 중의 한 명인 숀 캐럴은 2005년 저서 『이보디보 : 생명의 블랙박스를 열다(*Endless Forms Most Beautiful*)』에서 이 새롭게 부활한 분야를 흥미진진하게 개괄했다.[14] 이 책을 관통하는 하나의 주제가 있다고 한다면, 그것은 진화생물학에서 이전에는 해결이 난망했던 문제 중의 하나를 지금은 훨씬 더 잘 이해할 수 있게 되었다는 것이다. 바로 새로움의 기원이라는 문제이다. 비교적 짧은 기간에 진화적 혁신이 어떻게 일어날까 하는 문제는 전통적인 다윈주의 진화 개념으로 설명할 수 없었다. 날개, 육지를 걷는 다리, 절지동물의 체절, 더 나아가서 캄브리아기 대폭발의 징표인 커다란 몸집의 출현 같은 급진적인 돌파구가 어떻게 일어났을지 설명하려면, 갑작스럽게 많은 돌연변이가 한꺼번에 일어나서 협력하여 어떤 식으로든 생물에 근본적인 변화를 일으키는 방향으로 작용했다는 식의 이야기가 나올 수밖에 없었다. 현재 이보디보는 이 문제를 해결한 듯하며, 캐럴은 저서에서 네 가지 측면이 결합되면 갑작스러운 진화적 혁신을 설명할 수 있다고 함으로써, 급진적인 변화가 일어나는 방식을 설명하는 새로운 방법을 탁월하게 요약했다.

캐럴이 말하는 첫 번째 "혁신의 비밀"은 "기존의 것을 변형시킨다"는 것이다. 이 비밀의 핵심에는 "자연은 땜장이다"라는 개념이 놓여 있다. 혁신이 반드시 새로운 장비 일체를 요구하는 것은 아니며, 아니 더 나아가서 새로운 한 벌의 도구조차 필요하지 않을 때도 있다. 이미 있는 것을 이용하는 것이 가장 쉬운 길이다. 두 번째와 세 번째 비밀은 다윈이 이해했던 두 측면들이다. 다기능성(multifunctionality)과 중복성(redundancy)이다.

먼저 다기능성은 기존의 형태나 생리를 이용하여 처음에 진화했던 기능에 어떤 두 번째 기능을 추가하는 것이다. 한편 중복성은 어떤 기능을 맡은 구조가 여러 부위로 이루어져 있을 때를 말한다. 그럴 때 그 부위 중의 하나를 뽑아서 어떤 새로운 일을 맡기고 다른 부위들은 여전히 전에 하던 기능을 하도록 만들 수 있다면, 아무것도 없는 상태에서 어떤 전혀 새로운 형태를 아예 새롭게 만드는 것보다 혁신을 이루기가 훨씬 더 쉽다. 두족류의 헤엄과 호흡 기능은 그런 식으로 진화한 듯하다. 두족류는 으레 아가미로 엄청난 양의 물을 보내며, 많은 무척추동물처럼 산소가 풍부한 물을 그냥 내보내지 않도록 물을 빨아들이는 "관"과 배출하는 관이 따로 있다. 즉 흡수 전담 통로와 배출 전담 통로가 따로 있다. 이 배수관에 사소한 형태적 "땜질"을 하자, 강력한 새로운 이동 수단이 출현했다. 이제 같은 양의 물을 호흡과 이동에 이용함으로써, 같은 양의 에너지를 써서 호흡과 이동을 할 수 있었다.

마지막 비밀은 모듈성(modularity)이다. 절지동물처럼 체절로 이루어진 동물, 그리고 그보다 덜하지만 우리 척추동물도 모듈로 이루어져 있다. 절지동물의 체절에서 갈라져나온 부속지들은 섭식, 짝짓기, 이동을 비롯한 다양한 기능을 하는 쪽으로 놀라울 만큼 변형되어왔다. 절지동물은 휴대용 스위스 군용 칼과 비슷하다. 부속지를 가진 각 체절마다 아주 특수한 기능을 하도록 진화했다. 척추동물의 손발가락도 마찬가지이다. 땅 위를 걷는 일부터 헤엄치고 하늘을 나는 일에 이르기까지 다양한 과제를 하도록 변형되어왔다. 일부 원시적인 손발가락을 가진 것도 나쁘지 않다! 이보디보는 어디에서 작동하는 것일까? 이 형태들은 형태적 변화를 위한 부드러운 반죽임이 드러난다. 그 밑바탕에는 유전적 "스위치" 체계가 있기 때문이다. 그 스위치들은 발생하는 배아에서 절지동물, 혹은 척추동물의 다양한 부속지가 형성될 바로 그 지점에 놓여 있다.

여기에서 핵심이 되는 것은 스위치이다. 그것들은 몸의 여러 부위들이 언제 어디에서 자랄지를 알려준다. 최근의 중요한 발견 중의 하나는 절지동물에서 머리부터 몸통 중간과 배에 이르기까지 각 부위들의 배치와 발달 순서가 발생하는 배아뿐 아니라 염색체에서도 동일한 양상을 띤다는 것이다. 그 일은 주로 이보디보 왕국의 왕관에 박힌 보석이 맡고 있다. 바로 혹스(Hox) 유전자와, 분류군에 따라서 다른 이름이 붙어 있기는 하지만, 그것에 상응하는 유전자들이다.

이보디보의 많은 새로운 발견들은 생명의 역사에서 핵심을 이루는 수수께끼인 캄브리아기 대폭발과 가장 중요한 사항, 즉 다양한 동물 문들인 우리가 오늘날 보는 서로 다른 체제들이 언제 어떻게 출현했는지에 관한 많은 질문들을 해결하는 데에 기여해왔다.

캄브리아기 대폭발 문제를 놓고서 오랫동안 두 학파가 대립해왔다. 한쪽은 화석 기록이 동물들이 실제로 대규모 분화가 일어난 시기의 모습을 제대로 보여준다고 본다. 약 5억5,000만 년 전에서 아마 6억 년 전 사이의 어딘가에서 계통 분기가 일어났다고 말이다. 그러나 또 한 계통의 증거는 고대 문들의 현생 구성원들의 유전자들을 비교하고 앞에서 말한 "분자시계" 개념을 이용해서 얻는다. 쟁점이 되는 것은 동물계에서 가장 근원적인 분화, 즉 선구동물(先口動物, protostome)에 속한 문들과 후구동물(後口動物, deuterostome)에 속한 문들의 분기가 언제 일어났느냐이다. 이 두 집단은 배아 때 해부 구조와 발생 과정에 근본적인 차이가 있어서 구별된다. 선구동물은 절지동물, 연체동물, 환형동물 등으로 구성되며, 수정된 뒤에 배아가 발생하면서 자랄 때 원구(原口, blastopore)라는 중앙의 구멍에서 입이 형성되는 것이 특징이다. 후구동물(극피동물, 우리 척추동물, 수많은 미미한 문들)에서는 원구가 입이 되지 않는다. 세 번째 집단도 있다. 선구동물과 후구동물의 큰 분기가 일어나기 이전에 동물 진화의 원줄기에서 갈라져나간 아주 원시적인 문들이다. 자포동물, 해면동물, 해파리와 비슷한 형태를 한 소규모 문들이 여기에 속한다.

맨 처음에 출현한 것은 가장 단순한 형태들인 자포동물과 해면동물이었다. 앞에서 살펴보았듯이, 그들은 (5억4,200만 년 전에 시작된) 캄브리아기 이전의 시대인 5억7,000만 년 전의 에디아카라 동물군을 대변하는 듯하다. 그러나 알아볼 수 있는 선구동물과 후구동물이 등장한 것은 캄브리아기에 들어서서 조금 시간이 흐른 뒤였다.

선구동물과 후구동물이 갈라졌다면, 갈라지기 전의 마지막 동물은 어떤 모습이었을까? 여러 계통의 증거들은 이 동물이 좌우대칭이었고 이동할 수 있었음을 시사한다. 이 시대와 당시의 동물들을 연구하는 많은 이들은 선구동물과 후구동물의 이 마지막 공통 조상이 아마도 현생 플라나리아나 미세한 선형동물과 비슷한 별 특징 없는 작은 벌레였을 것이라고 상상한다. 그런데 아직 나뉘지 않은 원줄기에 속한 이 마지막 구성원이 어떤 급진적인 새로운 가공을 시작할 수 있게 해줄 유전적 도구 한 벌을 이미 가지고 있었다는 놀라운 새로운 발견이 이루어졌다. 게다가 그것이 실제로 쓰이기 적어도 5,000만 년 전부터 그것을 가지고 있었다는 것이다! 이 벌레는 앞쪽에 입, 뒤쪽에 항문, 그리고 그 사이에 관처럼 생긴 긴 소화계를 가지고 있었을 것이다. 옆쪽으로는 어쩌면 감각 정보(촉감과 화학물질 감지?)를 담당하는 뭉툭한 돌기가 튀어나와 있었을지도 모른다. 그러나 요점은 이 모든 것들이 급속한 변형이 일어날 수 있는—그리고 일어났던—방식으로 설정되어 있었다는 것이다. 이것은 새로운 발견이다. 캄브리아기 대폭발에 필요한 모든 도구와 특징이 무려 5,000만 년 동안 대기하고 있었다니 말이다.

앞에서 말했듯이, 지금은 캄브리아기가 5억4,200만 년 전에 시작되었다고 본다. 이 시점은 식별 가능한 이동 흔적이 암석에 처음 나타난 지층을 통해서 정의되어왔다. 동물, 즉 움직이는 동물이 존재했고 진흙에 수직으로 굴을 팔 수 있었음을 보여주는 특정한 형태의 흔적 화석이 처음 나타나는 지층이다. 그러나 그 뒤로 1,500만 년 동안, 새로운 체제는 거의 형성되지 않은 듯하다. 아니 적어도 우리가 화석 기록에서 증거를 찾을 수 있는 체제는 말이다. 크나큰 다양화가 일어나고 있음을 시사하는 최초의 진정한 증거는 앞에서 말한 중국의 청장에서 최근에야 발견된 5억2,000만~5억2,500만 년 전의 놀라운 화석층들에서 나온다.[15] 부드러운 부위들이 보존된 화석들이 흔하다는 점에서 버제스 셰일의 더 오래된 판본이라고 할 수 있다.

청장과 버제스 셰일 양쪽의 동물군을 지배한 것은 절지동물, 수와 종류가 대단히 많은 절지동물들이었다. 절지동물은 곧 지구에서 가장 다양한 동물이 되었으며, 그 뒤로 죽 같은 상태를 유지해왔다. 일부에서는 오늘날 딱정벌레만 해도 3,000만 종이 넘는다고 추정한다!

이보디보는 그 이유를 말해준다. 모든 체제 가운데, 절지동물의 체제처럼 쉽고, 빠르고, 근본적으로 변할 수 있는 것은 없다는 것이다. 그 이유는 앞에서 말한 캐럴의 비결 목록과 같다. 절지동물은 모듈로 구성되어 있고, 새로운 기능에 전용될 수 있는 중복된 형태를 가지며, 체절로 구성된 전반적인 체제의 특정 영역을 쉽게 변형할 수 있는 일련의 혹스 유전자들을 가진다.

기존에는 새로운 동물이 출현했다는 것이 새로운 유전자가 출현했다는 의미라고 보았다. 여기에는 타당한 논리가 있다. 원시적인 해면이나 해파리는 더 복잡한 절지동물보다 분명히 유전자가 더 적을 것이다. 따라서 모든 절지동물의 공통 조상이 어떤 식으로든 새로운 유전자, 새로운 혹스 유전자를 얻었다는 주장이었다. 몸의 다양한 부위들이 언제 어떻게 형성되는지를 알려주는 "스위치"인 유전자들을 말이다. 그러나 그렇지 않다. 캐럴을 비롯한 연구자들은 절지동물의 마지막 공통 조상에게서 새로운 유전자가 진화한 것이 아님을 보여주었다. 그들은 이미 그것을 가지고 있었으며, 그 기존 유전자들을 가지고서 나중에 경이로운 다양화를 이룸으로써 그토록 많은 종류의 절지동물들이 생겼다는 것이다. 캐럴의 말을 옮기면 이렇다. "형태의 진화는 어떤 유전자를 가지고 있는가라기보다는 그것을 어떻게 사용하는가 라는 문제이다."

절지동물들이 충분히 변화를 일으키고 다양화하는 데에는 그저 10개의 혹스 유전자만 있으면 되었다. 그들의 비밀은 혹스 유전자의 산물들—특정한 혹스 유전자가 만드는 단백질—의 분포와 이 단백질들이 발생하는 배아의 어디에 들어 있는지를 비교함으로써 밝혀졌다. 절지동물의 특정한 유전자 또는 유전자 집합이 다리를 만드는 데에 쓰일 유전 암호를 가지고 있다는 기존 견해는 틀렸다. 혹스 유전자는 단백질을 만든다. 이 단백질은 발생하는 배아의 특정 부위의 성장을 개시하거나 멈추는 역할을 한다. 이 단백질 중의 일부는 특정한 유형의 부속지를 만드는 데에 관여한다. 이 혹스 유전자 단백질이 어떤 식으로든 발생하는 배아의 다른 위치로 옮겨간다면, 만들어지는 부속지의 위치도 옮겨진다. 원래 몸의 특정한 부위에서 자랄 다리가 갑자기 전혀 새로운 부위에서 자랄 수도 있다. 그러나 혹스 유전자 단백질이 다리가 형성되기 훨씬 더 전에 배아에서 그 부위로 어떻게든 옮겨가야만 그런 효과가 나타난다. 즉 배아에서 특정한 혹스 유전자 단백질의 위치나 "구역"이 바뀜으로써 혁신이 일어났다.

절지동물 배아에서 혹스 유전자 구역이 바뀜으로써 우리가 보는 많은 다양한 종류의 절지동물이 형성된 것이다. 절지동물은 수천 가지, 수백만 가지의 형태가 있을 것이다. 그리고 이 모든 형태는 10개의 유전자라는 동일한 도구 한 벌을 써서 진화했다. 절지동물이 반복되는 부위로 이루어지는 체제가 아니었다면 결코 그럴 수 없었다. 이 부위들이 분화하려면, 각 부위가 각기 다른 특정한 혹스 유전자 구역 안에 놓여야 한다.

스티븐 굴드 대 사이먼 콘웨이 모리스 : 상이성의 형태

캄브리아기 대폭발이 왜 일어났는지를 놓고 무수한 가설이 제기되어왔다. 다른 식으로는 전개될 수가 없었을 것처럼 보이는 과거의 사건들도 있다. 그러나 많은 동물 문들이 오랜 시간에 걸쳐 서서히 형성되지 않고, 우리가 보듯이 압축된 듯한 기간에 형성된 이유가 무엇일까? 그리고 캄브리아기 대폭발 때 얼마나 다양한 주요 동물 선수들이 있었을까? 현재의 모든 동물 문들(약 32가지)은 캄브리아기 대폭발 때 처음 출현했다. 놀랍게도 그 뒤로 세계에 추가된 동물 문은 단 하나도 없었다. 2억5,200만 년 전 페름기 대멸종 이후에도 말이다. 그런데 캄브리아기에는 지금보다 문이 더 많이 있었을까? 지금보다 더 기이하고 근본적으로 다른 종류의 동물들이 있지 않았을까? 그 문제는 열띤 논란거리였고, 논쟁은 1990년대 말에 정점에 이르렀다.[16] 지금은 고인이 된 위대한 진화학자 스티븐 제이 굴드와 지금도 영국 고생물학계의 대부로 남아 있는 케임브리지 대학교의 사이먼 콘웨이 모리스 사이에 기억에 남을 만한 언쟁이 벌어지면서였다.

굴드는 저서 『생명, 그 경이로움에 대하여(*Wonderful Life*)』에서 캄브리아기가 "기이한 경이들(weird wonders)"로 가득했다고 주장했다. 그는 지구에 더 이상 존재하지 않는 체제들을 그렇게 정의했다. 그는 캄브리아기 대폭발이 바로 그런 것이었다고 보았다. 새로운 체형, 체제, 종수의 대폭발이었다고 말이다. 그러나 비유를 조금 섞어 쓰면, 대다수의 폭발은 치명적이다. 사실 새로운 유형의 체제—굴드의 관점에서는 새로운 유형의 문—중에서 상당수는 캄브리아기 말까지 살아남지 못했다. 대폭발로 전멸했다. 물론 원래 의미의 폭발은 아니다. 다양한 동물들이 엄청나게 늘어나면서 경쟁이 심해진 탓에 죽었다. 그 많은 체제 중에서 일부만이 자연선택의 시험을 견뎌냈을 것이다. 굴드의 견해는 체제의 다양화를 피라미드 형태로 모형화할 수 있다는 것이다. 체제가 빠르게 엄청나게 다양화하면서 체제의 수라는 피라미드—상이성(종 다양성이 아니라 체제의 다양성)이라고도 한다—의 넓은 밑바닥을 형성했다는 것이다. 그러나 캄브리아기가 지속되면서 밑바닥은 줄어들었고, 이윽고 캄브리아기가 끝날 무렵에는 시작된 직후보다 훨씬 더 적은 수의 문만 남았다.

많은 연구자들은 상이성이 사실상 캄브리아기 이래로 감소했다는 생각에 동의하지 않았다. 스티븐 굴드의 견해와 정반대되는 이 견해를 가장 앞장서서 옹호한 사람은 사이먼 콘웨이 모리스였다. 모리스는 이른바 기이한 경이들이 서로 별개의 문들이 아니라, 오늘날에도 살아 있는 잘 알려진 문들의 그저 초기 구성원, 그러나 그 문에 속해 있음을 알아볼 수 있는 구성원일 뿐이라고 보았다. 과학자들 사이에서 거의 보기 힘든 수준의 열기를 띠었던 이 20세기 말의 논쟁 이후로 과학계에서는 굴드가 틀렸다는 쪽으로 의견 일치가 이루어진 듯하며, 우리는 이 논쟁에 덧붙일 수 있는 말이 거의 없다. 그러나 한때 격렬하게 끓어올랐던 이 과학적 논쟁이 낮게 보글거릴 정도로 잦아들었다고 한다면, 캄브리아기 대폭발의 다른 측면들은 여전히 최전선의 과학, 최고의 과학, 즉 논쟁을 일으키는 과학으로 남아 있다.

캄브리아기 대폭발의 새로운 연대 측정

캄브리아기 대폭발은 생명의 역사상 가장 중요한 사건 중의 하나임에 분명하지만, 최근까지 가장 이해가 덜 된 주요 사건이기도 했다. 불확실성 중의 많은 부분은 연대 측정—아니, 적어도 어떤 정확한 수준의 연대 측정의 부재—과 더욱 불확실한 더 오래된 암석에서 비롯되었다. 18세기 초에 애덤 세지윅은 삼엽충이 처음 나타난 지층을 캄브리아기의 시점으로 처음 정의할 때, 동료 지질학자들이 화석 기록의 상대적인 출현 시점이 아니라 실제로 측정한 연대를 이용할 수 있게 될 것이라고는 전혀 생각하지 못했다(그러나 우리는 그가 그 가능성을 틀림없이 상상했을 것이라고 확신한다). 사실 캄브리아기가 시작된 정확한 연대는 거의 200년 동안 논란거리로 남아 있었다. 한 가지 주된 문제는 사실상 캄브리아기가 생물학적으로 정의된 적도 없고 실제 암석 기록과 연관지어서 정의된 적도 없기 때문에, 숫자로 구체적으로 연대를 보정할 기준점 자체를 찾기 어려웠다는 것이다. 대량멸종 사건이나 생물학적 혁신 사례와 달리, 캄브리아기 방산은 뚜렷하게 잘 정의된 구체적인 출발점이 없었다. 대신에 캄브리아기라는 용어의 세계적인 정의는 유네스코가 국제지질대비계획의 후원을 받아서 세계적인 전문가들을 모아서 조직한 특별위원회가 선택한 것이다(필자 중의 한 명인 커슈빙크는 이 위원회의 투표권을 가진 위원이었다).

문제는 경계를 무엇으로 정하든 간에 그것의 실제 위치가 어디이며, 어떻게 연대를 측정할 것인가였다. 1960년대와 1970년대에 캄브리아기 대폭발이 일어난 시점을 놓고, 연구자들은 6억 년 이전부터 5억 년 전까지 다양하게 연대를 추측했다(추측이라고 해도 무리가 없을 정도였다). 상황이 바뀌려면 놀라울 만큼 민감한—그리고 정확한—방사성 연대 측정법이 개발될 때까지 기다려야 했다. 연대 측정법의 문제는 방사성 연대 측정을 하려면 퇴적층 사이에 화산암이 화산재의 형태로 끼워져 있어야 한다는 것이었다. 지르콘(그 안에 갇힌 우라늄과 납의 비율을 통해서 멋진 지질시계가 된다)이라는 광물을 함유한 것은 화산재—그것도 화산재 중의 일부—뿐이기 때문이다. 그리고 전 세계의 캄브리아기 암석 중에서 그런 식으로 퇴적층 사이에 화산재 지층이 끼워져 있는 것은 거의 없었다.

오스트레일리아의 저명한 지질연대학자인 (캔버라에 있는 오스트레일리아 국립대학교에 재직 중인) 윌리엄 콤프스턴은 다른 방안을 강구하려고 애쓰다가, 20세기 중반에 셰일(화산암이 아닌 퇴적암)에 든 루비듐-스트론튬 동위원소를 이용한 측정법을 개발했다. 그는 그 방법을 써서 중국에서 발견된 최초의 삼엽충이 6억1,000만 년 전의 것이라는 추정값을 내놓았다. 현재 우리는 그의 측정법이 완전히 잘못된 것이고, 우라늄-납이 든 지르콘 광물을 이용하는 측정법을 써야 한다는 것을 안다. 그렇기는 해도 1980년대까지 캄브리아기가 시작된 "공식" 연대는 5억7,000만 년 전이라고 쓰여왔고, 지금도 여러 온라인 자료와 책에 실린 지질연대표에는 그 연대가 적혀 있다.

그러나 두 번째 문제인 "언제"가 아니라 "무엇"에 관한 문제, 즉 캄브리아기의 시점을 나타내는 최초의 또는 마지막 화석이 무엇인가 하는 문제는 타협이 더 어려웠다. 앞에서 말했듯이, 1960년대 무렵에 고생물학자들이 채집 방법과 도구를 이미 개선한 상태였고, 삼엽충보다 훨씬 더 이전부터 화석이 될 수 있고 실제로 화석이 된 단단한 부위를 가진 동물들을 비롯한 대단히 많은 동물들이 진화했다는 사실이 명확해져 있었다. 삼엽충보다 더 밑에 놓인 지층에서 발견된 단단한 부위를 가진 가장 오래된 화석은 아주 작기는 하지만, 그래도 껍데기의 부위들을 알아볼 수 있었다. 이른바 "소형 껍데기 화석군(small shelly fossils)"이었다. 미세한 가시처럼 보이는 것도 있었고, 미세한 달팽이 껍데기처럼 보이는 것도, 어떤 고대의 연체동물이나 극피동물에서 나온 갑옷처럼 보이는 단순한 덩어리도 있었다. 그러나 그것들의 실제 연대와 존재 자체도 의문시되고 있었다.

그러다가 1990년대 초에 마침내 국제적인 합의가 도출되었다.[17] 화석 기록에 네 차례에 걸쳐 출현한 동물군 가운데, 첫 번째인 에디아카라 동물군은 캄브리아기에서 아예 빠지게 되었다. 그들은 독자적인 이름을 가진 별도의 시대로 분류되었다. 원생대의 에디아카라기로 새로 정의되었다. 캄브리아계의 바닥은 수직으로 굴을 파는 흔적 화석이 처음 나타난 지층이라고 정의되었다. 따라서 소형 껍데기 화석군을 가진 그 뒤의 지층 및 삼엽충을 가진 더 나중의 지층보다 연대가 앞섰다. 침전물에 수직으로 굴을 파는 능력은 정역학 뼈대와 그것을 통제하는 신경근육이 있었음을 의미한다고 여겨지지만, 이들의 출현 시점은 (화석 기록상으로 볼 때) 실제 캄브리아기 대폭발보다 거의 2,000만 년 앞섰다. 그러나 설령 그렇게 정리가 되었다고 해도, 이 지층이 쌓인 연대는 아직 파악되지 않은 상태였다.

신뢰할 만한 방사성 연대 측정법이 없었기 때문에, 이 시기―알아볼 수 있는 가장 오래된 동물 화석이 나온 연대와 삼엽충이 처음 등장한 시점 사이—는 에디아카라 동물군과 삼엽충 사이의 (지역에 따라서) 수만 미터에 이르는 지층을 통해서 측정할 수밖에 없었다. 그것은 수천만 년까지도 차이가 날 수 있음을 시사했다. 1980년에 나온 질량분석기(암석의 연대를 파악할 수 있는 장치)는 적절히 분석을 하려면 많은 양의 지르콘이 필요했다. 그러나 기술은 계속 발전했고, 연구자들은 1980년대 말에 더 나은 새로운 장치들을 통해서 캄브리아기의 것이라고 여겨지는 퇴적층 사이에서 이따금 찾을 수 있는 드물지만 중요한 화산재 층을 분석하기 시작했다. 모로코의 안티아틀라스 산맥은 세지윅과 그의 동시대인들이 엄청난 화석 기록을 찾으려 하늘로 (혹은 어디로 갔든 간에) 떠난 지 오랜 세월이 흐른 뒤에 발견된 그런 지역 중의 하나이다. 이곳은 캄브리아기 대폭발이라는 연극의 네 막이 펼쳐진 연대를 파악할 수 있는 로제타석과 같은 곳이었다.

연대의 돌파구와 경이로운 연대

필자 중의 한 명인 커슈빙크가 모로코의 안티아틀라스 산맥에서 화산재 표본을 채집한 것은 1980년대 말이었다. 층서학적으로 말해서, 이 화산재 층은 거대한 퇴적층 더미에서 캄브리아기 삼엽충이 처음 출현하는 지층보다 약 50미터 아래에 놓여 있었다. 해저에서 이 중요한 50미터 두께의 지층이 형성되는 데에 얼마나 오래 걸렸을까? 불행히도 이 화산재에는 지르콘 알갱이가 조금밖에 들어 있지 않았다. 당시에 으레 쓰던 기법으로는 연대를 측정할 수 없을 만큼 적었다. 그러나 그 무렵 콤프스턴은 초고분해능 이온 미세분석기(super-high-resolution ion microprobe, SHRIMP)라는 경이로운 장치를 개발한 상태였다. 이 장치는 세슘 이온들에서 나오는 평행 광선을 광물 알갱이라는 작은 지점에 집중시킬 수 있었다. 그때 생기는 플라즈마를 질량분석기에 넣고 몇 가지 세밀하게 조정을 거치면 극도로 정확한 우라늄–납 연대를 얻을 수 있었다.

결과는 놀라웠다. 이 모로코 암석 표본은 6억 년 전보다 더 이전이기는커

녕, 약 5억2,000만 년 전이라는 연대를 내놓았다![18] 콤프스턴은 더 높은 연대
가 나오지 않을까 해서 온갖 시도를 다 했지만, 전혀 소용이 없었다. 기존에
받아들여진 캄브리아기의 시점과 적어도 8,000만 년이나 오차가 났다. 이것
은 캄브리아기 대폭발—적어도 최초의 껍데기 화석이 출현할 때 보이는 동
물 문들의 대규모 다양화—이 예상했던 것보다 적어도 25배나 더 단기간에
이루어진, 핵폭발과 비슷하다는 의미였다. 그 뒤로 MIT의 샘 바워링을 비롯
한 다른 연구자들도 모로코에서 채집한 다른 화산재들뿐 아니라, 나미비아
와 시베리아 아나바르 융기대의 북부 같은 색다른 지역에서 얻은 표본에서
같은 결과를 얻었다.[19] 삼엽충이 출현한 연대라고 알려진 시기와 동일했으며,
이전에 추정했던 연대보다 훨씬 더 적었다. 공식 시점을 선정하는 데에 참여
했던 고생물학자들은 캄브리아기 전체가 1000만 년밖에 되지 않을 것이라는
생각에 충격을 받았다. 그래서 그들은 최초의 삼엽충을 안내자로 삼는 것을
포기하고, 더 오래된 사건—굴을 판 흔적 화석이 처음 등장하는 시기—을
기준으로 삼았다. 결국 캄브리아기의 시점은 약 5억4,200만 년 전으로 수정
되었다.

진화 활동과 혁신이 난무한 이 유별난 기간은 또다른 유별난 특징들도 가
진다는 것이 드러났다. 원생대–캄브리아기 경계의 탄소 동위원소를 분석한
이들은 수십만 년에서 수백만 년에 걸쳐 대규모의 주기적인 변동이 지속되는
다소 이상한 일이 벌어지고 있었다는 것을 밝혀냈다(지금은 캄브리아기 탄
소 주기[Cambrian carbon cycle]라고 한다).[20] 이 변동은 엄청난 규모이다. 수
백만 년마다 지구에 존재하는 모든 생물량을 다 잘게 갈아서 불태우는 것
과 맞먹는다. 혹시 (메탄처럼) 극도로 가벼운 탄소가 대량으로 대기로 분출
됨으로써 엄청난 온실 효과를 일으키는 사건이 벌어졌을지도 모른다. 지구
가 단기적인 가열 사건을 연달아 겪은 것은 아닐까? 온건한 수준의 가열은
실제로 한 세대의 간격을 짧게 함으로써 생물 다양성을 증가시킬 수 있다.
이 효과는 현대의 생물상에서도 관찰된다. 물론 너무 심한 가열은 치명적일
수 있다!

또 한 가지 기이한 일은 캄브리아기에 어떤 극도의 대규모 지각판 이동(지각판은 지표면을 구성하는 지각의 거대한 판이며, 지각판은 이동하면서 서로 멀어지거나 충돌하기도 한다)이 일어났다는 것이며, 이 내용은 오래 전부터 알려져 있었다. 지각판의 이동은 고지자기라는 기법을 통해서 추적할 수 있다. 고지자기는 지각판이 이동한 방향뿐 아니라, 고대에 암석이 어떤 위도에 있었는지도 알려줄 수 있다. 공동 필자인 커슈빙크가 앞에서 말한 눈덩이 지구 사건을 처음 입증한 것도 이 도구를 이용해서였다. 여러 고지자기 연구실에서 나오는 새로운 고지자기 분석 결과들은 뭔가 불가능해 보이는 일이 일어나고 있음을 보여주었다. 대륙들이 대단히 빠른 속도로 지표면을 줄달음질치고 있었다. 아니, 자전축을 기준으로 지구 전체가 빠르게 움직이고 있었다. 남극과 북극은 늘 그 자리에 머물러 있었다. 움직이고 있는 것은 그 아래의 지구였다.

이 정보는 오스트레일리아에서 채집한 표본들에서 나왔다. 한 예로 오스트레일리아는 캄브리아기 초와 캄브리아기 말 사이에 적도에 걸쳐 있으면서 시계 방향으로 거의 70도 회전을 했음이 드러났다. 1,000만 년도 되지 않는 기간, 아니 아마도 그보다 훨씬 더 짧은 기간에 일어난 일이었다. 그러나 당시 오스트레일리아가 남극대륙, 인도, 마다가스카르, 아프리카, 남아메리카를 포함한 초대륙인 곤드와나의 일부였기 때문에, 이 회전은 당시 대륙 땅덩어리의 절반 이상에서 일어났던 것이 틀림없다. 곤드와나의 거의 전역에서 얻은 자료들은 비슷한 이야기를 들려준다. 5억3,000만~5억2,000만 년 전, 캄브리아 대폭발이 일어나던 바로 그 시기에 이 초대륙이 반시계 방향으로 돌고 있었다고 말이다. 로렌시아라는 커다란 북아메리카 대륙에서 나온 비슷한 자료들은 거의 같은 시기에 그 대륙이 차가운 남극에서부터 적도까지 줄곧 올라오고 있었음을 시사했다.

바로 여기에서 단순하게 생각하자는 것이 묘책으로 떠올랐다. 작은 지각판들의 무리가 움직이고 있었던 것이 아니라, 지구에 있는 모든 판이 자전축에 상대적으로 함께 움직이고 있었던 것이 아닐까? 그러나 그 말은 로렌시아와 오스트레일리아가 당시 서로 거의 90도로 놓여 있었다고 해야 들어맞을 것이다(즉 오스트레일리아는 적도에 있고 로렌시아는 극지방에 놓여 있어야 했다!). 사실 이 단일 회전 가설은 모든 대륙 땅덩어리들의 상대적인 방향과 배치에 관해서 매우 구체적인 예측들을 내놓는다. "절대 고지리학(absolute paleogeography)"인 셈이다. 톨킨의 표현을 조금 빌리면 이렇다. "모든 대륙을 움직이고, 모든 대륙을 회전시키고, 적도로부터 이동시키고, 지구 전체로 펼쳐놓는 것은 하나의 움직임이다!"(J. R. R. 톨킨의 소설 『반지의 제왕』에 나오는 절대 반지에 새겨진 문구를 변형한 것/역주) 단단한 지구 전체가 자전축을 중심으로 한 차례 단순히 회전했다고 보면, 이전까지 산만해 보였던 고지자기 자료들의 ~90퍼센트가 산뜻하게 들어맞는다.

모든 일이 한꺼번에 일어나고 있었다. 진화의 맥박이 한 차례 거대하게 치자, 종과 체제의 수, 생광물화(biomineralization, 많은 문들을 통해서 진화한 겉뼈대의 수와 종류)가 엄청나게 증가했고, 동물들 사이에서 최초로 포식자-먹이 상호작용이 출현했고, 유기 탄소 수지가 대규모로 변동했고, 대륙들의 위치가 대이동을 했다. 커슈빙크 연구진을 비롯한 과학자들은 이것이 우연의 일치인지, 아니면 원인과 결과의 관계에 있는 것인지를 연구한다.

고지자기 증거가 점점 더 늘어나기 시작함에 따라서, 놀라우면서도 거의 불가능한 (해양 지각에 둘러싸여 꼼짝도 못하는 대륙들을 품은) 고대 지각판들의 운동이 모습을 드러냈다. 동일과정설은 현대를 토대로 과거를 이해하라고 말하며, 오늘날 우리는 지금 지각판들이 얼마나 빨리 움직이는지를 쉽게 측정할 수 있다. 중앙해령을 따라서 새로운 해양 지각이 형성되고 있는 대서양에서는 북대서양과 남대서양을 양분하는 두 지각판이 기원하는 축선으로부터 연간 약 2.5센티미터의 속도로 서서히 멀어지고 있다. 이 거대한 지각판들은 해저 확장 중심지에서 만들어지기는 했지만, 대륙들을 단단히 움켜쥐고 있다. 따라서 지각판들이 움직이면 대륙도 따라서 움직인다. 지각판들의 이동속도는 제각각이다. 예를 들면, 현재 태평양에서 만들어지는 지각판들은 연간 7.5-12.5센티미터의 속도로 훨씬 더 빨리 움직인다. 가능한 최대속도는 연간 25센티미터에 가깝지만, 그 속도조차도 이론적인 것이며 논란의 여지가 많다. 그러나 고지자기 자료는 지각판들이 연간 수 미터씩 움직였다고 말한다. 판구조론만으로는 이 현상을 설명하기가 불가능하다. 그러나 자료들은 똑같은 말을 하고 있으며 확고하다. 뭔가 혁신적인 일이, 아니 적어도 현대의 과정들과 전혀 다른, 과학계를 엄청나게 놀라게 할 어떤 일이 일어났다고 말이다. 동일과정의 원리에 비추어볼 때 말이다!

지표면이 그렇게 빠르게 움직였음을 시사하는 이 자료를 접했을 때의 첫 반응은 자료를 못 믿겠다는 것이었다. 그럴 만하다. 예전에 칼 세이건이 말한 것처럼, 비범한 (과학적) 주장은 비범한 증명을 요구한다. 앞에서 말했듯이, 연간 기껏해야 몇 센티미터에 불과한 정상적인 지각판의 이동으로는 그렇게 빠른 대륙이동을 설명할 수가 없었다. 커슈빙크와 몇몇 연구자들이 서서히, 그러나 꾸준히 내놓은 새로운 자료들은 기존의 판구조론으로는 설명할 수 없을 만큼 지각판들이 빨리 움직이고 있었음을 보여주었다. 게다가 무엇보다도 이 이동의 대부분은 동물 문의 다양성이 폭발적으로 증가하던 바로 그 시기에 일어나고 있었다. 판구조 운동이 아니라면, 대체 무엇이 그렇게 할 수 있었던 것일까? 그리고 이 운동은 동물의 진화에 어떻게 영향을 미칠 수 있었을까?

답은 놀라웠다. 그러나 그렇게 놀랄 이유는 없었을지 모른다. 비슷한 과정이 화성, 달, 많은 위성과 작은 행성에서 수십억 년 동안 일어났다는 것이 알려져 있기 때문이다. 그런 천체들은 방향을 경이로울 만큼 바꿀 수 있다. 지구에서는 그것이 생명에 이루 헤아릴 수 없이 큰 영향을 미쳤을지 모른다. 이 가능성을 이제 겨우 깨닫기 시작함으로써 생명의 역사를 이해하는 일에 거대한 새로운 혁명 중의 하나가 일어나고 있다.

지구물리학자들은 한 행성의 단단한 부위가 자전축에 상대적으로 다소 빨리 움직일 수 있다는 것을 한 세기 전부터 알고 있었다. 기본 원리는 회전하는 물체가 최대 관성 모멘트라는 값으로 회전하려고 한다는 것이다. 프리스비가 좋은 사례이다. 제대로 날리면, 프리스비는 중심점을 중심으로 회전하며, 원반 가장자리에 있는 질량의 대부분은 프리스비의 회전을 안정적으로 유지한다. 이제 원반의 어딘가에, 중심점을 제외한 곳에 작은 납덩어리를 붙여보자. 프리스비가 추가된 새로운 질량이 빚어내는 상황을 고려하여 스스로의 방향을 재조정하려고 시도하면서 회전에 변화가 일어날 것이다. 프리스비는 새로운 무거운 질량을 가능한 한 회전축에서 멀어지게 하면서 회전하려고 할 것이다. 즉 적도로 보내고 싶어한다. 자전하는 행성에서는 원심력과 중력이 마찬가지로 비정상적인 질량을 잡아당긴다. 그러나 회전하는 공에서는 훨씬 더 질서 있는 변화가 일어난다. 이를테면 적도에서 극으로 가는 길의 3분의 2 지점에 놓여 있었을지 모를 "무게"가 적도에 놓이도록 회전축의 위치가 재조정될 것이다. 회전하는 공은 회전축의 위치를 변화시킨다. 낯선 새 질량이 추가되었기 때문이다.

달과 화성이 지질학적 역사를 거치는 동안 이런 식으로 재조정되었다는 것은 아주 잘 알려져 있다. 둘 다 원래 적도에 있지 않았던 새로운 질량이 표면에 추가되는 일을 겪었고, 그 질량은 어떻게든 결국 적도로 옮겨졌다. 한 예로, 거대한 타르시스 지역(화성 표면의 한 지역)은 엄청난 양의 무거운 용암으로 이루어져 있다. 지질학적 시간으로 볼 때, 그것은 프리스비나 회전한 공에 새로 무거운 추를 덧붙인 것과 같다. 그 용암은 화성이 형성된 뒤에 추가되었다. 사실 그것은 태양계에서 가장 비정상적으로 큰 양의 중력을 일으키며, 정확히 화성의 적도에 놓여 있다. 즉 지금은 그렇다. 달에서는 아폴로 탐사선을 보내기 전에 조사를 할 때, 달의 현무암 바다와 관련 있는 질량이 집중된 지역이 검출되었다. 그곳 역시 달의 적도에 있었다. 달과 화성을 살펴볼 때에는 이 과정을 쉽게 이해할 수 있다. 그 두 천체는 지각판을 가지고 있지 않기 때문이다. 이 조정 과정을 진극배회라고 한다. 1966년에 지각판이 발견되기 이전에는 더 이전 시대에 남북극이 다른 위치에 있었다고 말하는 증거들은 모두 진극배회의 산물이라고 여겼다.

한 행성의 질량이 지질학적인 차원에서 빠르게 변하는 일은 커다란 소행성이나 혜성이 충돌하거나, 지구의 깊은 내부에서 마그마가 표면으로 분출하는 지구 자체의 사건 등 여러 과정들을 통해서 일어날 수 있다. 또 확장 중심지와 섭입지대(지각판이 가라앉아서 지구 내부로 돌아가는 지점)가 따로 있는 지각판에서 어느 한쪽이 출현하거나 사라질 때에도 대규모 질량 변동이 일어날 수 있다. 지구에서는 관련된 질량이 단지 둥둥 떠 있는 형태가 아니라 적극적으로 유지되는 한, 이 출현과 소멸 양쪽 다 진극배회를 일으킬 만큼 크다. 그 질량이 사라진다면, 행성의 방향에 영향을 미칠 것이다. 섭입지대와 확장 중심지 모두 한 대륙이 대륙이동을 통해서 다른 대륙과 충돌할 때 사라질 수 있다. 수렴하는 대륙들 사이에 있던 앞바다의 확장 중심지나 섭입지대는 그 충돌로 파괴된다. 이 사례에서만 질량의 추가가 아니라, 표면 질량의 소멸이 방향 변동을 일으킨다.

캄브리아기 대폭발과 연관되어 나타난 생물학적 변화가 대륙들을 움직였을 가능성은 적으며, 특이하게 터져나온 이동이 어떤 식으로든 생물 진화를 가속하고 있었다는 설명이 더 설득력이 있다. 이 관찰 결과들 중의 일부를 설명하고 연결할 만한 메커니즘이 몇 가지 발견되어왔다. 첫째, 대륙들이 고위도에 있으면 해저와 영구동토층에 클라드레이트(clathrate) 또는 가스 하이드레이트(gas hydrate)라는 얼어붙은 메탄의 거대한 저장고를 형성하는 경향이 있다. 이 대륙들이 적도로 이동할 때면, 점점 더 따뜻해지면서 때때로 온실가스를 왈칵 대기로 분출함으로써 주기적으로 환경을 덥힐 수 있다. 진화와 특히 종 다양화는 대사가 가속되는 메커니즘을 통해서 따뜻한 환경에서 더 빨라지는 경향이 있다.

연구자들은 이 이론을 논문에 실으면서 "캄브리아기 대폭발을 위한 메탄 도화선(methane fuse for the Cambrian explosion)"이라는 별명을 붙였고, 생물 다양성의 열적 주기가 종의 증식을 촉진하는 주요 요인 중의 하나일 수 있다고 주장했다. 탄소 동위원소가 미친 듯이 변동한 이유도 이 때문일지 모른다. 또 지리적으로 적도 지역이 자연적으로 다양성이 더 높다. 예일 대학교의 우리 동료인 로스 미첼이 이 진극 변동 사건이 일어나는 시기에 고지리학적 이동 양상을 조사했더니, 새로 진화하는 동물 집단들이 거의 전부 적도지대로 이동하고 있는 대륙의 앞쪽 가장자리에서 기원한 듯했고, 고위도로 이동하는 지역들에서 기원한 집단은 거의 또는 전혀 없는 것 같았다. 위도에 따른 이 다양성 증가는 다양성 증가 양상을 놀라울 만큼 단순하게 설명한다. 자연이 혹스 유전자를 통해서 체제를 실험하고 있을 때 이런 일이 일어난다면 더욱 그렇다. 또 그것은 캄브리아기 대폭발의 고생물학적 기록이 어느 정도는 인위적인 것일 수도 있음을 뜻한다. 진극배회 때 적도를 향해서 나아가는 쪽의 육지는 상대적으로 바다에 침범당하고(해침[海浸]), 반대쪽 지역은 상대적으로 바다가 물러나는(해퇴[海退]) 부수적인 효과가 일어나기 때문이다. 퇴적물은 해침 때 보존이 가장 잘되고 해퇴 때 제거된다. 따라서 진북 배회기에 암석 기록은 다양성의 증가를 기록하는 암석을 보존하는 쪽으로 편향된다.

생명의 역사에서 진극배회를 사건의 원인이라고 보는 관점은 20세기에는 없던 분명히 새로운 연구 분야를 낳는다. 여기에서는 이 메커니즘을 캄브리아기 대폭발의 새로운 가설로 삼고 있지만, 진극배회는 대량멸종의 살상 메커니즘을 설명하는 데에도 쓰일 수 있다. 스티븐 굴드와 사이먼 콘웨이 모리스가 묘사한 버제스 셰일의 기이한 경이들의 거의 대부분을 몰살시킨 캄브리아기와 캄브리아기 대폭발을 종식시킨 사건도 그렇다. 이 대량멸종 사건에는 스파이스(SPICE)라는 전혀 어울리지 않는 명칭이 붙어 있다.

캄브리아기의 종말―스파이스 사건과 최초의 현생누대 대량멸종

동물 체제 진화의 엄청난 힘과 중요성을 고려할 때, 캄브리아기 대폭발은 역사서에서 압도적일 만큼 많은 지면을 차지할 것이다. 선캄브리아대 말에는 이동 능력이 없이 그저 둥둥 떠다니던 단순한 커다란 동물들이 캄브리아기 말에는 전 세계의 대양에 온갖 다양한 동물들이 우글거릴 만큼 세계의 생물상에 근본적인 변화가 일어났으니 말이다. 그런데 "캄브리아기의 종말"은 대체 왜 일어난 것일까? 그것은 오랫동안 규명하지 못했던 의문이었다.

대량멸종은 개체와 종 양쪽 수준에서 단기간에 사망률이 매우 높아지는 것을 뜻하며, 심각한 정도는 시대마다 달랐다. 규모가 가장 컸던 사건들을 "5대" 대량멸종이라고 하며, 그 사건 때마다 적어도 50퍼센트가 넘는 종이 사라졌다. 그러나 대격변 수준에는 미치지 못하는(물론 희생되지 않은 종의 입장에서 그렇다) 멸종 사건도 훨씬 더 많았다. 캄브리아기 말에 일어난 대량멸종 사건은 가장 유명한 축에 속한다.

캄브리아기 말의 대량멸종은 사실 서너 번에 걸쳐 진행된 더 규모가 작은 사건들의 집합이다. 주로 삼엽충을 비롯한 해양 무척추동물, 특히 완족류가 피해를 입었다. 해양생물 군집에 영향을 미치는 산소가 적은 따뜻한 수괴가 늘어난 것이 이 대량멸종의 원인이라고 오래 전부터 받아들여져 있었다. 삼엽충 가운데 최초로 출현했던 종류에 속한 올레넬리드류(olenellid)는 전멸했고, 사실 삼엽충 동물군 전체의 특성 자체도 변했다. 캄브리아기의 삼엽충은 많은 체절과 원시적인 눈을 가지고 있었고, 몸에서 (포식자를 막는 가시 같은) 방어 적응형질을 찾아보기 힘들었고, 현생 공벌레처럼 위험에 처하면 몸을 둥글게 말 수가 없었다. 그러나 대량멸종 이후, 따라서 오르도비스기 초에 새로 진화한 삼엽충들은 체제 전체가 바뀌었다. 거의 다 체절의 수가 줄었고(공격하는 포식자는 체절이 더 적고 더 두꺼운 쪽보다 체절이 더 많은 쪽이 부수기가 더 쉽다), 더 발달한 눈과 방어 갑옷, 특히 공벌레처럼 몸을 말 수 있는 능력까지 갖추었다.

따뜻함, 낮은 산소 농도, 동물군의 변화. 이것이 바로 캄브리아기 말의 멸종을 보는 관점이었다. 그러나 그 뒤로 상황이 정반대였음을 시사하는 전혀 새로운 자료들이 쏟아져나왔다. 물이 따뜻하지 않고 차가웠다는 증거, 엄청난 양의 유기물질이 해저에 묻혔다는 증거였다. 후자는 산소 농도를 급증시키는 결과를 낳는 과정이다. 현재 이 변화들은 스파이스(SPICE, Steptoean positive carbon isotope excursion[스텝토 탄소 동위원소 양전이대]의 약자이다) 사건이라고 불린다. 그러나 새로운 발견과 심하게 모순되는 사항이 하나 있다. 이 사건이 암석 기록상에서 처음 알려진 것은 종들이 갑작스럽게 사

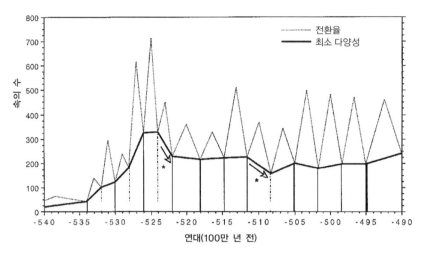

캄브리아기 대폭발 때의 생물 전환율과 유전적 다양성. 시베리아 대지의 토모티아조, 아트타바니아조, 보토미아조에 걸쳐 나타난 전형적인 캄브리아기 대폭발 양상. 전환은 특정한 시기에 생기거나 사라진 속의 수를 나타낸다. (출처 : Bambach et al., "Origination, Extinction, and Mass Depletions of Marine Diversity," *Paleobiology* 30 (2004): 522-42)

라졌기 때문이기도 하지만, 탄소 동위원소 기록, 따라서 탄소 양분 순환에 큰 교란이 일어났기 때문이다. 캄브리아기가 끝날 무렵에 단기적인 멸종 사건이 이어지면서 많은 삼엽충이 죽었다는 매우 타당한 증거가 있다.

　스파이스 사건의 가장 흥미로운 측면 중의 하나는 대다수의 다른 대량멸종 사건들과 달리, 이 사건 때에는 산소 농도가 감소한 것이 아니라 단기적으로 상승했을 수도 있다는 것이다. 이 무렵에 일어났다고 알려진 화산 분출이 앞에서 말한 단기적인 급속한 대륙이동, 즉 진극배회를 일으킨 것이 아닐까 하는 추측도 흥미롭다. 이 시기에는 더 많은 육지가 수백만 년에 걸쳐 열대로 이동하면서 탄소 매장량의 증가와 대기 산소 농도가 유례없는 수준으로 급증하는 일이 일어났다. 이런 일들이 캄브리아기 대폭발 이후에 또 한 차례 생명의 대규모 방산을 향한 길을 닦은 것일 수도 있다. 많은 산소를 요구하는 생태계가 있다. 산호초는 스파이스 사건 직후, 오르도비스기가 시작될 때 출현했다.

9

오르도비스기-데본기 동물의 팽창 :
5억-3억6,000만 년 전

현대의 산호초는 "바다의 우림"이라고 불리곤 한다. 우림과 마찬가지로 면적에 비해서 종 다양성과 풍부도가 높을 뿐 아니라, 똑같은 첫인상을 심어주곤 하기 때문이다. 생명으로 가득하다는 느낌이다. 그러나 비슷한 점은 대체로 그것뿐이다. 우림, 아니 어떤 숲이든 간에, 거기에 사는 생명은 대부분 식물이다. 반면에 산호초는 거의 전부 동물로 이루어져 있다. 물론 산호초에도 식물처럼 잎과 덤불 모양을 한 것들이 많이 보이기는 한다. 그러나 그것들은 거의 다 동물이 만든다. 부드러운 산호동물뿐 아니라 해면동물, 술이 달린 듯한 태형동물 등이 만든다. 지구의 대륙들을 드넓게 뒤덮고 있는 광합성 식물들의 녹색의 띠가 우주에서 볼 때 우리 행성에 생명이 있음을 알려주는 가장 뚜렷한 증거라고 주장할지도 모르겠다. 그러나 우주에서 볼 때 전혀 다른 종류의 생물학적 신호도 찾아낼 수 있을 듯하다. 바로 바다에서 나오는 신호이다. 열대 바다의 산호초가 바로 그렇다. 오스트레일리아 동부 연안을 따라서 약 2,000킬로미터에 걸쳐 뻗어 있는 그레이트 배리어 리프(대보초[大堡礁])가 가장 좋은 사례이다. 물론 그레이트 배리어 리프가 장엄하기는 하지만, 산호초는 훨씬 더 많이 있다. 적도의 바다에는 무수한 환초(環礁), 거초(裾礁), 그런 생물학적 구조물들에 에워싸여 있는 연록색의 넓은 초호(礁湖)가 널려 있다. 이 산호초 체계는 아주 오래된 생태계의 일부이다. 그 생태계는 숲보다 아니, 그 어떤 육상동물보다도 더 앞서 출현했다. 산호초는 모든 생태계 가운데 가장 다양성이 높은 곳 중의 하나로 남아 있으며, 본질적으로 5억4,000만 년 전 행성 전체가 죽어가던 시기뿐 아니라 모든 대량멸종 사건을 겪고도 다시 번성한 장수하는 초유기체이다.

산호초 환경의 특징은 거의 어디에서나 왕성한 움직임을 볼 수 있다는 것이다. 무리지어 돌아다니는 어류부터, 산호초에 끊임없이 부딪히는 물결, 부드러운 산호들의 물결치는 듯한 움직임에 이르기까지, 활발하게 움직이는 물 속에서 약동하고 굽이치는 광경을 산호초 어디에서든 볼 수 있다. 모든 산호초는 어류—크기와 모양과 행동이 제각각인 수많은 어류—의 보금자리이다. 무리를 짓는 것도, 숨어 있는 것도, 홀로 화려함을 뽐내며 헤엄치는 것도 있고, 어디에서나 눈에 띄는 상어들처럼 그저 살피면서 돌아다니는 것도 있다. 그리고 늘 움직이고 있는 듯이 보이는 이 다양한 공동체에 척추동물만 있는 것은 아니다. 더 자세히 들여다보면, 놀라울 만큼 다양한 무척추동물들이 마찬가지로 끊임없이 움직이고 있다. 대개 물고기보다는 더 느리지만 말이다.

몸집이 작은 새우들은 춤을 추듯이 이 산호 저 산호로 돌아다니고, 크고 작은 게들은 끊임없이 뭔가를 뜯어 먹으면서 우물거린다. 더 느리기는 하지만, 고둥들은 나름의 어떤 계획에 따라서 돌아다니고 있고, 어느 산호초에서든 다양한 복족류도 찾아볼 수 있다. 아름다운 나팔고둥류 같은 커다란 육식성 종도 있고, 마찬가지로 크지만 초식성인 수정고둥류도 있다. 산호 부스러기 밑에서는 적어도 낮 동안에는 아름다운 개오지류가 서로 엉켜서 느릿느릿 돌아다니면서 작은 조류를 먹고, 그 사이를 포악한 청자고둥류가 먹이를 찾아서 돌아다닌다. 청자고둥류는 대개 작은 벌레를 먹이로 삼지만, 직물무늬 청자고둥처럼 물고기를 잡아먹는 것도 있다. 이들은 작살 모양의 독을 가진 고도로 변형된 이빨로 물고기를 찔러 잡아서 통째로 삼킨다. 통통한 해삼은 침전물 위, 혹은 그 속을 돌아다니면서 끊임없이 한쪽 끝으로는 많은 양의 모래를 집어삼키고 반대쪽 끝으로는 모래 섞인 배설물을 내놓는다. 하얀 산호모래 위를 돌아다니는 동물은 또 있다. 바로 염통성게이다. 물론 포식자인 불가사리부터 평온하게 앉아 있는—그러나 헤엄도 치는—바다나리에 이르기까지 다른 여러 극피동물도 보인다. 온갖 무수한 종들이 모여서 온갖 색깔과 특히 온갖 움직임을 보이는 생태계이다. 현재의 산호초 생태계는 움직임과 색깔로 가득하며, 언제나 늘 그러했을 것이라고 추측할 만한 이유는 많다.

사실 산호초는 아주 오래된 진화적 발명품이며,[1] 초(礁, reef)의 번성은 캄브리아기 대폭발로 생물 다양성이 증가한 사례의 판박이와 같다. 어떤 면에서 수소폭탄이 딱 맞는 비유이다. 열핵융합과 그에 따른 엄청난 폭발이 일어나려면, 먼저 핵폭발로 엄청난 열을 얻어야만 한다. 그것이 바로 수소폭탄이 작동하는 방식이다. 플루토늄이 든 원자(핵분열)폭탄을 발화시키면 핵융합 반응을 촉발할 만한 열과 압력이 생긴다. 그러면 핵융합 폭발이 일어난다. 그와 비슷하게 캄브리아기의 다양성 폭발은 오르도비스기에 훨씬 더 큰 다양성을 낳은 열이자 연료였고, 이 도움닫기를 통해서 엄청나게 종수가 늘어남으로써 나온 가장 중요한 산물 중의 하나가 바로 산호초라는 발명품이었다.

최초의 초—여기에서 우리는 초라는 말을 생물이 만든, 파도에 견디는 삼차원 구조물이라는 의미로 쓴다—는 캄브리아기 초까지 거슬러 올라간다. 그들은 산호초가 아니라, 오래 전에 사라진 아르케오키아티드(Archeocyathid)라는 고대 해면동물로 이루어져 있었다.[2] 산호초는 그보다 좀더 뒤에 출현했다. 최초의 산호초는 오르도비스기에 등장하며, 분포, 크기, 다양성이 실제로 증가한 것은 데본기에 들어서였다. 그들은 페름기 말까지 다소 변함없이 그리고 생태학적으로 식별 가능한 생태계를 유지했다. 그러다가 페름기 대량멸종 때 산호초를 비롯한 많은 것들이 사라졌다.

그 시대로 돌아가서 고생대 산호초에, 4억 년 전의 산호초에 잠수를 한다고 상상해보자. 언뜻 보면 오늘날의 산호초와 놀라울 만큼 비슷하다. 산호동물이 주류를 이루고 있다. 산호동물은 산호초라는 삼차원 구조의 벽돌이며, 벽돌집과 마찬가지로 다양한 생물학적 모르타르를 통해서 붙어 있다. 모르타르는 주로 많은 산호동물의 겉을 감싸는 물질로서, 많은 산호 머리(산호초에서 산호들이 모여서 둥근 덩어리 형태를 이룬 곳/역주)와 산호 엽상체(산호들이 모여서 식물처럼 가지를 뻗으면서 자라는 부위/역주)를 서로 달라붙고 연결되어 거대하면서 복잡한 석회석 성벽과 토대를 형성한다. 그러나 더 자세히 살펴보면, 4억 년 전의 산호동물이 현생 산호동물과 기본 형태뿐 아니라, 분류학적 조성면에서도 전혀 다르다는 것을 알 수 있다. 거대한 산호 머리는 현생 산호와 전반적으로 유사한 형태를 만들기는 하지만, 더 세부적으로는 사실상 전혀 다른 형태를 만드는 집단으로 이루어져 있다. 이들은 판상산호로서, 현재 산호초에서 가장 흔한 산호인 돌산호가 맡은 것과 같은 생태적 지위를 차지하고 있었다. 넓게 가지를 치고 반구형을 이룬 판상산호 군체들 사이에는 다른 "뼈대 건설자들", 벽에 끼워질 다른 벽돌들이 있다. 이들 가운데 상당수는 층공충(層孔蟲, stromatoporoid)이다. 이들은 탄산염을 생성하는 기이한 해면동물로서 오늘날까지도 살고 있지만, 고생대에 비하면 크기나 다양성이 대폭 줄어든 상태이다. 이 두 거대한 거주자들 사이에 사방산호라는 본래 홀로 생활하는 다른 종류의 산호가 흩어져 있다. 독립생활을 하는 사방산호류는 황소의 뿔처럼 생겼는데, 사방산호의 탄산칼슘 겉뼈대인 "뿔"의 뾰족한 끝은 어딘가에 부착되어 있고, 위로 향해 있는 가장 넓은 쪽 끝에는 넓적한 말미잘처럼 보이는 동물이 한 마리 자리를 잡고 있다.

현생 돌산호와 마찬가지로, 판상산호도 산호동물의 기본 체제인 촉수가 달린 작은 몸이 얼마나 많이 모여서 얼마나 거대한 구조를 만들건 간에 적어도 유전적으로 볼 때는 하나의 "개체"나 다름없었다. 적어도 유전적으로는 그랬다. 그러나 사실 모든 산호는 지금과 마찬가지로 당시에도 분명히 말미잘의 축소판처럼 생긴 폴립들의 방대한 군체였으며, 각 폴립은 중앙의 작은 입 주위에 독이 든 촉수들이 고리처럼 나 있는 형태이다. 전 세계에서 발견되는 해안의 바위를 드문드문 뒤덮고 있는 작은 흔한 말미잘(독립생활을 하는 폴립)과 달리, 이 미세한 폴립들은 감싸고 있는 얇은 조직막을 통해서 서로 연결되어 있었다. 때로 거대해지기도 하는 이 군체의 모든 폴립은 유전적으로 동일하다. 그러나 이 군체가 하나의 동물로만 이루진 것은 아니다. 사실 모든 산호는 조직 안에 다양하면서 많은 식물들을 품고 있다. 폴립 자체에만이 아니라 산호의 폴립과 폴립을 연결하는 조직 전체에 헤아릴 수 없을 만큼 많은 미세한 식물이 들어 있다. 산호와 행복하게 공생하며 살아가는 단세포 쌍편모충류이다. 이 거래는 양쪽 모두에게 큰 이득이다. 미세한 식물은 자신이 가장 원하는 네 가지를 얻는다. 빛, 이산화탄소, 양분(인산염과 질산염), 보호이다. 미세한 식물 자체로 남아 있었다면, 맛좋은 먹이로 삼으려고 달려들 수많은 생물들을 산호의 몸이 막아준다.

오르도비스기 다양화 : 캄브리아기 대폭발을 토대로 삼아서

캄브리아기는 대량멸종 때문에 끝이 났다. 이 대량멸종은 캄브리아기 동물상이라고 알려진 것의 가장 성공한 구성원들 중의 상당수에게 영향을 미쳤다. 동물의 역사 전체에서 아주 일찍 출현한 삼엽충, 완족류, 아노말로카리스(*Anomalocaris*) 같은 버제스 셰일의 아주 기이한 절지동물들 중의 상당수가 피해를 입었다(비록 2010년에 오르도비스기의 새 화석층에서 가장 나중 시기의 아노말로카리스가 발견되기는 했다. 따라서 전에 생각했던 것보다 버제스 셰일의 기이한 동물상 중의 일부가 살아남았을 만큼 캄브리아기 말의 대량멸종이 덜 심했을지도 모른다). 이 멸종은 오래 전부터 알려져 있었지만, 죽은 해양생물이 50퍼센트가 되지 않았기 때문에 "주요" 멸종 사건에 들지 않는다. 이 멸종은 다양화라는 모닥불에 휘발유를 끼얹은 것과 같았다. 잡초를 뽑지 않은 곳에서 새로 자라난 잡초들이 마구 불어나면서 정원 전체가 잡초로 뒤덮이는 것과 같은 식으로, 덜 적응된 형태들이 죽어 사라지면서 새로운 혁신과 새로운 종이 생길 길이 열렸을 것이다.

또 생물 세계가 동식물이 살아갈 완전히 새로운 생활방식을 발견하고 완전히 새로운 살 장소를 찾은 것 같기도 했다. 기수와 민물처럼 캄브리아기에 거의 살지 않았던 곳, 바다의 더 깊은 곳과 더 얕은 곳, 더 나아가서 조간대까지 동물이 정착할 때가 무르익었다. 이 동물들 중의 상당수는 여전히 전

생애를 한 곳에 정착하여 더 풍부해지고 영양가도 높아지고 있는 해양 플랑크톤을 걸러 먹는 정착형이었다. 그러나 종수와 생물량은 똑같이 증가하고 있었다.[3]

오르도비스기에 살았던 동물들 중에서 많은 종류는 캄브리아기에 아직 진화하지 않은 것들이었고, 그들 가운데 상당수는 캄브리아기 대량멸종이 끝난 직후에 출현했다. 그 결과 대다수의 캄브리아기 동물상과 확연히 다른 동물들의 집합이 되었다. 삼엽충은 아직 있었지만, 어느 깊이에서든 가장 흔히 마주쳤을 것이 분명한 캄브리아기의 바다에 비해서, 이 시기에는 껍데기를 가진 동물—완족동물과 적잖은 연체동물—의 종수와 개체수가 압도적으로 많았다. 최대 승자는 유례없는 새로운 생활방식을 진화시킨 동물들, 바로 군체성 동물들이었다. 많은 종류의 식물, 미생물, 원생동물을 비롯하여 훨씬 더 단순한 체제를 가진 생물들도 이따금 군체를 형성하곤 했지만, 오르도비스기의 특징인 거침없는 다양화를 주도하고 추진한 것은 군체 생물들이었다. 그중에서도 산호동물, 태형동물, 새로운 형태의 해면동물이었다.

이렇게 엄청난 다양화가 일어난 이유는 산소 때문이었다.[4] 우리는 해양 산소화의 진정한 효과를 바로 여기에서 알아볼 수 있다고 본다. 그래서 여기에서 우리는 역사가들이 하는 식으로 해석을 해보려고 한다. 아직은 과학계가 확고한 진리로 받아들이지 못할 만큼 새로운 것이기는 하지만, 엄청난 설명력을 가진 해석이다. 또 동물의 다양화를 개괄적으로 살펴보기에 적당한 곳도 여기인 듯하다. 우리는 학계에 받아들여진 확고한 과학적 연구 결과인 동물들의 시대별 다양성 곡선을 토대로 삼아서, 산소 농도가 다른 그 어떤 요인들보다 더 중요했다고 주장한다.

오르도비스기는 두 단계로 이루어진 지구 동물 다양성 출범식의 2부라고 할 수 있다. 1부는 캄브리아기 대폭발이었다.[5] 양쪽 다 산소 증가가 원동력이었다. 캄브리아기와 마찬가지로, 오르도비스기도 더 나중 시대들의 전형적인 속도보다 더 빠른 속도로 새로운 유형의 체제뿐 아니라 새로운 종이 출현한 시기였다. 이 빠른 진화와 혁신속도는 어느 정도는 처음으로 동물이 세

계를 채우기 시작했다는 상황에 반응한 것이었다. 캄브리아기에 생명의 역사
는 많은 실험들을 통해서 바다를 채운 것이었다. 캄브리아기 이후의 역사는
원시적이고 비효율적이었을 것이 분명한 이 초기의 진화적 디자인 중의 상당
수를 무자비한 경쟁을 통해서 덜 적응한 것들을 없애면서 급격히 증가한 생
물 다양성으로 대체한 역사였다. 진화는 체제를 탐색하고 개선하는 수단이
되었다.

생물 다양성의 역사의 역사

생물(특히 동물, 가장 풍부하면서 알아볼 수 있는 화석을 남기기 때문이다)
의 다양한 범주들의 수와 집합이라고 볼 수 있는 생물 다양성의 역사는 영
국 지질학자 존 필립스가 처음 제시했다. 그는 고생대, 중생대, 신생대라는
개념을 도입함으로써 지질연대표를 세분한 사람이기도 하다. 1860년에 이 새
로운 시대들을 정의하고 화석 기록에서 찾아볼 수 있는 가장 큰 진화적 변
화의 패턴을 간파한 기념비적인 문헌을 발표한 그는 과거의 주요 대량멸종
사건들을 지질시대를 세분하는 데에 쓸 수 있다는 것을 알았다. 그런 사건이
일어난 뒤, 화석 기록에 알아볼 수 있는 새로운 동물군이 출현하곤 했기 때
문이다. 그러나 필립스는 과거의 대량멸종의 중요성을 인식하고 새로운 지질
시대를 정의하는 데에서 그치지 않고 훨씬 더 나아갔다. 그는 과거에는 현대
보다 다양성이 훨씬 적었고, 대량멸종이 일어날 때와 그 직후를 제외하고 종
의 수가 전체적으로 증가하면서 생물 다양성이 증가했다고 주장했다. 그는
대량멸종이 다양성을 줄이기는 하지만, 일시적으로 그럴 뿐이라고 보았다.
다양성의 역사에 관한 필립스의 관점은 지극히 새로운 것이었다. 그 문제가
다시 과학계의 주목을 받은 것은 그로부터 한 세기가 흐른 뒤였다.

1960년대 말, 고생물학자인 노먼 뉴웰과 제임스 밸런타인은 동식물 종들
이 정확히 언제 어떤 속도로 불어났는가 하는 문제를 다시 꺼냈다.[6] 그들은
약 5억3,000만–5억2,000만 년 전(1960년대에 선호되던 연대가 아니라 수정한

연대)의 이른바 캄브리아기 대폭발 때 종이 급증했다가 그 뒤로 대체로 안정 상태가 유지된 것이 다양화의 실제 양상이 아닐까 생각했다. 그들의 논리는 오래된 암석일수록 보존 편향이 중요한 의미를 띤다는 점에 토대를 두었다. 필립스가 본 시간이 흐를수록 다양화가 증가하는 양상은 사실은 다양화의 실제 진화 양상이라기보다는 시간이 흐르면서 보존 기록에 나타나는 양상일 수 있다는 것이었다. 이 논리에 따르면, 더 오래된 지층일수록 종이 바뀐 기록을 담은 암석의 수가 적어지므로, 표본채집 편향이 그가 본 이른바 다양화를 빚어내는 실제 원인이라는 것이었다. 곧이어 고생물학자 데이비드 라우프는 이 견해를 받아들여서, 더 오래된 종을 발견하고 이름을 붙이려는 과학자들을 가로막는 강한 편향이 있다고 설득력 있는 주장을 담은 논문들을 잇달아 내놓음으로써 화답했다.[7] 오래된 암석일수록 재결정화, 매몰, 변성 작용을 통해서 더 많은 변형을 겪고, 시간이 흐르면서 한 지역이나 생물지리 영역 전체가 사라지기도 하며(그래서 더 오래된 암석일수록 기록이 적어진다), 그저 과학자들이 더 젊은 암석을 더 많이 찾아다니기 때문이기도 하다는 것이다.

　다양성이 시간이 흐르면서 빠르게 증가했는가, 아니면 일찍 높은 수준에 이른 뒤에 거의 안정 상태를 유지해왔는가 하는 문제는 20세기 후반기의 상당 기간에 걸쳐 고생물학계의 주된 현안이 되어왔다. 1970년대에 라우프와 지금은 고인이 된 시카고 대학교의 잭 셉코스키 연구진은 도서관을 훑어서 엄청난 자료를 모으는 일에 착수했다.[8] 해양 무척추동물 자료뿐 아니라, 육상식물과 척추동물 자료까지 다 그러모은 이 자료는 필립스의 초기 견해를 뒷받침하는 듯했다. 특히 셉코스키가 발견한 곡선들은 서로 다른 생물 집단들에서 세 차례의 거대한 다양화 물결이 일어났다는 것을 비롯하여 매우 놀라운 양상들을 보여주었다.

　첫 번째 물결은 캄브리아기에 일어났고(삼엽충, 완족류, 그밖의 고대 무척추동물로 이루어진 이른바 캄브리아기 동물상), 두 번째는 오르도비스기에 나타나서 고생대 내내 거의 안정 상태가 이어졌다(산호초를 만드는 산호동

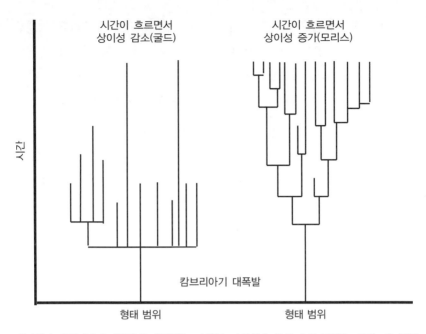

상이성과 캄브리아기 대폭발을 설명하는 가설들. 다양성은 종의 수를 말하는 반면, 상이성은 서로 다른 해부 구조, 즉 체제의 수를 가리킨다. 스티븐 제이 굴드는 지금보다 캄브리아기 대폭발 때 체제가 훨씬 더 많았다고(높은 상이성을 가졌다고) 생각했다. 그는 버제스 셰일의 이상한 화석 중에서 많은 것들을 "기이한 경이들"이라고 부르면서 그것들이 지금은 사라진 문들에 속한다고 보았다. 사이먼 콘웨이 모리스의 견해는 정반대였다. 그는 상이성이 시간이 흐르면서 서서히 증가했다고 보았다.

물, 체절을 가진 완족류, 두족류, 고대 극피동물로 구성된 고생대 동물상). 세 번째는 중생대부터 급증하기 시작하여 신생대에 가속되면서 높은 수준의 다양성을 빚어냄으로써, 복족류, 이매패류, 대다수의 척추동물, 성게류, 기타 집단들로 이루어진 오늘날 세계에서 보는 현생 동물상을 형성했다.

그렇다면 지난 5억 년 동안의 생물 다양성은 전체적으로 존 필립스가 1860년에 파악한 것과 거의 동일했다. 과거의 그 어느 때보다 지금 지구에 종이 더 많다는 것이다. 더욱 흡족하게도 생물 다양성의 궤적은 다양화의 엔진—신종을 생성하는 과정—이 고속 기어를 넣은 상태임을 시사하는 듯했다. 그것은 앞으로 종이 계속 더 늘어날 것임을 시사했다. 당시에 우주생물학이라는 맥락에서 보는 일도 없기는 했지만, 이런 발견들에 지구라는 행성이 나이가 꽤 들었음을 시사하는 내용이 전혀 없다는 것은 분명하다. 대체로 존 필립스에서 잭 셉코스키에 이르는 130년 동안, 그 믿음—과거의 그 어느 때보다 지금이 종수가 더 많다는 믿음—은 흡족한 견해로 남아 있었다. 이 오랫동안 유지되어온 과학적 믿음은 많은 이들에게 우리가 (적어도 세계 생물 다양성의 측면에서) 최상의 생물학적 시대를 살고 있으며, 설령 생명공학이 기이한 생물들을 만들지 않는다고 할지라도 앞으로 세계가 더 나아질 것이라고, 더욱 다양하고 생산적인 곳이 될 것이라고 믿을 근거를 제공한다.

셉코스키의 연구가 고삐 풀린 다양성이 중생대 말기에서 현대까지의 특징임을 보여주는 듯했지만, 이전의 연구자들이 말한 표본채집 편향에 관한 우려는 여전히 남아 있었으며, 그래서 다양성을 검증하려는 독자적인 연구들이 수행되었다. 가장 우려되는 것 중의 하나는 "현세 편향(pull of the recent)"이라는 현상이다. 셉코스키가 쓴 방법이 먼 과거의 다양성을 과소평가함으로써 더 최근으로 올수록 종이 더 많아지는 것처럼 보이게 한다는 것이다. 이 우려는 매우 현실적이었기 때문에, 시기별 생물 다양성을 검사하는 새로운 방법들이 고안되었다. 21세기 초에 하버드의 (지금은 버클리에 있는) 찰스 마셜과 당시 산타바버라의 캘리포니아 대학교에 있던 존 앨로이가 이끄는 대규모 연구진은 이 문제를 재검토했다.[9] 연구진은 과학 문헌에 기재된 종수를 지질시대별로 정리한 셉코스키의 단순한 방법 대신에 박물관에 있는 실제 표본들을 조사하여 더 광범위한 데이터베이스를 구축했다. 첫 결과가 나오자 거의 모두가 깜짝 놀랐다. 오랫동안 받아들여져온 견해와 전혀 달랐기 때문이다.

마셜-앨로이 연구진은 고생대와 신생대 중반의 생물 다양성이 거의 동일한 수준임을 발견했다. 그토록 오랫동안 믿어왔던, 시간이 흐르면서 종 다양성이 극적인 수준으로 증가한다는 경향이 이 새로운 연구에서는 뚜렷하지 않았다. 이 결과는 놀라운 의미를 함축한다. 생물 다양성이 수억 년 전에 이미 안정 상태에 접어들었을지 모른다는 것이다. 필립스의 시대 이후로 죽 받아들여졌던 견해와 정반대로, 다양성은 동물의 역사 초기에 정점에 이르렀다

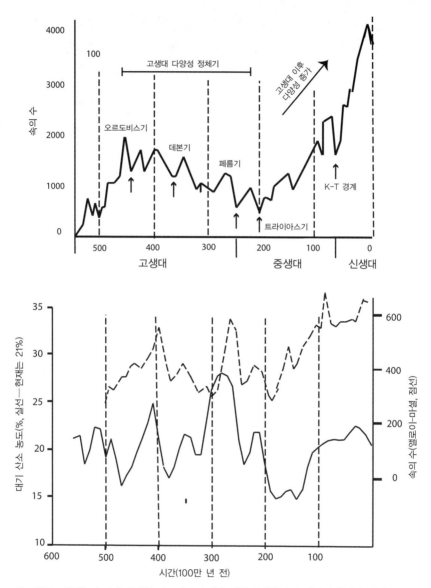

위 그래프 : 잭 셉코스키가 발견한 캄브리아기 이후 해양 무척추동물 다양성의 궤적. 장기간 엄청 난 양의 문헌조사를 통해서 얻은 그의 자료는 생물 속의 수가 고생대에 급증했다가 그 뒤로 안 정 상태를 유지했으며, 페름기 대량멸종 때 줄어들었음을 시사한다. 그는 그 뒤로 생물 속의 수 가 크게 증가하여 현재의 수준에 이르렀다고 보았다. 아래 그래프 : 존 앨로이를 비롯한 연구자 들이 발표한 (셉코스키의 것보다) 더 새로운 동물 속 추정값과 로버트 버너가 모형화한 산소 농 도 변화를 함께 표시한 것. 산소 농도의 극한값(상한과 하한 양쪽으로)과 동물 수의 변화 사이 에 강한 상관관계가 있음이 드러난다. (피터 워드의 미발표 연구 결과에서 인용)

가 그 뒤로 죽 거의 안정 상태를 유지해왔거나, 어쩌면 이미 줄어들고 있는지도 모른다. 육상 동식물이 진화할 수 있게 해준 적응형질 같은 새로운 많은 혁신들을 통해서 새로운 많은 종이 출현하여 지구의 총 생물 다양성을 늘렸지만, 고생대 말 즈음에 지구의 종수는 거의 일정하게 유지되었을지 모른다.

그렇게 본다면, 동물 다양성은 캄브리아기 초에 급격한 다양화가 일어나기 시작하면서 기하급수적으로 증가하여 고생대에 평형 상태에 도달했고, 페름기 말에 급감했다가 전반적으로 다양성이 증가하는 추세가 이어진 셈이다. 짧은 기간에 걸쳐 다양성이 줄어드는 중요한 사건—대량멸종—이 이따금 일어났고, 그중 다섯 번은 특히 큰 영향을 미치기도 했다. 이렇게 대량멸종 사건 때마다 분류군이 크게 줄어들기는 했지만, 그 뒤에 종의 형성속도가 증가함으로써 종수는 멸종 사건이 일어나기 전과 같거나 심지어 더 높은 수준으로 회복되곤 했다.

이 역사는 다양화와 멸종을 일으키는 요인들의 복잡한 배치가 관찰된 현생누대의 다양성 패턴을 낳았음을 시사한다. 진화적 혁신, 비어 있거나 접근할 수 없었던 서식지에의 정착, 새로운 자원의 출현 등은 관찰된 다양성 증거를 설명해줄 가능성 있는 요인으로 거론되어왔고, 다양성 감소의 주요 원인으로 꼽혀온 것은 기후 변화, 자원이나 서식지 면적 감소, 새로운 생물 경쟁이나 포식, 소행성 충돌 같은 외부 사건 등이 있다.

지구화학자들은 CO_2 농도와 대기 산소 농도가 서로 상반되는 추세를 보인다는 것을 오래 전부터 알고 있었다. 즉 산소 농도가 증가할 때, CO_2 농도는 대개 줄어든다. 개별 생물에 직접적으로 미치는 생물학적 효과가 거의 또는 전혀 없는 CO_2 농도 변화가 어떤 식으로든 다양화를 촉진하거나 억제했다는 주장은 납득하기가 어려운 반면, 실제로 산소 농도 변화와 지구의 기온 변화에 영향을 받는 이산화탄소 농도 변화의 조합이 원인이라는 주장은 꽤 설득력이 있다.

찬물에는 따뜻한 물보다 산소가 더 많이 녹는다. 산소 농도가 높은 차가운 세계에서 살던 해양생물은 산소 농도가 너무 낮은 곳에서는 거의 살지 못할 것이다. 한편 산소가 이미 상대적으로 거의 없는 따뜻한 세계에서 정체된 물은 대부분 금방 썩어갈 것이다. 연못과 호수만 그런 것이 아니다. 따뜻한 세계에서는 대양도 마찬가지가 될 것이고, 그런 세계는 CO_2 농도가 높다.

지금까지의 자료는 전반적으로 (적어도 해양동물들에게서는) 세계의 생물다양성이 산소 농도와 관련이 있음을 시사한다. 모든 동물이 무산소 조건에서는 잘 견디지 못하므로, 그 점은 충분히 예상할 수 있다. 예상하지 못한 점은 기원속도(종 또는 공통 조상에서 나온 유연관계가 있는 종들의 집합인 속이 출현하는 속도)가 산소 농도와 반비례하는 듯하다는 것이다. 5억4,500만 년 전에서 약 5억 년까지를 특징짓는 높은 수준의 기원속도(캄브리아기 대폭발)은 대기 산소 농도가 현재의 21퍼센트에 비해서 낮은 14-16퍼센트로 유지되던 시기에 일어났다. 실루리아기와 석탄기에는 산소 농도가 급증했는데, 그 시기에 생물 속의 기원속도는 가장 낮았다. 페름기 산소 농도 감소는 기원속도 증가와 상관관계를 보이는데, 그 시기에 종의 총수는 줄어들었다. 이렇게 비교하니 한 가지 뚜렷한 징후가 엿보이는 듯하다.

산소 농도가 높은 시기는 한 나라의 경기가 호황을 누리는 시기와 비슷하다. 실업자가 거의 없고 기업은 승승장구한다. 그러나 신설되는 기업은 그리많지 않다. 창업은 경기가 좋지 않을 때 늘어나는 듯하다. 절망적인 시기에 사람들은 새로운 착상을 펼치고 새로운 위험을 무릅쓴다. 그러나 신설되는 기업은 많지만, 그중 극소수만 성공할 뿐이다. 한편 호황기에 잘나갔던 기업들 중에서 경기가 좋지 않은 시기에 파산하는 비율이 늘어난다.

따라서 우리는 이분법을 본다. 신설 기업이 많아지지만, 그중 대다수는 금방 파산하며 예전에 성공했던 많은 기업들과 더불어 사라진다. 돈도 덜 돈다. 기업의 수도 전체적으로 급감한다. 종도 마찬가지인 듯하다. 높은 산소농도는 호황기를 의미한다. 종이 아주 많으며, 새로운 종은 그다지 출현하지 않는다. 그러나 산소 농도가 낮을 때에는 산소 농도가 높은 시기보다 신종의 수는 늘어나지만, 신종이 대체하는 속도보다 기존 종이 죽어가는 속도가 더 빨라서 전체 종수는 줄어든다.

사례는 많다. 가장 좋은 사례를 하나 꼽자면, 산소 농도는 쥐라기에 증가하기 시작하여 지금까지 죽 장기간에 걸쳐 높은 수준을 유지해왔으며, 그에 따라서 장기간에 걸쳐 종의 기원속도는 감소한 반면에 다양성은 크게 증가했다. 그러나 그런 시기에 근본적으로 새로운 디자인들이 출현했을까? 조류, 포유류, 파충류, 양서류의 신생대 형태들은 모두 고생대나 중생대의 불황기, 즉 산소 농도가 낮았던 시기에 출현한 체제가 약간 변형된 것이다. 신생대에 공룡(낮은 산소 농도에서 직접 파생된 근본적인 혁신의 가장 좋은 사례) 같은 체제는 전혀 출현하지 않았다.

낮은 산소 농도와 높은 이산화탄소 농도의 조합이 과거에 진화적 새로움을 형성함으로써 종의 형성을 자극하는 한편으로 멸종률을 크게 증가시켰다는 개념은 생물학적으로 확고한 근거를 가진다. 산소 농도가 낮은 시기에는 종의 수가 줄어드는 순효과가 나타난다는 것이다. 산소 농도가 낮아지면서 기온이 오른다면, 한꺼번에 이중으로 타격을 입는 최악의 상황이 된다. 날씨는 더 더우면서 산소는 더 적은 환경에 적응하기란 결코 쉬운 일이 아니다. 점점 더 추워지는 상황에서는 털과 깃털, 체지방을 더 늘림으로써 대처할 수 있다. 그러나 지속되는 더위를 견디는 일은 훨씬 더 어려우며, 훨씬 더 심한 진화적 변화가 일어나야 한다. 산소 농도가 점점 더 낮아지는 환경에서 살아남으려고 애쓰는 동물은 더욱 그렇다. 낮은 산소 농도에 적응하려면 혈색소에서 더 효율적인 순환계, 더 나은 허파나 아가미에 이르기까지 다양한 신체기관에 중대한 변화가 일어나야 하기 때문이다.

산소의 가장 놀라운 측면 및 그것과 다양성의 관계는 2009년에 예일 대학교의 밥 버너가 우리에게 알려주었다. 그는 자신이 최근에 얻은 현생누대의 시간별 산소 농도 변화 곡선과 존 앨로이 연구진이 내놓은 당시의 최신 자료인 다양성 곡선 사이에 깊은 유사성이 있다고 말했다. 앞쪽에 실린 그래프의 두 곡선이 바로 그것이다. 1,000만 년 단위로 끊어서 살펴보아도 산소 농도와 다양성 사이에 어느 정도 직접적인 상관관계가 보이기는 하지만, 절대적으로 경이로운 상관관계는 똑같은 1,000만 년 단위에서 대기 산소 농도 변화와 다양성의 변화를 비교할 때 나타난다. 한 예로 2억3,000만 년 전부터 2억2,000만 년 전까지의 대기 기체들 가운데 산소의 비율 변화를 같은 기간의 속 다양성의 변화와 비교하면 높은 상관관계가 나타난다. 다시 말해서, 두 변화는 우연의 일치로 나타난 것이 아니다. 통계적으로 볼 때 아주 강력한 상관관계가 있다.

여기에서 한 가지 가장 흥미로운 측면은 두 곡선이 발표된 이후에, 과거 산소와 이산화탄소 농도를 추정한 버너 연구진(그리고 다른 연구자들)의 모형이 내놓은 결과들이 논쟁거리가 되어왔다는 것이다. 앨로이 연구진의 다양한 곡선들도 마찬가지로 논란거리이다. 각 결과 집합(한쪽은 산소와 CO_2 농도, 다른 한쪽은 기간별 동물 속수 추정값)은 서로 전혀 다른 자료를 모형에 입력하여 나온 것이다. GEOCARB와 GEOCARBSULF 모형에 입력된 수많은 값들 가운데 해당 기간에 종이 얼마나 있었는가와 관련이 있는 것은 전혀 없다. 마찬가지로 앨로이 모형은 이산화탄소와 산소 모형에 쓰인 값들과 전혀 별개이다. 그러나 이론상으로는 우연히 일어났다고 볼 수도 있겠지만, 이 거의 믿을 수 없는 상관관계를 그런 식으로 설명하기란 쉽지 않다. 여기에 우연 따위는 전혀 없다. 산소와 이산화탄소 농도(특히 산소 농도)는 동물 다양성을 규정하는 모든 요인들 가운데 가장 중요한 듯하다. 이런 식으로 두 가지 독립된 곡선은 가장 중요한 과학적 가치, 즉 신뢰성이라는 측면에서 서로를 뒷받침한다.

곤충과 식물 집단

육지로의 진출은 다양성과 상이성 양쪽으로 수문을 연 것이 분명하다. 우리는 시간별 생명의 총 다양화를 생각할 때 과거의 그 어느 때보다도 지금이 지구에 더 많은 종류의 생물이 살고 있다고—종의 종류로 따지든 다른 어떤 방식으로 다양성을 측정하든 간에—본다. 그러나 정말일까? 편향이 있는 것은 아닐까?

제대로 된 과학은 모두 귀무가설(歸無假說, null hypothesis)을 상정한다. 여기에서는 캄브리아기 말에 지구의 해양동물 다양성이 현재 수준에 이르렀다는 것이 귀무가설이 된다. 1970년대에 스티븐 제이 굴드가 바로 그 견해를 가지고 있었다. 그가 실제로 그렇게 믿었는지 여부는 상관없다. 그가 이 문제를 파고듦으로써 과학은 더 확고한 토대 위에 서게 되었으니 말이다. 다양성이 급속히 증가했는가 아니면 서서히 현재의 수준에 이르렀는가 하는 이 질문의 답은 현생 생물에 비해서 캄브리아기의 생물이 보존될 가능성이 얼마나 되는가와 관련이 있다.

현재는 해양동물 가운데 약 3분의 1이 화석이 되기 쉬운 단단한 부위를 가지고 있다. 껍데기, 뼈, 단단한 등딱지 같은 해부 구조를 말이다. 그러나 캄브리아기에는 그 비율이 10분의 1에 불과했다면? 만일 그렇다면, 캄브리아기의 바다에도 현재의 바다와 거의 같은 수의 동물이 살았을지 모른다. 이 개념을 뒷받침하는 자료는 셉코스키 이후에 마셜과 앨로이의 연구로부터 나왔다. 그들의 모형은 캄브리아기 이후에 다양성이 증가하기는 했지만, 셉코스키가 생각한 것처럼 페름기 이후 동물 분류군이 고삐 풀린 식으로 폭발적으로 증가한 현상은 일어나지 않았다고 말한다.[10] 그 뒤로도 앨로이는 새로운 자료를 통해서 몇 차례 같은 결과를 내놓아왔다.[11]

시간이 흐르면서 다양성이 증가했다는 모형을 낳는 데에 기여한 다른 편향의 원천들도 있을 것이고, 아마도 의심스러운 가정들도 있었을 것이다. 한 예로 연구한 표본의 크기가 서로 다르다면 어떨까?

시간이 흐르면서 다양성이 증가해왔다는 개념 자체를 비판하는 이들은 신생대 말이나 플라이스토세가 캄브리아기보다 채집할 수 있는 암석이 훨씬 더 많다는 점을 지적해왔다. 게다가 캄브리아기의 암석과 화석을 연구하는 전문가보다 신생대 말과 플라이스토세를 연구하는 고생물학자가 훨씬 더 많다. 영국 박물관의 앤드루 스미스[12]는 이 방면으로 탁월한 연구를 해왔고, 브리스틀 대학교의 마이크 벤턴[13]과 위스콘신 대학교의 섀넌 피터스[14]도 그렇다.

캄브리아기 대폭발 이래로 해양동물 분류군(종일 수도 있고, 속이나 과일 수도 있다)이 증가했음을 보여주는 아주 단순한 검사법이 있다는 것이 드러났다. 이 검사법은 흔적 화석의 수를 시기별로 연구하는 것이었다. 앞에서 캄브리아기 대폭발을 다룬 장에서 살펴보았듯이, 흔적 화석은 동물 활동의 산물이며, 지층에서 발견되는 각각의 서로 다른 흔적은 조금씩 다른 체제에서 나온 것임이 분명했다. 이 흔적 화석의 다양성 증가 양상은 몸 화석이 다양해져온 양상과 잘 들어맞는다. 지금은 무척추동물 고생물학자들이 오래 전에 알아차렸던 다양성의 전반적인 패턴이 지구 생명이 다양해진 과정을 실제로 꽤 정확히 말해준다는 데에 의견이 일치한다.

데본기가 끝날 무렵에 얕은 곳부터 가장 깊은 곳까지 대부분의 주요 해양 환경들에 생물이 정착했다. 그러나 이 해양 다양화를 보잘것없어 보이게 만들, 이윽고 훨씬 더 크다는 것이 드러날 다양화가 바야흐로 일어나려고 하고 있었다. 동식물 종의 가장 큰 마당을 조성함으로써였다. 바로 육상생물의 다양성이었다.

오르도비스기 대량멸종

오르도비스기는 이른바 5대 대량멸종 중에서 첫 번째 사건이 일어난 시기이기도 했다. 이 5대 사건으로 동물과 식물 모두가 피해를 입었다. 오르도비스기 이전에도 산소 급증 사건과 여러 차례의 눈덩이 지구 사건 같은 때에 대량멸종이 일어났을 것이 확실하다. 그러나 오르도비스기에는 동물들이 한창 급속히 분화하는 와중에, 그 다양성 증가를 중단시키는 어떤 일이 일어났다. 가장 가능성이 높은 것은 지구가 "소빙하기"에 들어섬으로써 갑작스럽게 기온이 떨어지면서 초기 산호초가 죽은 잡석 더미로 변했다는 것이다. 그러나 이 사건은 아직 수수께끼이다. 오르도비스기의 마지막 시대인 히르난티아 빙기(Hirnantian glaciation)가 시작될 때와 끝날 무렵인 두 시기에 걸쳐 멸종이 일어났기 때문이다.

오르도비스기 대량멸종의 원인을 놓고 다른 더 기발한 주장들도 나와 있다. 가장 흥미로운 것은 오르도비스기에 성간 공간에서 온 감마선 폭발(gamma-ray burst)이라는 엄청나게 강력한 복사선이 지구를 강타했다는 것이다.[15] 이 것은 가장 극적인 원인일 수 있다고 기자들이 널리 퍼뜨리기는 했지만, 뒷받침하는 증거는 단 하나도 없다. 2011년 이전까지 이 대량멸종의 원인에 관해서 합의된 사항은 원인이라고 수긍할 만한 요인이 전혀 없다는 것이었다.[16] 대부분의 설명은 일종의 급속한 냉각 사건이 일어났다고 상정했다. 한 가지 유력한 개념은 화산 폭발로 황 에어로졸이 뿜어져나와서 대기가 뿌옇게 변함으로써, 1800년대에 크라카토아 화산 폭발로 유럽에 "여름 없는 해"가 찾아온 것과 비슷한 일이 일어났다는 것이다.[17] 최근에 칼텍의 지질학자들과 지구화학자들은 과거에 열대에 놓여 있었던 캐나다의 세인트 로렌스 만 연안의 외딴 섬인 앤티코스티 섬에 있는 대단히 잘 보존된 지층을 통해서 이 오르도비스기 말 빙기 문제를 파헤쳤다.[18] 그들은 새로운 종류의 지구화학적 온도계를 써서, 얼음의 상대적인 부피와 온도를 유례없을 정도로 상세히 측정할 수 있었다. 놀랍게도 그들은 히르난티아 시기 전후에 얼음 부피가 매우 서서히 변했으며, 열대의 기온이 섭씨 32-37도 정도로 매우 더운 상태를 유지했고, 이 시기의 양쪽 끝에서 일어난 급격한 변동이 두 단계의 대량멸종과 관련이 있다는 것을 발견했다. 그 시점에 열대 기온은 섭씨 ~5-10도가 떨어졌고, 세계의 얼음 부피는 마지막(플라이스토세) 빙하 극대기와 비슷한 혹은 그보다 심한 수준까지 치솟았으며, 탄소 동위원소 농도도 크게 치솟았다. 그것은 지구 탄소 순환에 심한 교란이 일어났음을 시사한다. 이 사례에서는 아마도 유기 탄소가 더 많이 매몰되었음을 의미하는 듯하다.

이 새로운 자료는 두 차례에 걸쳐 밀려든 멸종의 물결을 일으킨 실제 살상 메커니즘의 가능성을 두 가지로 좁힌다. 기후가 빨리 변했거나, 지구 전체에 걸쳐 해수면의 높이가 빠르게 변했다는 것이다. 연구진은 후속 논문에서 북아메리카의 두 대규모 디지털 데이터베이스를 깊이 파헤쳤다.[19] 하나는 화석 분포를 보여주는 자료이고, 다른 하나는 화석을 찾을 수 있는 (화석을 찾기 위해서 반드시 파악해야 하는) 암석의 부피 자료였다. 그 결과 양쪽 과정 모두가 멸종을 설명할 수 있다는 것이 드러났다. 해수면이 낮아짐으로써 서식지가 사라진 것과 기온이 갑자기 떨어진 것 모두가 멸종의 주요 원인이었다. 그러나 그것으로 모든 문제가 해결될지는 불분명하다. 탄소 동위원소의 급증을 비롯하여 기후 교란이 일어난 시점은 앞의 장들에서 말한 진극배회로 일어난 사건들에서 볼 수 있는 양상과 놀라울 만큼 비슷하다. 짧게 급격히 진극배회가 일어나서 짧게 지구의 냉각을 촉발하여 단기적으로 빙하기를 초래했을 가능성도 있다. 이 문제는 아직 수수께끼이며, 앞으로 연구되어야 할 과제이다. 이것은 분명히 전통적인 설명과 다르다. 사실 새로운 설명이다. 우리가 앞으로 이름을 붙여야 할 이론인 셈이다.

10

티크탈리크와 육지로의 진출 :
4억7,500만-3억 년 전

한 종이 다른 종에서 진화하는가라는 문제를 놓고 서로 반대편에 선 "진화론자"와 창조론자 사이에 오랫동안 쟁점이 되어온 사례 하나는 최초의 양서류와 그것의 마지막 조상 어류라고 알려져 있는 동물이 너무 닮지 않았다는 것이다. 의심하는 이들은 그 어류 화석이 너무 "물고기처럼 생긴" 반면, 최초의 양서류는 너무 "물고기 같지 않다"는 점을 으레 지적하곤 했다. 사실 이 논쟁의 한 가지 측면은 유익했다. 최근까지 가장 오래된 양서류 화석이라고 인정되어온 데본기의 이크티오스테가(Ichthyostega, 어류-양서류라는 뜻)라는 동물은 물고기처럼 생긴 몸(지극히 정상적인 물고기 꼬리도 있다)에 네 개의 다리를 가지고 있었다.[1] 이 동물의 직전 조상은 비슷해 보이는 몸에 다리가 없는 동물처럼 보였다. 고생물학자들이 이크티오스테가를 비롯한 초기 육상 척추동물(혹은 적어도 육지에 살던 척추동물 중의 일부)의 진정한 조상이라고 여겨온 이 어류는 육기어류(肉鰭魚類, sarcopterygian)라고 알려진 집단에 속한다. 살집이 있는 지느러미를 가진 어류를 뜻한다.[2] 이들이 바로 다리를 가진 척추동물의 조상이었다. 살아 있는 화석이라고 하는 라티메리아(Latimeria, 어류인 실러캔스)는 이크티오스테가를 비롯한 최초의 양서류의 직전 조상과 적어도 얼마간 비슷하다고 여겨진다. 어쨌든 간에, 비판하는 이들은 "잃어버린 고리는 어디에 있나요?"라고 묻곤 했다. 그러나 21세기에 한 화석이 발견되면서 모든 것이 바뀌었다. 고위도 북극지방의 얼어붙은 지층에서 발견된 데본기 시대의 화석이었다. 이 화석에는 티크탈리크(Tiktaalik)라는 이름이 붙었고, 진정으로 과도기의 모습이었기 때문에 발견자들은 "피셔포드 (fishapod, 어지류)"라고 별명을 붙였다.[3] 이 발견은 우리의 지식에 나 있던 커다란 구멍(물에서 육지로 나아간 척추동물의 화석 기록)을 메울 뿐 아니라, 진화론 전체의 토대를 확고히 하는 데에 기여함으로써 우리가 생명의 역사라고 말하는 것을 전반적으로 수정하는 가장 엄청난 결과를 낳은 성과에 속한다.

이 커다란 화석은 의심하는 창조론자들의 입을 막을 완벽한 수단임이 입증되었다. 이 화석은 시카고 대학교의 닐 슈빈이 이끄는 국제적인 연구진이 북극권 캐나다에서 발굴했다. 뼈를 감싸고 있는 석관 같은 퇴적암을 마침내 (고생 끝에) 제거하자 비늘과 아가미까지 갖춘 어류처럼 보이는 티크탈리크가 처음으로 모습을 드러냈다. 이 동물은 우리에게 가장 친숙한 형태의 어류 지느러미인 가느다란 뼈들이 부챗살처럼 뻗은 지느러미와 납작한 머리도 가지고 있었다. 그러나 이 새로운 어류의 몸(길이가 거의 90센티미터에 달한다) 속에는 네 발 달린 동물이 하듯이 다리처럼 생긴 지느러미로 지탱하면서 몸을 들어올릴 때 필요한 종류의 튼튼한 뼈도 들어 있었다. 이런 별난 지느러미와 양서류 머리(그것도 악어의 머리와 비슷한 머리)를 가진 티크탈리크는 어류와 사지류 체제 사이의 단계적인 진화적 전이를 보여주는 특징들을 완벽하게 고루 가지고 있다.[4]

육지에 척추동물이 처음 출현한 것은 수생동물—그리고 식물—의 육지 진출 못지않은 가장 극적인 사건에 속한다. 그러나 우리와 가장 관련이 깊은 이 집단, 즉 우리 척추동물은 물웅덩이에서 가장 나중에 기어나와서 물에서 육지로 이주를 한 동물 집단에 합류했다. 육지에 진출한 순서에 따라서 이야기를 하기 위해서, 먼저 식물부터 살펴보기로 하자.

식물의 육지 진출

생명 자체의 출현을 제외하고, 모든 생명의 역사에서 가장 중대한 사건을 하나 꼽으라면 산소를 내뿜는 광합성의 발명이라고 주장할 수 있다. 생물량으로 따지면 얼마 되지 않던 생명이 어둡고 축축한 곳을 벗어나서 우리 태양계가 제공하는 가장 큰 에너지원인 태양을 이용함으로써 바다와 민물의 얕은 곳을 가득 채울 수 있게 된 것은 바로 이 발명 덕분이었다. 그리고 그 과정에서 나온 의도하지 않은 부산물인 산소가 고농도로 축적되면서 지구 대기에 근본적인 변화를 일으킴으로써, 살아 있는 식물에게 가장 큰 위협이 되는 것을 출현시키는 두 번째의 의도하지 않은 결과를 빚어냈다. 바로 식물을 뜯어 먹는 동물이었다. 그러나 이런 변화들이 수생식물이 지구의 생명에 일으킨 결과인 반면, 지구에 더욱 급진적인 변화는 식물이 물의 족쇄를 끊고서 메마른 육지로 진출할 수단을 진화시켰을 때 일어났다. 지구 역사 전체로 볼 때 눈 깜박할 시간에, 생명 자체의 역사 전체로 볼 때는 1퍼센트도 되지 않는 기간에 일어난 식물의 이 대규모 육지 진출로 모든 것이 바뀌었다. 지구 생명의 역사 자체도 바뀌었다.

앞의 장에서 보았듯이, 최초의 동물이 출현하기 수억 년 전, 어떤 원시적인 광합성 생물이 육지에서 자랄 방법을 발견했다는 증거가 지금은 많이 있으며, 사실 7억 년 전에서 6억 년 전 사이에 일어난 마지막 눈덩이 지구 사건을 일으킨 주된 원인이 바로 그들이었을지 모른다. 우리는 그들이 어떤 생물이었는지 전혀 모른다. 단순한 남세균이었을 수도 있고, 혹은 머물 곳을 찾고 양분을 얻고 번식하고 물을 얻고 이어서 간직하는 능력을 갖추는 등 육상 생활에 전적으로 적응한 종류였을 수도 있다. 현재도 살고 있는 단세포 녹조류였을 가능성도 있다.

그러나 7억 년 전에 살았던 이 식물조차도 물 밖으로 나온 최초의 생물이 아니었을지 모른다. 훨씬 더 이전에 육상 생활을 한 생물이 있었다는 결론에 동의하는 지구생물학자들이 점점 더 늘고 있기 때문이다. 바로 광합성을 하는 단세포 세균이다. 그들은 무려 26억 년 전에 물에서 육지로 나아갔을지 모른다. 만일 그렇다면 이 초기 정착자들은 "고등한" 동식물이 마침내 육지로 오르기 전까지 기나긴 세월을 육지의 터줏대감으로 지냈을 것이다.

현재 알려진 사항은 바다에서 동물이 출현한 지 1억 년이 채 되지 않은 시기에, 지금도 민물에 살고 있을 법한 일부 녹조류 종이 수생 생활방식이라는 족쇄를 완전히 끊고서 육지로 이주했다. 그들은 진화의 위대한 혁신 중의 하나 덕분에, 오늘날의 많은 이끼 종과 그리 다르지 않은 잎이 없는 단순한 잔가지처럼 생긴 식물 형태를 벗어나서 진정한 거인으로 빠르게 진화했다. 바로 잎이었다.

약 4억7,500만 년 전부터 수생 녹조류는 수많은 진화적 변화를 거치기 시작했고, 이윽고 그들은 약 4억2,500만 년 전까지 전적으로 물에 의지하기보다는 공기와 토양에서 양분을 얻을—더욱 중요한 점은 번식을 할—수 있게 되었다. 그 무렵의 지층에서 최초의 진정한 관다발식물(뿌리와 줄기를 갖춘 식물)임이 분명한 아름다운 화석이 나타난다. 거기까지 이르는 데에 필요했던 변화들은 서서히 단계적으로 일어났고, 대체로 화석 기록에서는 찾아볼 수 없다. 잎이 없이 삐죽 솟아 있는 이 최초의 작은 식물로부터 진정한 잎을 가진 최초의 식물이 진화하기까지는 그로부터 다시 4,000만 년이 걸렸다. 그러나 최초의 잎이 일단 출현하자, 급속한 변화가 거침없이 진행되었다. 약 3억7,000만–3억6,000만 년 전에는 나무의 키가 7.5미터까지 커졌다.

육지로 진출한 다세포 식물이 작은 해양생물에서 세계를 뒤덮은 숲을 일구기까지는 거의 1억 년이 걸렸으며, 데본기 말에는 전 세계가 숲으로 뒤덮였다. 한 가지 면에서 이 식물들은 오랫동안 지구를 지배한 미생물보다 훨씬 더 중요한 효과를 미쳤다. 육지로 진출한 다세포 육상식물은 지형과 토양의 특성 자체를 완전히 바꾸었다. 또 대기의 투명도도 바꾸었다. 점점 더 많은 식물들이 육지 전역으로 퍼지면서, 그 전까지 모래언덕과 먼지 더미만이 끝없이 펼쳐져 있던 육지의 모습이 바뀌었기 때문이다. 뿌리는 그 전까지 육지에 살던 세균보다도 훨씬 더 강하게 모래와 먼지를 고정시키기 시작했다. 단세포 생물이나 그것들이 형성한 얇은 막은 고정할 힘이 거의 없었을 것이다. 원시적인 식물이 죽어서 그 자리에서 썩으면서, 점점 더 두껍게 토양이 형성되기 시작했고, 언제나 울퉁불퉁한 바위투성이었던 경관은 부드러워지기 시작했다. 우주에서 보았을 때 공기 자체도 맑아졌을 것이다. 처음으로 대륙과 바다, 커다란 호수와 강의 가장자리가 가까이에서 보았을 때나 멀리서 보았을 때나 똑같이 눈에 들어왔을 것이다.

데본기 후기에는 육지가 거의 다 숲으로 뒤덮였고, 육지를 흐르는 강의 경로 자체도 바뀌었다. 그러면서 식물은 이윽고 대기 산소 농도를 현재의 21퍼센트보다 훨씬 더 높은 수준인 무려 30-35퍼센트까지 높였다. 다리를 가진 허파 없는 물고기가 바다에서 기어나와서 수십만 년 동안 살면서 이윽고 공기 호흡을 하는 효율적인 허파를 진화시킬 수 있었던 수준이었다. 육상식물이 일으킨 이 모든 정복과 변화는 하나의 거대한 해부학적 혁신에서 비롯되었다. 바로 잎의 진화였다.

육지 대 바다

동물은 제대로 장비도 갖추지 못하고 훈련도 되지 않은 오합지졸로 이루어진 군대가 할 법한 것과 아주 흡사하게, 연달아 침략을 하는 식으로 바다에서 육지로 올라왔다. 즉 한 번에 병사 몇 명씩을 내보내는 식이다. 그리고 그 과정에서 대부분은 죽었을 것이다. 이 독특한 역사를 설명하는 표준적인 방식은 동물이 마침내 육상 정복이 가능해질 만큼 진화했기 때문에, 이 침입이 이루어졌다는 것이다. 그리고 아무도 이용하지 않은 자원, 적은 경쟁, 적은 포식(어쨌든 얼마간은 말이다)이 이런 침입을 일으킨 원동력이었다. 다시 말해서, 절지동물, 연체동물, 환형동물, 이윽고 척추동물—육지 정복에 나선 주요 동물 문들—까지 진화적 발전을 거듭한 끝에 마침내 동시에 물에서 기어나와서 육지를 정복할 수 있는 수준의 조직 단계에 도달했다는 것이다. 그러나 우리 필자들의 생각은 다르다. 우리는 동물의 첫 육지 정복이 대기 산소 농도가 그 일이 가능한 수준까지 높아지자마자 일어났다고 본다.

먼저 식물과 동물이 육지를 정복할 수 있으려면 무엇이 필요한지를 살펴보자. 육지에서 살아갈 수 있게 하는 적응형질들을 말이다. 식물부터 살펴보자. 육지에 먹이 자원이 없다면, 어떤 동물도 굳이 육지에 발을 딛으려는 노력을 하지 않았을 테니까 말이다.

6억 년 전 무렵까지, 식물은 다양해지면서 여러 다세포 식물 계통으로 진화했다. 현재의 우리에게 친숙한 종류들도 있었다. 우리 세계의 어느 해안에서나 흔히 볼 수 있는 녹조류, 갈조류, 홍조류가 그렇다.[5] 그러나 이들은 바다에서 진화한 식물들이었다. 그들은 생명 유지에 필요한 것들—이산화탄소와 양분—을 주변의 바닷물에서 쉽게 얼마든지 얻을 수 있었다. 번식도 바닷물을 매개로 이루어졌다. 육지로 이주하려면 이산화탄소 획득, 양분 획득, 몸 지탱, 번식 영역에서 상당한 진화적 변화가 이루어져야 했다. 전적으로 물 속에서만 사는 생물의 기존 체제는 이 각 영역에서 광범위한 변형을 거쳐야 했다. 이 역사의 많은 부분은 아직도 논란거리이다. 원생대에, 심지어 원생대 눈덩이 지구 사건이 일어나기 전에도 대단히 풍부하고 다양한 집단이 있었음을 이해한다면 더욱 그렇다.[6] 언론은 "가장 오래된", "가장 큰" 등의 어떤 절대적인 수식어가 붙는 것을 좋아하지만, 더 오래된 육상식물을 발견하는 속도와 그들의 유연관계를 밝히고 연대를 더 정확히 파악하는 일 사이에는 시간적 격차가 있다. 한 예로 2010년에 아르헨티나에서 발견된 새로운 화석을 토대로 "가장 오래된" 육상식물을 발견했다는 뉴스가 대대적으로 언론을 장식했다.[7] 이 화석은 우산이끼와 유연관계가 있는 듯했고, 4억7,200만 년 전의 것으로 밝혀졌다. 그러나 그렇게 오래된 암석을 연대 측정할 때면, 오차가 상당히 크게 난다. 게다가 그들이 정말로 아주 오래된 "관다발"을, 즉 복잡한 체내 운송 체계를 가진 식물이기는 하지만, 식물의 정의 때문에 이야기는 복잡해진다. 우리가 식물이라고 말하는 광합성 생물은 4억7,200만 년 전보다 훨씬 이전에도 체제와 종 다양성이 풍부했다. 많은 고생물학자들이 현재 생각하는 것보다 더 이전부터 육지에서 광합성을 하는 녹색 미생물과 다세포 식물뿐 아니라, 균류 다양성도 매우 높았을 것이고, 습한 경관과 습지를 뒤덮은 지의류, 균류, 미생물의 녹색 막까지 포함시킨다면 10억 년 전에도 우리가 식물이라고 부를 수 있는 것은 놀라울 만큼 다양하고 활기찬 집합이었을지도 모른다.[8]

이윽고 진정한 "식물", 즉 가장 오래된 식물에 관한 대다수의 이야기에서 묘사하는 바로 그 생물이라고 모두가 동의할 수 있는 광합성 다세포 육상식물을 낳은 것은 윤조식물(차축조식물, Charophyceae)이라고 하는 녹조류 집단이었다. 진정한 식물이 탄생하기까지는 많은 장애물을 극복해야 했다. 아마도 첫 번째 장애물은 건조 문제였을 것이다. 수중 서식지에서 해변으로 휩쓸려 올라온 녹조는 금방 말라 죽는다. 보호하는 막이 없기 때문에, 공기 중에서는 금방 건조되기 때문이다. 그러나 이 녹조류는 건조에 견디는 큐티클 층을 가진 접합자를 만들며, 바로 이 큐티클이 육지로 올라온 식물 전체를 감싸는 데에 쓰였을지도 모른다. 그렇지만 액체로 채워진 식물 세포를 보호하는 이 큐티클의 진화는 새로운 문제를 낳았다. 큐티클은 이산화탄소를 쉽게 얻지 못하게 차단한다. 바다에서는 물에 녹아 있는 이산화탄소를 세포막을 통해서 그냥 흡수하여 탄소를 얻었다. 새롭게 진화한 육상식물은 같은 일을 하기 위해서 기공(氣孔, stomata)이라는 작은 구멍을 무수히 만들었다. 기체인 이산화탄소가 들어오는 미세한 입구였다.

식물의 몸은 어딘가에 고정되어 있어야 하며, 초기 육상식물은 아마 균류 공생체를 통해서 고정되었을 것이다. 더 고등한 형태로 분화한 듯이 보이지 않기 때문이다. 게다가 이 공생관계를 통해서 토양에서 물을 얻을 수 있는 수단도 확보했을 것이다.

육지로 옮겨가자 몸을 지지해야 하는 문제도 생겼다. 식물은 햇빛을 받을 넓은 표면적이 필요하다. 한 가지 해결책은 단순히 바닥에 납작 눕는 것이며, 최초의 육상식물은 그렇게 했을 것이다. 이끼는 지금도 그런 해결책을 쓰고 있다. 이끼는 토양 위에 카펫처럼 납작 누워서 자란다. 오르도비스기의 육지를 방문한다면, 이끼로 뒤덮인 세계를 방문하는 것과 비슷할 것이다. 당시 세계에서 가장 큰 "나무"라고 해봤자 겨우 1센티미터도 되지 않았을 것이다. 그러나 이 해결책은 지극히 제한적이다. 위로 자란다면 훨씬 더 많은 빛을 받을 수 있다. 낮게 자라는 수많은 식물들끼리 경쟁하는 생태계에서는 더욱 그렇다. 초기 식물은 좀더 단단한 다양한 물질들을 통합함으로써 첫 줄기를 만들고 마침내 나무줄기까지 만들 수 있었다. 그와 함께 새로 진화한 뿌리에서 새로 진화한 잎까지 물질을 운반하는 수송 체계도 진화했을 것이다. 마지막으로 오랜 기간 건조에 견딜 수 있는 생식기관이 진화함으로써 육상 환경에서 번식할 수 있었다.

이런 혁신들을 통해서 식물은 육지에 확고하게 정착했고, 처음으로 육지에서 유기 탄소가 새롭게 대량으로 생산되면서, 동물들도 금세 뒤를 따랐다. 새로운 자원은 새로운 진화를 자극한다. 대다수가 받아들인 견해처럼, 최초의 육상식물이 주로 민물에서 살던 녹조류의 한 작은 집단에서 진화했다면, 고생물학적 호들갑을 그다지 떨지 않은 채, 즉 화석 기록에 증거를 거의 남기지 않은 채 그렇게 했던 것이 분명하다. 그들은 지극히 단편적인 화석 기록만을 남겼다. 이 화석 기록을 발굴하려면, (말 그대로뿐 아니라 철학적 의미에서도) 최고의 탐정처럼 추적해야 했다.

최초의 복잡한 육상식물의 화석을 발굴하는 작업은 1937년의 선구적인 논문과 함께 시작되었다. 우리가 여기에서 서술할 그 과학적 역사와 이야기의 상당 부분은 우리의 신랄하지만 명석한 동료이자 친구인 셰필드 대학교의 데이비드 비어링에게서 나온 것이다. 그는 『에메랄드 행성(The Emerald Planet)』이라는 혁신적인 책에서 지구 역사 가운데 자신의 분야인 고식물학이 로드니 데인저필드(자신이 늘 푸대접을 받는다는 투의 말을 내뱉은 것으로 유명한 미국 코미디언/역주)의 말처럼 "늘 푸대접을 받는다"고 다소 노골적으로 불평을 늘어놓았다. 그 말은 지극히 옳다. 과학적 관심과 영예는 공룡과 공룡 사냥꾼이 독차지하고 있지만, 사실 생명의 역사에 미친 영향이라는 측면에서는 식물이 지구에서 가장 중요한 생물 집단이라는 의미에서 그렇다. 생명의 "역사"가 지구를 어떻게 바꾸었는지를 다룬 책은 사실 한 장만 동물에 할애하고 나머지 장들은 식물 이야기로 채워야 마땅하다. 어쨌든 이 책에서 우리가 식물의 역할을 설명한 내용은 상당 부분 데이비드의 연구, 특히 그의 책에서 고스란히 따온 것이다.

육상식물이 육지 생태계를 정복한 역사와, 그 과정에서 육상식물이 지구 기온, 해양 화학, 대기 조성에 영향을 미침으로써 지구 생명의 특성을 바꾼 이야기는 고식물학자 윌리엄 랜더에게서 시작할 수 있다. 랜더는 그 사실을 처음으로 알아차렸으며, 웨일스의 4억1,700만 년 전의 암석에서 당시 가장 오래된 것으로 알려진 육상식물 화석을 발견하기도 했다. (당시에는 연대가 그렇다는 것을 전혀 몰랐다. 사실 우리가 현재 쓰는 절대적인 연대는 꽤 최근에 발견된 것이다.) 웨일스의 4억1,700만 년 된 화석이 가장 오래된 육상식물 기록이라고 여겨졌지만, 곧 다른 화석들이 심지어 더 오래된 암석에서도 발견되기 시작했다. 나중에는 4억2,500만 년 전의 것까지 발견되었다. 그 화석도 웨일스에서 나왔다.

이 가장 오래된 식물에는 쿡소니아(*Cooksonia*)라는 이름이 붙었다. 그런데 이상하게도 육상식물에게서는 처음 출현한 이후로 오랫동안 진화적 방산이 일어나지 않았다. 동물의 캄브리아기 대폭발과 같은 일이 식물에 일어난 것은 4억2,500만 년 전에서 3억6,000만 년 전 사이에서였다. 그때에서야 육지에서 식물의 대폭발이 일어난 것이다. 가장 최신의 견해는 육상식물이 처음 출현한 이래로 적어도 3,000만 년 동안, 어떤 식물도 잎을 가지지 못했다고 말한다. 잎을 가진 식물은 3억6,000만 년 전까지도 확고히 자리를 잡지 못한 것처럼 보인다.

잎이 출현하기까지 왜 그렇게 오래 걸렸는지는 정말로 수수께끼이다. 잎이 처음 출현한 뒤로도, 다양성과 풍부도 양쪽으로 지구 전체로 퍼지기까지 다시 1,000만 년이 더 걸렸다. 6억5,000만 년 전 공룡이 멸종한 뒤 몸집 큰 다양한 포유류가 출현하는 데에 걸린 시간과 비교하면, 육상식물이 출현한 시점부터 잎을 가진 육상식물이 출현한 시점까지가 극도로 길었다는 것을 알 수 있다. 육상 포유류의 주요 집단들이 출현하는 데에는 1,000만 년도 걸리지 않았다. 다양성뿐 아니라 풍부도와 커다란 몸집 면에서도 그렇다.

이 특정한 진화 역사를 이해하려면 우리는 다시 이보디보와 유전자의 역할을 살펴보아야 한다. 식물은 먼저 잎을 만드는 데에 필요한 유전적 도구 한 벌을 진화시켜야 했고, 이어서 그것을 이용할 수 있어야 했지만, 그 이용은 지체된 듯하다. 지금까지 나온 증거 중에서 가장 설득력 있는 것은 잎을 가진 식물이 잎을 만드는 데에 필요한 유전자를 가지고 있었지만, 자신들이 사는 환경에 변화가 일어날 때까지 기다려야 했음을 시사한다. 이 사례에서는—동물의 사례에서처럼—산소 농도가 증가하기를 기다린 것이 아니라, 전혀 다른 변화를 기다렸다. 대기 이산화탄소 농도가 떨어지기를 기다린 것이다. 적어도 21세기의 최신 고식물학 해석에 따르면 그렇다.

여기에서 다시 우리는 현재가 과거 역사에 관해서, 즉 생명의 역사에 관해서 뭔가를 알려줄 수 있는 사례를 접한다. 현생 식물을 대상으로 한 실험들은 식물이 이산화탄소 농도에 극도로 민감하다는 것을 보여준다. 모든 식물은 이산화탄소가 있어야 광합성을 할 수 있는데, 광합성을 하려면 주변의 대기에서 이산화탄소를 흡수해야 한다. 잎이 있다면, 이산화탄소는 침투가 불가능한 잎의 바깥벽을 뚫고 들어와야 한다. 잎에 나 있는 기공이라는 미세한 구멍들을 통해서 들어와야 한다. 그러나 기공은 양방향 통로이다. 이산화탄소가 기공을 통해서 들어오는 동안, 식물의 몸속에 있던 물은 같은 구멍을 통해서 빠져나갈 수 있다. 육상동물과 육상식물의 진화에서 반복해서 나타나는 한 가지 주제는 건조가 여전히 생명의 주요 장애물 중의 하나라는 것이다. 이산화탄소 농도가 높은 환경에 사는 식물은 기공이 매우 적다. 이산화탄소 농도가 낮아질 때는 기공의 수가 늘어난다.

이산화탄소 농도가 높은 쪽이 육상식물의 최적 환경이라고 생각할지도 모르겠다. 생리학적 측면에서 보면, 그 생각은 옳다. 그러나 우리는 이산화탄소가 주요 온실 가스 중의 하나임을 안다. 이산화탄소 농도가 높은 시기는 지표면 기온이 높은 시기이다.

식물은 절묘한 신호 전달 체계를 가진다. 완전히 자란 성숙한 잎은 막 돋아서 자라기 시작한 잎과 의사소통을 한다. 커다란 잎은 작은 잎에게 자신들이 살고 있는 환경 조건에 가장 적합한 기공의 수를 알려준다. 4억여 년 전에 육상식물이 처음 진화하기 시작했을 때의 대기의 이산화탄소 농도를 관찰하기 위해서 간다면, 우리는 이산화탄소 농도가 극도로 높은 시기임을 알아차릴 것이다. 따라서 지구가 극도로 더웠던 시기이기도 하다. 사실 너무 더워서 열기 자체가 식물의 진화와 생태적 성공에 큰 지장을 주었을지도 모른다. 이산화탄소를 들여보내는 기공은 식물의 내부에서 물이 빠져나가게도 하며, 사실 식물은 이 과정을 통해서 체온을 낮출 수 있다.

약간의 건조는 식물을 식히지만, 심해지면 식물은 죽으며, 따라서 균형을 잡는 것이 중요하다. 아주 뜨거운 기후에는 냉각을 많이 해야 한다. 그러나 대기 이산화탄소 농도가 높다면, 식물은 아주 적은 기공만으로도 필요한 이산화탄소를 얻는다. 그러나 "흡입", 즉 이산화탄소를 체내로 흡수하는 데에 필요한 적은 수의 기공으로는 냉각을 충분히 하지 못할 수도 있다. 기공이 잎처럼 크고 넓은 표면에 있다면 더욱 그렇다. 그런 상황에서 기공이 적은 커다란 잎은 과열되어 죽을 것이다. 바로 이것이 잎이 진화하기까지 왜 그렇게 오래 걸렸는지를 설명하는 가장 최신의 견해이다. 잎을 만드는 데에 필요한 유전적 도구 한 벌은 갖추어졌다. 그러나 식물이 감히 잎을 만들지 못할 만큼 대기의 CO_2 농도가 너무 높았다.

데이비드 비어링을 비롯한 연구자들이 21세기 초에 새로 내놓은 연구 결과들은 이산화탄소 농도가 떨어진 뒤에야 잎이 생존할 수 있었음을 시사한다. 그 전까지 잎은 식물에게 사망 선고나 다름없었을 것이다. 그래서 쿡소니아가 처음 출현한 지 4,000만 년이 지난 뒤에야 비로소 몸속에 더 나은 (더 깊이 뻗는 새로운 뿌리를 포함한) 배관 체계와 잎을 가진 식물이 출현할 수 있었다. 뿌리를 더 깊이 내리는 능력은 식물에게 두 가지 이점을 주었다. 첫째, 더 깊은 뿌리는 식물을 더 안정시켰다. 둘째, 더 깊은 뿌리는 토양의 양분과 물을 더 많이 접할 수 있게 해주었다. 최초의 식물은 뿌리가 아주 얕았다. 그러나 일단 잎이 진화하자, 뿌리도 변하면서 토양 속으로 더 깊이 뻗도록 진화하기 시작했다.

데본기에서 우리는 뿌리가 약 1미터까지도 깊이 뻗었다는 증거를 본다. 이 더 깊은 새로운 뿌리는 초기 식물의 아래에 놓인 암석의 풍화속도를 크게 증가시켰다. 토양에 자라는 식물이 늘어남에 따라서, 식물들은 죽어서 점점 더 많은 유기물질을 토양에 제공했다. 그와 동시에, 뿌리는 더 깊이 뚫으면서 암석의 물리적 및 화학적 풍화속도도 크게 높였다. 그 결과 지구의 기온뿐 아니라 대기의 조성에도 중대한 영향을 미쳤다.

우리는 대기에서 이산화탄소를 제거하는 가장 중요한 원동력이 규산염암, 화강암, 화강암형 화학적 조성을 가진, 즉 규소를 많이 함유한 형태의 퇴적 암과 변성암의 풍화가 아닐까 생각해왔다. 육지에서 규산염암의 화학적 풍 화가 일어날 때 대기에서 이산화탄소 분자를 제거하는 반응이 일어난다. 이 것을 풍화의 생물학적 강화(biotic enhancement of weathering)라고 하며, 약 3억8,000만 년 전에서 3억6,000만 년 전, 나무가 무성한 숲이 육지를 뒤덮기 시작하자마자 그런 일이 일어났을 것이다. 뿌리가 규산염암 속으로 더 깊이 파고 들어감에 따라서, 대륙의 화강암 및 그와 조성이 비슷한 암석들은 숲이 들어서기 전보다 훨씬 더 빨리 풍화되기 시작했고, 그러면서 대기 이산화탄 소 농도는 빠르게 급감했다.

대기 이산화탄소 농도가 낮아짐에 따라서 대륙에 얼음이 출현할 수 있었 다. 얼음은 처음에는 가장 고위도에만 나타났다가, 이윽고 점점 더 낮은 위 도로 내려왔다. 그러든 말든 진화라는 거대한 힘은 점점 더 큰 나무를 선호 했고, 더 큰 나무일수록 더 깊이 뿌리를 뻗었다. 식물이 점점 더 커지고 뿌리 가 점점 더 깊이 들어갈수록, 지구는 점점 더 차가워졌다. 뿌리를 더욱더 깊 이 뻗는 육상식물들이 진화하면서 지구는 사실상 역사상 가장 오래 지속된 빙하기 중의 하나에 접어들었다. 석탄기에 시작된 빙하기였다. 그러나 이 일 이 일어나기 전, 세계는 따뜻하고 무성하고 이산화탄소 농도도 식물에 알맞 을 만큼 있었을 것이다. 요컨대 관다발식물로 새롭게 녹색으로 물든 대륙은 물품을 가득 쟁여놓았지만 소비자가 없는 거대한 채소 가게나 다름없었을 것이다. 공짜 식품이 가득했다. 그 가게에 들어갈 수만 있다면 말이다. 즉 바 다에서 나와서 육지로 진출하기만 하면, 그리고 육지에서 계속 머물 수 있다 면 그러했다.

최초의 육상동물

육지를 개척할 동물이 직면한 주된 문제점은 물 손실이었다. 살아 있는 세포는 모두 안에 액체를 담고 있어야 하며, 물 속에서 사는 한 세포는 건조 문제에 시달리지 않는다. 그러나 육지에서 살아가려면 물을 담을 튼튼한 막이 필요하다. 문제는 표면 건조를 줄일 해결책이 호흡막이 필요하다는 요구 사항과 모순된다는 것이다. 여기에서 우리는 진퇴양난에 처한다. 건조를 막기 위해서 외벽을 쌓으면 도움이 되기는 하지만, 동시에 질식해 죽을 위험에 처한다. 대안은 산소가 확산되어 몸속으로 들어가게 해줄 호흡 구조를 표면에 만드는 것이었지만, 이 구조를 통해서 건조가 일어날 위험도 함께 증가했다. 모든 육지 정복자는 이 난제를 극복해야 했고, 이 일이 너무나 어려웠기 때문에, 극소수의 동물, 식물, 원생동물 문만이 물에서 육지로 옮겨가는 데에 성공했다. 현생 해양생물 문 가운데 가장 규모가 크고 가장 중요한 집단 중의 일부는 그 일을 해내지 못했다. 한 예로 육상 해면동물, 자포동물, 완족동물, 태형동물, 극피동물은 존재하지 않는다.

가장 오래된 화석 육상동물들은 모두 현생 거미, 전갈, 진드기, 등각류, 가장 원시적인 곤충과 비슷한 작은 절지동물이었던 듯하다. 이 다양한 절지동물 집단들 가운데 어느 것이 먼저 올라왔는지는 불분명하지만, 고대 퇴적층의 화석 기록에서 이 집단들이 모두 발견된다는 점을 생각할 때 올라온 시기가 크게 차이나지는 않았을 것이다. 조사하는 것이 작은 육상 절지동물이므로, 화석 기록에 의지해야만 하는 최초의 육상동물을 파악하는 일은 부정확하기로 악명이 높다. 이 모든 집단들은 아주 약하게 석회화가 이루어진 겉뼈대를 가지기 때문에, 화석으로 보존되는 일이 극히 드물다. 그러나 약 4억 년 전인 후기 실루리아기와 전기 데본기 사이에, 육상식물이 늘어나면서 육지 진출의 선봉에 선 동물들이 해안으로 몰려들었고, 다양한 계통의 절지동물들에게서 독자적으로 공기에 대처할 수 있는 호흡계가 진화한 것이 분명하다.

현생 전갈류와 거미류의 호흡계는 해양동물에서 육상동물로 옮겨가는 데에 성공한 과정을 이해하는 열쇠가 된다. 이 중요한 도약을 이루는 데에 필요한 모든 구조들 가운데, 가장 중요한 것은 호흡 구조였다. 또 선구적인 절지동물들이 썼던 최초의 허파는 더 나중에 출현한 종들에 비하면 효율이 훨씬 떨어지는 과도기적 구조였을 것이 분명해 보인다. 그러나 대기 산소 농도가 아주 높다면, 공기는 아주 작은 육상동물의 체벽을 쉽게 통과할 수 있다. 그리고 최초의 육상동물은 원시적인 허파 구조로 산소를 흡수했을 뿐 아니라, 모두 몸집이 작았던 듯하다.

많은 종류의 절지동물, 연체동물, 환형동물, 척삭동물(그리고 선형동물 같은 몇몇 아주 작은 동물들)을 포함하여 육지로 진출한 문들 중에서, 절지동물은 성공하는 데에 필요한 준비가 이미 되어 있었다. 건조로부터 보호해줄 모든 것을 감싸는 뼈대 상자가 이미 갖추어져 있었기 때문이다. 그러나 그들도 호흡 문제를 극복해야 했다. 앞에서 살펴보았듯이, 절지동물은 화석 기록에서 절지동물의 상위 분류군의 대다수가 처음 출현했던, 산소가 낮은 캄브리아기 세계에서 생존하기 위해서 겉뼈대에 크고 넓게 펼쳐진 아가미를 갖추어야 했다. 그러나 물 바깥에서 그런 겉아가미는 전혀 쓸모가 없었을 것이다. 최초의 육상 절지동물, 거미류, 전갈류가 내놓은 해결책은 책허파(book lung)라는 새로운 종류의 호흡 구조였다. 허파 내부가 종이가 빼곡히 들어찬 책과 비슷해 보여서 붙은 이름이다.

몸속에 있는 납작한 판들을 통해서 이 폐엽들 사이로 피가 흐르게 되어 있다. 공기는 겉뼈대에 있는 일련의 구멍들을 통해서 책허파로 들어온다. 책허파는 안으로 공기를 "빨아들이는" 흐름이 전혀 없는 수동적인 허파이다. 이 때문에 책허파는 산소 농도가 어떤 최소 한계 이상일 때에야 작동한다.

일부 아주 작은 거미들이 바람에 날려서 높은 상공까지 올라가서 이른바 "공중 플랑크톤(aerial plankton)"이 되곤 한다는 사실은 잘 알려져 있다. 이 것은 거미의 책허파가 산소 농도가 낮은 환경에서도 충분한 산소를 추출할 수 있음을 보여주는 듯도 하다. 그러나 이 거미들은 예외 없이 크기가 아주 작다. 따라서 몸에 필요한 산소의 상당량을 수동적인 확산을 통해서 몸으로 들어오는 산소로 충족시킬 수 있을지도 모른다. 몸집이 더 큰 거미는 책

허파에 의존한다.

책허파는 관처럼 생긴 기관(氣管, trachea)으로 이루어진 곤충의 호흡계보다 산소를 얻는 데에 더 효율적일 수도 있다. 거미나 전갈과 마찬가지로, 곤충도 공기를 거의 또는 전혀 빨아들이지 않는 수동적인 호흡계를 가진다. 비록 최근에 아주 낮은 압력으로, 아주 미약하기는 하지만 빨아들이는 현상이 일어날 수 있음을 시사하는 연구 결과가 나와 있기는 하지만 말이다.

거미류의 책허파는 곤충의 기관보다 표면적이 훨씬 넓으며, 따라서 대기 산소 농도가 더 낮은 곳에서도 제 역할을 잘할 것이다.

이 최초의 육지 정착이 정확히 "언제" 일어났는지는 최초의 전갈류와 거미류가 몸집이 작고 화석화가 잘 이루어지지 않는다는 점 때문에 불확실하다. 현생 전갈류는 거미류보다 광물화가 더 이루어져 있고, 따라서 화석으로 더 잘 남는다고 해도 놀랄 일은 아니다. 가장 오래된 동물 파편 화석은 웨일스의 실루리아기 말 지층에서 나오며, 연대는 약 4억2,000만 년 전의 것이다. 실루리아기가 끝날 무렵이다. 이 시기에 산소 농도는 이미 아주 높은 수준에, 지구 역사가 시작된 이래로 가장 높은 수준에 이르렀다. 이 초기 화석들은 드물고 다양성도 낮지만, 어떤 종류인지는 밝혀져왔다. 잔해 중의 대부분은 노래기류의 화석에서 나온 듯하다.

스코틀랜드의 유명한 라이니 처트(Rhynie Chert)에서는 화석이 훨씬 더 풍부하게 나온다. 이 지층의 연대는 4억1,000만 년 전으로 측정되어왔다. 이 퇴적층에는 아주 초기의 식물 화석뿐 아니라, 작은 절지동물의 화석도 들어 있다. 이 절지동물들은 대부분 현생 진드기 및 톡토기와 유연관계가 있는 듯하다. 진드기류와 톡토기류는 식물의 잔해와 찌꺼기를 먹으며, 따라서 주로 작은 원시적인 식물들로 이루어진 새로운 육상 공동체에서 잘 적응하여 살아갔을 것이다. 진드기류는 거미류와 유연관계가 있다. 그러나 톡토기류는 곤충이며, 아마도 현재 지구에 사는 가장 규모가 큰 이 동물 집단 중에서 가장 오래된 구성원일 것이다. 곤충이 일단 진화하자마자 빠르게 다양화하면서 우리 시대에 이르러서 가장 풍부하고 다양한 육상동물 집단을 이루었다고 추측할 법도 하다. 그러나 그렇지 않다. 실제로는 정반대인 듯하다.

고곤충학자들에 따르면, 곤충은 약 3억3,000만 년 전인 미시시피기가 거의 끝날 때까지도 육상동물상의 주변부에 있는 희귀한 존재로 남아 있었다고 한다. 그 시기에 산소 농도는 현재의 수준까지 도달한 상태였고, 사실 그 뒤로 죽 기록을 갱신하면서 약 3억1,000만 년 전인 후기 펜실베이니아기에는 정점에 이르렀다. 곤충의 비행도 그 집단이 처음 출현한 지 한참 뒤에야 나타났으며, 나는 곤충의 화석은 약 3억3,000만 년 전부터 흔하게 나타난다. 처음 날개를 갖추자마자, 곤충은 환상적일 정도로 급속히 신종들을 배출하기 시작했고, 대부분은 나는 형태였다. 이것은 적응방산의 고전적인 사례로, 새로운 형태학적 돌파구가 일어나면 새로운 생태적 지위들에 정착할 수 있게 되는 것을 말한다. 그러나 이 방산은 산소 농도가 높은 환경에서 이루어졌고, 높은 수준의 대기 산소에 적잖은 지원과 자극을 받았을 것이 확실했다.

곤충은 최초의 육상동물도 아니었다. 그 영예는 전갈류에게 돌아갈지도 모른다. 실루리아기 중반인 약 4억3,000만 년 전, 수중 아가미를 가진 원시 전갈류의 한 계통이 잘 적응하여 살고 있던 민물, 습지, 호수에서 기어나와서 땅으로 올라오곤 했고, 그 뒤로 땅 위를 돌아다니게 되었다. 아마 연안으로 밀려오는 물고기 같은 죽은 동물을 먹으면서 돌아다녔을 것이다. 그들의 아가미는 축축한 상태로 남아 있었으며, 아가미의 표면적이 넓었기 때문에 일종의 호흡이 가능했을지도 모른다. 그들은 제 기능을 하는 허파를 가진 것이 아니라, 어느 정도 비슷한 역할을 하는 아가미를 가지고 있었다.

현재 우리가 알고 있는 연대표는 이렇다. 전갈류는 약 4억3,000만 년 전에 육지로 올라왔지만, 여전히 번식을 하기 위해서는 그리고 호흡을 하기 위해서는 물을 떠나지 못했을 것이다. 이어서 4억2,000만 년 전에 노래기류가 올라왔고, 4억1,000만 년 전에는 곤충이 올라왔다. 그러나 곤충이 흔해진 것은 3억3,000만 년 전이 되어서였다. 이 역사는 대기 산소 곡선과 어떤 관련이 있을까?

이 시기의 대기 산소 농도를 추정한 가장 최신의 자료에 따르면, 약 4억

1,000만 년 전에 산소 농도가 정점에 이르렀고, 그 뒤에 급속히 낮아져서 아주 낮은 농도인 12퍼센트까지 떨어졌다가 데본기 말에는 다시 오르기 시작하여 페름기의 어느 시기에는 30퍼센트(현재는 21퍼센트)를 넘는 지구 역사상 최고 수준에 이르렀다고 한다. 최초로 곤충-거미류 화석이 풍부하게 나타나는 라이니 처트는 데본기에 산소 농도가 최대가 되었던 시기의 것이다. (곤충 다양성을 연구하는 고생물학자들에 따르면) 그 뒤의 화석 기록에는 곤충이 드물었고, 3억3,000만-3억1,000만 년 전인—날개 달린 곤충이 다양화한 시기인—미시시피기-펜실베이니아기에 산소 농도가 거의 20퍼센트로 상승할 때까지 그러했다.

다양한 척추동물 집단들의 육지 정복은 오르도비스기-실루리아기에 대기 산소 농도가 상승한 덕분에 가능해진 듯하다. 산소 농도가 증가하지 않았다면, 육지에 정착한 동물의 역사와 종류는 크게 달랐을 수도 있다. 아니 정착 자체가 결코 일어나지 않았을 수도 있다. 동물은 결코 육지에 정착하지 못했을지도 모른다. 또 우리는 이 정착 이후에 산소 농도가 낮아진 시기에 동물들이 희귀해진 듯하다는 것도 안다.

화석 풍부도와 다양성이 이런 양상으로 나타난 원인은 세 가지로 생각해 볼 수 있다. 첫째, 육지 정착이 이렇게 중단된 듯이 보이지만, 실제로는 전혀 그렇지 않을 수도 있다. 즉 4억 년 전부터 약 3억7,000만 년 전까지의 화석 기록이 극히 적어서 나타난 인위적인 양상에 불과할 수도 있다. 둘째, "중단"이 실제로 일어났을 수도 있다. 산소 농도가 아주 낮았기 때문에, 실제로 절지동물, 특히 곤충이 육지에 매우 적었을지 모른다. 그러나 극소수는 살아남았고, 그들은 약 3,000만 년 뒤에 산소 농도가 다시 오르자 다양화하면서 새로운 형태들을 폭발적으로 낳을 수 있었다는 것이다. 셋째, 육지 진출 과정의 일부로서 맨 처음 바다에서 올라온 침략자들의 물결은 산소 농도가 낮아지자 사라졌을 수도 있다. 물론 여기저기에서 극소수가 살아남았을 것이다. 그러다가 산소 농도가 오르자 두 번째 물결이 일어났다. 새로운 침략자들이 다시 육지로 올라왔다. 따라서 동물들(절지동물, 그리고 뒤에서 살펴볼 척추동물)의 육지 정착은 두 번의 물결 형태로 이루어졌을 수도 있다. 한 번은 4억3,000만-4억1,000만 년 전, 또 한 번은 3억7,000만 년 전에 이루어졌다는 것이다.

물론 육지에서 새로운 삶을 얻은 개척자들이 절지동물만은 아니다. 연체동물인 복족류도 육지로의 진화적 도약을 감행했다. 그러나 이 전이는 펜실베이니아기에야 일어났다. 따라서 그들은 두 번째 물결에 속한다. 첫 물결 때보다 산소 농도가 훨씬 더 높았던 시기이다. 해안으로 올라온 또 한 집단은 투구게였다. 그들은 연체동물과 거의 같은 시기에 뭍으로 진출했다. 그러나 이들은 생명의 역사에서 가장 관심의 대상인 집단에 비하면 미미한 정착자들이다. 바로 우리가 속한 집단인 척추동물이다. 양서류는 그냥 물에서 튀어나온 것이 아니었다. 그들은 오랜 진화사의 누적된 산물이었다. 그러니 그들이 육지로 올라온 이야기를 하기에 앞서, 데본기를 한번 살펴보기로 하자. 데본기는 오랫동안 어류의 시대라고 불려왔다. 데본기 이야기를 하려니, 우리가 즐겨 찾는 답사지인 웨스턴 오스트레일리아의 데본기 시대 지층인 캐닝 분지를 언급하고 싶다. 우리 두 필자는 지구에서 가장 유별나게 아름다운 (뜨거울 때면!) 곳 중의 하나인 이곳을 여러 차례 답사했다. 캐닝 분지는 대보초화석이 세계에서 가장 잘 보존된 곳이다. 마치 오스트레일리아의 그레이트배리어 리프가 갑자기 물이 빠지고 돌로 변한 것처럼 보인다. 지금까지의 연구는 주로 이 거대한 데본기 산호초를 대상으로 이루어져왔지만, 사실 데본기에 이 주변의 더 깊은 물에 퇴적된 암석들은 모든 나름의 "새로운" 생명의 역사에 반드시 언급되어야 할, 가장 탁월한 화석 연구 가운데 몇 가지에 기여해왔다.

존 롱과 고고 층 어류

어류는 짠물과 민물, 그리고 그 사이의 모든 염분 농도의 물에서 흔하지만, 사실 화석이 되는 사례는 거의 없다. 대개 산소 농도가 낮은 해저에서 죽은 물고기가 재빨리 매몰되어야만 어류의 몸 전체가 보존된다. 청소동물들은 어류의 사체를 갈가리 찢어놓는 일을 아주 잘한다. 그래도 여기저기에서 아름다운 어류 화석들이 보존될 수는 있다. 콜로라도의 에오세 지층인 그린리버 셰일에서처럼 이차원 형태처럼 보이는 화석도 있다. 이곳은 다른 어떤 지역보다도 훨씬 더 많이 어류 화석이 발견된 곳일 것이다. 어류의 몇몇 신체부위, 특히 커다란 어류의 머리뼈는 때로 결핵체(結核體, concretion)라는 커다란 공 모양의 암석 덩어리에 보존되곤 한다. 이 대포알 같은 덩어리는 퇴적암에서 종종 발견되며, 가장 아름답게 보존된 화석이 담겨 있을 때도 있다. 북부 오하이오의 데본기 시대 지층에서 그렇게 잘 보존된 것들이 나온다. 이곳에서는 한 세기 전부터 거대한 어류의 머리뼈가 발견되어왔으며, 그중에는 최근에 고대 포식자를 다룬, 대부분 저급한 디스커버리 채널 프로그램들에 등장하면서 괴물 같은 고대 어류의 상징이 된 둔클레오스테우스(Dunkleosteus)라는 동물의 머리뼈 화석도 있다. 그런데 이런 화석은 고고 층(Gogo Formation)이라는 신기한 이름이 붙은 지층에서 발견된다. 우리가 연구하는 데본기와 같은 시대의 암석이다(그러나 좀더 깊은 물에서 형성되었다). 이 대포알 같은 결핵체 중에는 지금까지 발견된 화석 가운데 가장 중요한 것들도 있다. 그것들은 궁극적으로 우리의 양서류 조상이 출현한 토대를 들여다보는 창을 제공한다. 육지 정복을 이해하려면, 먼저 데본기라는 어류세계가 대단히 다양하고 복잡했음을 이해해야 한다. 최근에 오스트레일리아 애들레이드에 있는 플린더스 대학교의 교수(오랫동안 로스앤젤레스 카운티 자연사 박물관에서도 일했다)인 오스트레일리아 고생물학자 존 롱은 새로운 고해상도 스캐닝 기술을 이용하여 모든 현생 어류의 조상, 그리고 우리자신의 DNA로 이어진 고대 계통들에 관한 기념비적인 발견들을 해왔다.

롱은 과학의 대중화 분야에서 활발한 활동을 펼치면서 성공을 거두고 많은 책을 저술한 저자라는 점에서 오스트레일리아 과학계에서 희귀한 인물이다. 그런 한편으로 롱은 "본업"을 통해서 우리에게 데본기 어류의 진화, 형태, 다양성, 생태가 현재 교과서에 기술된 것보다 훨씬 더 복잡했음을 밝혀왔다.

CT 스캐닝 같은 영상 촬영 기술을 선구적으로 적용하여 화석의 삼차원 영상을 구축함으로써, 롱은 말 그대로 다양한 어류 집단의 머리를 들여다보았다.

"전통적인"—오늘날의 칠성장어와 먹장어, 상어, 가장 다양한 "경골" 어류, 멸종한 집단인 판피류(턱을 가진 최초의 어류)로 대변되는—4대 어류 집단은 오랫동안 추정되어온 것보다 모든 면에서 훨씬 더 복잡했다. 롱은 최초의 경골어류 중의 하나의 완벽한 머리뼈를 최초로 발견하는 등 고고 층 화석지를 답사하면서 주요 발견들을 했다. 고고나수스(Gogonasus)라는 이 어류의 머리뼈는 이 종(種)이 머리 꼭대기에 커다란 숨구멍을 가지고 있음을 보여주었다. 이전까지 알려지지 않은 사실이었다. 그러나 가장 놀라운 발견은—절경류(節頸類, arthrodires)라는 기이한 어류뿐 아니라 새로운 유형의 폐어(肺魚, 나중에 육지로 올라온 어류의 가까운 친척)를 비롯하여 지금까지 알려지지 않았던 다양한 종류의 초기 어류가 있었음을 보여준 차원을 넘어서—몸 안에 배아를 품은 최초의 데본기 어류 화석이었다. 이 배아는 체내수정을 통한 번식이 이루어졌음을 보여준 최초의 사례이자, 척추동물의 태생을 보여주는 가장 오래된 증거였다. 그의 표본 중에는 몸속의 배아에 연결된 광물화한 태반 구조를 보여주는 화석도 한 점 있었다. 롱은 새로운 첨단 기술을 이용하여 화석에 근육 조직, 신경세포, 모세혈관 등이 놀라울 만큼 잘 보존되어 있음을 삼차원 영상으로 보여주었다. 모두 화석 어류에서 여태껏 알지 못했던 새로운 세부 구조들이었다. 그러나 어류의 육지 진출을 이해하는 데에 가장 중요한 기여를 한 부분은 그가 발견한 부드러운 조직들이 완전히 새로운 깨달음을 안겨줌으로써, 걸을 수 있는—더 나아가서 두 다리로 설 수 있는—조상이 어류에게서 어떻게 진화할 수 있었는지를 새롭게 이해하게 되었다는 것이다.

육상 척추동물의 진화

우리가 속한 척추동물 집단이 순수한 수생생물에서 진정한 육상 거주자로 옮겨가는 과정은 최초의 양서류가 진화하면서 시작되었다. 화석 기록을 통해서 우리는 이 전이 과정에 어떤 종이 관여했으며 그 일이 언제 일어났는지를 꽤 많이 알아냈다. 리피디스티아(rhipidistia)라는 데본기의 경골어류 집단은 최초 양서류의 조상이었던 듯하다. 이 어류는 지배자로 군림한 포식자였으며, 대부분 혹은 전부 민물에서 살았던 듯하다. 이 점은 그 자체로 흥미로우며, 육지로 옮겨가는 다리가 처음에 민물로 지나갔음을 시사한다. 절지동물의 육지 이주도 마찬가지였을지 모른다.

리피디스티아는 지느러미에 살집이 있었으므로 육지에서 이동 능력을 제공할 수 있는 다리가 진화할 수 있도록 선적응된 상태였던 듯하다. 현생 동물인 실러캔스는 양서류를 낳은 동물이 어떤 종류였을지 상상하는 데에 도움을 주는 모형이자 살아 있는 화석의 눈부신 사례이다. 육기어류의 또다른 집단인 폐어도 이 전이 과정을 이해하는 데에 도움이 된다. 이동 측면에서만이 아니라, 아가미에서 허파로의 대단히 중요한 전이 과정 측면에서도 그렇다. 양서류 후보가 육지에서 숨을 쉴 수 없다면 세계 최고의 다리를 가지고 있어도 무용지물이다. 육기어류는 (실러캔스를 포함한) 총기어류와 폐어 두 계통이 있었다.

양서류 계통(육기어류)이 조기어류 조상과 갈라진 것은 4억5,000만 년 전, 즉 오르도비스기에서 실루리아기로 넘어가는 시기이다. 그러나 양서류 자체가 아니라, 그저 나중에 양서류를 낳을 어류 계통이 진화한 것에 불과할 수도 있다. 이 전이 과정을 연구하는 고생물학자인 로버트 캐럴은 최초 양서류의 마지막 어류 조상일 가능성이 가장 높은 것이 오스테올레피스(*Osteolepis*)라는 어류 속이며, 이 어류 속은 데본기 초기에서 중기 사이, 즉 약 4억 년 전에야 출현했다고 본다.

아일랜드에서 발견된 감질나는 발자국 화석을 토대로 할 때, 육지에 사는 최초의 양서류는 이 시기에 진화했을지 모른다. 발렌시아 섬에서 나온 발자국 화석은 다리를 가진 동물이 남긴 가장 오래된 흔적이라고 해석되어왔다. 이 흔적은 약 4억 년 전의 것이다. 그러나 이 발자국과 연관된 뼈대 화석은 전혀 없으며, 이 흔적은 한 동물이 굵은 꼬리를 질질 끌면서 고대의 진흙 위를 지나가면서 남긴 약 150개의 발자국으로 이루어져 있다. 이 발견은 논쟁을 촉발했다. 사지류의 뼈임이 확실한 화석은 3,200만 년이 더 흐른 뒤에야 처음 나오기 때문이다. 그러나 흥미롭게도 이 발자국 화석의 연대는 대기 산소 농도가 현재의 수준에 이르렀거나 그보다 더 높았던 시기이며, 앞에서 말한 곤충의 화석 기록에서 육상 곤충과 거미가 처음 출현하는 것도 바로 이 시기이다. 따라서 높은 산소 농도는 곤충이 물에서 육지로 옮겨가는 일을 도왔던 것처럼, 최초의 육상 척추동물이 진화하도록 도왔을지도 모른다.

육지에 최초로 척추동물이 남긴 발자국의 연대에 관한 불확실성은 2010년에 이루어진 발견으로 조금 줄어들었다. 3억9,300만 년 전의 또다른 발자국 흔적이 발견된 것이다. 이 흔적은 (현재) 폴란드의 남부 해안에 있는 해양 퇴적층에 보존되어 있었다. 중기 데본기에 남겨진 것이다. 따라서 발가락 자국까지도 남아 있는 이 흔적은 가장 오래된 사지류 몸 화석보다 1,800만 년 더 오래된 것이다. 게다가 이 흔적을 남긴 동물은 앞에서 말한 티크탈리크와 그 후손일 듯한 아칸토스테가(*Acanthostega*) 같은 어류에 더 가까운 사지류와 준사지류에게는 불가능했을 방식으로 다리를 움직일 수 있었다.

이 흔적을 남긴 동물은 당시로서는 컸다. 길이가 거의 2.5미터에 이르렀을 것이라고 추정하는 이들도 있다. 이 동물과 그 친척들은 갯벌에서 파도에 쓸려온 해양동물의 사체나 전갈과 거미를 비롯한 많은 육상 절지동물을 먹는 청소동물이었을 것이다.

최초의 사지류 뼈 화석은 약 3억6,000만 년 전의 암석에서야 나타나며, 따라서 전이는 4억 년 전에서 3억6,000만 년 전 사이에 일어났다. 이 시기에는 산소 농도가 급격히 떨어졌으며, 최초의 사지류 화석은 버너의 곡선에서 산소 농도가 최소인 시기에 나온다. 그러나 실제 어류에서 양서류로의 전이는 훨씬 더 일찍, 데본기 산소 농도가 정점에 이른 시기에 가깝지만, 아직 산소 농도가 떨어지고 있던 시기에 일어났을 것이 분명하다.

이 중요한 사건들에 관해서 우리가 이해한 사항의 대부분은 극소수의 지역을 연구하여 얻은 것이다. 그린란드에 노출된 암석들이 사지류 화석이 가장 많이 나오는 곳이다. 비록 대다수의 교과서는 이크티오스테가 속에게 최초의 사지류라는 영예를 부여하고 있지만, 사실은 벤타스테가(*Ventastega*)라는 다른 속이 최초였다. 이 화석은 약 3억6,300만 년 전의 것이며, 그로부터 수백만 년 뒤에야 이크티오스테가, 아칸토스테가(*Acanthostega*), 히네르페톤(*Hynerpeton*) 등으로 어느 정도 방산이 이루어졌다.

그중에서 이크티오스테가가 가장 유명했다. 티크탈리크가 등장하기 전까지 말이다. 그러나 티크탈리크가 새로 얻은 명성은 조금 잘못된 것이다. 티크탈리크는 어류였다. 이크티오스테가는 다른 종류였다. 바로 양서류였다. 이 동물의 뼈는 1930년대에 처음 발견되었지만, 조각나 있었다. 꼼꼼히 조사하여 뼈대 전체를 재구성한 것은 1950년대가 되어서였다. 이 동물은 잘 발달한 다리를 가지고 있었지만, 어류형 꼬리도 가지고 있었다. 나중에 더 조사를 해보니, 3억6,300만 년 전의 이 동물이 육지를 걸을 수 없었을 것이라는 점이 드러났다. 더 뒤에 발과 발목을 연구한 결과들을 보면, 이 동물은 물에 잠겨서 둥둥 뜨지 않는다면 다리로 몸을 지탱할 수 없었을 듯하다.

이크티오스테가를 비롯한 원시적인 사지류 화석들을 가진 그린란드의 지층은 데본기 말 대량멸종 직후에 출현했다. 이 대량멸종은 대기 산소 농도가 낮아지면서 바다에 드넓게 무산소 상태가 형성됨으로써 일어났을 것이 가장 확실했다. 이크티오스테가와 그 친척들은 이 멸종에 자극을 받아서 출현했을지 모른다. 진화적 새로움은 대량멸종 이후에 빈 생태적 지위를 채우기 위해서 나타날 때가 종종 있기 때문이다. 그러나 이크티오스테가와 그 친척들의 성공은 짧았다. 화석 기록을 보면, 이크티오스테가가 처음 출현한 뒤 수백만 년이 지나기 전에, 그들을 비롯한 선구적인 사지류는 모두 사라졌다.

이크티오스테가와 그들의 후기 데본기 동족들의 출현은 중요한 문제를 제기한다. 이들이 정말로 최초의 육상 척추동물이라면, 그들의 뒤를 이어 "적응 방산"을 한 후손들은 왜 없었을까? 그런 후손은 없었다. 대신에 긴 시간이 흐른 뒤에야 다른 양서류들이 나타났다. 이 빈 간격은 대대로 고생물학자들을 당혹스럽게 했다. 사실 이 기간은 20세기 초의 고생물학자 앨프리드 로머의 이름을 따서, 로머의 간격(Romer's gap)이라고 부른다. 로머는 척추동물의 육지 침략의 첫 번째 물결과 두 번째 물결 사이에 있는 이 수수께끼의 간격에 처음 주목한 사람이다. 사실 예상되던 양서류의 진화적 방산은 약 3억4,000만–3억3,000만 년 전에야 일어났다. 따라서 로머의 간격은 적어도 3,000만 년에 달한다.

2004년에 존 롱과 맬컴 고든도 산소 농도가 대폭 떨어진 시기인 3억7,000만–3억5,500만 년 전에 산 사지류가 비록 일부는 아가미를 잃기는 했지만, 본질적으로 다리가 달린 물고기로서 전적으로 물 속에 살았다는 비슷한 해석을 내놓았다. 그들은 현재의 많은 어류가 하듯이 공기를 꿀꺽 삼킴으로써 호흡을 했고, 산소는 피부를 통해서 흡수했을 것이다. 그들은 오늘날 우리가 알고 있는 양서류, 즉 성체 단계 때에는 오직 육지에서만 살아갈 수 있는 종들과 달랐다. 그리고 데본기 사지류 가운데 올챙이 단계를 거치는 종도 전혀 없었던 듯하다.

그러다가 2003년 제니 클랙이 양서류가 없었다고 여겨지던 그 긴 틈새를 "메웠다." 박물관에서 오래된 표본들을 살펴보고 있던 그녀는 완전히 수생어류라고 잘못 해석된 화석을 한 점 발견했다. 그녀는 그 화석이 발가락이 5개인 사지류이자 육상 생활을 할 수 있을 뼈대 구조를 가졌음을 밝혔다. 이 화석에는 페데르페스(Pederpes)라는 새 이름이 붙여졌다. 이 동물은 티크탈리크보다 한참 뒤에 살았다. 사실 최초의 진정한 양서류였을지도 모르며, 로머의 간격이라고 알려진 3억5,400만–3억4,400만 년 전에 출현했다. 그러나 과거에 관한 많은 것들이 그렇듯이, 때로 화석은 답보다 더 많은 의문을 불러일으키곤 한다. 그 화석은 로머의 간격 중반 어딘가에서 육상 생활에 필요한 다리를 가진 사지류가 진화했다고 말한다. 그러나 이 동물이 공기 호흡을 할 수 있었는지, 아니 단 몇 분이라도 물 밖으로 나올 수 있었는지조차 아직 모른다.

앨프리드 로머는 최초의 양서류가 산소 효과 때문에 진화했다고 생각했다. 로머는 폐어나 그에 상응하는 데본기의 어류가 특정한 계절마다 말라붙는 작은 연못에 갇혔을 것이라고 생각했다. 그는 이런 연못에서 자연적인 과정을 통해서 일어나는 산소 부족과 건조가 허파의 진화를 낳은 원동력이었다고 추측했다. 양서류 후보자를 연못 밖 공기로 내몰았다고 말이다. 물 밖으로 나온 시기에도 살아남을 수 있던 이 동물들은 서서히 이점을 획득했다. 이 어류들은 여전히 아가미를 가지고 있었지만, 그 아가미 자체는 산소를 어느 정도 흡착할 수 있었다. 아가미와 원시적인 허파 양쪽 역할을 한 전이 형태였을 수 있다.

이크티오스테가나 그보다 가능성이 더 높은 페데르페스 같은 수생 사지류에서 육상 사지류로의 전이 과정에서 티크탈리크 단계의 어류 구조를 거쳐서 발목, 발목뼈, 등뼈, 몸통 뼈대의 여러 부위들에 호흡과 이동을 촉진하는 변화가 일어났다. 가슴우리는 허파를 보호하는 데에 중요하지만, 물에서 거의 둥둥 떠 있는 상태와 비교할 때 공기 속에서 무거운 몸을 지탱하려면 팔이음뼈, 골반, 그것들을 연결하는 부드러운 조직에 광범위한 변화가 일어나야 했다. 이 모든 변화를 이룬 최초의 형태를 최초의 육상 양서류라고 생각할 수 있다. 그러나 물 속이 아닌 공기 속에서 호흡할 수 있는 호흡계와 땅 위에서 무거운 몸을 움직일 수 있는 사지가 진화한 직후에 나타났을 것이라고 짐작하는 것이 당연한 새로운 양서류 종들의 대규모 방산은 3억4,000만-3억3,000만 년 전에야 일어났다. 마침내 시작되자, 그 방산은 눈부셨고, 미시시피기가 끝날 무렵(약 3억1,800만 년 전)에는 세계 각지에 수많은 양서류가 살고 있었다.

현재의 증거들은 본질적으로 육지에 올라온 어류인 양서류 단계의 조직화가 두 차례, 혹은 세 차례에 걸쳐 일어났다고 시사한다. 티크탈리크 화석과 발렌시아 발자국을 볼 때 첫 번째는 약 4억 년 전에 일어났고, 두 번째는 약 3억6,000만 년 전에 일어났으며, 세 번째는 약 3억5,000만 년 전에 일어났다. 오랫동안 최초의 육상 척추동물의 출현을 상징하는 동물로 여겨졌던 이크티오스테가는 처음에 생각했던 것보다 어류에 훨씬 더 가까웠을지도 모르며,

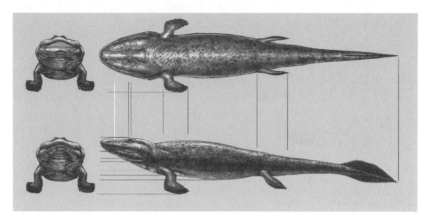

티크탈리크의 복원도. 애니멀플래닛 방송의 「동물 아마겟돈」이라는 프로그램을 위해서 그린 그림. (알폰세 델 토레와 피터 워드가 함께 그림)

그들이 아가미를 잃었다고 해서 그것이 전적으로 육상에서 살았다는 증거는 아니다. 사실 지금 우리는 (아가미도 가지고 있으면서) 일종의 공기 호흡을 하는 현생 어류가 100종류가 넘는다는 것을 안다. 공기 호흡은 이 현생 어류 가운데 무려 68종류에서 독자적으로 진화했으며, 그것은 이 적응형질이 아주 쉽게 획득할 수 있는 것임을 시사한다. 더 나아가서 이크티오스테가는 나머지 사지류 계통으로 이어지는 계통에 있었던 것이 아니라, 후기 데본기의 산소 농도 저하와 원시적인 허파 때문에 육지에서 내몰려 다시 전적으로 수생 생활로 돌아가는 쪽으로 진화한 동물일 수도 있다.

오래 전부터 최초의 양서류는 민물에서 출현했다고 여겨져왔고, 사실 이것은 생명의 역사에서 주된 의문점 중의 하나였다. 육지로 향하는 경로가 먼저 민물을 거쳤을까, 아니면 어떤 동물이 짠물에서 직접 공기로 나아간 것일까? 그러나 새로운 연구 결과는 초기의 육기어류와 폐어—최초 사지류의 직계 조상—가 해양생물이었을 가능성이 가장 높다고 말한다. 마찬가지로 고생물학자 미셸 로린은 초기 양서류 화석이 발굴되어왔으며 오랫동안 민물 퇴적층을 대변한다고 여겨져왔던 석탄기의 몇몇 지역들이 사실은 해양 퇴적층이나 조간대나 갯벌 환경 같은 준해양 퇴적층이었을 수 있다는 점을 보여주었다. 그러나 유명한 티크탈리크와 이크티오스테가와 아칸토스테가 같은 몇몇 초기 양서류를 민물 형태라고 해석해왔던 것도 마찬가지로 근거가 있어 보인다. 따라서 이 초기 양서류와 준양서류가 매우 다양한 환경에서 살았을 가능성도 있다. 고생대 후기의 짠물, 민물, 육상 환경에서 고루 말이다. 여기에서 한 가지 흥미로운 점이 드러난다. 현생 양서류는 짠물에서 살지 못한다. 물에 잠겨 있을 때 산소를 흡수하는 그들의 피부는 소금에 대처하지 못한다. 따라서 그 형질은 그들의 역사에서 훨씬 더 나중에 진화한 것이 분명하다.

요약하면, 육지 정착은 두 단계에 걸쳐 이루어졌고, 각 단계는 산소 농도가 높은 시기에 일어났다. 그 사이의 기간, 이른바 로머의 간격을 지나는 데 본기 대량멸종 시기에는 육지에 동물이 거의 없었다. 따라서 로머의 간격은 척삭동물뿐 아니라 절지동물도 포함하는 개념으로 확장되어야 한다.[9] 로머의 간격은 석탄기(아메리카에서는 미시시피기와 펜실베이니아기로 나눈다)에 산소 농도가 눈부실 정도로 치솟을 때 끝이 났다. 그리고 석탄기 말기와 이어서 페름기까지 산소 농도는 계속 치솟다가 마침내 거의 32-35퍼센트까지 올라감으로써, 지구 역사상 독특한 기간을 빚어냈다. 거인들의 시대를 말이다.

11

절지동물의 시대 :
3억5,000만-3억 년 전

제2차 세계대전 직후, 원자핵 시대의 여명기에 할리우드는 "원자폭탄 방사선으로 생긴 거대한 생물"을 영화에 등장시켰다. 때로는 약 7,000만 년 전의 빙하에서 해빙되어 나오곤 하는, 멸종한 일종의 거대 생물들이 괴물로 등장하기도 했다. 또 거대해진 형태의 친숙한 곤충, 전갈, 거미도 종종 등장했다. "비과학적"이라고 치부하기는 쉽지만, 이 영화 속 괴물들은 한 동물 체제가 획득할 수 있는 최대 크기가 얼마나 될까 하는 타당한 의문을 품게 한다. 커다란 몸집은 포식으로부터 몸을 보호해주므로, 대다수의 동물은 할 수 있는 한 크게 자라는 듯하다. 동물의 몸집을 궁극적으로 제한하는 것이 무엇일까? 육상 절지동물(거미, 전갈, 노래기, 지네, 곤충, 그밖의 수많은 더 규모가 작은 집단들)을 보면, 절지동물 체제의 두 가지 측면이 포유동물처럼 커다란 몸집을 가지는 것을 제한해왔고 지금도 제한하고 있다는 것이 명확하다.

그중 하나는 겉뼈대이다. 절지동물 겉뼈대의 대부분을 구성하는 단단한 물질인 키틴의 강도와 규모에 따른 특성 때문에, 인간만 한 거대한 개미, 거미, 전갈, 사마귀는 짜부라들 것이고 걷는 다리는 부러질 것이다. 크기를 제한하는 절지동물 체제의 두 번째 측면은 호흡이다. 곤충, 거미, 전갈은 산소가 몸의 가장 안쪽까지 확산되어 들어갈 수 있을 만큼만 몸집이 한정되는 듯하다. 오늘날 몸길이가 약 15센티미터를 넘는 곤충은 없다. 그러나 과거에 지구 역사상 산소 농도가 가장 높았던 시기에는 이보다 훨씬 더 큰 형태도 존재했다.

석탄기-페름기 산소 고농도

과거의 대기 조성을 모형화하는 전문가들은 저마다 다른 값을 내놓지만, 모형들은 약 3억2,000만 년 전에서 2억6,000만 년 전에 산소 농도가 극도로 높았던 시기가 있으며, 이 기간이 끝날 무렵에 최댓값에 이르렀다는 데에 만장일치로 동의한다. 석탄기(다시 말하지만, 북아메리카에서는 미시시피기와 펜실베이니아기로 나눈다)와 뒤이은 페름기의 전반부는 산소 농도가 높았던 시기이며, 당시 세계의 생물상은 산소 농도가 높았다는 명확한 증거를 남겼다. 당시의 곤충은 가장 좋은 증거가 된다.

닉 레인은 2002년 책 『산소(*Oxygen*)』에서 석탄기의 높은 산소 농도(그리고 다른 많은 사항들)를 탁월하게 묘사했다.[1] 레인은 "볼소버 잠자리(Bolsover Dragonfly)"라는 장에서 1979년에 발견된 날개폭이 약 50센티미터에 이르는 잠자리 화석을 설명한다. 석탄기 화석 중에는 날개폭이 75센티미터나 되는, 그보다 더 큰 메가네우라(*Meganeura*)라는 잠자리도 있었다. 날개만 큰 것이 아니었다. 이 거인들은 몸도 날개에 걸맞게 커서, 몸의 폭은 2.5센티미터, 길이는 거의 30센티미터에 달했다. 갈매기만 한 잠자리이다. 갈매기는 결코 "거인"이라는 단어와 연관되지 않지만, 날개폭이 50센티미터인 곤충은 분명히 진정한 거인이었다. 그에 비해서 오늘날의 잠자리는 날개폭이 10센티미터에 이를 수도 있지만, 대부분은 더 작다. 당대에는 날개폭이 48센티미터에 이르는 하루살이와 다리 길이가 46센티미터에 달하는 거미, 몸길이가 1.8미터(혹은 그 이상)인 노래기와 전갈도 있었다. 몸길이가 90센티미터인 전갈은 몸무게가 23킬로미터쯤 나갔을 것이고, 양서류를 비롯한 모든 육상동물의 가공할 포식자였을 것이다. 그러나 앞으로 살펴보겠지만, 양서류 중에서도 나름의 몇몇 거인 종이 진화했다.

곤충류에서는 산소를 추출하고 몸속 가장 깊은 곳까지 보내는 호흡계의 특성과 효율이 최대 크기를 규정한다. 모든 곤충은 기관이라는 미세한 관들로 이루어진 호흡계를 사용한다. 공기는 능동적으로 기관 안으로 빨려들어왔다가 신체 조직으로 확산된다. 곤충은 배를 리듬 있게 부풀렸다가 수축시키거나 날개를 쳐서 기관 입구에 공기 흐름을 만드는 식으로 공기를 기관으로 빨아들인다. 그럼으로써 기관계의 효율을 더 높일 수 있다. 나는 곤충은 동물들 가운데 대사율이 가장 높으며, 실험 증거는 산소 농도를 더 높이면 잠자리의 대사율이 더 높아질 수 있다는 것을 보여준다. 이런 연구들은 현재의 21퍼센트라는 산소 농도가 대사 측면에서만이 아니라 아마도 크기 측면에서도 잠자리를 제약한다는 것을 뜻한다.

산소 농도가 절지동물의 크기를 조절하는지 여부는 계속 논란거리였다. 가장 좋은 증거는 오늘날 전 세계의 바다와 호수에 널리 퍼져 있는 작은 해양 절지동물인 단각류 연구로부터 나온다. 고티에 샤펠과 로이드 펙은 매우 다양한 서식지에서 얻은 표본 2,000점을 조사한 끝에, 용존산소 농도가 더 높은 물에 사는 단각류의 크기가 더 크다는 것을 발견했다. 애리조나 주립대학교의 로버트 더들리는 더 직접적인 실험을 했다. 그는 초파리를 높은 산소 농도에서 키웠는데, 23퍼센트 조건에서 키운 초파리들이 후대로 갈수록 더 커진다는 것을 발견했다. 적어도 곤충은 산소 농도가 높아지면 금방 몸집이 더 커진다.[2]

거대한 잠자리가 존재할 수 있도록 한 것이 높은 산소 농도만은 아니었다. 당시에는 실제로 기압도 더 높았던 듯하다. 산소 분압은 증가했지만, 다른 기체들이 줄어든 것은 아니었다. 총 기체 압력은 지금보다 더 높았고, 대기에 기체 분자 수가 더 많을수록 더 거대해지곤 했다. 분명히 지금보다 대기에 산소가 더 많았다. 문제는 왜일까이다.

앞에서 우리는 산소 농도가 주로 환원된 탄소와 바보의 금(황철석)처럼 황을 함유한 광물의 매몰속도에 영향을 받는다고 했다. 아주 많은 유기물질이 매몰될 때, 산소 농도는 높아진다. 정말로 그렇다면, 그것은 지구의 산소 농도가 가장 높았던 시기인 석탄기에 다량의 탄소와 황철석이 빠르게 매몰된 시기가 있었다는 뜻임이 분명하며, 지층 기록에서 나온 증거들은 실제로 그런 일이 일어났다는 것을 입증한다. 석탄 퇴적층의 형성을 통해서 말이다.

우리는 기나긴 기간을 보고 있다. 마지막 공룡이 살던 시기부터 현재까지의 기간보다 더 긴, 3억3,000만 년 전에서 2억6,000만 년 전까지의 7,000만 년이라는 기간이다. 지구 석탄 매장량의 90퍼센트는 이 기간의 암석에 들어 있다는 것이 드러난다. 이 시기에 석탄의 매몰속도는 지구 역사의 다른 어떤 시기보다도 훨씬 더 높았다. 사실 닉 레인이 『산소』에서 쓴 바에 따르면, 600배나 더 높았다. 그러나 "석탄 매몰(coal burial)"이라는 용어는 매우 부정확하다. 석탄은 고대 숲의 잔재이며, 그래서 우리는 엄청난 양의 쓰러진 나무가 빠르게 묻혔다가 나중에야 열과 압력을 받아서 석탄으로 바뀐 시대에 주목한다. 석탄기는 숲의 매몰이 장엄한 규모로 이루어진 시대였다.

석탄기에 유기물의 매몰은 육상식물에만 한정된 것이 아니었다. 바다에는 많은 산소가 육상 숲의 해양판에 해당하는 식물성 및 동물성 플랑크톤에 갇혀 있으며, 여기에서도 아주 많은 양의 유기물이 풍부한 퇴적물이 해저에 쌓였다. 산소 농도를 독특하게 최대 수준으로 높인 이 독특한 탄소 퇴적의 궁극적 원인은 몇 가지 지질학적 및 생물학적 사건들이 겹쳐짐으로써 드넓게 탄소 퇴적층이 형성되었기 때문이다. 첫째, 당시 고대 대서양이 닫힘으로써 대륙들이 합쳐져서 하나의 거대한 초대륙이 되었다. 유럽이 북아메리카와, 남아메리카가 아프리카와 충돌하면서, 이 대륙 덩어리들의 솔기를 따라서 거대한 산맥이 솟아올랐다.

이 산맥의 양쪽으로 거대한 범람원이 펼쳐졌고, 산맥들의 배치 양상 때문에 지구의 상당 부분에 걸쳐 습한 기후가 형성되었다. 새로 진화한 나무들은 드넓은 습지와 그 주변의 말라가는 땅에 정착했다. 이 나무들 가운데 상당수는 대단히 기이해서 우리에게 환상적으로 보일 것이다. 가장 기이한 형질 중의 하나는 아주 얕은 뿌리였다. 나무들은 높이 자랐다가 아주 쉽게 쓰러졌다. 우리 세계에서도 쓰러지는 나무는 많지만, 탄소가 쌓이는 일은 거의 어디에서도 일어나지 않는다. 그러나 식물의 생장에 이상적인 습지 세계에서는 탄소 축적이 훨씬 더 잘 일어났다.

약 3억7,500만 년 전에 출현한 숲은 리그닌과 셀룰로오스를 이용하여 뼈대 구조를 만든 최초의 진정한 나무로 이루어져 있었다. 리그닌은 아주 튼튼한 물질이며, 오늘날에는 그것을 분해하는 다양한 세균들이 살고 있다. 그러나 거의 4억 년이 지난 지금도 세균이 이 일을 하는 데에는 시간이 꽤 걸린다.[3] 쓰러진 나무는 "썩는" 데에 여러 해가 걸리며, 삼나무와 소나무처럼 이른바 무른 나무보다 리그닌이 더 많은 단단한 나무는 더 오래 걸린다.

나무의 분해는 나무 탄소의 상당 부분이 산화됨으로써 일어난다. 따라서 설령 최종 산물이 결국은 묻힌다고 해도, 지질 기록에 남을 환원된 탄소는 거의 없다. 반면에 석탄기에는 목재를 분해하는 세균의 많은 종류, 아니 아마도 전부가 아직 존재하지 않았으며, 바로 목재의 주요 구조적 성분인 리그닌이라는 물질을 분해할 능력을 미생물이 갖추지 못한 것이 핵심 원인인 듯하다.[4] 당시에는 나무가 쓰러져도 분해되지 않았다. 이윽고 퇴적물은 분해되지 않은 나무로 뒤덮이고, 환원된 탄소는 그 과정에서 매몰되었을 것이다. 이 모든 나무들(그리고 바다의 플랑크톤들)이 광합성을 통해서 산소를 생산하고 있었지만, 그 반면에 이 새로운 산소가 빠르게 자랐다가 쓰러지는 숲을 분해하는 데에는 거의 쓰이지 않았기 때문에, 산소 농도는 증가하기 시작했다.

산소와 삼림 화재

석탄기에 정점에 이른 산소 농도는 거대화 이외에 다른 결과들도 낳았을 것이다. 산소는 타는 성질이 있으며, 더 많을수록 불은 더 커진다. 산소는 연료 발화를 촉진하며, 당시 연료는 석탄기의 거대한 세계적인 숲이었다.

석탄기에 일어난 숲 화재는 아마도 지구 역사상 유례없는 규모였을 것이다(적어도 6,500만 년 전 공룡을 전멸시키고 숲을 불태운 칙술루브 소행성이 충돌하기 전까지는 말이다). 산소 농도의 시대별 변화를 살펴본 연구들과 마찬가지로, 높은 대기 산소가 촉발하는 거대 숲 화재의 가능성을 제기한 연구들도 논란을 불러일으켜왔지만, 점점 더 증거가 쌓이면서 논란은 잦아들고 있다. 사실 숲 화재 논쟁은 과거에 산소 농도가 달랐다는(더 높아지는 것도 포함하여) 이론 전체를 비판하는 주요 근거가 되어왔다. 고대의 숲은 재앙 수준의 화재에 살아남을 수 없었을 것이고, 숲의 오랜 화석 기록을 살펴볼 때 재앙 수준의 화재는 일어나지 않았다는 주장이었다.

적어도 이론상 산소 농도가 높으면 화염이 번지는 속도가 더 빠를 것이고, 화염도 더 강할 것이다. 그리고 실제로 북아메리카의 미시시피기와 펜실베이니아기의 퇴적암에 쌓여 있는 대량의 숯 화석은 당시 숲 화재가 있었다는 증거이다.[5] 비록 당시와 지금의 숲의 생물학적 조성이 전혀 달랐기 때문에 직접 비교하기가 어렵기는 하지만, 현재의 숲 화재에 비해서 당시의 화재는 더 컸고 더 잦았고 더 강렬했다.

숲 화재가 점점 더 강렬해졌다면, 우리는 시간이 흐르면서 화재에 내성을 가지도록 형태적 적응형질이 나타날 것이라고 예상할 수 있다. 식물은 총괄적으로 내화성 형질이라고 하는 일련의 잘 알려진 적응형질들을 진화시켰다. 더 두꺼운 나무줄기, 더 깊이 박힌 관다발 조직, 줄기를 둘러싼 가느다란 뿌리가 그렇다.

그런 높은 산소 농도 아래에서 왜 석탄기 숲이 모조리 불타서 재가 되지 않았는지 의문이 들 수도 있다. 당시에는 불이 자주 일어난 듯하지만, 내화 식물이 있었고 식물 자체와 지표면의 넓은 지역을 차지하는 습지 양쪽의 수분 함량이 높았기 때문에, 수많은 석탄 늪지는 피해를 덜 입었다. 또 중요한 점은 숲 화재를 일으키는 "성냥불"의 온도이다. 산소 농도와 목재가 탈 것인지 여부를 살펴본 최근의 연구들은 산소 농도가 약 11–12퍼센트 이하일 때에는 식물이 불타지 않을 것이라고 했다.[6] 그러나 그 연구를 한 이들은 번갯불이 일으키는 것보다 훨씬 더 높은 온도가 아니라, 성냥불을 켜서 불을 일으키려고 시도했다.

높은 산소 농도가 식물에 미치는 영향

동물과 마찬가지로, 식물도 살아가는 데에 산소가 필요하다. 광호흡을 할 때는 세포 안으로 산소가 흡수된다. 그러나 대개 동물이 필요로 하는 산소량보다 훨씬 더 적다. 두 번째 차이는 육상식물의 각 부위마다 산소 요구량이 다르다는 것이다. 대부분의 식물은 전혀 다른 두 매체에 걸쳐 살아간다. 일부는 공기 속에서 일부는 고체(토양의 뿌리) 속에서 말이다. 땅 속 뿌리는 물, 고체, 기체라는 전혀 다른 환경에 둘러싸여 있어서, 진화적으로 지상부와 요구 조건이 전혀 달랐다. 잎은 공기와 접한다. 너무 많은 물에 익사하지 않으면서, 물을 잃지 않을까 빛을 충분히 얻을 수 있을까 걱정한다(물론 걱정할 수 있다면 말이다). 그러나 뿌리는 대개 잎이 가지지 않은 것을 요구한다. 우선 적절한 수준의 산소 농도이다. 낮은 산소에 손상을 입거나 세포가 죽을 가능성이 가장 높은 것은 근계(根系)이며, 식물에 물을 너무 많이 주는 정원사나 식물 재배자라면 너무나 잘 알고 있는 사실이다. 뿌리는 공기에 산소가 풍부한 시기에도 산소 농도가 낮아질 수 있는 지하 환경에 산다. 특히 토양에 물이 너무 많아질 때 그렇다. 한 예로 뿌리는 산소 농도가 낮은 지하수에 질식될 수 있다.

산소 농도가 높을 때 식물은 어떨까? 이 방면의 자료는 훨씬 더 적지만, 우리가 아는 바에 따르면, 높은 산소 농도가 식물에 해롭다는 것을 시사한다. 대기 산소 농도가 높아지면 광호흡률이 증가하기도 하지만, 더 심각한 문제는 산소 농도가 높아지면 살아 있는 세포에 위험한 "OH 라디칼"이라는 유독한 화학물질이 더 많아진다는 것이다. 이 가능성을 더 검증하기 위해서, 예일 대학교 로버트 버너의 제자였던 데이비드 비어링은 산소 농도가 지금보다 더 높은 폐쇄된 방 안에서 다양한 식물들을 키웠다.[7] 산소 농도를 (석탄기 말이나 페름기 초에 있었던 역대 최고 농도라고 여겨지는) 35퍼센트로 올렸을 때, 순일차생산성(식물 생장의 척도)은 5분의 1이 줄어들었다. 따라서 석탄기에서 페름기 초까지의 높은 산소 농도는 식물의 생장을 어느 정도 줄였을지 모른다. 비록 이 시기의 화석 기록에 극적인 변화나 대량멸종이 나타나지는 않지만 말이다.

산소와 육상동물

척삭동물, 즉 우리 계통이 육지를 정복하기 위해서는 많은 주요 적응형질이 필요했다. 가장 중요한 것은 물 밖에서 배아가 발달할 수 있게 해주는 번식 방식이었다. 펜실베이니아기와 페름기의 양서류는 여전히 물에 알을 낳았을 것이고, 따라서 호수나 강이 없는 곳의 육지 자원을 이용할 수 없었다. 이 문제를 해결한 것은 이른바 양막란(羊膜卵, amniotic egg)의 진화였다. 오늘날 파충류라고 하는 척추동물 계통이 존재할 수 있게 된 것은 이 알 덕분이었을 것이다. 양막란이 진화함으로써 파충류, 조류, 포유류는 조상 집단인 양서류와 갈라졌다.

화석 기록은 유양막류(有羊膜類)가 단일 계통임을 시사한다. 즉 양막란이 두 차례 이상 독자적으로 진화한 것이 아니라, 하나의 공통 조상에서 유래했다는 뜻이다. 이 공통 조상인 파충류는 미시시피기의 어느 시점에 살았다. 따라서 이 중요한 전이 과정은 산소 농도가 증가하고 있을 때 일어났다. 최초의 양막란은 아마 산소 농도가 지금과 비슷하거나 더 높았던 시기에 생겼을 것이다.

파충류는 단일 계통이기도 하다고 여겨진다. 미시시피기의 3억2,000만 년 전보다 더 앞선 어느 시점에 양서류 조상에서 어느 한 종이 갈라졌을 것이다. 앞에서 말했듯이, 이 일은 산소 농도가 증가하던 시기, 육지와 물 양쪽에 사는 양서류가 크게 다양화하던 시기였다. 그러나 이 분기의 유전적 증거는 3억4,000만 년 전까지 거슬러 올라갈 수도 있으며, (육상 파충류가 아니라) 최초의 파충류라고 하는 화석들은 세계 몇몇 지역들에서 발견되어왔다. 힐로노무스(*Hylonomus*)와 팔레오티리스(*Paleothyris*)라는 작은 파충류 화석들은 펜실베이니아기 초의 나무 그루터기 화석들 사이에서 발견되어왔으며, 이 화석 기록이 파충류가 미시시피기에 진화했다는 가정보다 더 타당성이 있을 수도 있다. 어느 쪽이든 간에, 최초의 파충류는 아주 작았다. 대개 몸길이가 약 10-15센티미터에 불과했다.

이 최초 파충류의 머리뼈에는 고막이 전혀 없었다. 따라서 그들은 소리를 잘, 아니 전혀 들을 수 없었을 것이고, 미치류(迷齒類, labyrinthodontia : 이빨의 단면이 미로처럼 생긴 양서류/역주)에 속한 양서류와 달리, 몸집이 큰 육식성 양서류의 대다수가 가진 한 쌍의 커다란 송곳니도 없다. 거대한 양서류에 비해서, 최초의 진정한 파충류는 머리뼈 말고도 더 빨리 더 잘 이동할 수 있도록 적응된 뼈대를 가지고 있었다. 그들은 몸에 비해서 꼬리가 아주 길었다.

그들이 최초의 양막란을 낳았는지는 아직 불분명하다. 지층에 알 화석이 처음 나타나는 것은 페름기 초인데, 이 화석도 한 점에 불과하기 때문에 아직 논란거리이다. 그러나 양막란으로 나아가려면 아마도 양서류와 비슷한 (건조를 막아줄 막이 없는) 알을 육지의 축축한 곳에 낳는 단계를 거쳤을 것이다. 전적으로 육지에서 번식을 하려면 배아를 감싸는 막들(장막과 양막)과 그것을 감싸는 가죽질이나 석회질이면서 구멍이 있는 껍질이 진화해야 했을 것이다. 결코 언급된 적이 없어 보이는 한 가지 가능성은 이 최초의 사지류가 태생을 진화시켰을 수도 있다는 것이다. 발달이 상당한 수준까지 이루어질 때까지 암컷이 배아를 몸 안에 품고 있는 방식이다.

어쨌든 이윽고 육지에서 생존 가능한 자손을 부화시킬 수 있는 알이 진화했고, 이 새로운 양막란이 진화하는 데에 산소 농도와 열이 어느 정도 기여를 한 것은 분명하다. 육상동물이 알을 낳는 전략을 채택하려면 대신에 포기해야 하는 것도 엄청나다. 수분을 보존해야 하므로, 알의 구멍은 적고 작아야 한다. 그러나 안에서 밖으로 물이 빠져나가지 못하게 알의 투과성을 줄이면 확산을 통해서 안으로 들어오는 산소량도 줄어든다.[8]

산소가 없으면 알은 발달할 수 없다. 최초의 유양막류가 산소 농도가 높은 시기에 진화한 것도 결코 우연이 아닐지 모른다. 이 번식 전략이 산소 농도가 높아지면 배아 발달이 더 빨라지는 식으로 대기 산소 농도에 영향을 받으면서, 고도에 따라서 다른 양상을 띠었고 지금도 그렇다는 것은 어쩔 수 없는 일인 듯하다. 산소 농도가 높으면, 살아 있는 새끼를 낳아도 괜찮을 수 있다. 일부 생물학자들은 적어도 포유동물에게서는 태반이 전달하는 산소량이 어미의 동맥혈에 들어 있는 것보다 더 적으므로 태생이 진화하지 못했을 수도 있다고 주장해왔다. 그러나 이 일반화는 포유동물에게만 적용된다. 산소 농도, 체온, 액체의 양이 조절될 수 있는 환경 내에서 발달의 대부분이 이루어지기 때문이다. 파충류는 번식 해부 구조가 전혀 다르다. 낮은 산소 농도에서도 태생을 선호할지도 모른다. 이 개념을 뒷받침하는 증거는 세 방면에서 나온다.

첫째, 고지대 서식지에서 사는 (알을 낳는) 조류는 번식이 가능한 최대 고도보다 더 높은 고도로 가서 먹이를 찾곤 한다는 것이 잘 알려져 있다. 산에서 사는 많은 종들의 둥지의 최대 고도를 살펴보면, 이 양상이 반복해서 나타난다. 가장 높은 둥지는 5,500미터에 있으며, 이보다 더 높은 곳에서는 배아가 제대로 발달하지 못할 것이다.[9] 이 한계에 관여하는 요인은 적어도 세 가지이다(고도에 따라서 낮아지는 산소 농도, 고도에 따라서 대기가 건조해지면서 알의 건조 현상 심화, 상대적으로 낮은 기온). 그중 가장 중요한 것은 산소 농도일 수 있다.

둘째, 최근에 예일 대학교의 존 밴던브룩스는 자연 상태에서 낳은 악어 알을 산소 농도를 인위적으로 높인 환경에 놓자, 정상적인 발달속도가 대폭 빨라졌다는 실험 결과를 내놓았다. 이 배아는 정상적인 대기 농도에 놓은 대조군 배아보다 발달속도가 약 25퍼센트 더 빨랐다. 적어도 미국의 앨리게이터 사례에서는 산소 농도 증가가 성장속도에 영향을 미친다는 것이 분명하다. 마지막으로 워싱턴 대학교의 레이 휴이는 고지대의 파충류가 저지대의 파충류보다 태생 비율이 더 높다고 말한다.

네 다리를 가진 척추동물은 어류 조상에게서 출현할 때, 많은 새로운 해부학적 도전 과제를 극복해야 했다. 몸을 지탱해주던 물은 더 이상 없었다. 공기 속에서는 네 다리를 써서 지탱하고 움직이는 일을 해야 했다. 전혀 새로운 형태의 팔이음뼈와 다리이음뼈가 진화해야 했고, 그와 더불어 움직이는 데에 필요한 근육도 있어야 했다. 계속 움직일 수 있도록 산소를 충분히 얻는 문제도 마찬가지로 엄청난 과제였다. 초기 사지류는 동일한 근육들을 써서 이동도 하고 호흡도 한 듯하며, 따라서 두 가지 일을 동시에 할 수는 없었을 것이다. 어류는 몸을 계속 움직이거나 호흡을 하면서 움직이는 데에 아무런 문제가 없어 보이며, 그것은 일상 활동에서 산소가 제한 요인이 아님을 시사한다. 육상 사지류는 그렇지 않다. 최초의 육상 사지류의 체제는 몸통 양쪽으로 다리를 펼친 자세로 기어가도록 되어 있었다. 그런 체제에서 걷거나 달리려면, 몸통을 먼저 한쪽으로 비틀었다가 반대쪽으로 비트는 식으로 휘어야 한다. 왼쪽 다리가 앞으로 움직일 때, 가슴과 허파의 오른쪽 부위는 눌린다. 다음 걸음에서는 반대쪽이 눌린다.

이렇게 움직일 때마다 가슴이 일그러지기 때문에 "정상적인" 호흡이 불가능하다. 그래서 걸음을 옮기는 사이사이에 호흡을 해야 한다. 이런 식이라면 동물은 달리면서 숨을 쉴 수가 없다. 그래서 현생 양서류와 파충류는 달리면서 동시에 숨을 쉴 수가 없으며, 그들의 고생대 조상들도 마찬가지였을 가능성이 높다. 달리는 데에 능한 파충류가 없는 이유도 이 때문이다. 파충류와 양서류가 매복했다가 덮치는 포식자인 이유도 마찬가지이다. 그들은 먹이를 뒤쫓아 달리지 않는다. 현생 파충류 중에서 달리기를 가장 잘하는 것은 코모도왕도마뱀이다. 이들은 먹이를 공격할 때 10미터쯤 달리기도 한다. 이렇게 이동과 호흡을 동시에 할 수 없는 것을, 이것의 발견자인 생리학자 데이비드 캐리어의 이름을 따서 캐리어의 제약(Carrier's constraint)이라고 한다.

빠르게 움직이면서 동시에 호흡을 할 수 없다는 이 난제는 육지 정착에 엄청난 장애물이었다. 최초의 육상 사지류는 전갈류 같은 육상 절지동물보다도 엄청나게 불리했을 것이다. 그 척추동물들은 느릿느릿 움직였을 뿐 아니라, 숨을 쉬기 위해서 계속 멈춰서야 했을 것이기 때문이다. 그리고 바로 그것이 우리가 산소 농도가 대단히 중요했을 것이라고 주장하는 이유이기도 하다. 산소 농도가 높은 환경에서만 최초의 육상 척추동물이 육지에서 살아가는 데에 성공할 기회가 있었을 것이기 때문이다.

이 문제가 낳은 한 가지 결과는 초기 양서류와 파충류가 3개의 방으로 이루어진 심장을 가지는 쪽으로 진화한 것이다. 현생 양서류와 파충류는 대부분 이런 형태의 심장을 가지고 있다. 움직일 때 호흡하기가 곤란하다는 문제에 적응한 결과이다. 파충류는 먹이를 뒤쫓을 때 숨을 쉬지 않으므로, 혈액을 허파로 내보내는 일을 할 네 번째 방까지 갖추는 것은 낭비이다. 세 개의 방을 이용하여 몸 전체로 피를 보낼 수 있기는 하지만, 파충류는 움직임을 멈추었을 때 다시 피에 산소를 공급하는 데에 더 오래 걸린다는 대가를 치러야 한다.

산소와 온도, 번식과 체온조절

이쯤에서 육상동물의 번식과 관련된 변수들을 요약하고 논의하면서, 산소농도와 온도에 관한 일반적인 사항들과 연관을 지어보기로 하자. 앞에서 살펴보았듯이, 가능한 전략은 두 가지이다. 알을 낳든가 살아 있는 새끼를 낳든가이다. 난생일 때, 알은 석회질 껍데기나 더 부드러운 가죽질 껍데기로 덮여 있다. 오늘날 모든 새는 석회질 껍데기를 이용하지만, 현생 파충류는 모두 가죽질 껍데기로 감싼 알을 낳는다. 불행히도 가죽질─혹은 양피지 같은─알과 석회질 알의 산소 확산속도를 비교한 자료는 거의 없다.

난생이나 태생 어느 쪽을 택하느냐에 따라서, 육상동물에게 중요한 결과가 빚어진다. 태생방식으로 발달하는 배아는 온도 변화, 건조, 산소 결핍의 위험에 시달리지 않는다. 그러나 어미는 몸 부피가 늘어나는 대가를 치러야 한다. 그러면 예외 없이 포식에 더 취약해질 뿐 아니라, 새끼를 배지 않았을 때보다 먹이를 더 많이 먹어야 한다. 알을 낳는 동물은 이런 문제를 겪지 않지만, 대신에 덜 안전한 환경─몸 바깥의 알 내부─에 알을 내보냄으로써, 포식이나 치명적인 외부 환경 조건 때문에 배아 사망률이 늘어나는 대가를 치러야 한다.

미시시피기가 끝나기 전에 크게 세 부류의 파충류 집단이 갈라져서 독자적인 집단을 형성했다. 첫 번째 집단은 포유류를, 두 번째 집단은 거북류를, 세 번째 집단은 다른 파충류 집단들—그리고 더 나아가서 조류—를 낳았다. 화석 기록을 보면, 이 세 집단 모두 많은 종들로 이루어져 있었음을 알 수 있다. 이 세 집단은 비교적 화석 기록이 풍부하므로 진화 경로를 개략적으로 파악할 수 있다. 또 "파충류"가 정확히 무엇인지를 재평가할 필요도 있다. 관습적으로 사람들은 현생 거북류, 도마뱀류, 악어류를 포함한 분류군을 파충강이라고 정의한다. 그러나 지금은 학술적으로 그들이 가지고 있지 않은 것을 통해서 파충류를 정의할 수 있다. 즉 조류와 포유류가 가진 특징들이 없는 유양막류가 파충류라는 것이다. 이 세 동물 계통이 모두 빙하가 드넓게 뒤덮고 있었고 산소 농도가 아주 높았던 세계에서 기원했다는 사실은 덜 알려져 있다. 여기에서 추우면서 산소 농도가 높은 세계가 이 동물들의 많은 생물학적 측면들에 영향을 미쳤을 것이라고 가정할 수 있다. 이 특징들 가운데 몇 가지를 살펴보자.

생명의 역사에 관해서 끈덕지게 제기되는 질문 중의 하나는 동물의 체온조절 역사에 관한 것이다. 체온조절 방식은 세 가지이다. 내온성(온혈), 외온성(냉혈), 그리고 세 번째 범주인 항온성이다. 항온성은 본질적으로 양쪽과 다르며, 아주 커다란 몸집과 관련이 있다. 이 각각의 체온조절 방식의 진화는 오랫동안 과학계의 집중적인 연구 대상이 되어왔으며, 가장 많이 논의되고 논쟁이 불붙었던 문제는 체온조절 경로—가장 중요하게는 공룡이 온혈동물이었는지 여부—였다. 논쟁이 일어나는 주된 원인 중의 하나는 이 특징들 각각이 주로 화석 기록을 거의 남기지 않는 (털 같은) 신체 부위나 생리학적 측면과 관련이 있다는 점이다.

우리는 현생 포유류와 조류가 모두 온혈동물이며 전자는 털, 후자는 깃털을 가지고 있는 반면에, 현생 파충류는 모두 털도 깃털도 없고 냉혈동물임을 안다. 멸종한 형태들의 지위도 여전히 논란거리이다. 여기에서 흥미로운 점은 과거의 산소 농도와 세계 기온이 다양한 집단의 체온조절이나 피부의 독특한 특징에 영향을 미쳤는가 여부이다.

파충류의 분화

두개골에 난 구멍의 수는 이 세 주요 "파충류" 집단을 구분하는 편리한 방법이다.[10] 무궁류(無弓類, anapsid, 거북의 조상)는 머리뼈에 창(窓, fenestra), 즉 큰 구멍이 전혀 없으며, 단궁류(單弓類, synapsid, 포유류의 조상)는 하나가, 이궁류(二弓類, diapsid, 공룡, 악어, 도마뱀, 뱀)는 두 개가 있다. 화석 기록상 이 세 집단은 모두 대기 산소 농도가 높은 시기에 출현했다.[11] 이궁류의 최초 구성원은 펜실베이니아기 말의 지층에서 발견되며, 몸길이는 약 20센티미터로 작다. 기원한 시점부터 약 2억6,000만 년 전인 페름기 중기와 후기에 본격적으로 시작했을 산소 농도 저하가 시작될 때까지, 이 집단에서는 분화나 전문화가 거의 이루어지지 않았다. 그들은 몸집이 작았으며, 다양한 이궁류 집단들의 분기가 펜실베이니아기 말에서 페름기 초(산소 농도가 가장 높았던 시기)에 일어났을지도 모르지만, 그들은 작고 도마뱀 같은 모습으로 남아 있었다. 그리고 중생대 공룡의 형태로 지구에 출현한 가장 큰 육상동물의 조상이 되리라는 것을 시사하는 특징은 전혀 없었다. 그러나 산소 농도가 가장 높았던 시기가 곤충이 가장 크게 자라도록 자극했다면, 같은 일이 이궁류에도 일어나지 말라는 법은 없다.

가장 중요한 질문은 이 집단이 온혈동물인지 그리고 어떻게 번식을 했는지 여부이다. 어느 집단에서도 페름기의 알이 확연히 밝혀진 사례가 전혀 없기 때문에, 우리는 그들이 어떻게 번식을 했는지 알 수 없다. 그들은 육지에서 원시적인 양막란을 가죽질 껍데기로 감쌌다고 여겨지지만, 태생이었을 가능성도 배제할 수는 없다. 이궁류가 자극을 받아서 유명하게 될 다양화를 이룬 것은 페름기 말—역사상 가장 큰 대량멸종을 일으킨 산소 위기가 한참 진행될 때—이 되어서였다. 아무튼 그들은 공룡을 낳았다.

이궁류는 이동이 가능한 형태로 진화했다. 그들은 날랜 육식동물이었다.

또 한 파충류 집단인 무궁류는 다른 방향으로 나아갔다. 거북이 발로 빠르게 돌아다닌다고 할 사람은 아무도 없으며, 그것이 바로 무궁류가 진화한 방식이었다. 거북과 그들의 조상인 페름기 말에 살았던 뼈대만 남은 파충류 화석 가운데 가장 큰 축에 속하는 느릿느릿 움직인 괴물인 파레이아사우루스(pareiasaurs)가 바로 그 후손이었다.

그러나 최초 구성원들을 살펴보면, 무궁류가 갑옷 안에 숨어서 느릿느릿 굼뜨게 움직이는 존재로 진화하리라고 예측하기는 어려울 것이다. 그들은 초창기인 후기 펜실베이니아기에 더 작고 더 빠르고 더 성공한 존재였고, 페름기에는 거기에 못 미쳤다. 페름기의 전반기에 걸친 긴 빙하기가 끝나고 빙하가 물러날 때, 그들은 코틸로사우루스(cotylosaurs)와 더욱 큰 파레이아사우루스 같은 거대한 형태로 진화했다. 그들은 느릿느릿 움직였을 것이 확실한 갑옷을 갖춘 거인이었으며, 페름기가 끝날 때까지 살았던 초식동물이었다. 페름기에 무궁류가 거대해진 것은 높은 산소 농도 덕분이었을 가능성이 매우 높다.

마지막 주요 파충류 집단은 단궁류로서, 이들은 우리의 공통 조상이었다. 이궁류가 산소 농도가 높았던 펜실베이니아기에서 페름기 초까지 내내 거의 변화가 없었다고 한다면, 이 시기의 세 번째 유양막류 집단인 포유류형 파충류는 전혀 그렇지 않았다. 이궁류와 마찬가지로, 이들도 가장 원시적인 형태는 펜실베이니아 지층에서 나오며, 당대의 이궁류와 마찬가지로, 이 포유류의 조상들도 작은 도마뱀 같은 형태였고 같은 생활방식을 취했을 가능성이 높다. 이궁류(그리고 그들의 조상인 양서류)와 마찬가지로, 이 초기 단궁류는 냉혈동물이었다고 여겨진다. 그들은 두 거대한 집단을 낳았다. 페름기 초의 디메트로돈(*Dimetrodon*) 같은 펠리코사우루스류와 그 후손인 수궁류(獸弓類, therapsid), 즉 포유류를 낳은 계통이다. 후자 집단은 포유류형 파충류라고도 불린다.

이궁류와 달리, 단궁류는 산소 농도가 높은 시기에 다양화했고 산소 농도가 정점에 이르렀을 때에는 모든 육상 척추동물 가운데 가장 거대해졌다.

펜실베이니아기의 후반부에 펠리코사우루스는 아마도 커다란 왕도마뱀, 아니 다리를 옆으로 벌린 오늘날의 이구아나와 모습도 행동도 비슷했을 것이다. 펜실베이니아기 말 무렵에 일부는 오늘날의 코모도 왕도마뱀만 해졌고, 무시무시한 포식자였을지 모른다. 약 3억 년 전 페름기가 시작될 무렵, 그들은 적어도 육상 척추동물상의 70퍼센트를 차지했다. 그리고 그들은 섭식이라는 측면에서도 다양화했다. 세 집단이 형성되었다. 어류 포식자, 육류 포식자, 최초의 대형 초식동물이었다.

　포식자와 먹이 모두 몸길이가 4.5미터에 가까운 크기로 자랄 수 있었고, 디메트로돈처럼 더욱 크게 보이도록 등에 커다란 돛을 단 것들도 있었다. 또 그들은 자세를 바꿈으로써 달릴 때에는 호흡을 할 수 없다는 파충류의 문제를 부분적으로 또는 전부 해결했다. 단궁류는 현생 도마뱀처럼 다리를 몸 양쪽으로 벌리기보다는 점점 몸통 밑에서 움직이는 진화 추세를 보여준다. 그럼으로써 더 곧추선 자세가 만들어졌고, 도마뱀과 도롱뇽의 몸을 비트는 걸음걸이에 수반되는 허파 압박은 제거되거나 적어도 크게 줄었다. 몸통 양쪽으로 다리가 여전히 조금 벌어졌을지라도, 최초의 사지류에 비하면 확실히 덜했다. 중기 페름기에 수궁류가 진화하면서, 자세는 더욱 곧추섰다.

　후기 펜실베이니아기와 페름기 초의 육식동물과 초식동물이 둘 다 가진 돛은 펠리코사우루스의 대사에 관해서 말해주는 중요한 단서이다. 그것은 아침에 동물의 몸을 빠르게 덥히는 데에 쓰는 장치였다. 아침 햇볕을 받기 위해서 돛의 위치를 조절함으로써, 포식자와 먹이 모두 커다란 몸을 빠르게 덥힘으로써 빨리 움직일 수 있었다. 체온을 먼저 덥힌 동물은 포식이냐 피신이냐 하는 경기에서 승자가 되었을 것이고, 따라서 거기에 자연선택이 작용했을 것이다. 그러나 여기에서 얻는 더 큰 단서는 산소 농도가 높은 시기에, 포유류의 조상에게서 내온성, 즉 "온혈"이 아직 진화하지 않았다는 것이다. 그렇다면 이 형질은 언제 처음 나타났을까? 이 혁신적인 돌파구는 펠리코사우루스의 후손인 수궁류에게서 나타났을 것이 분명하다. 우리는 산소 농도가 높았던 시기에 기온이 낮았다는 점도 지적해야 한다. 이 시기에 심한 빙하기가 있었고, 양쪽 반구의 극지방 가운데 상당 부분이, 육지와 바다 양쪽 다 얼음으로 뒤덮여 있었을 것이다.

펠리코사우루스의 진화에 관해서 우리가 이해하고 있는 내용의 상당 부분이 북아메리카에서 발견된 화석들에서 나오기는 했지만, 이 지역의 더 젊은 지층에는 척추동물 화석이 거의 없다. 수궁류로의 전이 과정을 가장 잘 보여주는 화석들은 유럽과 러시아에 있다. 그러나 결정적인 시기의 화석 퇴적층이 거의 없기 때문에 여기에서도 전이 과정은 거의 드러나지 않는다. 단궁류 화석 기록상의 이 지식 틈새는 약 2억8,500만 년 전부터 약 2억7,000만 년 전 사이에 걸쳐 있다. 이 집단의 역사를 우리에게 알려주는 주요 지역이 두 군데 있다. 러시아의 우랄 산맥 주변 지역과 남아프리카의 카루 지역이다. 카루의 기록은 약 2억7,000만 년 전의 빙하 퇴적층에서 시작되어 쥐라기까지 죽 이어지므로, 이 동물 계통을 이해하는 데에 유례없는 기여를 한다.

수궁류는 두 집단으로 나뉜다. 주류인 육식성 집단과 초식성 집단이다. 약 2억6,000만 년 전에 남아프리카에서 얼음이 사라졌지만, 우리는 상대적으로 고위도(남위 약 60도)인 초대륙 판게아의 이 지역이 여전히 차가웠다고 가정할 수 있다. 아직 산소 농도는 높았으며, 확실히 지금보다는 높았지만, 그래도 변하고 있었다. 페름기가 흘러감에 따라서, 산소 농도는 떨어지고 있었다. 이 시기에 육식동물과 초식동물 양쪽으로 두 대규모 형태의 방산이 일어나고 있었던 듯하다. 아마 2억7,000만 년 전부터 2억6,000만 년 전 사이에 육지를 지배한 동물은 디노케팔리아(dinocephalia)였을 것이며, 이 거대한 짐승은 경이로운 크기에 이르렀다. 공룡만 한 크기는 아니었지만, 아마 코끼리를 제외한 현생 육상 포유류 수준에 이른 것은 확실하며, 몇몇 가장 큰 종류는 몸무게가 코끼리만큼 나갔을 것이 틀림없다. 한 예로 남아프리카에서 흔하며 잘 알려진 화석 속인 모스콥스(Moschops)는 키가 1.5미터였고, 머리가 거대했으며, 뒷다리보다 앞다리가 훨씬 더 길었다. 그들은 비슷한 크기의 육식동물들에게 사냥당했다.

디노케팔리아와 그들의 육식동물은 약 2억6,000만 년 전에 일어난, 아직도

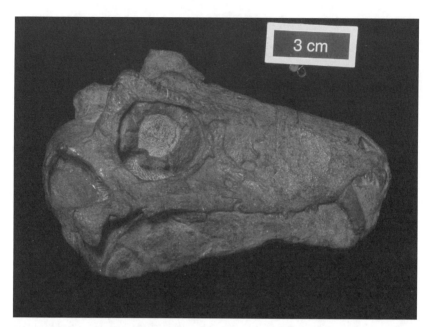

남아프리카의 후기 페름기 퇴적층에서 나온 고르고놉시아 머리뼈 화석. (사진 : 피터 워드)

거의 이해가 되지 않은 대멸종에 희생되었다. 디노케팔리아와 육지를 지배한 그들의 직계후손인 최초의 디키노돈트(dicynodont)와 그 포식자들의 분포 범위는 거의 알려져 있지 않다. 남아프리카와 러시아에서 새 화석이 나올 때까지는 이 불확실성이 계속 남아 있을 것이다. 유감스럽게도 이 시대의 화석은 거의 없으며 그것을 연구하는 고생물학자는 더 드물기 때문에, 우리는 미래 세대들이 화석 사냥을 계속한다고 가정한다고 해도 몇 세대가 지날 때까지도 여전히 모르고 있을 수도 있다.

디키노돈트는 2억6,000만-2억5,000만 년 전의 주된 초식동물이었다. 그들은 다음 장에서 상세히 다룰 페름기 대멸종 때 지구에서 거의 사라졌다. 그들을 사냥한 육식동물은 세 집단이 있었다. 페름기 말에 전멸한 고르고놉시아(gorgonopsia), 좀더 다양했던 테로케팔리아(therocephalia), 궁극적으로 트라이아스기에 포유류로 진화한 키노돈트(cynodont)였다.

동물의 크기와 산소 농도

대기 산소 농도가 30퍼센트를 넘는 유례없는 수준으로 치솟았을 때, 그에 발맞추어서 유례없는 수준으로 거대한 곤충들이 진화했다. 석탄기 말에서 페름기 초에 걸쳐 살았던 거대한 잠자리를 비롯한 곤충들은 지구 역사상 가장 큰 곤충이었다. 그저 우연의 일치였을 수도 있지만, 대다수의 전문가들은 산소 농도가 높아서 곤충이 더 크게 자랄 수 있었을 것이라는 데에 동의한다. 곤충의 호흡계는 산소가 기관을 통해서 몸 안으로 확산되도록 되어 있고, 산소 농도가 높았던 시기에는 이 중요한 기체가 몸집이 더 큰 곤충의 몸 안으로 더 많이 들어올 수 있었을 것이기 때문이다. 그렇다면 산소 농도가 높아질 때 곤충이 더 커진다면, 척추동물은 어떨까? 새로운 자료들은 척추동물도 마찬가지였음을 시사한다.

2006년에 고생물학자 미셸 로린은 석탄기에서 페름기까지, 즉 약 3억2,000만 년 전에서 약 2억5,000만 년 전까지 살았던 다양한 파충류의 화석 머리뼈 길이와 몸길이를 측정했다. 두 크기 변화의 양상은 산소 농도 변화의 양상과 거의 일치했다. 후기 석탄기에 산소 농도가 높아질 때, 파충류의 몸집도 커졌고, 페름기 중반에 산소 농도가 낮아지기 시작하자 몸집도 그에 따라서 줄어들기 시작했다. 신생대 포유류 장에서 다시 살펴보겠지만, 폴 팔콥스키 연구진은 (훨씬) 더 뒤의 포유류를 연구하여, 전기 신생대에도 아주 흡사한 현상이 나타났음을 보여주었다. 산소 농도가 크게 높아졌던 시기에, 포유동물 종들의 평균 크기도 증가했다.

이 크기 변화의 추세는 페름기가 끝날 무렵에 포유류형 파충류에게서도 나타났다. 역사상 가장 큰 수궁류였던 중기 페름기의 디노케팔리아는 산소 농도가 정점에 이르렀을 때 진화했다. 페름기 중반에 산소 농도가 떨어지기 시작하자, 다양한 수궁류 집단들에 속한 분류군들과 가장 중요한 집단인 디키노돈트에서 머리뼈 크기가 작아지는 추세가 나타났다. 페름기 말에도 비교적 몸집이 큰 몇몇 종이 아직 살고 있기는 했지만—디키노돈과 육식성인 고르고놉시아가 떠오른다—이 시기에 디키노돈트의 많은 종들은 더 작

생명의 기원을 연구하는 학자이자 인본주의자인 안토니오 라스카노가 갈라파고스 제도에서 "하등한" 생물을 살펴보는 모습. (사진 : 피터 워드)

아졌다. 페름기 말의 키스테케팔루스(*Cistecephalus*), 딕토돈(*Diictodon*), 그밖의 몇몇 동물들은 아주 작았다. 2007년에 이루어진 연구에 따르면, 후기 페름기에서 전기 트라이아스기에 이르기까지 살았던 속인 리스트로사우루스(*Lystrosaurus*)는 페름기보다 트라이아스기에 더 작았고, 페름기 말과 트라이아스기 초의 다양한 키노돈트들은 산소 농도가 급감함에 따라서 모두 크기가 작았다. 예외가 있기는 하지만—트라이아스기에 살았던 칸네메이에리아

(*Kannemeyeria*)와 트리틸로돈(*Tritylodon*) 같은 소수의 거인들이 그렇다—일반적으로 페름기보다 트라이아스기의 수궁류는 훨씬 더 작았다. 우리 동료(지금은 워싱턴 대학교에 있다)인 크리스천 사이더는 최근에 크기 감소를 입증하는 논문을 냈다. 따라서 페름기 말에서 트라이아스기에 이르는 기간에 육상동물의 크기와 산소 농도 사이에는 강한 상관관계가 있다. 산소 농도가 높을 때 사지류는 더 커졌고, 산소 농도가 낮아질 때면 몸집이 더 줄어들었다.

제1차 포유류 시대

예일 대학교의 유명한 피바디 박물관은 세계에서 가장 많은 화석을 소장한 곳 중의 하나이다. 또 지금까지 그려진 고생물학 그림들 가운데 가장 뛰어난 것들도 소장하고 있다.

예일 대학교 구내의 피바디 자연사 박물관에는 넓은 벽에 두 점의 거대한 벽화가 그려져 있다. 이 두 벽화—4년 반(1943–1947)에 걸쳐 그린 "파충류의 시대"와 6년여(1961–1967)에 걸쳐 그린 "포유류의 시대"—는 대대로 미국인들에게 육상생물의 시대별 여정을 보여주는 상징적인 그림이 되어왔다.

"파충류의 시대"는 어두운 늪지에서 시작하여 티라노사우루스 렉스 위로 화산들이 분출하는 장면으로 끝난다. 두 번째 벽화는 정글에서 시작한다. 그러나 전혀 다르면서 매우 친숙한 식생으로 이루어진 정글이다. 이 두 벽화는 양서류가 파충류를 낳고, 파충류는 포유류를 낳았다고 말해준다. 그러나 우리는 이제 전혀 다른 두 점의 벽화가 필요하다고 본다. 이 깊은 시간을 상징적으로 보여주는 전혀 다른 척추동물들을 담은 수정된 벽화가 말이다. 사실 여기에서 우리는 포유동물의 "시대"가 세 번 있었다고 주장하려련다(물론 우리는 "시대"가 과학적 타당성 없이 비공식적으로 범주를 정해서 붙인 꼬리표에 불과하다는 것을 잘 안다).

제1차 포유류 시대는 페름기에 있었으며, 수궁류와 그들의 조상인 단궁류의 전성기를 말한다. 물론 학술적으로 그들은 아직 포유류가 아니다. 그러나 포유류에 가까웠다. 종도 많았을 뿐 아니라 개체수도 많았다. 남아프리카에는 한 시기에 무려 50개의 속이 살았다(그리고 정상적인 속은 대개 몇 개[에서 많은] 종으로 이루어지므로, 실제 종 다양성은 더욱 높았다. 적게 잡아도 150종은 있었을 것이다).

현재의 남아프리카는 약 2억5,500만 년 전 곤드와나의 남부였던 남아프리카와 위도가 크게 다르지 않았고 아마 기후도 비슷했을 것이다. 현재 남아프리카에는 299종의 포유류가 산다. 우리는 현재의 아프리카 초원을 상상할 수 있지만, 당시에는 대형 초식동물 대신에 디키노돈이 우글거렸을 것이고, 사자만 한 고르고놉시아에서 족제비만 한 테리오돈트(theriodont)까지 많은 종류의 육식동물들이 살았을 것이다. 우글거리는 초식동물 무리는 풀이 아니라 낮게 덤불처럼 자라는 글로소프테리스(*Glossopteris*)와 고사리를 뜯어 먹었다. 제1차 포유류 시대의 아프리카는 그런 모습이었다.

제2차 포유류 시대는 트라이아스기 말에서 백악기 말 사이라고 볼 수 있다. 포유류가 억압받던 시기이다. 육지를 지배하던 공룡들에게 억압받았다. 그들은 생태적 틈새에서 살았다. 굴 속이나 나무 위에서 살면서 밤에 몰래 돌아다녔다. 몸집은 가장 큰 것도 집고양이 정도였고, 대개 그보다 훨씬 더 작았다.

마지막으로 제3차 포유류 시대가 있다. 잘링거가 그린 벽화 속의 포유류 시대이다. K-T 대량멸종 이후에 종들이 쏟아져나오면서 현재 우리에게 잘 알려진 과들을 형성했다. 이 시대의 이야기는 우리에게 가장 잘 알려져 있다. 칙술루브 소행성이 일으킨 대재앙에서 살아남은 쥐처럼 생긴 동물들로부터 티타노데어(titanothere)와 윈타데어(uintathere, 코뿔소처럼 생긴 동물) 같은 초기의 포유류를 거쳐서 오늘날 우리에게 아주 친숙한 많은 포유동물에 이르기까지의 시대이다.

2000년 무렵까지 우리는 대체로 남아프리카의 카루 사막에서 얻은 화석을 통해서 제1차 포유류의 시대를 파악했다. 그러나 21세기에 크리스천 사이더가 아프리카 중북부에서 많은 새로운 화석들을 채집했고, 고생물학자 마이클 벤턴의 연구 덕분에 지금은 러시아에서 나온 엄청난 양의 화석도 알려져 있다. 제2차 포유류 시대의 포유류는 아주 작았다. 포유류가 마침내 주도권을 쥔 것은 팔레오세에 들어서였으며, 오랫동안 인정받지 못한 상속인처럼, 마침내 자신의 이름이 붙은 "시대"를 가지게 되었다.

공룡의 시대 전체가 크나큰 실수였다고 하면 믿을 수 있을까? 그러나 한 차례 현무암이 엄청나게 쏟아져 흘러나오기만 했어도 전혀 다른 역사가 펼쳐졌을 수도 있다. 2억5,000만 년 전의 인간 지능은? 유인원에서 더 발전된 존재로 나아가는 데에는 그리 오랜 시간이 걸리지 않았다.

12

대규모 죽음—무산소 상태와 세계적인 정체기 : 2억5,200만–2억5,000만 년 전

남아프리카 중부의 카루 사막은 처음 방문하는 사람은 다소 실망할 수도 있다. "아프리카"와 "사막"이라는 두 단어가 한 어구를 이룰 때, 사람들은 으레 아프리카의 가장 유명한 건조지대인 사하라 사막이나 낮에는 타는 듯이 뜨겁고 밤에는 얼어붙을 듯이 차가운 혹독한 조건에 모래가 늘 움직이기 때문에 생명이 거의 살지 않는 또다른 광활한 황무지인 칼라할리 사막을 떠올리곤 한다. 그렇게 동식물이 살아가기가 힘겹고, 생물 다양성과 풍부도가 대단히 낮기 때문에, 사하라와 칼라할리의 인구도 마찬가지로 한정되어 있다고 해도 놀랄 일이 아니다. 동식물을 기를 수 있는 방법도 거의 없다.

이 두 아프리카 사막과 달리, 카루 사막에는 움직이는 모래 언덕이 전혀 없다. 이곳은 주로 암석으로 이루어져 있고, 식물로 뒤덮여 있는 곳도 많다. 이 드넓은 사막에서 양의 배설물이 보이지 않는 곳은 거의 찾아보기 어려우며, 그것은 이 도입된 종이 어디에나 퍼져 있다는 증거이다. 이곳에는 코끼리도 기린도, 하마도 악어도, 물소도 코뿔소도 없다. 그래도 동물이 있으며, 곳곳에 많이 살지만, 이곳의 종들은 아프리카 하면 떠올리는 그런 동물들이 아니다. 또 이곳에는 사람들도 많으며, 대농장을 이루고 있다. 따라서 카루는 사막을 보고 싶은 여행객이 찾을 만한 곳이 아니다. 그러나 이곳에는 약 2억 7,000만 년 전부터 아마도 1억7,500만 년 전까지의 기간에 걸쳐, 즉 1억 년에 걸쳐 쌓인 퇴적암이 있다.

이 엄청난 암석 더미의 한가운데에는 모든 대량멸종 가운데 가장 규모가 컸던 페름기-트라이아스기 대멸종 전후에 살던 대형 육상동물들의 화석이 세계에서 가장 잘 보존되어 있다. 1800년대 중반부터 여러 세대에 걸쳐 고생물학자들은 카루 지층들이 만들어지고 새겨진 고대의 강 바닥과 계곡 바닥을 훑어왔다. 동물들은 죽은 뒤에 종종 강으로 운반되거나 오래 전에 공격을 받았던 곳일 수도 있는 물웅덩이로 운반되어 뼈만 남아서 진흙에 가라앉아서 보존된다. 이 지역은 아주 최근까지 그 시대를 기록한 주된 화석지였다. 최근에야 우리 동료인 브리스틀 대학교의 마이클 벤턴이 러시아 동부에서 새 화석지를 발견하고, 또다른 동료인 워싱턴 대학교의 크리스천 사이더가 니제르에서 중요한 새 화석을 발견함으로써 화석지가 늘었다.[1] 그러나 이 새 화석지들은 풍부하고 시간별로 상세한 화석 기록을 제공하는 카루 암석과 비교가 되지 않는다. "제공한다"는 말을 쓸 수 있다면 말이다. 사실 카루는 지구 생명의 역사상 가장 중요한 시기 중의 하나에 관한 정보를 가진 방대한 창고이면서도 그 정보를 마지못해 찔끔찔끔 내놓아왔다. 그 정보는 억지로 빼내야 하며, 이 일이 멋져 보일지도 모르지만(티라노사우루스 렉스 같은 고대 포식자의 거대한 머리뼈를 찾겠다는 꿈을 꾸지 않는 고생물학자가 어디 있으랴), 이 열정을 추구하는 인간들에게는 잘해야 고생스럽기 그지없는 일이다.

케이프타운에서 카루 중심지까지는 차로 온종일 달려야 한다. 그러나 지층이 약간 기울어져 있어서, 북동쪽으로 나아가면 고도가 꾸준히 높아지면서 카루가 가진 지층들의 책 전체를 겉표지인 페름기 중반부터 공룡이 배회하던 마지막 장인 쥐라기까지 읽을 수 있다. 퇴적층 기록들을 따라서 돌투성이 길을 수천 미터에 걸쳐 걸으면서 올라갈 때 변하는 것은 시간만이 아니다. 출발할 때는 얼음과 빙하로 뒤덮여 있던 시대이지만, 마지막에는 지구 역사상 가장 뜨거웠던 시대 중의 하나가 나온다. 게다가 중간에 거의 6억 년 전 동물이 처음 출현한 이래로 대기 산소 농도가 가장 낮았던 수천만 년에 걸친 시대도 지난다. 그러나 이 전체 기록을 읽음으로써 많은 것을 이해할 수 있다고 한다면, 다른 어떤 시대보다 더 많은 연구가 이루어진 한 시대를 대변하는 지층도 있다.

2억5,200만–2억4,800만 년 전에 걸쳐 쌓인 수백 미터 두께의 지층이다. 즉 페름기의 마지막 수백만 년(페름기가 끝날 때 고생대도 끝나므로 고생대의 마지막 수백만 년이기도 하다)과 2억5,200만 년 전 대량멸종 이후의 첫 수백만 년에 걸쳐서 쌓인 암석이다.

지구과학자들은 지금 수십 년째 이 암석들과 드물기는 하지만, 때로 절묘할 만큼 잘 보존된 머리뼈를 비롯한 뼈대를 대상으로 몇 가지 주요 의문을 해결하고자 애쓰고 있다. 첫 번째는 멸종속도가 정상적인 "배경" 멸종속도를 처음 초월한 시점부터 대량멸종이 얼마나 오래 걸렸나 하는 것이다. 정상적인 배경 멸종속도는 5년에 약 1종이라고 계산되어왔다. 두 번째로 우리는 육지에서 재앙 수준의 멸종이 일어날 때, 페름기의 해양에서도 대량멸종이 동시에 일어났는지 알고 싶다. 세 번째이자 아마도 가장 흥미로울 질문은 대량멸종의 원인이 무엇이었나 하는 것이다. 마지막으로, 육상 생태계가 얼마나 빨리 회복되었는지를 알아내는 것도 중요하다. 이 단서야말로 페름기 대량멸종과 유사한 미래의 사건, 즉 우리 종이 깨닫고 있는 것보다 일어날 가능성이 훨씬 더 높을 사건에서 살아남는 데에 유용한 정보를 제공할 수도 있기 때문이다.

20세기의 위대한 고고학자인 시카고 대학교의 데이비드 라우프의 말을 조금 바꿔서 말하면 이렇다. 살아남은 종은 좋은 유전자를 물려받은 것일까? 아니면 그저 운이 좋았기 때문일까?

페름기 대멸종의 결과

페름기 대멸종의 원인 혹은 원인들을 놓고 지금도 격렬한 논쟁이 벌어지고 있기는 하지만, 이 기간의 한 가지 측면에서는 모두가 의견이 같다. 멸종의 여파로 생태계가 심각한 영향을 받았고, 회복되는 데에 오랜 시간이 걸렸다는 것이다. 페름기 대멸종을 더 뒤의 백악기–제3기 대멸종 사건과 비교하면 회복이 더뎠음을 쉽게 알 수 있다. 양쪽 사건에서 지구의 종의 절반 이상이 사라졌지만, "K-T" 사건 직후에는 세계가 비교적 빠르게 회복되었다. 두 사건의 원인이 서로 달랐기 때문일 수도 있다. K-T 사건은 지구에 소행성이 충돌하고 그에 따라서 환경 파괴가 일어난 것이 원인이라고 십여 년 전부터 받아들여져왔다. 그리고 충돌로 빚어진 살상 조건은 금방 사라졌다. 페름기 사건 이후에는 상황이 달랐다. 앞에서 말했듯이, 일부 지구과학자들은 K-T 사건과 마찬가지로 페름기 사건도 커다란 천체의 지구 충돌로 일어났다고 믿고 있지만, 마치 페름기 대멸종을 일으킨 환경 조건은 멸종이 시작된 뒤로 수백만 년에 걸쳐 지속된 듯이 보인다. 회복의 기미가 어느 정도 보이기 시작한 것은 약 2억4,500만 년 전, 트라이아스기 중반에 들어서였다.

이 결과들은 페름기 말에 산소 농도가 감소한 것이 직접적 또는 간접적으로 페름기 대량멸종에 어느 정도 기여했다고 하면 예상할 수 있는 것들이다. 가장 최신의 버너 곡선은 트라이아스기에 들어설 때까지 산소 농도가 낮은 수준을 유지했음을 보여주며, 심지어 전기 트라이아스기가 거의 끝나갈 때까지도 산소 농도가 바닥 수준을 벗어나지 못했음을 시사하는 연구 결과도 있다. 그것이 바로 회복이 오랫동안 지체된 이유를 설명할 수도 있다. 이 증거는 멸종을 일으키는 환경 사건들이 계속 일어나고 있음을 시사한다. 그런 일이 일어나고 있었고 이 해로운 조건에 맞서서 동물이 어떤 방식으로든 적응할 수 있었다면, 우리는 트라이아스기에 대량멸종으로 생긴 많은 빈 생태적 지위에 반응하여 많은 신종이 나왔을 것이고, 또 한편으로 지속되는 멸종 사건 자체라는 더 장기적인 환경 효과에 반응하여 신종이 생겼을 것이라고 예상할 수 있다. 트라이아스기 화석에서 관찰된 양상이 바로 그러했다. 일부 종들은 사라져가고 있는 듯했지만, 많은 새로운 종들이 특히 육지에서 출현하면서 (따라서 생태적 대체가 일어나면서) 세계는 다시 채워졌다. 다음 장에서 우리는 신종들 가운데 상당수가 트라이아스기 말에 가까워지면서 일어나기 시작하여 계속 지속된 낮은 산소 농도에 대처하기 위해서 진화했다고 추정할 것이다. 이 낮은 산소 농도는 쥐라기까지, 5,000만 년이 넘는 기간 동안 이어졌다. 트라이아스기는 진정으로 두 다른 세계에 적응한 동물들의 교차로였다. 한쪽은 산소 농도가 높은 세계였고 다른 쪽은 낮은 세계였다.

논쟁 : 충돌 대 온실

20세기가 끝나고 21세기에 들어서면서, 페름기 대멸종에 사실상 더 많은 관심이 쏠리고 있다. 무엇보다도 현재 종종 언급되고 있듯이 모든 종의 90퍼센트가 사라진 가장 심각한 사건이었기 때문이다. 그런데 얼마나 빨리 일어났을까? 중국과 미국의 고생물학자들이 중국 메이산 인근에 드러난 페름기와 트라이아스기의 두꺼운 석회암을 포괄적으로 연구하면서 이제야 단서가 드러나기 시작하고 있다.[2] 지질학자들은 이 두꺼운 암석의 각 퇴적층을 하나하나 살펴보면서 쌓인 순서를 파악했다. 그런 뒤 그토록 세심하게 조사한 층들에서 화석들을 채집했다. 연구자들은 각 화석을 세심하게 동정(同定)했고 어느 층에서 나왔는지도 기록했다. 고생물학자들은 신뢰 구간 방법론(confidence interval methodology)이라는 찰스 마셜의 새로운 통계기법을 활용했다.[3] 이 방법은 해당 화석이 살았을 시간 범위를 추정할 수 있게 해주었다. 중국의 지질학자들은 그 점에서 대단히 유리한 위치에 있었다. 중국에는 민감한 장치를 써서 우라늄/납 동위원소 비율을 측정하여 연대를 추정할 수 있는 화산재 층이 여기저기에 흩어져 있었기 때문이다. 그리고 그 일은 가장 최근에 MIT의 샘 바워링이 맡아서 했다.[4] 이 연구진의 가장 최신 연구 결과에 따르면, 멸종이 지속된 기간은 겨우 6만 년에 불과하다고 한다. 2.5억 년에 걸친 암석을 분석하여 그 정도로 상세한 수치를 얻었다니 놀랍기 그지없다.

중국 지질학자들은 메이산의 5개 지역에서 지층들을 30-50센티미터 간격으로 채취하여 분석한 뒤 결과들을 종합했다. 이 암석에서는 총 333종의 해양생물이 나왔다. 산호류, 이매패류, 완족류, 고둥류, 두족류, 삼엽충을 비롯한 다양한 생물들이었다. 세계의 어느 지역에서도 어떤 시대의 지층을 그토록 철저히 조사하여, 많은 동물들을 정확히 밝혀낸 사례는 없다.

페름기 말 해양의 환경 조건들을 다각도로 조사해보니, 얕은 바다와 깊은 바다 양쪽에서 무산소 상태가 나타났다는, 즉 산소 농도가 아주 낮았다는 증거를 폭넓게 찾을 수 있었다. 이 일은 도쿄 대학교의 유키오 이소자키가 1996년에 탁월하게 수행했다. 그는 일본 본토를 뚫고 올라온 심해저에 쌓였던 처트 층들을 분석했다. 대량멸종 사건이 일어나던 바로 그 시기에, 정상적인 붉은색을 띠던 처트가 짙은 검은색으로 변했다. 마치 모든 것이 죽은 듯이 말이다. 오늘날 적조 현상이 생길 때처럼 많은 생물들이 갑자기 몰살당할 규모의 무산소 조건이 형성된 것이 분명했다. 또 멸종이 일어날 당시에 지구 기온은 따뜻했으며, 바로 그 시기에 시베리아에서 용암 분출이 일어났다는 증거도 있다.

이 멸종의 원인을 놓고 다양한 추측이 나와 있다. 첫 번째는 시베리아의 범람 현무암(flood basalt)이 대량의 기체를 대기로 뿜어내면서 대규모의 기후 변화가 일어나고 산성비가 쏟아졌을 가능성이다. 이 가설은 버클리의 지질연대학자 폴 레니를 비롯한 사람들이 제기했다. 다양한 원천에서 나온 새로운 자료에 따르면, 대기로 갑자기 방출된 메탄이 살해자일 가능성이 있다. 그러나 충돌을 뒷받침하는 증거가 전혀 없다고 해도, 충돌이 멸종을 일으킬 수 있다는 생각은 여전히 모든 이의 머릿속에 들어 있었다. 중국에서 나온 새로운 증거는 일종의 "빠른 타격"이 있었음을 시사한다. 대량멸종의 잠재적인 원인들 가운데, 소행성 충돌만이 단기간에 그런 대량멸종을 일으킬 수 있다고 여겨졌다.

금세기에 들어설 무렵, 지구 역사가들은 거대한 천체 충돌이 설령 전부는 아니라고 해도 대다수 대량멸종의 원인이라는 쪽으로 기울었다. 그러나 2000년에도 페름기 대량멸종의 원인은 거의 종잡을 수 없어 보였다. 지질학계에서는 여전히 어떤 충돌로 멸종했을 것이라고 추정했지만, 1980년에 세상을 떠들썩하게 했던 공룡을 멸종시킨 K-T 사건과는 달라 보였다. 페름기 대량멸종은 여러 차례의 충돌로 일어났을 수도 있고, 한 차례의 커다란 충돌과 다른 어떤 멸종 메커니즘이 겹쳐져서 일어났을 수도 있었다. 가장 수수께끼 같은 점은 20세기 말과 21세기 초에 중국의 지층을 살펴보았던 그 어떤 연구자도 당시 많은 K-T 경계 지역에서 잘 연구된 이리듐, 유리질 소구체(glassy spherule), 충격 석영(shocked quartz) 알갱이처럼 백악기를 끝낸 충돌 멸종과 연관이 있다고 잘 알려진 단서들을 페름기 말 지층에서는 찾아내지 못했다는 것이다.

2001년, 그리고 그 뒤로 몇 년에 걸쳐, 지구화학자인 루언 베커 연구진은 버크민스터풀러렌(Buckminsterfullerene)이라는 터무니없이 긴 이름을 가진, 다행히 줄여서 버키볼(Buckyball)이라고 하는 고도로 복잡한 탄소 분자를 페름기 말 지층에서 발견했다고 발표했다.[5] 그들은 이 증거를 이용하여, 백악기 말의 대량멸종과 마찬가지로, 페름기 말의 대량멸종도 커다란 소행성이 지구에 충돌한 결과라고 주장했다. 2억5,100만 년 전에 충돌했다는 점만 다르다는 것이었다.

이 연구진이 묘사한 버키볼은 적어도 60개의 탄소 원자로 이루어진 커다란 분자로서, 축구공이나 측지선 돔과 비슷한 구조이다. 그래서 측지선 돔의 발명자인 건축가 버크민스터 풀러의 이름을 따서 그런 이름이 붙었다. 연구진은 측지선 돔처럼 생긴 탄소 분자가 우리 같은 그 구조 안에 헬륨과 아르곤 기체를 가두고 있고, 충돌의 이 새로운 지표들이 전 세계에 흩어진 세 지역의 페름기 말의 지층에 존재한다고 보았다. 베커 연구진은 이 버키볼이 외계에서 기원했으며, 따라서 이리듐(다시 말하면, 이 지층에서는 발견되지 않았다)과 마찬가지라고 해석했다. 그 안에 갇힌 불활성 기체들의 동위원소 비율이 독특하기 때문이다. 한 예로 지구의 헬륨은 주로 헬륨-4이고 헬륨-3는 미량에 불과한 데에 반해서, 이 풀러렌에 들어 있는 것과 같은 외계 헬륨은 주로 헬륨-3로 이루어져 있다. 연구진은 이 모든 별의 원료들은 페름기 말에 (더 정확히 말하면, 페름기를 끝낸) 지구에 충돌한 혜성을 통해서만이 지구로 들어올 수 있었다고 보았다.

연구진은 혜성이나 소행성의 지름이 6-12킬로미터였다고, 즉 6,500만 년 전 현재 멕시코 유카탄 반도의 프로그레소라는 도시 근처에 거대한 칙술루브 크레이터를 남긴 K–T 소행성만 했다고 썼다. 그러나 페름기의 그런 거대한 충돌체라면, 훗날 칙술루브 충돌 때처럼 거대한 크레이터를 남겼을 것이라고 예상해야 한다. 그래서 베커 연구진은 보지 못하고 지나쳤거나 묻혀 있을 충돌 크레이터를 찾는 일에 몰두하기 시작했다.

2년 뒤인 2003년, 그들은 오스트레일리아 앞바다의 해저에서 묻혀 있던 거대한 크레이터를 발견했다고 발표했다.[6] 따라서 페름기 대멸종은 충돌로 일어난 듯했다. 그러나 버키볼의 해석과 비두 크레이터(Bedout crater)라고 이름 붙인 그 커다란 수중 구조가 충돌 크레이터일 가능성 양쪽에 다 의문이 제기되었다.

과학은 무엇보다도 재현과 예측이 가능해야 하며, 이 두 측면에서 볼 때 페름기 멸종의 버키볼 가설은 궁극적으로 무너졌다(신기하게도 2012년까지도 구글에서 "페름기 대멸종"을 검색하면 충돌과 버키볼이라는 단어가 맨 위에 나오기는 했지만 말이다). 이 대량멸종의 원인을 탐색하는 우리는 더 일찍부터 의심을 품었으며, 그 가설이 옳을 리가 없다고 확신했다.

원래 베커 연구진은 중국, 일본 등에서 채집한 표본들을 조사해서 결과를 얻었다. 그런데 중국에서 다시 조사를 했을 때 결과를 재현할 수 없었고, 우리 친구인 유키오 이소자키는 베커가 일본 오사카 인근에서 표본을 채집했던 중요한 경계층이 사실은 그 경계층을 가로지르는 낮은 각도의 단층 때문에 사라졌다고 몇 년 더 앞서 보여주었다. 경계층 양편의 코노돈트 층들도 3개 층이 통째로 사라졌다. 그런데 베커 연구진은 헬륨–3가 비정상적으로 거기에 있다고 했다. 경계층이 있다고 한 (잘못 안) 바로 그곳에 말이다. 뭔가 수상쩍었다. 이윽고 칼텍의 우리 동료들은 풀러렌 우리에 들어 있는 헬륨–3가 100만 년이 지나기 전에 누출된다는 것을 보여주었다. 따라서 2억5,200만 년이나 지난 풀러렌에 남아 있을 리가 없었다. 게다가 모든 버키볼과 헬륨–3를 만들었고 세계의 생물상을 죽음으로 내몰았다고 해석된 해저 구조는 소행성이나 혜성 충돌과 전혀 무관한 거대한 화산암 대지임이 드러났다.

지질학자와 유기화학자로 이루어진 한 연구진은 최신 도구를 써서 페름기 말과 트라이아스기 초의 해성(海成) 지층을 조사했다. 그들은 몸 화석을 살펴보는 대신에, 지층에 남은 유기물질을 조사하여 화학물질 화석을 찾고자 했다.[7] 즉 생물표지를 찾았다. 그들이 얻은 생물표지는 유독한 황화수소로 포화되어 있고 산소는 전혀 없는 얕은 물에서만 자랄 수 있는, 광합성을 하는 홍색황세균에게서만 나올 수 있는 것이었다. 당시 H_2S를 생산하던 미생물은 해양을 가득 채울 만큼 생물량이 엄청났던 듯하다. 2009년 MIT의 연구진이 내놓은 새로운 연구 결과를 토대로 할 때, 그들은 오늘날의 흑해와 같은 작은 해역만이 아니라, 대부분 혹은 더 나아가서 세계의 모든 바다를 채웠을 것이다. 연구진은 지구 전역의 십여 곳에 있는 페름기 말 지층에서 동일한 생물표지를 찾았다.[8]

2005년 펜실베이니아 주립대학교의 한 지구화학자 연구진은 가장 규모가 컸던 이 대량멸종의 원인이 무엇인가 하는 수수께끼에 해답을 제시했다. 해양 화학, 특히 해양 탄소 순환의 세계적인 전문가인 리 컴프는 평생을 함께한 동료인 마이크 아서(같은 대학교)와 공동으로 페름기 말의 H_2S는 해양 미생물(정확히 말하면 홍색황세균과는 다른 종)이 생산했으며, 그것이 육지와 바다 양쪽에서 일어난 멸종에 직접 관여했다고 주장하는 논문을 발표했다.[9]

컴프 가설—온실 멸종 이론의 여명기

컴프 연구진의 시나리오는 다음과 같다. 해양 무산소 상태가 지속되는 시기(해저뿐 아니라 아마 수면까지도 산소가 부족했던 시기)에 심해 H_2S 농도가 임계 수준을 넘어서 증가했다면, 용존산소가 있는 표층수 아래에 놓여 있던 황이 풍부한 (현재 흑해에서 볼 수 있는 것과 같은) 심층수가 갑자기 해수면까지 솟구칠 수 있었다. 그러면서 매우 유독한 H_2S 기체가 부글거리면서 대기로 솟구치는 끔찍한 결과가 빚어졌을 것이다. 지구 멸종 사건에 새롭게 도입된 이 요인은 해양 멸종과 육상 멸종을 연결하는 고리가 된다. H_2S는 비교적 심하지 않은 수준으로 해양에서 쏟아져나올 때에도 동식물에게 치명적인 수준으로 대류권에 축적되기 때문이다. 이 현상은 페름기 말뿐 아니라, 지구 역사의 다른 시기에도 일어났을 수 있으며, 따라서 대량멸종을 일으키는 주된 교란이었을 수 있다.[10]

개략적인 계산을 해본 컴프 연구진은 페름기 말에 대기로 유출된 H_2S의 양이 현재의 적은 양(이 독성을 띤 물질은 화산에서 뿜어진다)보다 2,000배 이상 높았을 것이라는 결과가 나오자 경악했다. 치명적인 수준까지 쌓였을 가능성이 높았다.

게다가 위험한 수준의 자외선으로부터 생물을 보호하는 오존층도 파괴되었을 것이다. 실제로 페름기 말에 그 일이 일어났다는 증거가 있다. 이 멸종 시기의 그린란드 퇴적층에서 나온 포자 화석들은 오존층이 사라지면서 쏟아져들어온 강한 자외선에 오래 노출되었을 때 나타난다고 예상되는 돌연변이의 증거를 보여주기 때문이다.

현재는 남극대륙 상공에 오존 구멍이 생기며, 그럴 때 그 아래에 있는 식물성 플랑크톤의 생물량은 급감한다. 이 먹이사슬의 토대가 파괴된다면, 머지않아서 더 높은 단계들에 있는 생물들도 교란될 것이다. 오존층의 완전한 상실은 인근의 초신성에서 온 입자들이 지구를 강타함으로써 대량멸종이 일어났다는 설명에도 등장해왔다. 그 입자들은 오존층을 파괴할 것이다. 마지막으로 메탄 농도가 갑작스럽게 크게 상승하면 CO_2가 일으키던 온실 효과를 더 증폭시키며, 당시에 메탄 농도는 100ppm 이상 올라갔을 것이다. H_2S가 대기로 들어가고, 동시에 오존층이 파괴될 때, 온실 가스는 지구를 더 데운다. H_2S의 독성은 온도가 높아질수록 더 커진다. 따라서 충돌 가설의 설득력 있는 새로운 대안이 나온 것이었다. 이 멸종은 오래 계속 이어졌거나, 맥동하듯이 단기적인 멸종 사건들이 이어진 것일 수도 있었다.

지금까지 우리는 암석 자체에서 나온 증거들을 살펴보았다. 한편 과거의 사건들을 밝혀내는 두 번째 방법이 있다. 이 자료 중의 일부를 사용하여 과거의 대기가 어떠했는지 모형을 구축하는 것이다. 그런 모형은 여러 종류가 있으며, 앞으로 지구의 대기와 기온이 어떻게 변할지 예측하려고 시도하는 연구와 관련된 것들이 많다. 페름기의 산소와 이산화탄소 농도, 지구 기온을 추정하는 모형들도 제시되어왔다. 첫 번째는 예일 대학교의 로버트 버너가 계산한 대기 산소와 이산화탄소 농도의 변화이다. 그의 연구진은 페름기 말에 산소 농도가 급감할 때 이산화탄소 농도가 확실히 급증했다는 것을 밝혀냈다. 두 번째는 세계의 H_2S 배출량 분포를 살펴보는 어려운 일을 하는 리 컴프 연구진이 내놓은 것이다. 그들은 그 일을 하기 위해서 지구 순환 모형(global circulation model, GCM)을 사용했다.

이 모형들은 원래 현재의 날씨와 기후 패턴을 이해하기 위해서 개발된 것이다. 그러나 페름기 말과 트라이아스기 초라는 중요한 시기의 대륙들의 위치뿐 아니라, 대기와 바다의 산소와 이산화탄소 농도 및 온도도 알려져 있으므로, 이 모형은 페름기에도 적용할 수 있었다. 컴프 연구진은 추적해야 할 중요한 원소가 인(燐)이라고 추론했다. 인은 비료의 주성분이며, 페름기 말에 해양 인 농도가 급증한 것이 관찰된다면, 그 증가한 인에 힘입어서 늘어난 황화수소 기체의 양도 계산할 수 있었다. 황 미생물이 늘어날 것이기 때문이다.

H_2S는 한 차례만 출현한 것이 아니다. 페름기-트라이아스기 경계의 지층들이 전 세계에서 쌓이던 무렵에 연달아서 트림을 하듯이 쏟아져나오곤 했다. 컴프는 가장 불길한 말로 논문을 마무리했다. 그는 모형을 통해서 H_2S가 해양의 어디에서 대기로 뿜어질지 보여주었을 뿐 아니라, 얼마나 많은 H_2S가 이윽고 대기로 들어갔는지를 추정한 앞서 2005년에 내놓은 결과를 완벽하게 뒷받침할 새로운 계산 결과들도 내놓았다. 종합하면 이렇다. 육상 생물의 대다수를 죽이고도 남을 만큼의 H_2S가 뿜어졌고, 그 지독한 기체는 바닷물에도 녹으므로 얕은 해양 환경에도 대단히 치명적인 영향을 미쳤을 것이다. 특히 산호, 조개, 완족류, 태형동물 같은 탄산칼슘 겉뼈대를 만드는 얕은 물에 사는 생물들이 더 피해를 입었을 것이다. 이들은 그 가장 큰 규모의 멸종 사건 때 희생된 무척추동물들이었다.

컴프 연구진의 해석이 나온 이래로, 신시내티 대학교의 톰 앨지오를 비롯한

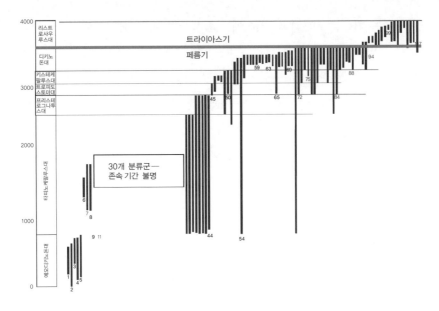

남아프리카 카루의 약 2억6,000만-2억5,000만 년 전 지층에서 나온 척추동물 화석들의 존속 기간. 각 수직선은 척추동물의 한 속(지층에서 찾아낸 화석들을 토대로 한 것)을 나타낸다. 대부분의 멸종이 꽤 좁은 기간에 일어났다는 점에서 이 양상은 백악기 말에 일어난 양상과 전혀 다르다. 여기에서 멸종이 "번진" 듯한 양상을 띠는 것은 "온실 대량멸종"의 한 특징이다. 즉 멸종이 한 번에 크게 일어난 것이 아니라, 여러 차례에 걸쳐 일어났음을 시사한다.

다른 연구자들은 많은 근거 자료를 통해서 이 대량멸종의 화학적 측면을 더욱 깊이 이해하는 데에 큰 기여를 해왔다.[11]

고도 압축

과거의 대량멸종 연구는 새로운 것이 아니다. 사실 그것은 19세기 초에 지질학이 처음 학문 분야로 정립될 때, "과학"이라고 불릴 수 있도록 기여한 최초의 연구 중의 하나였다. 새로운 점은 현생누대의 이른바 5대 대량멸종 중의 하나 또는 그 이상에 미생물이 기여했음을 우리가 이해하게 되었다는 것이다.

멸종 자체는 새로운 주제가 아니지만, 그 동전의 이면인 대량멸종의 여파를 다루는 연구는 지난 10년 사이에 진화생물학과 고생물학 분야에서 새로운 주요 하위 분야로 등장했다. 우리는 대량멸종이 더 극심할수록, 그 뒤의 세계가 더 달라졌다는 것을 알아냈다. 그 직후—처음 수만 년에서 수백만 년까지—만이 아니라 그 뒤로 수천만 년에 이르기까지 그러했고, 일부 생물 계통에는 영구적인 변화가 일어났다.

이전에 알아차리지 못했던 산소 농도 변화의 한 가지 측면은 그것이 종의 이주와 유전자 흐름에 영향을 미친다는 것이다. 우리 세계의 산맥은 종종 유전자 교환의 장벽 역할을 함으로써 산맥 양편에 서로 다른 생물상을 빚어낸다. 페름기 말에는 해수면 근처에 산다고 해도 워싱턴 주 레이니어 산의 높이보다 더 높은 해발 5,000미터에서 호흡하는 것이나 다를 바 없었을 것이다. 따라서 페름기에는 고도가 조금만 높아도 호흡하기가 더 힘들었을 것이므로, 야트막한 언덕이 있어도 고지대나 낮은 산소 농도에 가장 잘 견디는 동물들 외에 다른 모든 동물들은 고립되었을 것이다. 그 결과 세계는 해안선을 따라서 고유종들의 중심지가 곳곳에 형성된 양상을 띠었을 것이다.

많은 대륙들의 고지대에는 가장 잘 견디는 동물만을 제외하고 동물들이 전혀 살지 않았을지도 모른다. 이것은 대륙의 위치를 토대로 예측한 결과와 모순된다. 이 2억5,000만 년 전에 대륙들은 모두 하나로 융합되어 판게아라는 거대한 초대륙을 이루었고, 따라서 동물은 대서양 같은 것을 건너지 않고서도 대륙의 한쪽 끝에서 반대쪽 끝까지 걸어서 갈 수 있을 것이므로, 각 지역의 고유한 육상생물 권역이 거의 없는 세계라고 예상할 수 있기 때문이다. 그러나 다양한 척추동물 동물상을 연구한 새로운 자료들은 적어도 육지에서는 고도가 이주의 새로운 장벽이 되었고, 서로 분리된 생물 권역이 많이 존재했던 것 같다고 말한다.

20세기 말에서 21세기 초에 걸쳐 로저 스미스, 제니퍼 보타, 피터 워드가 카루 사막에서, 마이크 벤턴이 러시아에서, 크리스천 사이더가 니제르에서 한 연구들은 아프리카의 각 지역마다 대체로 서로 겹치지 않는 별개의 동물상이 있었음을 보여주었다.[12] 따라서 산소 농도가 낮았던 시기에는 고도가 이주와 유전자 흐름을 막는 중요한 장벽이 되었을 것이다.[13] 즉 산소 농도가 낮았던 시기에는 적어도 육지에 많은 별개의 생물 권역이 있었어야 한다. 산소 농도가 높았던 시기에는 정반대 현상이 일어났다. 생물 권역이 상대적으로 적고 세계적인 동물상이 있었을 것이다.

산소 농도 저하는 산맥을 이주 장벽으로 만든 것만이 아니었다. 페름기 말에서 트라이아스기까지 해발 1,000미터가 넘는 지역의 대부분을 거주 불가능한 곳으로 만들기도 했다. 고도 압축(altitudinal compression)이라는 이 효과는 산소 농도가 가장 낮았던 시기에 트라이아스기 육상동물에게 큰 장애가 되었을 수 있다. 고도 압축 때문에 서식지가 사라짐으로써 고지대에 있던 종들은 낮은 지대로 이주하거나 죽어서 사라졌을 것이다. 그럼으로써 공간과 자원을 놓고 경쟁이 심해졌을 것이고, 아마도 전에 생물들이 많았던 저지대에서는 새로운 포식자, 기생생물, 질병이 들어옴으로써 사라지는 종들이 나타났을 것이다. 우리는 페름기 말에 고도 압축 때문에 지표면의 50퍼센트 이상이 더 이상 살 수 없는 곳이 되었을 것이라고 계산했다. 오래전 로버트 맥아더와 E. O. 윌슨이 『섬 생물지리학 이론(*The Theory of Island Biogeography*)』에서 개괄한 효과로 일어난 멸종도 있었을 것이다. 그들은 종다양성이 서식지 면적과 상관관계가 있으며, 섬이나 어떤 보전구역의 면적이 더 줄어들수록 종들은 죽어나간다고 했다. 고도 압축은 기능적으로 가용 면적을 줄임으로써 대륙 면적에 같은 효과를 일으켰을 것이다.

페름기 멸종의 복기

페름기 멸종의 마지막 측면은 아직 발표되지 않은 연구에서 드러난다. 공저자인 피터가 한 연구이므로 페름기 대량멸종이라는 주제를 다루는 이 자리에서 발표하기로 하자. 워드의 제자인 프레더릭 둘리는 리 컴프와 함께 뜻밖의 발견을 했다. 둘리는 황화수소가 동식물에 미치는 영향을 연구해왔다. 컴프는 세계 해수면의 황화수소 양을 추정하는 것을 비롯하여 페름기 말의 해양 조건을 모형화하는 일을 해왔다. 둘리는 컴프가 내놓은 추정값을 이용하여 단세포 해양 플랑크톤과 가장 중요한 해양동물성 플랑크톤인 작은 새우처럼 생긴 요각류(橈脚類)를 대상으로 실제 실험을 했다. 그 황화수소 농도는 조류를 죽이는 데에는 충분하지 않았으며, 놀랍게도 사실상 조류의 증식을 촉진시켰다. 반면에 요각류는 거의 즉시 죽었다. 식물성 플랑크톤을 먹음으로써 수를 억제하는 요각류가 사라지자, 이 미세한 식물들은 죽어서 해저에 가라앉아 썩으면서 산소를 모조리 소비했다. 그 결과 탄소 동위원소가 주기적으로 크게 요동치는 양상이 나타났을 것이다. 생활사의 초기에 표층수에서 플랑크톤 생활을 하는 모든 해양동물 종들이 죽었을 것이다. 지구는 동물은 거의 없고 썩어가는 식물들만이 가득한 곳이 되었을 것이다. 페름기 말에 일어난 일이 바로 그렇다. 어쨌든 해양에서는 그렇다. 육지에서는 제1차 세계대전과 제2차 세계대전을 결합한 것과 흡사한 일이 일어났을 것이다. 현재 남아프리카의 로저 스미스는 2억5,200만 년 전 남아프리카에서 갑자기 폭염이 찾아오고 극도로 건조해진 시기가 있었다는 대단히 신뢰할 만한 증거를 가지고 있다. 한편 우리가 2005년에 발표한 카루의 척추동물에 관한 연구는 아직도 그 경계 시기의 육상동물의 멸종을 가장 잘 규명한 사례로 남아 있다.[14] 로저 스미스는 가뭄과 더위만으로 대다수 척추동물의 멸종을 설명할 수 있다고 생각한다. 우리는 세계전쟁에 비유하면 이해하기가 쉽다고 본다. 제1차 세계대전 때 그 사막에서는 많은 군인들이 죽어갔고 유독한 염소 가스에 살해당했다. 오래 전 그 사막에서는 육지와 바다에서 유독한 황화수소 때문에 생물들이 죽어나갔다.

13
트라이아스기 대폭발 :
2억5,200만−2억 년 전

학자로서의 가장 큰 기쁨 중의 하나는 지역 대학이든 가장 권위 있는 연구 기관이든 간에 그곳의 교수들로부터 인정을 받는 것이다. 이는 대체로 미국 의 대학교 체제의 특성 자체에서 비롯된다. 미국의 대학교 체제는 6−7년의 시험 기간을 거친 뒤에 종신 재직권을 얻는 형태이다. 영구히 말이다. 아마도 그 어떤 직업보다도 대학교수는 안정적일 것이며, 다른 대다수의 직업에 비해 서 상대적으로 이직률이 낮다. 그 결과 인생의 상당 기간에 걸쳐 말 그대로 관계가 지속될 수 있다. 이 점에서 대학교수 체제는 수도사들이 젊을 때 수 행을 시작하여 함께 나이를 먹어가는 폐쇄적인 수도원과 매우 흡사하며, 사 실상 거기에서 파생된 것처럼 보인다. 그리고 오래된 수도원에서와 마찬가 지로, 나이를 먹어서 더 지혜로워질수록 더 많은 경험을 한 사람을 존중하고 그들의 말에 귀를 기울이는 법을 터득한다.

2000년 무렵에 우리 두 사람은 칼텍에서 가장 연세가 있는 과학자 몇 분 과 점심식사를 했다. 아마도 역대 지구화학 교수 중에서 가장 저명한 인물에 속할 샘 엡스타인도 있었다. 샘이 시카고 대학교에서 평온한 나날을 보내고 있을 때, 노벨상을 받은 화학자 해럴드 유리는 침전되어 형성된 탄산염암에 든 산소 동위원소를 비교하여 고대 탄산염암이 형성될 때의 온도를 알아내 는 법을 발견했다. 형성될 때의 온도가 높을수록 산소-16에 비해서 훨씬 더 희귀한 동위원소인 산소-18의 비율이 더 높았다.

샘은 이윽고 칼텍으로 자리를 옮겼고, 그곳에서 다양한 방법을 써서 수많은 종류의 표본들을 고도로 정밀하게 측정하는 일을 하면서 보냈다. 그러나 그가 처음에 관심을 가진 분야는 고대의 온도였던 듯하다. 멋진 점심을 함께한 뒤 그는 우리 둘을 아래층에 있는 그의 연구실로 데려갔다. 해체되고 있는 중이었다. 샘의 전성기에 쓰였던 1950–1960년대의 지구화학 장비들은 주로 손으로 만들고 입으로 불어서 만든 유리기구들이었다. 절묘하게 제작된 유리 조절 꼭지와 고무관, 플라스크 등이 나선형으로 감기고 이리저리 교차하는 가느다란 유리관들로 거미줄처럼 연결된 장치들이 벽마다 가득했다. 모두 당시 과학에 종사하던 장인들이 만든 수제품이었다. 예산 감축과 새로운 반도체 기술에 밀려서 지금은 사라진 숙련된 기술자들의 작품이었다.

우리는 연구실 안을 거닐었고, 대화는 당시 우리가 가장 관심을 가지고 있던 주제로 흘러갔다. 페름기 대량멸종과 그것의 원인이 무엇일까 하는 문제였다. 당시에는 아직 충돌이 원인일 가능성이 있다고 여겨지고 있었다. 그러나 샘은 거기에 전혀 동의하지 않았다. 그는 웃음을 머금은 얼굴로 우리를 돌아보면서 다음과 같은 짧은 이야기를 들려주었다. 젊은 시절에 그는 트라이아스기 초에 형성된 것으로 추정된 해성 퇴적암 표본들, 혹은 지금의 이란 지역인 페름기의 적도에 가까운 어딘가의 아주 얕은 바다에서 형성되었을 수도 있는 표본들을 얻은 적이 있었다. 한순간의 변덕 때문에 그랬는지 아니면 정말로 하고 싶어서 그랬는지 몰라도, 샘은 그 표본들의 형성 당시의 온도를 분석하기 시작했다. 그는 모든 표본이 섭씨 40도를 넘는 온도에서, 어떤 것은 무려 50도에 달하는 온도에서 형성되었다는 것을 알고 경악했다. 그 표본들은 고대의 산호에서 형성된 것이었다. 정상적인 염분의 물을 필요로 하는 동물로부터 말이다.

그런 온도는 정체된 물웅덩이나 초호에서 나타날 수 있다. 그러나 완족류는 그런 곳에 살지 않는다. 샘 엡스타인이 알아낸 온도는 우리 지구의 그 어느 곳에서도 형성될 수 없었다. 그 표본들은 멸종 이후에 대양의 수온이 비현실적일 만큼 높았던 세계가 있었음을 시사했다.

당시 80대였던 샘은 서글픈 웃음을 지으면서 자신이 살 날이 1년밖에 남지 않았다고 말했다. 그는 도저히 용기가 나지 않아서 그 자료를 발표할 수 없었다고 했다. 고대 온도를 분석하려면 정확성을 기하기 위해서 갓 캐낸 표본을 써야 한다. 재가열되거나 지하수에 노출되거나 화학적 변화가 일어난 흔적이 전혀 없어 보일 때에도 산소 동위원소 온도가 "재설정된" 표본들이 아주 흔하며, 그런 재설정이 일어난 암석은 대개 비정상적인 높은 온도에서 형성된 것처럼 보였다. 표본이 더 오래될수록 이 과정이 더 흔해진다. 그러나 샘은 페름기 대멸종 직후 100만 년 동안, 즉 트라이아스기의 첫 100만 년 동안 수온이 섭씨 40도를 넘었다는 증거를 가지고 있다고 확신했다.

몇 년 뒤, 우리도 트라이아스기 초의 다른 화석지에서 얻은 암석의 고온도를 분석하다가 똑같이 수온이 40도를 넘었던 것 같다는 결과를 얻었다. 오래 전 샘 엡스타인의 트라이아스기 완족류가 자랐던 해역보다 더 깊은 곳에서 형성된 암석이었다. 우리도 샘 엡스타인과 마찬가지로, 이 결과를 발표하지 않았다.

영예는 결코 소심한 사람에게 돌아가지 않는 법이다. 2012년에 페름기 대멸종 이후에 생명이 회복되는 데에 왜 그렇게 오래 걸렸는지를 이해하기 위해서 애쓰던 중국과 미국의 한 공동 연구진은 놀라운 논문을 발표했다.[1] 당시 바다의 수온은 40도였고, 육지의 기온은 무려 50도에 달했다는 것이다! 엡스타인의 연구와 달리, 그 연구자들은 1만5,000점이 넘는 표본을 분석하여 페름기 대멸종 이후의 환경 조건을 가장 상세하면서도 공들여서 조사했다.

연구를 완수한 과학자들은 고대의 뜨거운 세계가 어떤 모습이었을지를 추정할 수 있었다. 연구자들은 대다수의 해양생물이 수온이 40도를 넘으면 죽는다는 것을 알았다. 사실 이보다 훨씬 더 높은 온도에서는 광합성이 본질적으로 중단된다. 이 세계에서는 열대지역 전체에서 동물이 아예 없었을 것이고, 복잡한 생명은 고위도에서만 살고 있었을 것이다. 육상동물은 중위도에서도 드물었을 것이다. 이런 고온에서는 공기에 수분이 엄청나게 많았을 것이고, 열대는 1년 내내 습했을 것이다. 그곳은 식물이 전혀 살지 않는 습한 사막이었을지도 모른다.

지구연대학 분야에서 발전이 더 이루어진 지금은 고온인 시기가 적어도 트라이아스기의 처음 300만 년 동안 이어졌다고 알려져 있으며, 실제로 그 기간에 걸쳐 온도가 점점 더 치솟아서 스미티아조(Smithian stage, 약 2억4,700만 년 전의 100만 년에 걸친 기간)에 동물이 출현한 이래로 가장 높은 온도에 이르렀을지도 모른다. 샘 엡스타인은 옳았다. 우리가 오팔 크리크의 표본에서 얻은 결과도 옳았다.[2] 그 결과를 발표하지 않은 것이 오판이었다.

페름기 대멸종은 분명히 가장 근본적인 격변을 일으킨 사건 중의 하나였다. 즉 다세포 식물이나 동물의 입장에서는 그렇다. 미생물—특히 처음 출현했을 때부터 동물이 처음 진화할 때까지 모든 지구 생명의 대다수를 차지하고 있던 황을 좋아하고 산소를 싫어하는 미생물—의 입장에서는 그 사건이 낙원으로 돌아가는 것과 같았다. 오랜 세월이 흐른 뒤인 지금의 우리 입장에서 보면, 페름기 대멸종은 데본기 말에 일어난 대멸종의 재현이었고, 데본기 대멸종은 우리가 현재 온실 멸종(greenhouse extinction)이라고 하는 것의 첫 번째 사례였다. 온실 멸종은 트라이아스기 말에도 더 많이 일어나고, 쥐라기와 백악기에도 여러 차례 일어나며, 약 6,000만 년 전인 팔레오세 말에 일어난 것이 마지막 사례이다. 그러나 페름기 사건만큼 규모가 엄청나고, 대멸종 이후에 그렇게 다양한 동물 집단들이 출현한 사례는 없었다.

페름기 대멸종은 세계에 많은 새로운 생물들을 낳았으며, 그중 새로운 두 계통은 트라이아스기 말에 번성하면서 진화했다. 페름기 대멸종은 포유동물의 출현에 적잖은 기여를 했고, 우리의 오랜 강적이었던 공룡이 출현할 토대도 마련했다. 그러나 모든 육상동물 가운데 가장 중요한 축에 들기는 해도("……의 시대"라는 영예를 얻는 동물 집단은 극소수에 불과하다), 트라이아스기의 공룡과 포유류는 트라이아스기 대폭발 때 늦게 출현했고, 둘 다 몸집이 비교적 작은 채로 남아 있었으며(특히 포유류는 쥐만 한 크기를 넘어선 적이 거의 없었다), 종 풍부도와 다양성 면에서도 적은 상태를 유지했다. 공룡의 시대는 쥐라기에 들어서야 시작되었고, 포유류의 시대는 신생대까지 기다려야 했다.

(트라이아스기의) 후반에 공룡과 포유류가 진화하기 한참 전, 트라이아스기의 다른 동물들과 식물들은 가장 흥미로운 특징들을 가진 생물들의 집단을 형성했다. 이미 오랫동안 존속한 분류군의 새로운 형태들과 새로운 종들, 고생대의 생존자들과 근본적으로 다른 새로운 체제를 가진 종들이 뒤섞였다. 트라이아스기가 시간적으로 진정한 교차로처럼 보이는 것도 이 혼합 때문이다. 어떤 면에서는 캄브리아기 대폭발과 다르지 않았다. 최초의 동물들인 에디아카라 동물군이 멸종한 뒤에 최초의 진정한 동물들이 수많은 체제로 빠르게 진화하면서 바다를 가득 채운 것처럼, 새로 창안된 수많은 체제가 빈 세계를 채웠다는 점에서 그렇다. 그리고 캄브리아기 대폭발과 마찬가지로, 새로운 체제 가운데 상당수는 더 잘 고안된 생물들과의 경쟁이나 포식에 내몰려 사라지는 단기적인 실험체에 불과한 것으로 드러났다. 그런 다양한 새로운 형태들이 출현한 시기는 캄브리아기와 트라이아스기 이외에는 없다. 주된 이유는 두 가지인 듯하다. 페름기의 대멸종은 적어도 잠시 동안, 거의 모든 새로운 디자인이 작동할 수 있을 만큼, 세계를 텅 비웠다. 그러나 그에 못지않게 (혹은 그보다 더) 중요할 수도 있는 두 번째 이유가 트라이아스기에는 있다.

가장 황폐화시킨 대량멸종에서 막 빠져나온 이 트라이아스기 초의 세계는 생명이 거의 없이 텅텅 비어 있었다. 그와 동시에 모든 모형들은 트라이아스기에 산소 농도가 지금보다 낮은 긴 시기가 있었음을 시사한다. 앞에서 말했듯이, 산소 농도가 낮은 시기, 특히 대량멸종 이후의 시기는 상이성을 촉진한다. 즉 새로운 체제의 다양성이 증가한다. 이 새로운 요인들은 결합되어서 캄브리아기 이래로 가장 많은 새로운 체제를 빚어냈고, 여기에서 우리는 트라이아스기와 비교하기에 가장 적합한 시대는 캄브리아기 초라고 주장한다. 우리는 이 시기와 그 생물학적 결과를 트라이아스기 대폭발이라고 부를 것이다.

트라이아스기는 육지와 바다 양쪽에서 상이성이 경이로울 만큼 증가한 시기였다. 바다에서는 새로운 이매패류가 많은 멸종한 완족동물의 자리를 채웠고, 암모나이트류와 나우틸로이드류가 대단히 다양해지면서 해양을 활발한 포식자들로 다시 채웠다. 지금까지, 존재했던 암모나이트의 25퍼센트는 트라이아스기 지층에서 발견되었다. 지구에 그들이 존속한 총 기간의 겨우 10퍼센트에 불과한 기간에 말이다. 그들은 고생대 조상들과 비교할 때 모양과 패턴이 전혀 다른 새로운 종들로 진화하여 바다를 채웠고, 앞에서 말했듯이 이 새로운 유형의 동물들은 모든 척추동물 가운데 낮은 산소 농도에 가장 잘 적응한 이들이었을 것이다. 또 돌산호류라는 새로운 종류의 산호들이 산호초를 만들기 시작했고,[3] 많은 육상 파충류가 바다로 돌아갔다. 그러나 체제의 대체와 실험이라는 측면에서 가장 큰 변화가 일어난 곳은 육지였다. 그 이전만이 아니라 그 이후에도, 육지에 그토록 다양한 해부 구조를 가진 동물들이 살았던 적은 없었다. 페름기와 비슷한 체형을 가진 것들도 있었다. 페름기 멸종에서 살아남은 수궁류는 다양해져서 트라이아스기 초에 조룡류(祖龍類, archosaurs)와 육지의 패권을 놓고 경쟁했지만, 이 전성기는 짧았다. 많은 종류의 파충류가 그들과, 또 서로서로 육지를 차지하기 위해서 경쟁했다. 포유류형 파충류에서 도마뱀, 최초의 포유류에 이르기까지, 트라이아스기는 동물 디자인의 엄청난 실험이 이루어진 시대였다.

겉으로 보기에는 포유류가 순수한 파충류보다 더 경쟁에서 "앞서야" 마땅하지 않을까 하는 생각이 들 수도 있다. 어쨌거나 이 시기에 포유류형 파충류의 대다수는 온혈이었고, 아마도 알을 낳는 공룡보다 육아를 훨씬 더 잘할 수 있었을 것이다(지금처럼 말이다). 그리고 그들은 포유류가 이윽고 세계를 지배하게 된 주된 이유 중의 하나인 포유류형 이빨을 가지고 있었다. 이 이빨은 작은 씨앗에서 풀, 수많은 종류의 고기에 이르기까지 온갖 먹이를 먹을 수 있도록 얼마든지 형태가 변형될 수 있었다. 그러나 그들은 경쟁에서 이기지 못했다. 그들의 멸종은 제1차 포유류 시대를 마감했고, 전혀 다른 포유류 집단으로 이루어진 제2차 포유류 시대를 열었다.

멸종 동물 집단들을 전혀 새로운 관점에서 연구할 수 있게 해준, 그리고 지금도 마찬가지인 주요 변화 중의 하나는 컴퓨터 혁명 덕분에 통신, 형태

파악과 이미지 분석, 문헌 검색 분야에서 엄청난 혁신이 이루어졌다는 것이다. 현재는 컴퓨터 기술 덕분에 대규모 데이터베이스를 만들어서 번개 같은 속도로 검색하고 분석할 수 있다.

이제는 더 이상 손에 마이크로미터를 쥐고서 고생하면서 화석의 크기를 측정하지 않으며, 연구자가 표본을 찾아서 이 박물관 저 박물관을 돌아다니면서 홀로 연구하는 일도 없다. 생명의 역사의 이해에 변화를 가져오는 새로운 연구는 거의 모두 대규모 연구진이 엄청나게 많은 숫자를 입력하고 분석함으로써 나온다. 지금은 그 일의 상당 부분을 기계가 도맡아서 한다. 그리고 이 결과들은 새로운 깨달음을 낳을 수 있다.

뮌헨 대학교의 고생물학자 롤란드 수키아스와 루트비히 막시밀리안이 육지에 사는 트라이아스기 척추동물들의 몸집을 살펴본 것도 그런 연구에 속한다.

이들은 이 연구와 후속 연구를 통해서 페름기 대량멸종으로 텅 빈 전기 트라이아스기에 출현한 주요 체제가 겨우 두 가지에 불과하다는 것을 밝혀냈다. 다리가 넷인 체제(사지류)와 두 다리만 쓰는 체제(이지류)였다. 그들은 거의 5,000만 년에 걸친 트라이아스기에 이어서 마찬가지로 5,000만 년 동안 펼쳐진 쥐라기까지, 도마뱀류가 포유류형 파충류보다 종과 형태가 훨씬 더 다양해졌다는 (그리고 상이성의 한 척도인, 절대적인 몸집도 더 컸다는) 것을 알아냈다. 고생물학자들은 오랜 세월 채집 표본을 꼼꼼히 살펴봄으로써 그런 직관을 얻었지만, 연구진은 처음으로 엄청난 수를 통해서 그것을 실증했다.

또 그들은 도마뱀류가 훨씬 더 빨리 성장하여, 포유류형 파충류보다 더 빨리 커다란 몸집의 성체가 된다는 것도 확인했다. 이 "번식 연령"의 차이는 모든 측정 지표들 가운데 가장 중요한 것일 수도 있다. 더 빨리 자라서 더 빨리 번식할 수 있다는 것은 도마뱀류가 더 작고 성장속도가 느린 수궁류보다 더 큰 초식동물과 포식자라는 생태적 역할에 더 빨리 적응할 수 있다는 의미였고, 그래서 그들은 그런 해부학적 형태들로 진화하여 생태적 지위를 차지할 기회를 얻었다.

그래도 남아 있는 의문들이 있다. 후기 트라이아스기에, 공룡들이 확고히 자리를 잡은 시대에, 그들이 곧바로 더 커져서 쥐라기의 거대한 몸집이 되었고, 그러면서 더 흔해졌을 것이라고 예상할지 모른다. 공룡의 지배가 시작된 초창기를 규명하는 데에 어느 누구보다도 더 많은 기여를 한 시카고 고생물학자 폴 세레노는 둘 다 진실이 아니라고 말한다. 약 2억2,100만 년 전 처음 출현했을 때부터 트라이아스기 말인 2억100만 년 전까지 거의 2,000만 년 동안, 공룡과 수궁류는 똑같이 상대적으로 드물고 작은 몸집으로 남아 있었다.[4] 이 시기에는 수궁류보다 공룡이 더 많았을지 모르지만, 전체적으로 보면 두 집단 모두 보잘것없었다. 우리 두 사람은 그 시기에는 어느 누구도 육지에서 잘 살아가지 못했고, 사실 네 발 달린 육상동물로서는 바다로 돌아가는 편이 훨씬 더 유리했을 것이라고 본다. 지구 역사상 다른 어떤 시기보다도 트라이아스기에 바다로 돌아간 육상동물의 수가 더 많았다.

　전통적으로 학계에서는 트라이아스기 대폭발의 원인이 페름기 대멸종으로 주된 육상동물들이 너무 많이 사라짐으로써 대멸종 이외의 시기나 다른 대량멸종 시기보다 더 많은 혁신이 이루어질 길이 열렸기 때문이라고 설명해왔다. 그저 많은 육상동물 체제들이 마침내 효율적으로 작동할 수 있는 진화적 시점에 도달한 덕분일 수도 있다. 페름기 말과 트라이아스기 초까지도, 포유류형 파충류(당시의 디키노돈류와 키노돈트류) 같은 진화적으로 성숙한 집단은 육상 파충류의 덜 효율적이고 다리를 쫙 벌린 자세보다는 곧추선 가장 효율적인 자세를 이루려고 애쓰고 있었으며, 그 과정에서 온갖 방향으로 다양화하면서 한편으로 실수의 대가를 치르는 일을 겪고 있었다.

　그들의 체제는 강한 선택압을 받아서 진화적으로 변형되고 있었고, 지배적인 체제가 되려면 산소 농도가 낮은 세계에서 먹고 번식하고 경쟁할 수 있어야 했고, 그러려면 충분한 산소를 얻을 필요가 있었다. 죽음을 앞두었을 때야말로 정신이 가장 맑아진다는 옛 격언이 있다. 진화적 힘에도 같은 말을 할 수 있을지 모른다. 모든 선택압 중에 가장 압도적인 힘에 직면했을 때, 즉 산소 농도가 높았던, 따라서 대기에서 산소를 얻기가 매우 쉬웠던 페름기에 진화적으로 이루었던 수준의 높은 동물 활동을 하는 데에 필요한 만큼 산소를 얻어야 하는 선택압에 직면했을 때 그런 일이 벌어졌다. 대기 산소 농도의 3분의 2가 줄어들자 진화 폭탄의 심지에 불이 붙은 것이 확실하며, 그 폭탄은 트라이아스기에 폭발했다. 따라서 트라이아스기 동물의 체제 다양성은 캄브리아기 대폭발로 생긴 해양동물의 체제 다양성과 비슷하다. 앞에서 살펴보았듯이, 캄브리아기 대폭발은 (에디아카라 동물군의) 대량멸종 뒤에 일어났고, 지금보다 산소 농도가 낮은 시기였다. 후자는 많은 새로운 디자인을 자극했다.

트라이아스기 회복

트라이아스기 초는 공식적으로 2억5,000만 년 전부터 약 2억4,500만 년 전까지이며, 이 시기에는 대량멸종에서 회복되는 기미가 거의 보이지 않는다. 트라이아스기의 산소 농도의 변화는 놀랍기 그지없다. 2억4,500만-2억4,000만 년 전에 10-15퍼센트라는 최저 수준까지 떨어졌다가, 적어도 500만 년 동안 그 수준에서 머물렀다. 또 이 시기에는 산소 동위원소 비율도 아주 신기할 만큼 대규모로 요동쳤으며, 그것은 탄소 순환 자체가 메탄 가스가 연달아 바다와 대기로 뿜어지거나 소규모의 멸종이 연달아 일어나면서 교란된 결과처럼 보인다. 이 점에서도 캄브리아기 초와 놀라울 만큼 비슷하다.

모든 증거들은 당시 환경이 동물이 살아가기에는 쉽지 않았음을 명확히 가리키고 있다. 미생물, 특히 황을 고정하는 미생물은 번성했을 수도 있지만, 동물들은 오랜 기간 힘겹게 살아갔다. 그러나 시련은 진화와 혁신의 엔진을 가장 잘 작동시키는 요인이며, 지구 산소 농도가 낮았던 바로 이 시기에 새로운 유형의 동물들이 출현했다. 그들은 대부분 지속되는 산소 위기에 더 잘 대처할 수 있는 가장 뛰어난 호흡계를 가졌다. 육지에서는 이 험난한 시기에 새로운 두 집단이 출현했다. 포유류와 공룡이었다. 후자가 세계를 지배하는 동안 전자는 대역 연습을 하고 있었다.

앞의 장에서 살펴보았듯이, 페름기 대멸종은 거의 모든 육상생물을 전멸시켰다. 수궁류도 심한 타격을 받았다. 조룡형류(archosauromorph, 해부 구조가 악어와 다소 비슷한 파충류)가 어떠했는지는 훨씬 덜 알려져 있다. 페름기 말에 그들은 드물었고, 디키노돈트(포유류형 파충류) 동물군의 화석이 풍부하게 나오는 카루와 러시아 지역에서 거의 발견되지 않기 때문이다. 적어도 우리 두 사람이 남아프리카의 로저 스미스와 함께 조사한 카루 사막의 페름기 말 지층에서는 잘 보존된 조룡형류 화석을 거의 찾을 수 없었다.

그들의 페름기 조상이 어떤 존재였는지는 거의 알지 못하지만, 트라이아스기 초의 조룡형류가 대단히 성공한 집단이었다는 점은 명확하다. 페름기에서 트라이아스기로의 전환기를 보여주는 듯한, 두께가 몇 미터에 불과한 지층에서는 프로테로수쿠스(*Proterosuchus*)—카스마토사우루스(*Chasmatosaurus*)라고도 한다—라는 꽤 커다란 파충류의 화석이 카루에서 비교적 흔하게 나타난다. 이들은 육상동물이 확실하며, 아주 인상적인 뾰족한 이빨을 가졌다. 또 이들은 포식자임이 분명하지만, 악어와 마찬가지로 다리가 양옆으로 벌어져 있었다(악어보다 조금 곧추선 자세이기는 하다). 그러나 이 상황은 빠르게 변해서 트라이아스기가 진행됨에 따라서 조룡형류는 더 곧추선 자세를 취했고, 곧 더 우아하고 더 날쌘 포식자들이 프로테로수쿠스 같은 초기 조룡형류를 대체했다.

빨라져야 할 필요성이 이렇게 이동하기에 더 좋은 자세를 취하게 된 원동력이었다는 점은 분명하지만, 걸으면서 동시에 호흡할 수 있는 능력을 갖추는 것도 마찬가지로 중요했을 것이다. 도마뱀과 마찬가지로, 프로테로수쿠스도 걸을 때 몸이 좌우로 물결치듯이 뒤뚱거렸을지 모르지만, 앞에서도 살펴보았듯이 이런 형태의 운동은 캐리어의 제약이라고 알려진 것 때문에 폐가 눌리게 된다.[5] 캐리어의 제약은 다리를 좌우로 벌리고 있는 사지류가 걸을 때 몸이 좌우로 물결치듯이 구부러지면서 폐와 가슴우리를 누름으로써 호흡을 방해하기 때문에, 달리면서 호흡을 할 수 없다는 개념이다. 이 때문에 도마뱀과 도롱뇽은 걸으면서 호흡할 수가 없으며, 프로테로수쿠스는 현대의 도롱

뇽이나 도마뱀처럼 뚜렷하지는 않을지라도 같은 영향을 받았을지 모른다.

해결책은 다리를 몸 밑으로 넣는 것이지만, 이는 부분적인 해결책에 불과하다.[6] 자세 때문에 생기는 호흡의 제약에서 진정으로 풀려나려면, 이동 체계뿐 아니라 호흡계에도 광범위한 변형이 일어나야 했다. 공룡과 조류로 이어진 계통은 이 호흡 문제를 극복할 효과적이면서 새로운 적응형질을 발견했다. 바로 두발보행(bipedalism)이었다. 네발보행 자세를 버림으로써, 그들은 이동과 허파 기능의 제약에서 풀려났다. 또 포유류의 조상은 완전히 곧추선(그러나 아직 네발보행을 하는) 자세뿐 아니라, 이차입천장(먹으면서 동시에 호흡을 할 수 있게 해준다)을 비롯하여 새로운 혁신들도 이루었다. 그렇기는 해도 아직 흡족할 만한 수준은 아니었다. 새로운 호흡계도 진화했다. 가로막이라고 하는 강력한 근육 집합이 진화하면서 훨씬 더 강하게 숨을 들이마시고 내뱉는 체계를 갖추게 되었다.

공룡 뼈 이외에도 지구 생명의 특성을 알려주는 다른 단서들이 있다. 트라이아스기의 산소 농도가 낮은 시기에 직면한 도전 과제들을 보여주는 것들이다. 트라이아스기 대폭발의 일부는 바다로 돌아간 파충류의 다양화였다. 서로 다른 여러 계통들이 바다로 돌아갔고, 이 일이 일어난 이유는 산소 농도가 낮고 뜨거운 트라이아스기 세계에서 직면한 문제들과 관련이 있을 수 있다.

산소는 동물의 대사 반응을 일으키는 데에 필요하다. 산소가 있어야 생명 자체의 화학반응이 일어날 수 있다. 그러나 화학실험에서처럼, 반응 자체를 통제하는 몇 가지 요인이 있다. 가장 중요한 한 가지는 온도이다. 대사율은 생물이 에너지를 사용하는 속도이다. 내온성 생물이 외온성 생물보다 대사율이 훨씬 더 높다. 그러나 같은 생물에게서도, 대사율은 온도에 놀라울 만큼 직접적으로 큰 영향을 받는다. 최근의 연구에 따르면, 동물이 쓰는 모든 에너지의 3분의 1에서 절반은 단순히 단백질 재생, 이온 수송, 혈액 순환, 호흡 같은 활동처럼 살아 있기 위해서 하는 활동들에 쓰인다고 한다. 나머지 에너지는 이동, 번식, 섭식 같은 활동에 쓰며, "연료"가 소비되는 속도는 온도가 올라감에 따라서 빨라진다.[7] 그러나 대사율이 상승할 때, 산소 요구량도 커진다. 생명의 화학반응은 산소에 의존하기 때문이다. 핵심 발견은 온도가 10도 오를 때마다 대사율이 2-3배 올라간다는 것이다. 그 결과, 산소 농도는 지금보다 낮고 평균 온도는 더 높은 세계에는 심각한 영향이 미쳤을 것이다.

대기의 산소 농도와 온도 사이에 직접적인 관련성은 없다. 그러나 온도와 잘 알려진 온실 가스인 CO_2는 직접적인 관계가 있다. 제3장에서 살펴보았듯이, 대기의 산소와 이산화탄소 농도는 대체로 역관계이다. 산소 농도가 높을 때 이산화탄소 농도는 낮고, 전자가 낮을 때 후자는 높다. 과거에 산소 농도가 낮았던 시기에는 이산화탄소 농도가 높을 때가 많았고, 따라서 더운 시기이기도 했다. 뜨겁고 산소 농도가 낮은 시기에 동물들은 사라진다. 우리는 이미 낮은 산소에 대처하는 해결책을 많이 살펴보았다. 그중에는 그저 차갑게 유지하는 것처럼 단순한 해결책도 있다. 차갑게―즉 충분히 차갑게―유지하는 해결책 중에는 생리학적인 것도 있고, 행동적인 것도 있다.

그중 하나는 형태적, 생리적, 행동적인 측면을 다 포괄한 것이다. 바로 바다로, 차가운 바다로 돌아가는 것이다. 과거에 세계가 가장 뜨거웠던 시기에도, 바다는 생리학적으로 볼 때, 본질적으로 더 차가웠을 것이기 때문이다. 그리고 중생대에 다리를 지느러미발이나 지느러미로 바꾸고서 바다로 돌아간 육상동물의 비율이 아주 높았던 것은 아마도 이 때문일지 모른다.

이 장의 앞부분에서 말했듯이, 지금보다 세계 기온이 더 높았고(세계의 평균 기온이 섭씨 30도 이상이었을 것이다), 대기 산소 농도는 절반에 불과했을 이 시기에는 사지류 중에서 해양 생활로 다시 돌아간 동물의 비율이 높았다. 그렇게 많은 동물 계통이 육지를 포기하고 바다로 돌아간 사례는 그 이전에도 그 이후에도 없었다. 오늘날 우리는 육지를 떠나서 해양에 잘 적응했음을 보여주는 많은 고래, 물범, 펭귄을 보면서 감탄한다. 그러나 고래와 물범은 모든 포유류 속의 겨우 2퍼센트에 불과하고, 펭귄은 조류 속의 1퍼센트를 차지할 뿐이다. 트라이아스기의 바다에는 그렇게 돌아간 동물들, 육지에 적응했다가 다시 바다 생활에 알맞은 체제를 가지는 쪽으로 역진화한 동물들이 훨씬 더 많았다. 트라이아스기에는 거대한 어룡(魚龍, ichthyosaurs)뿐 아니라 플라코돈트(placodont, 커다란 물범과 비슷하지만, 물범과 달리 패각을 깨도록 진화한 것이 분명한 뭉툭한 이빨을 가지고 있었다) 같은 해양 사지류도 있었다. 쥐라기에는 어룡뿐 아니라 목이 길거나 짧은 여러 종류의 장경룡(長頸龍, plesiosaurs)도 출현했다. 그리고 백악기에 어룡은 사라지고 대신에 커다란 모사사우루스(Mosasaurs)가 그 자리를 차지했다. 이들은 모두 한 주제의 변주곡이었다. 바다로 돌아갔다는 것이다.

해양 파충류 전문가인 나탈리 바르데는 1994년에 알려진 모든 중생대 해양 파충류 과들을 개괄한 논문을 통해서 대단히 많은 해양 사지류가 있었음을 보여주었다.[8] 놀라운 점은 비율로 따져서 트라이아스기에 그들이 대단히 많았다는 것이다. 왜 그토록 많은 동물에게서 해양 생활방식이 진화했을까?

당시의 두 가지 주된 환경 요인은 낮은 산소 농도와 높은 세계 기온이었다. 워싱턴 대학교의 파충류 전문가 레이 휴이도 초기 트라이아스기에서 쥐라기까지 계속된 고온이 많은 파충류가 바다로 돌아간 진화적 동기가 되었을 것이라고 주장했다. 사실 2006년에 워드는 중생대 산소 농도와 해양 파충류 수 사이에 매우 흥미로운 역관계가 있다는 것을 보여주었다. 산소 농도가 낮았을 때에는 해양 파충류의 비율이 높았다. 그러나 산소 농도가 높았을 때에는 완전한 수생 생활을 하는 사지류 과의 비율이 급감했다. 육상 공룡의 수가 뚜렷이 증가했기 때문에, 이것이 해양 파충류의 절대적인 수가 줄어든 것이 아닐 수도 있다. 그러나 그것은 중생대 지구를 온실 지구라는 관점에서 새롭고도 독특하게 볼 수 있음을 시사한다.

트라이아스기-쥐라기 대량멸종

시간별 산소 농도의 변화를 조사함으로써 얻은 놀라운 새로운 발견 중의 하나는 트라이아스기의 산소 농도였다. 겨우 몇 년 전만 해도, 지난 3억 년 사이에 산소 농도가 최저였던 시기는 약 2억5,200만 년 전 페름기-트라이아스기 경계 때였다고 다소 널리 받아들여져 있었다. 그러나 그 시기의 산소 농도 추정값은 그 뒤로 크게 변했고, 지금은 전에 생각했던 것보다 2억 년 전 트라이아스기-쥐라기 경계에 가까운 시기가 최저 농도였을 것이라고 여겨진다. 따라서 트라이아스기는 산소 농도가 높아지는 시기, 또는 두 차례 하락했던 시기—페름기 말에 한 번, 트라이아스기 말에 또 한 번—라기보다는 전기에서 후기로 갈수록 산소 농도가 더 낮아진, 아마도 해수면 근처에서 현재 수준의 약 절반인 10퍼센트에 불과한 수준까지 떨어진 시기였을 가능성이 있다. 트라이아스기 말은 큰 변화가 일어난 시기 중의 하나에 해당한다. 최초의 공룡을 제외하고, 육상 척추동물의 대다수가 사라진 시기이다.

다른 모든 대량멸종 사건과 마찬가지로, 이 대량멸종도 원인을 놓고 오랫동안 논쟁이 벌어져왔다. 분명한 점은 페름기 대량멸종과 마찬가지로, 트라이아스기-쥐라기 대량멸종도 후기 페름기의 시베리아 용암대지에서 일어난 것 다음으로 규모가 큰, 지구 역사상 최대의 범람 현무암 사건 중의 하나와 함께 치명적인 열기 속에서 일어났다는 것이다. 5,000만 년 간격을 두고 일어난 이 두 대량멸종 사건은 시간적으로 현무암이 대량으로 쏟아져나온 사건과 연관되어 있다. 현무암이 쏟아져나올 때, 대기와 바다 양쪽에서 이산화탄소 농도가 빠르게 몇 배 이상 증가한다는 것은 잘 알려져 있다. 일부에서는 현재의 400ppm(2014년 기준이며, 계속 빠르게 증가하는 중이다!)에 비해서 2,000-3,000ppm까지 치솟았을 것이라고 추정한다.

식물의 대규모 죽음은 탄소 순환을 크게 줄이고, 탄소-12와 탄소-13의 비율을 바꾼다. 이 책의 여러 곳에서 말했던 탄소 동위원소 분석은 대량멸종 사건에 으레 따라붙는 것처럼 보인다. 그러나 이 탄소 동위원소의 교란은 워드 연구진이 2001년에 캐나다 브리티시 컬럼비아의 퀸샬럿 제도 중의 한 섬에서 오래된 추운 지대의 우림 앞 해안선을 따라서 놓인 트라이아스기-쥐라기 지층들을 살펴보았을 때에야 비로소 발견되었다.[9] 더 이전의 데본기와 페름기의 온실 멸종 사건에서와 마찬가지로, 이 새로 발견된 교란 흔적은 C13

과 C12의 비가 요동쳤으며, 그것이 지구 생물의 풍부도, 다양성, 매몰에 변화가 일어남으로써 생긴 것임을 시사한다.

데본기와 페름기의 사건들이 그렇듯이, 이 교란 흔적은 다른 대량멸종 사건들뿐 아니라 이 멸종 사건도 충돌이 아닌 다른 원인으로 일어났음을 시사하는 듯했다. 즉 트라이아스기-쥐라기 멸종은 온실 멸종 "집안"에 속한 것일 수 있었다. 이 결론은 탄소 동위원소 변동 자료가 처음 발표된 직후에 나온 다른 발견에 잠시 도전을 받았다. 컬럼비아 대학교의 폴 올센 연구진이 커다란 천체가 지구에 충돌함으로써 트라이아스기-쥐라기 대량멸종을 일으켰다고 발표한 것이다. 그들의 연구 결과는 언론에 대서특필되었다. 그 연구 결과는 멋진 대칭을 이루는 듯했다. 소행성이 공룡의 시대를 끝장내고, 1억 3,500만 년 전의 또다른 충돌이 바로 그 공룡의 시대를 연 듯했으니 말이다. 아니, 그렇게 보인 것일 뿐일 수도 있다. 올센의 충돌 증거는 미국 뉴저지 주 뉴어크의 한 지역에서 발견되었다. 이곳은 세계에서 트라이아스기 말과 쥐라기 초 공룡의 발자국이 가장 다양하게 찍혀 있는 곳이다. 공룡과 대량멸종을 연관지었으니 언론의 취향에 딱 들어맞았고, 대서특필된 것도 놀랄 일이 아니었다.

올센 연구진은 뉴저지의 대륙 T-J 경계층에서 이리듐이 비정상적으로 높게 나왔다고 발표했다. 1980년에 앨버레즈 연구진이 백악기 말에 대충돌이 일어났을 가능성을 처음 떠올린 것도 바로 그 비정상적인 수치 때문이었다. 이리듐은 충돌의 보증수표라고 할 증거가 되어 있었다. 그러나 바로 그 부분에서 두 연구 결과는 크게 달랐다. 앨버레즈 연구진이 이탈리아의 경계층에서 물리적 및 지구화학적 증거뿐 아니라 충돌이 일어난 바로 그 시기에 미세한 해양생물들의 대량멸종이 일어났음을 입증하는 자료도 제시한 반면, 트라이아스기 사건을 설명하는 올센의 논문에서는 물리적 및 지구화학적 증거와 생물학적 증거가 정반대였다. 해당 지층에서 대다수의 생물이 사라진 것이 아니라, 충돌이 생물학적 비료처럼 작용한 듯했다. 즉 생물들이 더 많아지고 더 커졌다!

올센 연구진은 육지(더 정확히 말하면 육지의 하천과 얕은 호수)에 퇴적된 지층들에서 표본을 채집했고, 그들이 연구한 "화석"은 신체 부위의 잔해가 아니라 발자국이었다. 이렇게 다소 놀라운 차이점들이 있었음에도, 올센 연구진은 동일한 결론을 내렸다. 거대한 소행성이 지구에 충돌했으며(이번에는 약 2억 년 전, 트라이아스기–쥐라기 경계 시기), 공룡들을 없앤 K-T 사건과 비슷하다는 것이었다. 충돌로 공룡의 경쟁자들이 사라짐으로써, 동물의 다양성과 크기가 증가했다는 논리도 같았다. 그리고 루언 베커는 페름기 대멸종에 관한 연구와 방법을 비밀로 유지하기 위해서 애를 쓴 반면, 폴 올센은 누구든지 와서 보라고 자료를 개방했다. 당시 대량멸종을 연구하는 전문가들 가운데 상당수가 자료를 보기 위해서 찾아왔다. 올센은 표본들에서 이리듐이 검출되었다고 했는데, 베커의 연구와 달리, 여러 연구실에서 그 말이 옳았음을 확인했다. 그러나 이리듐이 발견되었다는 것만으로는 이 연구가 저명한 과학 잡지인 『사이언스』에 실리지 못할 수도 있었다. 올센 연구진은 뉴저지의 암석에서 전혀 다른 종류의 증거들을 찾았다. 그들은 이리듐이 나온 것과 같은 시기의 수많은 노두(露頭)들에 찍힌 발자국 사이에서 한 가지 중요한 변화를 관찰할 수 있다는 것을 알아차렸다. 이 지역의 주민들에게 2세기 넘게 알려져 있던, 발가락이 3개인 아름다운 발자국들에서 수, 크기, 형태의 다양성이 증가해 있었다.

T-J 대량멸종 뒤에 쌓인 지층에 찍힌 발자국들이 수(돌아다닌 동물의 수)가 더 적고, 종류(종 다양성)도 더 적고, 크기도 더 작을 것이라고 예상할지 모르겠다. 우리가 소행성이 일으킨 K-T 멸종을 연구하여 얻은 교훈 중의 하나가 그 충돌이 몸집이 큰 동물에게 더 큰 피해를 입혔다는 것이기 때문이다. 공룡이든 다른 수많은 파충류와 포유류형 파충류든 간에, 백악기 말에 멸종한 가장 거대했던 공룡만큼 컸던 것은 없지만, 트라이아스기 대멸종 당시에 K-T 소행성 충돌로 멸종한 공룡들만 한 동물들은 많이 있었다. 따라서 트라이아스기 말의 멸종이 충돌로 일어났다면, 쥐라기 초의 암석에서는 발자국의 수가 더 적고, 종류도 더 적고, 크기도 더 작을 것이라고 예상할 수 있

었다. 그러나 이 세 계통의 증거들에서 모두 정반대의 추세가 관찰되었다. 발자국이 더 많아졌고, 종류도 더 많아졌고, 트라이아스기의 가장 큰 발자국보다 더 큰, 훨씬 큰 발자국도 많았다. 이리듐 증거와 함께 이 증거를 제시하자, 『사이언스』는 이 논문이 실을 만한 중요한 것이라고 판단했다.

올센의 논문이 발표되기 1년 전에 제출된 루언 베커의 논문 때와 마찬가지로, 올센 연구진의 『사이언스』 논문도 꼼꼼한 검토를 거쳤다.[10] 충돌 퇴적물을 해석하는 전문가인 UCLA의 프랭크 카이트와 애리조나의 데이비드 크링은 이리듐 발견이 당시 충돌이 있었음을 시사하는 것이 분명하다는 의견을 내놓았다. 또 두 사람은 올센 연구진이 다양한 화석지들로부터 얻은 이리듐의 양이 거의 모든 K–T 경계에서 발견되는 양보다 적어도 한 자릿수가 적다는 점도 지적했다. 즉 뭔가가 지구에 떨어지기는 했지만, 작았다는 것이다. 아마도 너무 작아서 트라이아스기 말 수준의 대량멸종을 일으킬 수 없었을 것이다. 따라서 트라이아스기 말의 충돌 증거가 페름기 말의 충돌 증거보다 훨씬 더 믿을 만하기는 하지만, 이 새로운 증거를 토대로 트라이아스기 멸종이 K–T 같은 충돌 멸종이었다고 믿기는 아직 어려웠다.

실제로 퀘벡에는 거대한 크레이터가 있다. 지구에서 눈에 보이는 가장 큰 크레이터 중의 하나로서, 매니쿼건 크레이터(Manicouagan Crater)라고 한다. 지름이 약 100킬로미터이다(칙술루브 크레이터는 지름이 180–200킬로미터이다). 또 이 크레이터는 오랫동안 바로 그 무렵에 생긴 것으로 여겨져왔다. 트라이아스기–쥐라기 경계의 나이와 거의 같은 약 2억1,000만 년 전의 것이라고 여겨졌다. 방사성 연대 측정법들은 트라이아스기가 약 1억9,900만 년 전에 끝났음을 시사했다. 2005년에 이 연대는 2억100만 년 전으로 약간 수정되었다. 그리고 T–J가 더 젊어진 반면, 매니쿼건 크레이터의 연대는 더 올라갔다. 더 나은 연대 측정법으로 재자, 2억1,400만 년 전의 것임이 드러났다.

우리는 퀸샬럿 제도에서 T–J 대멸종을 살펴보는 한편으로, 그보다 앞서, 즉 약 2억1,400만 년 전의 것임을 알 수 있는 암석에서 죽어 사라졌을 화석들을 찾기 위해서 조사를 했다. 20세기 말에 나온 "사멸 곡선들(kill curves)"

은 매니쿼건만 한 크레이터를 남긴 충돌 사건이라면 지구에 살던 모든 종의 4분의 1에서 3분의 1을 쉽게 전멸시켰을 것이라는 추정값을 내놓았다. 그런데 우리는 아무것도 발견하지 못했다! 그렇다면 소행성 충돌의 치사력을 과대평가한 것은 아닐까?

트라이아스기 암흑

금세기 초에 들어서서, 지구화학자인 예일 대학교의 로버트 버너는 지난 5억 6,000만 년 동안의 산소와 이산화탄소 농도를 1,000만 년 간격으로 추정하는 복잡한 컴퓨터 모형의 해상도를 크게 높였다. 그는 산소 농도가 가장 낮았거나 가장 급속히 떨어지고 있던 시기와 대량멸종 사건이 일어난 시기가 놀라울 만큼 일치한다는 것을 보여주었다.

원인이 불분명한 세 번의 대량멸종 사건들에서는 모두 낮은 산소 농도 아래에서 퇴적이 이루어졌음을 시사하는 지층들이 형성되었다.[11] 그런 조건에서 형성된 지층은 대개 검은색이다(산소가 없을 때에만 일어날 수 있는 화학반응을 통해서 생성된 환원 상태의 황철석을 비롯한 황 화합물이 많이 포함되어 있기 때문이다). 두 번째 단서는 이 시기의 암석이 얇은 층들이 겹쳐진 형태이기는 하지만, 지층 안에 섬세한 퇴적 구조가 종종 보인다는 것이다. 너무 많은 동물들이 굴을 파기 때문에, 캄브리아기 이후로 바다 밑에 쌓인 지층은 대부분 유기물질을 걸러 먹기 위해서 해저에 쌓인 침전물을 먹는 수많은 무척추동물들 때문에, 이른바 생물교란이 된 상태이다. 그러니 미세한 층들이 켜켜이 쌓이는 일은 동물이 거의 또는 전혀 없는 환경에서만 일어날 수 있다. 모형 구축, 암석 광물학(색깔을 규정한다), 퇴적암 층리라는 이 세 영역에서 페름기, 트라이아스기, 팔레오세의 멸종이 산소 농도가 낮은 세계에서 일어났다는 점이 뚜렷해졌다.

1990년대 말과 2000년대 초에 발견된 다른 증거들은 산소 농도가 낮았을지 모르지만, 그 시기에 지구 대기의 다른 성분은 농도가 높았다는 것을 보여주었다. 바로 이산화탄소였다. 산소 농도가 낮았다는 증거들과 마찬가지로, 이산화탄소 농도가 높았다는 사실은 버너의 모형뿐 아니라, 암석 기록, 더 정확히 말하면 여기에서는 화석 기록에 보존된 증거로부터 알 수 있다. 불행히도 과거의 어느 시기에 이산화탄소가 정확히 얼마나 있었는지를 측정할 방법은 없다. 이산화탄소는 암석의 색깔이나 층리에 영향을 미치지 않는다. 그러나 잎 화석을 분석하는 탁월한 방법이 등장함으로써 이산화탄소의 상대적인 농도를 알아낼 중요한 돌파구가 열렸다. 한 예로 고식물학자들은 이 방법을 써서 100만 년 사이에 이산화탄소 농도가 높아졌는지 낮아졌는지, 아니면 현상 유지를 했는지 파악할 수 있었고, 더 나아가서 어떤 기준 농도보다 몇 배나 더 높아졌거나 낮아졌는지도 추정할 수 있었다.

이산화탄소 농도 측정은 단순하면서도 탁월한 방법임이 드러났고, 때로 경이로운 돌파구를 열곤 한다. 현생 식물의 잎을 조사하는 식물학자들은 바깥 대기의 농도(이런 실험이 처음 수행되었을 때는 약 360ppm)에 상대적으로 이산화탄소 농도를 높이거나 낮출 수 있는 폐쇄된 장치 안에서 식물을 기르면서 이런저런 실험을 해왔다. 식물은 이산화탄소 농도에 대단히 민감하다. 대기에 있는 소량의 이산화탄소가 생명의 주요 구성 물질인 탄소의 공급원이 되기 때문이다. 식물은 잎에 나 있는 기공이라는 바깥 세계와 연결된 미세한 통로를 통해서 이산화탄소를 흡수한다. 이산화탄소 농도가 높은 조건에서 자란 식물은 기공의 수가 적다. 마치 그 정도로도 이산화탄소를 충분히 얻을 수 있다는 식이다. 이 점에 착안한 연구자들은 화석 기록으로 눈을 돌렸다. 잎 화석에서 기공은 쉽게 관찰된다. 연구 결과들은 버너의 모형이 옳았음을 확인했다.

페름기 말에서 트라이아스기 초에 이르기까지, 잎 화석들은 기공이 매우 적었다. 한편 세 차례의 대량멸종 시기에 이산화탄소 농도는 놀라울 만큼 높았다. 단지 높았던 것만이 아니라, 수백만 년이 아닌 수천 년 사이에 급격히 치솟았다.

이 두 가지 연구 결과들에 힘입어서 연구자들은 대량멸종을 새로운 관점에서 보게 되었다. 각 멸종 사건은 이산화탄소 농도가 (그리고 또다른 증거에 따르면 메탄도) 단기적으로 상승함으로써 기온이 급격히 올라간 시기에 일어났다. 덥기만 한 것이 아니라, 산소 농도까지 낮았다. 고온과 낮은 산소 농도는 주요 대량멸종이 일어난 시기에 으레 나타나는 현상이었다. 현재의 온실은 산소 농도가 낮은 곳은 아니지만(광합성을 통해서 상쇄되고 있다), 유리판이 전체 구조를 덮고 있는 온실 같은 특성 때문에 아주 빠르게 더워지고 있는 곳이다. 햇빛은 유리창을 통해서 들어오지만, 적외선과 열의 형태로 반사되어 나갈 때에는 유리판에 막히고 만다. 갇힌 에너지는 공기를 덥힌다. 이산화탄소, 메탄, 수증기 분자는 바로 그 유리판 같은 일을 한다.

열은 모든 동물에게 위험하다. 동물이 견딜 수 있는 최대 온도는 물이 끓는 온도의 절반도 채 되지 않는다. 섭씨 40도에서는 대부분의 동물이 죽으며, 마지막까지 견딘 동물도 45도가 되면 죽는다. 화창한 날에 차 안에 남겨진 아이가 사망했다는 슬픈 뉴스들을 통해서 매우 잘 알려져 있듯이, 급격한 가열은 치명적일 수 있다. 그리고 생리적 체계의 이 두 측면—가용 산소량과 열 에너지의 양—이 결합되면 더욱 치명적이 된다. 온도가 높아질수록 동물은 더 많은 산소가 필요하기 때문이다.

세 멸종 사건 중에서 트라이아스기-쥐라기 경계에서 CO_2 농도가 유달리 대폭 증가했다. 시카고 대학교의 고식물학자 제니 맥엘완은 20세기의 마지막 몇 년을 그린란드의 얼음 한가운데에 위험하게 노출된 얼어붙은 노두에서 암석을 채취하면서 보냈다. 그녀는 트라이아스기 말에 이미 산소 농도가 낮았던 세계에서 갑작스럽게 CO_2 농도가 급증했음을 보여주는 명확한 증거를 찾아냈다.

이제 트라이아스기의 사건이 페름기 말에 일어난 사건과 더욱 비슷해 보이기 시작했다. K-T 멸종 사건과는 비슷해 보이지 않았다. K-T 멸종은 모든 동식물 집단 전체에 갑작스럽게 일어났다. 어떤 생물 집단도 생태적 혹은 진화적 의미에서 멸종이 다가온다는 것을 "알아차리지" 못한 듯했다. 반면에 트라이아스기 말에는 용반류(龍盤類, saurischia) 공룡을 제외한 모든 집단에서 트라이아스기-쥐라기 대량멸종을 향해가던 시기와 그 직후에 몸집 감소가 일어나고 있었다(혹은 잘해야 거의 같은 수준의 다양성을 유지하고 있었다). 마치 좋지 않은 시기가 다가온다는 것과 작은 몸집이 더 적응력이 있음을 아는 것처럼 말이다.

가장 단순한 허파를 가진 집단들(양서류와 초기에 진화한 파충류)은 최악의 시기를 견뎌낸 반면, 피토사우루스(phytosaurs)처럼 트라이아스기 초에 크게 성공했던 집단들 중의 상당수는 멸종했다. 양서류와 조룡형류는 아마도 갈비뼈 근육 조직만을 이용하여 팽창시키는 아주 단순한 허파를 가지고 있었을 것이다. 이 시기의 포유류와 나중에 출현한 수궁류는 가로막을 써서 팽창시키는, 더 뛰어난 허파를 가지고 있었겠지만, 악어류는 그보다 효율이 떨어지는 배 근육을 써서 팽창시키는 허파를 가지고 있었을 것이다. 용반류가 성공한 이유는 여러 가지가 있을 수 있겠지만(먹이 획득, 온도 내성, 포식자 회피 능력, 번식 성공), 우리는 이 집단이 다른 계통들보다 고도로 격막을 갖춘 더 효율적인 허파(표면적을 늘리기 위해서 많은 미세한 판을 갖춘 허파)를 가지고 있었다는 점에서 독특했으며, 트라이아스기-쥐라기 대량멸종 전후에 산소 농도가 아주 낮은 세계에서 이 호흡계가 대단히 경쟁우위에 있었다고 결론을 내린다. 이 시나리오에 따르면, 용반류 공룡은 트라이아스기 말에 지구를 지배하기 시작하여, 더 활발하게 움직일 수 있었기 때문에 쥐라기에도 한참 동안 우위를 유지했다.

현재 우리는 트라이아스기 중기와 후기에 존재했던 많은 파충류 체제들 가운데 용반류 공룡만이 다른 집단들이 정체되어 있거나 더 나아가서 대부분이 수가 줄어들고 있는 상황에서 다양화했다는 것을 안다. 또 지난 5억 년 동안 산소 농도가 최저 수준에 이른 시기가 후기 트라이아스기라는 것도 안다. 용반류에게는 산소 농도가 낮은 세계에서 생존할 수 있게 해준 무엇인가가 있었다. 지금까지 밝혀진 기본적인 사항들은 산소 농도가 서서히 떨어지다가 트라이아스기 대량멸종으로 정점을 찍었지만, 이 멸종은 실제로 약 300-700만 년의 간격을 두고 일어난 두 차례에 걸친 사건이었음을 시사한다.

육지에는 이 시기의 척추동물 화석이 풍부하게 발견되는 곳이 거의 없다. 우리는 사실상 해양의 멸종뿐 아니라 척추동물의 멸종 양상도 알지 못한다. 게다가 대량멸종의 주된 희생자들―피토사우루스, 아이토사우루스(aetosaurs), 원시 조룡형류, 트리틸로돈트(tritylodont) 수궁류, 그밖의 대형 동물들―이 얼마나 빨리 사라졌는지도 알지 못한다. 그러나 쥐라기의 화려한 암모나이트류가 바다에 풍부하게 출현하여 쥐라기 초의 암석에 풍성하게 회복의 기록을 남길 무렵에, 공룡은 세계를 정복한 상태였다. 그들은 어떤 유형의 허파를 가지고 있었을까? 확실한 것은 한 가지뿐이다. 그들은 동물 역사상 가장 심각했던 산소 위기에 대처할 수 있는 허파와 호흡계를 가지고 있었다는 것이다.

용반류 공룡이 경쟁우위에 있는 호흡계―최초의 기낭(氣囊, air-sac) 호흡계―를 가진 덕분에, 다른 육상 척추동물 집단들보다 멸종률이 더 낮았다는 것은 새로운 견해이다. 용반류가 이 대량멸종 경계 시기에 사실상 수가 늘어나고 있었다는 점은 이 사건의 가장 놀라운 측면이다.

14

낮은 산소 농도 시기에 이루어진 공룡의 지배 :
2억3,000만-1억8,000만 년 전

영화 「쥐라기 공원」 시리즈 덕분에 지금은 "쥐라기"라고 하면 으레 공룡 및 공룡 공원을 떠올리게 된다. 사실 실제 쥐라기는 속편으로 갈수록 점점 시시해진 그 세 편의 영화들에서 펼쳐지던 장관과는 전혀 닮지 않은 세계였다. 영화들에서는 쥐라기 때 아직 진화하지 않았던 식물들이 화면을 가득 채웠다. 속씨식물, 즉 우리에게 친숙한 꽃식물들이 말이다. 사실 "쥐라기"의 세계가 이렇다라고 꼭 찍어서 말한다는 것 자체가 불가능하다. 쥐라기(최근 자료에 따르면 2억100만 년 전부터 약 1억3,500만 년 전까지)는 출현한 이후로 계속 큰 변화를 거친 시대이기 때문이다. 처음에는 산산이 부서진 세계였다. 대량 멸종에서 막 빠져나온 세계였다. 산호초도 없었고, 공룡은 아직 개체수와 종이 적었고, 크기도 작았던 세계였다. 게다가 산소 농도가 너무 낮아서 곤충이 거의 날 수 없었던 세계이기도 했다. 그러나 날아서 그들을 잡을 수 있는 척추동물도 전혀 없었으니 아무런 문제가 없었다. 그러다가 (지질시대의 관점에서) 비교적 짧은 기간에 상황이 바뀌었다.

쥐라기 말에는 지구 역사상 가장 큰 육상동물들이 흔할 지경이 되었다. 공룡은 모든 생물들의 군주였다. 작은 원시적인 조류와 원시적인 포유류는 가장 초라한 구역에서 숨어 지내야 했다. 초기에는 바다가 너무나 헐벗어서 스트로마톨라이트가 다시 돌아왔고, 사실 몸집이 조금 있는 어류와 포식자는 거의 찾아볼 수 없었다.

반대로 쥐라기가 끝날 무렵에는 가장 장엄한 수많은 동물들이 바다에 우글거렸다. 목이 긴 파충류인 장경룡, 돌고래처럼 생긴 어룡, 화려한 원시 어류—현재의 가피시(garfish)나 철갑상어와 비슷하다(둘 다 기이한 갑옷을 갖추고 있다)—가 온갖 모양의 암모나이트와 더 오징어처럼 생긴 친척인 벨렘나이트(belemnite)가 우글거리는 드넓은 산호초와 바다를 돌아다녔다. 암모나이트는 매끄러운 것에서 골이 진 것까지, 밋밋한 나선 모양에서 쥐라기 말에는 활처럼 굽은 독특한 원뿔 모양에 이르기까지 온갖 다양한 형태로 진화했다. 암모나이트 화석 중에서 가장 큰 것은 브리티시 컬럼비아 페르니 지역의 쥐라기 암석에서 나왔다. 지름이 2.5미터에 가깝고 살아 있을 때에는 500킬로그램은 나갔을 것이다. 그러나 선사시대의 이 가장 상징적인 동물을 연구하는 과학자들은 한 가지 기이한 일이 일어나왔음을 알아차렸다. 대부분이 죽어 사라졌고 대체되지 않았다는 것이었다.

현대 학문 분야로서의 지질학이 쥐라기 덕분에 출현한 것이라고 말해도 무리가 아니다. 1800년대 초에 윌리엄 "스트라타" 스미스가 처음 지질지도를 작성한 것도 쥐라기의 지층이었으며, 화석을 멀리 떨어진 지역들의 지층을 연관 짓는 데에 사용할 수 있음이 처음 드러난 것도 쥐라기 지층에서였다. 다윈에게 당시까지 가장 잘 알려진 진화적 변화의 사례를 제공한 것도 쥐라기 지층에서 나온 암모나이트였다. (이 시기에 관한 참고 문헌들은 제1장을 참조하기를 바라며, 늘 그렇듯이 영국 과학사가인 마틴 러드윅의 역사 연구 자료를 추천한다.)

쥐라기는 모든 멸종 사건 이후에 일어났던 것과 동일한 단기적인 진화적 폭발 양상을 보여주었다. 그런 시기를 회복기라고 한다. 회복기는 대량 멸종의 생존자들로 이루어진 다양성이 낮은 상태에서 시작하여, 겨우 500만—1000만 년 뒤에 끝난다. 멸종 사건의 여파가 아직 가시지 않은 이 시기가 지나면, 다양성은 늘 다시 높아지곤 했다. 새로운 동식물들은 대체로 멸종 이전과 다른 종들의 집합이었다. 대개 이 종들은 회복기에 새로 진화한 것들이지만, 때로는 멸종 이전까지 얼마 되지 않는 개체수로 불안하게 살아가다가 새로운 세계에서 폭발적으로 불어나면서 생태적으로 성공을 거둔 분류군도 있었다. 초기의 쥐라기도 전혀 다르지 않았고, 회복의 씨앗으로부터 새로운 대단히 다양한 해양생물들이 진화했다. 새로운 종류의 연체동물, 해양 파충류, 많은 새로운 종류의 경골어류로 이루어진 대규모 집단이었다. 그러나 쥐라기(그리고 그 뒤의 백악기)를 유명하게 만든 것은 해양동물상이 아니다. 해양생물을 등장시켜서 제목에 쥐라기가 붙은 세 편의 블록버스터 영화를 만든 사람은 아무도 없다. 대중이 원하는 것은 예나 지금이나 단 하나이다.

공룡

공룡 이야기를 길게 다루지 않고서 생명의 역사를 쓴다는 것은 불가능하다. 그러나 이 책이 표방한 목적에 비추어보면, 공룡 이야기를 길게 다룰 여지가 애초부터 없어 보인다. 여기에서 이야기하는 역사는 "새로움"이라는 요소가 있어야 한다고 했으니 말이다. 새로운 이야깃거리가 없는 이 대홍수 이전의 도마뱀(빅토리아 시대의 관점이었다)을 상세히 다룬다는 것은 이 책에서는 처음부터 불가능해 보였다. 따라서 21세기 과학이 새로운 발견들로 혼란스럽다는 사실을 알고 우리가 놀라면서 매우 반가워했던 것도 당연했다. 비전문가가 공룡을 요약한다면 으레 세 가지 문제에 치중한다. 그들은 온혈동물이었을까, 어떻게 번식을 했고 둥지 짓기 행동은 어떠했을까, 어떻게 사라진 것일까이다. 그러나 그외에도 흥미로운 질문들이 있다. 그중 가장 흥미로운 것은 아마도 이 질문일 것이다. 공룡, 아니 적어도 공룡의 체제는 대체 왜 존재했을까? 이 질문은 그들이 어떻게 호흡을 했는가와 관련이 있다. 우리가 여기에서 살펴볼 두 번째 질문도 나름대로 호흡과 관련이 있다. 공룡에서 조류로 이어지는 이야기에는 새로운 내용이 있을까? 사실 아주 많다. 주로 중국에서 새로 발견된 화석들로부터 나온 이야기들이다(남극대륙에서도 새로운 발견들이 이루어졌으며, 거기에는 우리 두 필자도 관여했다). 마지막으로 새로운 세기에 들어서서 공룡 생리의 가장 근본적인 측면 가운데 두 가지에 관한 정보가 나왔다. 공룡의 독특한 성장속도에 관한 새로운 발견들과 공룡이 온혈동물인가라는 오랫동안 해결되지 않은 수수께끼에 명확한 답을 제공하는 정보이다. 그리고 이 새로운 자료의 흥미로운 점 중의 하나는 공룡과 "진정한" 조류, 즉 조류형 공룡이 아니라 오늘날 우리가 새라는 존재와 연관짓는 모든 형질들을 가진 동물 사이의 차이점을 살펴보도록 자극한다는 것이다.

공룡은 왜 있었을까?

공룡의 새로운 역사를 이야기하려면, 앞의 장을 마감하는 주제였던 트라이아스기-쥐라기 대량멸종보다 수백만 년 전으로 거슬러 올라가야 한다. 공룡은 실제로 쥐라기와 백악기의 지배자였다. 그러나 트라이아스기에 그들은 그저 산소 농도가 낮은 세계에서 살아남고자 애쓰는 종 다양성도 낮고 개체수도 적은 희귀한 작은 척추동물 중의 하나에 불과했다. 생명의 역사에서 정말로 계속 반복되는 주된 주제처럼 보이는 것은 위기의 시대가 새로운 혁신을 촉진한다는 것이다. 다양성은 낮은 상태이지만, 상이성—차이의 수를 나타내는 척도이자, 공룡의 사례에서는 근본적으로 다른 체제와 해부 구조—은 치솟는다. 톰 울프의 걸작 『필사의 도전(*The Right Stuff*)』에서 비유가 될 만한 사례를 찾을 수 있다. 책에서 그는 새로운 대형 제트기가 개발되고 있던 1950년대 말에 시험 비행사들이 짧게 격렬한 죽음을 맞이하는 장면을 묘사한다. 빠르든 늦든 간에 시험 비행사들은 추락과 함께 죽음을 맞이했다. 울프는 비행사들의 반응을 이렇게 묘사한다. "매우 냉정하게 개발이 진행되고 있었다. A를 시도한다, 안 되면 B를 시도한다, 그래도 안 되면 C⋯⋯." 트라이아스기 말의 세계에서, 수많은 생물들이 추락하는 제트기에 타고 있었다. 그들은 비행사처럼 이번에는 이 형태, 다음에는 저 형태를 계속 시험하면서 진화하고 있었다. 이 비유를 들면, 역사상 없던 가장 정교하면서 효율적인 허파를 진화시킴으로써 트라이아스기 말 산소 농도가 낮은 생물권의 죽음의 나선에서 빠져나온 것은 공룡이었다.

페름기 대멸종이라는 거대한 재앙이 일어난 지 겨우 5,000만 년 뒤인 약 2억 년 전, 트라이아스기는 또다른 유혈 사태로 끝을 맺었다. 앞의 장에서 살펴보았듯이, 이 멸종을 겪은 많은 육상동물 계통 가운데, 용반류 공룡만이 상처 하나 없이 헤쳐나왔다. 트라이아스기 말의 대량멸종은 육지에서만 일어난 현상이 아니었다. 껍데기 안에 여러 개의 방을 만드는 두족류도 대부분 전멸했다. 그러나 쥐라기 초에 그들은 크게 세 계통으로 분화했다. 나우틸로이드류, 암모나이트류, 두족강(coleoid)이다. 돌산호도 다시 번성했고, 해저에는 수많은 납작한 패류가 자리를 잡았다. 어룡과 새로 진화한 장경룡 집단에 속한 해양 파충류는 다시 상위 포식자의 자리를 차지했다.

육지에서는 공룡이 번성했고, 포유류는 크기와 수 양쪽으로 육상생물상의 미미한 존재로 회귀했지만, 백악기 말 무렵에는 많은 현생 목들로 상당한 적응방산을 했다. 조류는 쥐라기 후반기에 공룡에게서 진화했다. 알려진 내용은 그것이 전부이며, 이 책의 목표인 혁신적인 역사의 주제는 아니다. 대신에 우리는 쥐라기의 산소 기록을 살펴보고 고대의 쥐라기 공원에 살던 공룡의 수 및 종류와 비교해보기로 하자.

일반적으로 더 관심이 쏠리고 조금 자극적인 측면도 있기 때문에, 아마도 공룡에 관해서 가장 흔히 묻는 질문은 어떻게 멸종했는가일 것이다. 1980년 앨버레즈 연구진이 제시한 가설들, 즉 6,500만 년 전에 소행성이 지구를 강타했고, 그 충격으로 환경이 변하면서 갑작스럽게 백악기–제3기 대량멸종이 일어났고 공룡이 가장 대표적인 희생자가 되었다는 가설들은 사람들의 마음속에 계속 그 의문을 품게 만든다. 이 논쟁은 몇 년마다 한 번씩 어떤 새로운 발견으로 그 문제가 다시 수면으로 부상할 때마다 다시금 불붙는다. 그래서 공룡이 온혈이었냐는 질문은 그 질문에 밀리거나 묻히곤 한다. 공룡에 관한 질문들의 목록을 죽 훑어내려가다 보면, 공룡이 왜 멸종했냐라는 질문과 정반대편에 선 질문이 나온다. 그들이 왜 죽었냐가 아니라, 처음에 왜 진화했냐 하는 것이다. 우리는 그들이 트라이아스기의 3분의 2가 지난 시기(약 2억3,500만 년 전)에 출현했다는 것과 그 최초의 공룡이 어떤 모습이었는지는 확실히 안다. 대다수는 더 나중에 나온 상징적인 동물인 T. 렉스와 알로 사우루스의 축소판 같았다. 두발보행 형태는 금방 거대해졌다. 그 사실을 아는 이들이 대개 몰랐거나 생각조차 하지 않았던 것이 있다. 바로 2억3,000만 년 전이 캄브리아기 이래로 산소 농도가 거의 최저 수준에 도달한 시기였을 수 있다는 새로운 깨달음이다.

왜 공룡들이 있었을까? 현재 이 질문은 여러 방식으로 답할 수 있다. 페름기 대량멸종이 일어나서 새로운 형태들이 진화할 길이 열렸기 때문에 공룡이 존재했다거나, 트라이아스기에 그들이 가진 체제가 지구에서 대단히 성공적이었기 때문에 존재했다고도 말할 수 있다. 그러나 이런 일반화는 문제의 핵심을 꿰뚫지 못하는 듯하다. 몇몇 가장 오래된 공룡을 발굴했고 공룡의 지배 과정을 주요 연구 과제로 삼은 시카고 고생물학자 폴 세레노는 공룡의 출현을 다른 관점에서 본다. 그는 1999년에 쓴 "공룡의 진화(The Evolution of Dinosaurs)"라는 논문에 이렇게 적었다. "현재로서는 트라이아스기가 끝날 무렵에 공룡이 육지를 지배하게 된 것이 백악기 말에 그들이 멸종하고 수류(獸類, theria)인 포유류가 그 자리를 대신한 것과 마찬가지로, 우연히 기회가 닿아서 이루어진 것처럼 보인다." 세레노는 더 나아가서 최초의 공룡이 진화한 뒤에 적응방산이 느렸으며 다양성이 아주 낮은 상태로 진행되었다고 주장했다. 이것은 새롭고 명백히 성공적인 유형의 체제가 처음 출현할 때 통상적으로 일어나는 진화 양상과 전혀 달랐다. 대개는 진화적 발명품인 새로운 형태를 이용하여 단기간에 많은 새로운 종이 폭발적으로 출현한다. 그러나 공룡은 그렇지 않았다. 세레노는 이렇게 적었다. "1미터 길이의 두발보행 동물에서 출발한 공룡의 방산은 수류 포유동물보다 진행이 더 느렸고 적응 범위가 더 한정되어 있었다."

다른 육상 척추동물들뿐 아니라 공룡도 수백만 년 동안 비교적 다양성이 낮은 상태로 남아 있었고, 세레노를 비롯한 연구자들은 계속 그 문제를 놓고 당혹스러워했다. 그러나 지금은 이 질문에 답할 수 있다. 지구 동물의 역사는 대기 산소 농도와 동물 다양성, 그뿐 아니라 대기 산소 농도와 몸집

사이에도 상관관계가 있음을 반복하여 보여주었다. 평균적으로 산소 농도가 낮은 시기에는 높은 시기에 비해서 다양성이 낮았고 몸집도 더 작았다. 공룡에게도 똑같은 관계가 적용된 듯하다. 2006년에 워드가 쓴 『희박한 공기에서(*Out of Thin Air*)』는 공룡의 체제와 더 뒤의 거대화를 산소 농도와 드러내놓고 연관지은 최초의 책이었다.

공룡의 다양성이 정말로 대기 산소 농도에 의존했다면, 후기 트라이아스기의 산소 농도가 극도로 낮은 상태였다는 사실을 이용해서 트라이아스기가 공룡이 처음 출현한 뒤에 오랜 기간 동안 다양성이 낮은 상태로 유지된 이유를 쉽게 설명할 수 있다.

산소 농도가 낮은 시기에는 종들이 죽었다(그런 한편으로 좋지 않은 상황에 대처하는 새로운 체제를 실험하는 일이 촉진된다). 이 결론을 뒷받침할 증거는 최근에 트라이아스기에서 백악기까지의 산소 농도를 추정한 값들을 같은 기간의 공룡 다양성을 가장 완벽하게 집대성한 자료와 비교함으로써 얻을 수 있다. 후자는 2005년에 고생물학자이자 퇴적학자인 데이비드 파스톱스키 연구진이 내놓은 자료이다. 그들은 트라이아스기의 후반기에 처음 출현할 때부터 쥐라기 전반기에 이르기까지 공룡의 속수가 거의 일정하게 유지되었음을 보여주었다. 공룡의 수가 상당히 증가하기 시작한 것은 후기 쥐라기에 들어서였으며, 이 추세는 백악기 말까지 계속되었다. 후기 백악기의 초반에만 이 추세가 잠시 멈춘 것을 제외하고 말이다. 백악기 말(8,400만-7,200만 년 전의 상파뉴절[Campanian age])에는 트라이아스기와 후기 쥐라기까지의 기간보다 공룡이 수백 배 더 많았다. 그렇다면 이렇게 대폭 증가한 원인이 무엇이었을까? 이 관계는 산소 농도가 공룡의 다양성을 규정하는 데에 어떤 역할을 했음을 시사한다. 후기 트라이아스기와 쥐라기 전반기에 걸쳐, 공룡의 수는 안정적이고 낮은 상태를 유지했고, 대기 산소 농도도 지금에 비해서 낮았다. 쥐라기에 산소 농도는 서서히 증가하여 후반기에는 15-20퍼센트에 이르렀다. 공룡의 수가 사실상 증가하기 시작한 것은 바로 그때였다. 백악기 내내 산소 농도는 꾸준히 증가했고, 공룡의 수도 마찬가지였다. 이윽고 후기 백악기에 공룡의 수는 크게 증가하여 진정한 공룡의 전성기가 찾아왔다. 쥐라기 말에 산소 농도가 급증한 시기는 공룡의 몸집이 커진 시기이기도 하며, 쥐라기 말부터 백악기 내내 역사상 가장 큰 공룡들이 활보했다.

백악기에 몸집이 이렇게 커진 데에는 다른 여러 가지 이유가 있었을 것이 확실하다. 한 예로, 중기 백악기에는 속씨식물이 출현함으로써 꽃 혁명이 일어났고, 백악기 말 무렵에는 쥐라기를 지배했던 침엽수가 대부분 꽃식물로 대체된 상태였다. 속씨식물이 출현하면서 더 많은 식물들이 생겼고, 곤충의 다양화를 촉발했다. 모든 생태계에서 더 많은 자원을 이용할 수 있게 되었고, 이 점도 마찬가지로 다양성을 촉발했을 수 있다. 산소와 다양성의 관계, 그리고 산소와 몸집의 관계는 곤충에서 어류, 파충류, 포유류에 이르기까지 많은 다양한 동물 집단들에서 반복하여 나타났다. 공룡이라고 그렇지 말라는 법이 있을까?

공룡은 후기 트라이아스기에 산소 농도가 낮아진 시기(오늘날의 해발 4,500미터인 곳에 해당하는 10–12퍼센트)나 그 직전에 진화했다. 지난 5억 년 사이에 산소 농도가 가장 낮았던 시기이다. 우리는 이미 다른 많은 동물들이 극단적인 산소 농도에 반응하여 체제를 바꾼 사례들을 살펴보았으며, 공룡도 마찬가지였다. 공룡의 체제는 더 이전의 파충류 체제들과 근본적으로 다르며, 산소 농도가 최저이면서 거의 치명적일 만큼 뜨거운 (지구 전체가 열기에 휩싸인) 시기에 출현했다. 이것이 그저 우연의 일치일 수도 있다. 그러나 "공룡다움"의 많은 측면들이 낮은 산소 농도에 대한 적응형질이라는 관점에서 설명이 가능하므로, 우연일 가능성은 적다. 초기 공룡의 체제(스타우리코사우루스[*Staurikosaurus*] 같은 초기 용반류 공룡이나 좀더 나중에 출현한 헤레라사우루스[*Herrerasaurus*]라는 이름의 공룡처럼 생긴 짐승의 체제)는 어느 정도는 당시의 낮은 산소 농도에 대한 반응이었고, 그 점에서 두발 보행이라는 초기 공룡의 체제는 중기 트라이아스기의 낮은 산소 농도에 대한 반응으로서 진화했다고 결론을 내릴 수 있다. 최초의 공룡은 두 발로 섬으로써 캐리어의 제약에 따른 호흡 한계를 극복했다. 따라서 트라이아스기의 낮은 산소 농도가 이 새로운 체제를 형성시켜서 공룡의 출현을 촉발한 것이다.

해수면 지역의 산소 농도가 10퍼센트에 불과한 세계에서 산다는 것이 어떤 의미인지는 결코 제대로 알려져 있지 않다. 게다가 트라이아스기에는 2,000만 년 동안 그 상태가 유지되었을 것이다. 그것은 워싱턴 주 레이니어 산 꼭대기의 산소 농도와 같다. 하와이에서 가장 높은 화산인, 우주를 살펴보는 거대한 커크 천문대가 있는 곳의 산소량과 같다. 그곳에 간 천문학자들은 그런 낮은 산소 농도에서는 활력과 맑은 정신 상태를 곧 잃어버린다는 것을 알게 된다. 동일과정 원리는 이 점에서 실패한다. 낮은 산소 농도를 더 제대로 이해하기 위해서 고지대의 환경을 이용하는 방식은 여러 면에서 들어맞지 않기 때문이다. 고지대에서는 산소 농도만 낮은 것이 아니라, 다른 모든 기체의 농도도 낮다. 수증기도 그 기체 중의 하나이며, 수증기는 고지대에서 새의 알에 상당한 영향을 미친다. 산소 농도가 이 시기 육상동물 진화의 가장 중요한 제약 요인이었으므로, 그런 낮은 산소 농도에 적응한 주된 형질들이 있어야 했다. 실제로 그런 형질들이 있었다. 그리고 그런 형질 중의 하나에 우리는 "공룡"이라는 이름을 붙였다. 최초의 공룡은 모두 두발보행을 했고 새로운 유형의 허파와 호흡계를 갖춤으로써 산소 농도가 낮은 환경에서 가장 효율적인 육상동물이 되었기 때문이다. 그 뒤로 살아남은 동물들, 우리가 조류라고 부르는 동물들은 이 우수성을 간직하고 있다.

화석 기록은 최초의 진정한 공룡이 두발보행을 했고 트라이아스기에 좀더 앞서 출현한 더 원시적인 두발보행 조룡형류에서 진화했다고 시사한다. 이 조룡형류는 악어류로 이어진 계통의 조상이기도 하며, 온혈이었거나 그쪽으로 나아가고 있는 중이었을지도 모른다. 우리는 두발보행이 이 집단에서 반복해서 나타나는 체제라고 보며, 초기에는 두발보행을 하는 악어류도 있었다. 그런데 왜 두발보행이고, 어떻게 그것이 낮은 산소 농도에 대한 적응형질일 수 있었을까?

현생 도마뱀도 달릴 때에는 호흡을 할 수 없다(그리고 그들은 이 문제를 해결할 시간이 수억 년이나 있었다). 이것은 양옆으로 펼친 걸음걸이 때문이다. 현생 포유류는 다리를 움직이면서 동시에 호흡을 하는 독특한 리듬을 보여준다. 말, 토끼, 치타(그밖의 많은 포유동물)는 걸음을 한 번 뗄 때마다 호흡을 한 번 한다. 그들의 다리는 몸 바로 아래에서 체중을 떠받치며, 그 결과 이 네발 포유동물은 네 활개를 펼치고 걷는 파충류보다 등뼈가 훨씬 더 뻣뻣해졌다. 포유류의 등뼈는 달릴 때 조금 아래쪽으로 휘어졌다가 쭉 펴지는 양상을 되풀이하며, 이 위아래로 휘어지고 펴지는 양상은 들숨 및 날숨과 조화를 이룬다. 그러나 이 체계는 트라이아스기에 진정한 포유동물이 출현할 때까지 등장하지 않았다. 트라이아스기의 가장 진보한 키노돈트도 완전히 곧추선 자세가 아니었고, 따라서 달리면서 숨을 쉬려고 할 때 다소 힘들었을 것이다.

어떤 동물이 네 다리 대신에 두 다리로 달린다면, 허파와 가슴우리는 짓눌리지 않게 된다. 호흡은 이동과 분리될 수 있다. 두발보행 동물은 빠른 속도로 추적할 때 필요한 만큼 호흡을 할 수 있다. 산소 농도가 낮고 포식 강도는 높은 시기에, 먹이를 뒤쫓거나 포식자로부터 달아나는 능력이 조금이라도 뛰어난—먹이를 찾거나 포식자를 알아보는 데에 걸리는 시간이 조금 빠를 때에도—동물은 생존 가능성이 확실히 더 높아졌을 것이다. 무시무시한 고르고놉시아(gorgonopsia)처럼 후기 페름기의 다리를 옆으로 뻗은 포식자들은 그 시기와 그 이전 시기의 대다수 포식자들, 그리고 현생 모든 도마뱀류와 마찬가지로 매복형 포식자였다. 적극적으로 먹이를 찾아다니는 포식자는 빠른 속도와 인내력을 요구한다. 그렇다면 숨어서 기다리기보다는 처음으로 먹이를 찾아나선 트라이아스기의 포식자들은 어떤 모습이었을까?

트라이아스기에 악어 계통과 공룡 계통의 공통 조상인 네발보행을 하는 동물이 살았다. 에우파르케리아(*Euparkeria*)라는 남아프리카의 파충류가 그 조상이었을지 모른다. 이 집단은 학술적으로 오르니토디라(Ornithodira)라고 하며, 이 집단의 최초 구성원에서 두발보행을 향한 진화가 시작되었다. 발목

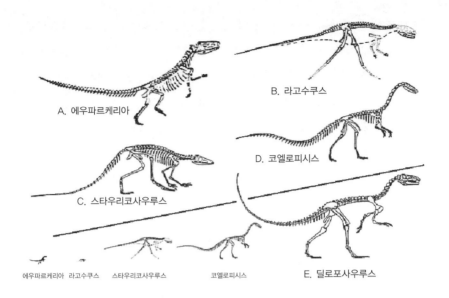

A. 에우파르케리아

B. 라고수쿠스

C. 스타우리코사우루스

D. 코엘로피시스

E. 딜로포사우루스

에우파르케리아　라고수쿠스　스타우리코사우루스　　코엘로피시스　　E. 딜로포사우루스

뼈를 보면 알 수 있다. 네발보행 동물의 더 복잡한 관절로부터 단순한 경첩 관절의 형태로 진화하는 양상이 나타났다. 그와 더불어 앞다리에 비해서 뒷다리가 길어진 것과 목이 길어지면서 약간 S자 형태를 취한 것도 증거가 된다. 이 초기 오르니토디라는 두 계통으로 갈라졌다. 한쪽은 하늘로 향했다. 그들은 익룡이 되었고, 트라이아스기 말에 스클레로모클루스(*Scleromochlus*)라는 오르니토디라가 최초의 익룡이었을지도 모른다. 그들은 아직 빨리 달리는 육상동물 형태였지만, 길게 걸음을 내딛으면서 피부막이 달린 양팔을 써서 활공을 시작했을 것이다. 하늘을 난 익룡임이 분명한 가장 오래된 화석은 에우디모르포돈(*Eudimorphodon*)인데, 이 동물도 후기 트라이아스기에 살았다.

오르니토디라가 비행을 향해서 나아갈 때, 그들의 육상 자매 집단은 최초로 공룡 형태를 갖추는 쪽으로 나아가고 있었다. 트라이아스기의 라고수쿠스(*Lagosuchus*)는 과도기적 형태, 두발로 달리는 동물과 네발보행 동물의 중간 형태였다. 아마도 천천히 움직일 때에는 네발로 걸었겠지만, 갑자기 속도를 내서 달릴 때에는 뒷다리로 일어섰을 것이다. 이 동물은 포식자였으므로, 먹이를 덮치기 위해서 와락 덤벼들 때 그랬을 것이다. 그렇기는 해도 앞다리와 손은 아직 공룡의 형태를 취하지 않았으며, 따라서 공룡이라고 분류되지 않는다. 그 후손인 트라이아스기의 헤레라사우루스는 모든 조건을 충족시키므로 공룡이라고 분류된다. 즉 최초의 공룡이다. 그러나 뒤에서 살펴보겠지만, 그들은 직계후손들에게 있는 한 가지 속성이 없었을 수도 있다. 바로 지구 대기의 낮은 산소 농도에 대처할 수 있는 새로운 유형의 호흡계가 없었을 수도 있다.

최초의 공룡은 완전한 두발보행을 했고, 우리가 엄지로 하듯이 손으로 사물을 움켜쥘 수 있었다.[1] 손가락이 5개인 이 손은 발가락이 3개인 발(실제 발가락은 5개였지만, 달리거나 걸을 때 3개로만 땅을 디뎠고 나머지 2개는 흔적기관이었다)과 기능이 달랐다. 완전한 네발보행 동물이 아니었기 때문에, 진화는 이동할 때 땅을 디뎌야 하는 손을 존속시켜야 할지를 더 이상 걱정할 필요가 없어졌다. 그렇다면 이동에 더 이상 필요가 없어진 자유로운 부속지로 무엇을 해야 할까? 훨씬 뒤에 출현한 대단히 유명한 공룡인 T. 렉스는 아무런 기능도 없었다는 주장이 나올 정도로 앞발이 크게 줄었다. 그러나 최초의 공룡은 그렇지 않았다. 그들도 우리 눈에 익숙한 더 후대의 육식 공룡들과 비슷한 자세를 취하기는 했지만, 그들은 분명히 손을 썼다. 아마도 달리면서 먹이를 잡고 드는 용도였을 것이다.

그것이 바로 최초의 공룡이 가진 체제였으며, 나머지 모든 공룡은 이 체제에서 진화했다. 두발보행, 긴 목, 기능적인 엄지로 움켜쥐는 손, 걷고 달리는 데에 쓰는 육중한 근육에 필요한 넓은 표면적과 그 근육을 지탱하기 위한 크고 불거져나온 골반이 그렇다. 이 초기의 두발보행 공룡은 몸집이 작았고, 트라이아스기 말에 다시 두 집단으로 갈라졌다. 이 분기는 공룡 집단 전체에서 가장 근원적인 것이 되었다. 이 두발보행을 하는 트라이아스기 공룡들 중의 한 종은 엉덩뼈가 뒤로 향한 두덩뼈와 결합되는 식으로 변형되었다. 반면에 최초의 공룡들은 두덩뼈가 앞을 향해 있었다. 아이들이라면 잘 알고 있겠지만, 이 골반 구조의 변화로 공룡은 크게 두 집단으로 나뉘게 된다. 조상인 용반류와 그들에게서 파생된 후손들로서 그 뒤로 1억7,000만 년 동안 세계를 함께 지배할 조반류(鳥盤類, ornithischia)였다.

물론 여기에서 흥미로운 점은 공룡이 어떻게 호흡을 했나 하는 것이다.[2] 공룡은 냉혈동물인 현생 파충류와 전혀 다르고, 온혈동물인 현생 조류와 매우 비슷한 호흡계를 가졌다는 것이 밝혀져왔다. 현생 유양막류(파충류, 조류, 포유류)의 허파는 두 가지 기본 형태가 있다(비록 뒤에서 살펴보겠지만, 호흡계의 종류는 더 많다. 여기에서 호흡계는 허파, 순환계, 혈색소 유형을 포함한다). 이 두 종류의 허파 모두 단순한 주머니 같은 허파를 가졌던 석탄기의 어떤 한 종류의 파충류 조상에게서 유래했을 수 있다. 현생 포유류는 모두 허파꽈리를 가진 허파를 가지고 있지만, 현생 거북류, 도마뱀류, 조류, 악어류—그리고 나머지 모든 파충류—는 격벽으로 이루어진 허파를 가진다. 허파꽈리 허파는 허파꽈리라는 혈관이 잘 분포해 있는 둥근 주머니 수백만 개로 이루어져 있다. 공기는 이 주머니로 들어왔다가 나간다. 따라서 쌍방향이다.

우리 포유류는 이 호흡계를 쓰며, 우리에게 익숙한—마시고 내뱉고 마시고 하는—호흡이 대표적이다. 공기는 허파꽈리 안으로 빨려들어왔다가 산소와 이산화탄소의 교체가 이루어진 뒤에 배출되어야 한다. 우리는 가슴우리의 팽창(물론 근육을 써서)과 가로막이라는 근육 집합의 수축을 결합하여 호흡을 한다. 다소 역설적으로 들릴지 모르지만, 가로막이 수축될 때 허파의 부피는 늘어난다. 이 두 활동—가슴우리 팽창과 가로막 수축—으로 허파 안의 기압이 낮아질 때 공기가 흘러든다. 배출은 어느 정도는 각 허파꽈리가 탄성력으로 원래 크기로 돌아가면서 이루어진다. 허파꽈리는 팽창하여 부풀었다가, 곧 조직의 탄력으로 자연히 수축된다. 이런 유형의 허파에 쓰이는 많은 허파꽈리는 매우 효율적인 산소 습득 체계이다. 우리 온혈 포유동물은 움직임이 많은 활발한 생활방식을 유지하려면 아주 많은 산소가 필요하다. 그러나 사실 동일한 관으로 산소를 빨아들였다가 내보내는 방식은 매우 비

효율적이며, 들이는 에너지에 비해서 산소 흡수량이 적다.[3]

포유류 허파와 대조적으로, 파충류와 조류가 가진 격막 허파는 하나의 거대한 허파꽈리와 비슷하다. 기체 교환이 이루어질 표면적을 늘리기 위해서, 이 허파는 칸막이 같은 조직들을 무수히 배치하여 내부를 작은 방으로 나누었다. 이 칸막이를 격막(膈膜, septum)이라고 하며, 격막으로 나뉜 허파를 격막 허파라고 한다. 많은 동물들이 허파의 이 기본 디자인을 다양하게 변형시켜서 사용한다. 격막 허파 중에는 작은 방들로 잘 나뉜 것도 있고, 허파 바깥에 관으로 연결된 두 번째 주머니가 달린 것도 있다. 허파꽈리 허파에서처럼, 공기는 대부분 쌍방향으로 흐른다. 그러나 최근에 예외 사례가 있음이 발견되었다. 이 발견으로 초기 파충류의 고생물학뿐 아니라 페름기 대량멸종 때 그들이 겪은 운명에 관한 우리의 이해에도 근본적인 변화가 일어났다.

격막 허파는 탄력이 없으며, 따라서 숨을 들이마신 뒤에 저절로 수축하지 않는다. 허파의 폐활량도 집단에 따라서 제각각이다. 도마뱀과 뱀은 갈비뼈를 움직여서 공기를 빨아들이지만, 앞에서 살펴보았듯이 도마뱀의 움직임이 허파가 완전히 팽창하는 것을 방해하므로, 도마뱀은 움직이면서 호흡을 하지 못한다.

격막 허파는 다양하게 변형된 덕분에 허파꽈리 체계보다 훨씬 더 다양하다. 한 예로, 악어류는 격막 허파와 가로막을 함께 가진다. 뱀, 도마뱀, 조류는 가로막이 없다. 그러나 악어의 가로막은 포유류의 것과 조금 다르다. 근육이 아니라, 간에 붙어 있으며, 이 간-가로막은 골반에 붙은 근육과 협력하여 피스톤처럼 작용하여 허파를 팽창시킨다. (인간을 포함한) 포유류의 가로막은 악어의 가로막과 똑같이 체내 피스톤 역할을 하여 간을 잡아당기는 듯하지만, 방식은 다르다.

최근까지 크로커다일과 앨리게이터의 격막 허파는 비교적 원시적이고 따라서 비효율적이라고 여겨졌다. 그러나 근본적으로 새로운 발견이 이루어짐으로써 현생 악어류의 호흡 능력을 재평가하게 되었을 뿐 아니라, 페름기 대멸종과 트라이아스기에 걸쳐 파충류가 성공한 이유도 전혀 새로운 관점에서 보게 되었다.

가장 비효율적인 호흡방식은 포유류의 것이다. 들숨과 날숨이 같은 관을 통해서 이루어지기 때문이다. 비효율성은 날숨이 끝나고 들숨이 시작될 때 기체 분자들이 무질서하게 움직이기 때문에 생긴다. 호흡이 더 빨라지면, 들숨이 시작될 때 배출되던 공기와 빨려드는 공기가 충돌하여 혼란이 일어난다. 그리고 CO_2가 더 많고 O_2가 적은 공기를 비롯하여 같은 기체 분자들이 다시 빨려들어올 때도 흔하다. 오랫동안 연구자들은 악어류도 동일한 문제를 안고 있을 것이라고 생각해왔다. 그러다가 2010년에 악어류가 사실상 조류와 공룡과 비슷하게 공기가 한 방향으로만 움직이는 통로를 쓴다는 연구 결과가 나왔다. 이것은 고대의 페름기와 트라이아스기의 배룡류(杯龍類, stem reptile), 즉 멸종한 공룡뿐 아니라 현생 악어류와 조류를 낳은 집단이 동시대의 수궁류(원시 포유류)보다 더 효율적인 호흡을 했음을 시사한다. 그들은 두 가지 크나큰 경쟁 이점을 가진 덕분에 페름기 대멸종을 헤치고 나왔다. 바로 냉혈이라는 점과 포유류나 포유류형 파충류보다 공기에서 더 많은 산소를 추출할 수 있다는 점이었다. 판세는 우리 포유류에게 불리한 쪽이었다. 대량멸종이라는 위기와 혼란의 와중에 생존 가능성만이 아니라 궁극적으로 패권을 거머쥐기 위한 이 가장 중요한 경쟁에서 우리에게는 사실상 이길 기회가 없었다. 결국 중생대 포유류는 쥐만 한 몸집에서 거의 벗어나지 못했다. 아마도 공룡에 에워싸인 채, 쥐처럼 늘 극심한 두려움에 떨었을 것이다.

조류의 기낭

육상 척추동물이 가진 마지막 유형의 허파는 격막 허파의 변이 형태이다. 이 유형 및 연관된 호흡계의 가장 좋은 사례는 모든 조류에게서 발견된다. 이 호흡계에 속한 허파는 작고 다소 경직되어 있다. 조류의 허파는 우리의 허파처럼 호흡을 할 때 크게 부풀거나 줄어들거나 하지 않는다. 그러나 가슴우리는 호흡에 많이 관여하며, 특히 골반에 가장 가까이 있는 갈비뼈들은 복장뼈의 아래쪽과 연결되어 움직임이 아주 크다. 이 움직임은 호흡에 대단히 중요한 역할을 한다. 그러나 이것이 가장 큰 차이점은 아니다. 현생 파충류나 포유류의 허파와 전혀 다르게, 이 허파에는 기낭(氣囊, air-sac)이라는 부속기관이 딸려 있으며, 그 결과 대단히 효율적인 호흡계가 된다. 이유는 이렇다. 우리 포유류(그리고 조류가 아닌 다른 모든 육상 척추동물)는 공기를 막다른 골목인 허파로 빨아들였다가 내보낸다. 조류는 전혀 다른 체계를 가진다.

새가 숨을 들이쉴 때, 공기는 먼저 기낭들을 차례로 지나간다. 그런 뒤 적절한 허파 조직으로 들어가며, 그럴 때 공기는 오직 한 방향으로만 허파를 지난다. 기관으로 들어오는 것이 아니라, 딸려 있는 기낭으로부터 들어오기 때문이다. 그런 뒤에 배출되는 공기는 허파를 빠져나간다. 허파의 막을 공기가 한 방향으로 흐르므로 반대 방향의 체계도 구축할 수 있다. 즉 공기는 한 방향으로 흐르고, 허파 속의 혈관에서 피는 반대 방향으로 흐른다. 이렇게 반대 방향으로 흐름으로써, 막다른 골목 형태의 허파보다 더 효율적으로 산소를 추출하고 이산화탄소를 내보낼 수 있다.

해부학자들은 수 세기 동안 조류를 해부하고 기술해왔다. 따라서 조류의 기낭 해부 구조를 2005년이 되어서야 정확히 이해했다고 말하면 조금 이상해 보인다. 조류 해부학자인 패트릭 오코너와 리언 클래슨스는 다양한 새들의 호흡계에 빠르게 굳는 플라스틱을 다량 주입한 뒤, 사체를 꼼꼼히 해부하여 플라스틱으로 채워진 기낭들의 해부 구조를 살펴보았다.[4] 그들은 조류 기낭이 사람들이 추정했던 것보다 훨씬 더 복잡하고 부피가 크다는 것을 알고 깜짝 놀랐다. 기낭과 공기뼈―속에 빈 공간이 많은 뼈―사이의 진정한 관계가 처음으로 관찰된 것이다. 두 저자는 그 논문에서 조류 공기뼈와 공룡 공기뼈의 해부 구조를 비교했다. 놀라울 만큼 비슷했다. 같은 (즉 상동기관인) 뼈에 같은 모양의 구멍이 나 있었기 때문이다.

공룡에게 기낭 같은 것이 전혀 없었다고 주장하는 사람들도 공룡 뼈에 같은 종류의 구멍이 나 있다는 것을 부정하지 못했다. 그러자 그들은 구멍이

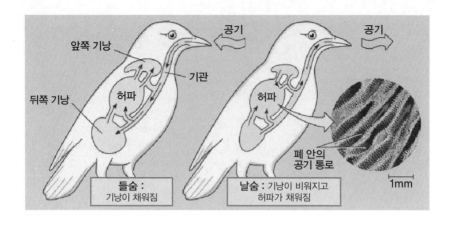

앞쪽 기낭
기관
뒤쪽 기낭
허파
공기

들숨 :
기낭이 채워짐

허파
공기

폐 안의
공기 통로

날숨 : 기낭이 비워지고
허파가 채워짐

1mm

있는 것은 맞다고 인정하면서도, 그것이 그저 뼈의 무게를 줄이기 위한 적응 형질이었다고 주장했다. 그러나 그 형태의 유사성이 그저 우연의 일치일 뿐이라는 주장은 우연의 일치가 너무 많다는 사실 앞에 무너지고 만다.

위의 그림에는 기낭들이 허파와 상호작용을 하는 모습이 담겨 있다. 기낭의 부피가 허파 자체의 부피보다 훨씬 더 크다는 것은 분명하다. 기낭은 산소를 흡수하는 일을 하지 않는다. 역류 체계가 작동하도록 하는 적응형질이다. 이 체계가 척추동물의 다른 모든 허파들보다 효율이 높은 이유가 조류의 기낭 허파 구조가 만드는 이중의 역류 체계와 관련이 있다는 점에는 의심의 여지가 없다.

2005년 무렵에는 많은 공룡들에게 기낭이 있었다는 증거가 압도적으로 늘어나고 있었다. 그때까지도 한 부류의 해부학자들은 공룡의 허파가 현생 악어의 허파와 전혀 다르지 않고 그저 크기만 더 컸을 뿐이며, 한 방향의 공기 흐름과 여러 개의 기낭이 딸려 있는 조류 허파는 약 1억 년 전인 백악기에야 출현했으며, 그래서 오직 조류에게서만 나타난다고 소리 높여 주장하고 있었다![5] 그 견해는 더 이상 옹호하기가 불가능해졌다. 그러나 2005년에는 아직 전기 중생대에 대기 산소 농도가 얼마나 변했는지, 아니 그런 변화가 이 다양한 호흡계의 진화에 영향을 미쳤을지 모른다는 개념 자체도 아직 나와 있지 않았다.

기낭 체계는 포유류의 호흡계보다 더 낫다. 해수면 지역에서 조류는 포유류보다 공기에서 산소를 추출하는 효율이 33퍼센트 더 높다고 추정되어왔다. 고지대에서는 이 차이가 더 벌어진다. 해발 1,500미터에서 조류는 포유류보다 산소 추출 효율이 200퍼센트에 달할 수도 있다. 그 결과 조류는 포유류와 파충류보다 고지대에서 대단히 유리한 입장에 있다. 그리고 그런 체계가 먼 과거에, 해수면 지역의 산소 농도가 오늘날 해발 1,500미터의 산소 농도보다 더 낮았던 시대에도 존재했다면, 그런 체계를 가진 집단은 그렇지 않은 경쟁 집단이나 먹이 집단보다 더 유리했을, 아마도 대단히 더 유리했을 것이 분명하다.

우리는 조류가 용반류라는 최초의 공룡 집단과 같은 계통에 속했던 작은 두발보행을 하는 공룡에서 진화했음을 안다. 최초의 조류 뼈대는 쥐라기에서 나온다(유명한 시조새와 같은 최초의 종이 얼마나 "조류다운지"를 놓고 현재 논쟁이 벌어지고 있기는 하다. 이 문제는 뒤에서 다루기로 하자). 그러나 조류의 허파에 붙어 있는 기낭은 부드러운 조직이어서 아주 특수한 환경에서만 화석으로 남을 것이다. 따라서 우리는 기낭 체계가 언제 나왔는지 말해줄 직접적인 증거를 가지고 있지 않다. 그러나 간접 증거는 있으며, 모든 용반류 공룡이 현생 조류와 동일한 기낭 체계를 가지고 있었다고 가정할 수 있을 만큼 기낭을 가진 공룡 집단이 있었다는 간접 증거는 충분하다. 그리고 조류와 마찬가지로 그들도 온혈이었다. 증거는 기낭이 들어 있었을 법한 곳인 뼈에 난 구멍에서 나온다.

공룡이 일종의 조류 발사 시스템을 갖추고 있었다는 대담한 주장을 처음 펼친 사람은 로버트 배커이다. 일부 공룡의 뼈에 조류의 뼈처럼 신기한 구멍이 나 있다는 것은 1800년대 말부터 알려져 있었다. 그러나 수십 년 동안 이 발견은 아예 잊혔거나 육중한 뼈를 가볍게 하기 위한 적응형질이라고 여겨져 왔다. 나중에 공기뼈라고 이름이 붙은 구멍이 송송 난 이런 형태의 뼈들 가운데 상당수는 지구 역사상 가장 큰 육상동물들, 즉 쥐라기와 백악기의 거대한 용각류에서도 발견되었기 때문이다. 공기뼈는 주로 척추에서 발견되었다.

조류는 비슷한 공기뼈 척추를 가지며, 조류의 뼈 중에서 일부가 비행에 도움이 되도록 가벼워졌다고 말할 수도 있겠지만, 조류의 허파에 딸려 있는 기낭 중의 일부는 뼈 안의 빈 공간에 들어 있다는 점도 명확하다. 따라서 조류의 공기뼈는 공간을 차지할 기낭을 집어넣기 위한 적응형질이었다. 동물의 뼈는 필요한 기관들로 채워져 있으며, 속을 비운 뼈에 기낭을 집어넣는 것은 진화적으로 대단히 타당하다. 그러나 배커는 여기에서 더 나아가서 자신이 애지중지하는 용각류의 공기뼈가 비슷한 목적으로 진화했으며, 용각류가 기낭 체계를 가졌고 그것을 이용했다는 직접적인 증거라고 주장하기에 이르렀다.

배커는 이것이 낮은 산소 농도에 적응한 형질이라는 주장을 펼치려고 한 것이 아니라, 공룡이 온혈동물이었다는 증거를 보강하려는 더 큰 목적을 가지고 그렇게 주장했다. 비행하기 위해서 엄청난 에너지와 산소를 써야 하는 조류는 내온성이라는 대사 요구를 충족시키는 방법으로 기낭 체계를 진화시킨 것이라고 여겨졌다.

이어서 다른 공룡 연구자들도 배커의 손을 들어주었다. 2003년에 고생물학자이자 공룡 전문가인 맷 웨델은 용각류에 기낭이 있다는 구체적인 사례를 제시했고, 그 무렵에 공룡 전문가인 그레그 폴도 두발보행 공룡 종에 관해서 비슷한 주장을 내놓았다. 그는 2002년에 페름기 말에서 트라이아스기 초까지 살았던, 나중에 악어류, 공룡, 조류를 낳은 원시적인 파충류 집단인 이른바 조룡류 가운데 최초로 등장한 형태(우리가 조룡형류라고 부른 것)가 기낭을 가졌다고 주장했다. 네발보행 형태인 프로테로수쿠스(앞에서 트라이아스기 최초의 조룡류 가운데 하나라고 말한 것)를 포함한 이 집단은 파충류의 격막 허파를 가지고 있었을 것이다. 들숨은 원시적인 배 펌프-가로막 체계의 도움을 받았을 수도 있다(아마도 현생 악어류에 있는 이 체계보다 더 원시적이었을 것이다). 그러나 당시에는 악어류와 그 동족들이 공기를 한 방향으로 흐르게 하는 혁신 덕분에 연구자들이 인식하고 있는 것보다 훨씬 더 뛰어난 호흡계를 가지고 있었다는 것을 알지 못했다.

이 발견은 2010년에야 이루어졌고, 악어류, 공룡, 포유류의 상대적인 진화적 적응도를 바라보는 우리의 관점에 지대한 영향을 미쳤다. 사실 트라이아스기의 모든 파충류는 우리 포유류보다 더 뛰어난 "호흡기"를 가지고 있었다.

그 뒤에 기낭 체계의 진화는 적어도 공룡으로 이어지는 계통에서 꽤 빠르게 진행되었을 수 있다. 안타깝게도 (아무튼 그들에게는) 악어류에게서는 새로 진화한 한 방향으로 흐르는 해부 구조를 갖춘 호흡계에서 더 이상 주요 혁신이 나타나지 않았다. 그들은 결코 뼈에 공기를 넣거나 기낭을 넣는 실험을 한 적이 없다.

중기 트라이아스기에 최초의 진정한 공룡이 출현할 무렵, 기낭 체계의 일부가 갖추어졌을지도 모른다. 이 시기의 가장 원시적인 수각류(獸脚類, theropod, 최초의 공룡)는 뼈에 공기화가 나타나지 않는다. 허파 자체는 현생 조류의 허파가 가진 두 가지 특징처럼, 더 경직되고 상대적으로 더 작아졌을지 모른다. 알로사우루스 같은 쥐라기 공룡들에서는 기낭 체계가 본질적으로 완성되었을지도 모르지만, 그래도 조류의 체계와는 크게 달랐다. 조류의 기낭 체계는 비행을 위해서 가슴과 배에 커다란 기낭을 갖추는 쪽으로 변형되었기 때문이다(현재의 날지 못하는 새들도 먼 과거에 날았던 조류에게서 진화했다).

쥐라기 중반에 시조새가 진화할 무렵, 공룡들의 호흡계는 대단히 다양했을지 모르며, 공기뼈를 가진 종류도 있고 그렇지 않은 종류도 있었을 것이다. 또 수렴 진화도 대단히 많이 일어나고 있었을지 모른다. 한 예로, 웨델이 그토록 공들여 연구한 거대한 용각류에서 폭넓게 나타나는 공기화는 두발 보행 용반류에게 있던 체계와 다소 독자적으로 출현했을 수도 있다.

기낭에 관해서 말할 것이 하나 더 있다. 용반류 공룡에게서는 기낭이 보편적이지만, 또다른 거대 공룡 집단인 조반류에게서는 아직 기낭의 증거가 전혀 발견되지 않았다. 조반류는 잘 알려진 오리주둥이공룡, 이구아노돈, 뿔이 달린 각룡류로 이루어진 집단이다. 이 세 집단이 모두 쥐라기가 아니라 백악기의 공룡이라는 것은 우연이 아니다. 이 집단에 기낭 체계가 없다는 것은 그들이 살았던 시기와 관련이 있다. 산소 농도가 매우 낮았던 쥐라기에, 그들은 동물상 전체에서 미미한 존재에 불과했다. 후기 쥐라기에서 백악기에 이르기까지, 산소 농도가 크게 증가한 시대가 되어서야 이 두 번째 거대 공룡 집단은 흔해졌다.

아마도 이 최초의 공룡들은 사자와 비슷했을 것이다. 낮은 산소 농도 때문에 에너지를 보존하기 위해서 하루에 20시간을 잤겠지만, 사냥할 때면 다른 어떤 경쟁자들보다 더 활발하게 더 적극적으로 움직였을 것이다. 먹이에는 공룡이 아닌 (초기 악어류 같은) 조룡류, 키노돈트, 최초의 진정한 포유류도 포함되었을 것이다. 그들은 그저 다른 동물들보다 사냥을 더 잘하기만 하면 되었다. 모든 증거들은 그들이 그러했음을 시사한다.

우리는 대사를 단순히 내온성과 외온성으로 구분하지만, 실제로는 그보다 훨씬 더 복잡했을지 모른다. 현생 조류, 파충류, 포유류가 이 두 범주 중의 하나에 속하기는 하지만, 사실 외부의 열원 없이 몸에서 열을 생성할 수 있는 생물은 많다. 날아다니는 커다란 곤충, 일부 어류, 대형 뱀, 대형 도마뱀도 여기에 속한다. 그런 동물은 내온성이지만, 포유류나 조류의 내온성과는 의미가 다르다. 대단히 다양한 공룡들에게서 아주 많은 유형의 대사가 있었을 수도 있다.

쥐라기라는 무대에 공룡만이 있었던 것은 아니다. 우리의 조상도 아주 작은 크기로 존재했고, 육지와 바다의 거북류, 목이 긴 장경룡과 악어류를 포함하여 육지와 바다에 다른 동물들도 있었다. 그러나 육지를 지배한 것은 분명히 공룡이었다. 언뜻 볼 때는 아주 많은 종류의 공룡 체형이 있었던 것 같지만, 사실은 세 종류밖에 없었다. 세 유형 모두 조류 및 포유류와 한 가지 공통점이 있었다. 완전히 곧추선 자세를 취했다는 것이다. 이 세 종류는 두발보행 공룡, 목이 짧은 네발보행 공룡, 목이 긴 네발보행 공룡이었다. 각각은 기원 시기와 전성기가 다르다. 우리가 보기에는 공룡의 "형태형 (morphotype)"(체제)은 5가지이며, 순차적으로 출현한 듯하다.

1. 후기 트라이아스기. 최초의 공룡은 트라이아스기를 삼등분한 마지막 시

기에 출현했지만, 1,500만 년 동안 다양성이 낮은 상태로 머물러 있었다. 주된 형태는 두발보행을 하는 육식성 용반류였다. 트라이아스기 말 무렵에 네발보행 용반류(용각류)가 진화했다. 조반류는 트라이아스기가 끝나기 전에 용반류에서 갈라졌지만, 종과 개체수 면에서 극히 적은 비율을 차지했다. 트라이아스기의 대부분에 걸쳐, 공룡의 몸집은 1–3미터로 작았으며, 피사노사우루스(*Pisanosaurus*) 같은 최초의 조반류는 식물을 자르는 쪽으로 분화한 새로운 턱을 가진 몸길이가 1미터쯤 되는 두발보행 동물이었다. 트라이아스기 말에야 처음으로 공룡의 방산이 상당히 이루어진다. 이 방산은 용반류에게서 일어나며, 두발보행 육식동물의 수와 크기가 증가하는 쪽으로 진화가 일어나고, 후기 트라이아스기의 플라테오사우루스(*Plateosaurus*)처럼 초기 용각류 가운데 처음으로 거대화가 이루어진다.

2. 전기와 중기 쥐라기. 두발보행 용반류와 목이 긴 네발보행 공룡이 동물상을 지배했다. 이 시기에 조반류는 여전히 작은 몸집에 개체수도 적은 상태로 남아 있었지만, 훗날 백악기에 공룡 다양성을 주도할 주요 집단으로 갈라진다. 티레오포라(thyreophora) 같은 무거운 갑옷으로 뒤덮인 종류도 그중의 하나이다. 이들은 네발보행 동물이며, 쥐라기 중반에 처음 출현한 스테고사우루스가 여기에 속한다. 두 번째 집단은 갑옷이 없는 신조반류(neornischia)이다. 조각류(ornithopod)—힙실로포돈, 이구아노돈, 오리주둥이공룡—와 마르기노케팔리아(marginocephalia)—백악기에야 출현하는 각룡류—와 뼈로 된 단단한 머리를 가진 파키케팔로사우루스류가 여기에 포함된다. 수가 가장 많은 것은 용각류이다. 용각류는 트라이아스기 말에 원시용각류(prosauropod)와 진정 용각류(true sauropod)라는 두 집단으로 갈라지며, 원시용각류는 쥐라기 전기와 중기에는 용각류보다 훨씬 더 다양했지만, 쥐라기 중반에 멸종했고, 후기 쥐라기에 용각류가 방대하게 방산을 이룰 여지를 남겼다.

두발보행 용반류도 쥐라기 전기와 중기에 다양해지면서 번성했다. 트라이아스기 말에 그들은 케라토사우루스와 테타누라(tetanura)라는 두 집단으로 갈라졌다. 케라토사우루스는 쥐라기 초를 지배했지만, 쥐라기 중반에는 테타누라가 케라토사우루스를 밀어내면서 수를 늘렸다. 그들도 둘로 나뉘어서 케라토사우리아류(ceratosauroid)와 코엘로피시스류(coelophysid)가 되었다. 후자 집단은 이윽고 가장 유명한 공룡을 낳았다. 백악기 말의 티라노사우루스 렉스이다. 비록 쥐라기 중반에 살던 그 조상은 상당히 더 작았지만 말이다. 쥐라기에 그들에게서 이루어진 가장 중요한 발전은 조류를 낳을 계통으로 진화한 것이었다.

3. 후기 쥐라기. 거인의 시대였다. 가장 큰 용각류는 후기 쥐라기의 암석에서 나오며, 그들은 백악기 전기까지 계속 지배한다. 이 거대한 몸집을 유지한 것은 용각류 육식동물이다. 알로사우루스(*Allosaurus*) 같은 거인이 대표적이다. 따라서 이 시기의 가장 눈에 띄는 측면은 쥐라기 전기와 중기보다 훨씬 더 큰 몸집의 출현이었다. 그리고 용반류만 그런 것이 아니었다. 후기 쥐라기에 갑옷을 입은 조반류도 몸집이 커졌다. 중장갑을 한 스테고사우루스가 가장 두드러졌다. 이 시기에 조반류는 스테고사우루스, 안킬로사우루스, 노도사우루스, 캄프토사우루스, 힙실로포돈으로 다양해지면서 공룡 집단의 모습을 근본적으로 바꾸었다.

4. 전기와 중기 백악기. 이 시기의 앞부분을 지배한 것은 여전히 커다란 용각류였지만, 백악기가 진행되면서 중대한 전환이 일어났다. 조반류의 다양성과 풍부도가 증가하면서 용반류를 넘어선 것이다. 용각류는 점차 희귀해졌고, 쥐라기 말에 많은 용각류 속들이 사라졌다.

5. 후기 백악기. 공룡의 다양성이 급증했다. 이 다양화의 대부분은 많은 새로운 조반류가 출현하면서 일어났다. 케라톱스, 하드로사우루스, 안킬로사우루스 등이었다. 용각류는 소수만 남았다.

그 어떤 진화의 역사도 한 가지 요인으로 설명할 수는 없다. 공룡의 형태는 포식자–먹이 상호작용, 자기 세계에서의 종내 및 종간 경쟁에 따라서 변했다. 더 나아가서 쥐라기와 백악기에 해수면의 엄청난 상승과 하강이 주된 원인이 되어 일어난 기후 변화도 공룡의 형태 변화에 영향을 미쳤다. 남북으로 뻗은 넓고 얕은 바다가 형성되어 북아메리카를 두 개의 소대륙으로 나눌 만큼 해수면이 상승할 때도 있었다. 그렇기는 해도 산소 농도도 관여했던 것이 분명하다.

공룡들이 처음으로 무리를 지었던 시기인 후기 트라이아스기는 산소 농도가 낮았던 때이며, 낮은 산소 농도와 아주 높은 이산화탄소 농도가 결합된 것이—소행성 충돌이 아니라—트라이아스기-쥐라기 대량멸종의 주된 원인이었다. 낮은 산소 농도와 높은 지구 기온의 조합은 살상 메커니즘이었다. 그러나 T-J 대량멸종 전후의 육상 척추동물 분류군의 수를 연구한 결과는 용반류 공룡이 다른 어떤 척추동물 집단보다도 이 대량멸종 사건에서 잘 살아남았다는 것을 명확히 보여주며, 뛰어난 호흡계를 가진 것이 한 가지 중요한 이유일 수 있다. 기낭 허파 덕분에 그들은 다른 허파를 가진 다른 육상동물들보다 경쟁에 매우 유리했기 때문이다.

반면에 조반류 공룡은 용반류처럼 효율적인 호흡계를 가지지 않았다. 그러나 먹이 획득, 더 큰 머리, 더 강한 턱, 더 나은 이빨이라는 측면에서 용반류 초식동물보다 경쟁우위에 있었다. 백악기에 산소 농도가 거의 현재 수준으로 높아지자, 조반류는 이 우위에 힘입어 주된 초식동물이 되었고, 경쟁 배타 원리를 통해서 많은 용반류 초식동물을 멸종시켰다.

쥐라기에서 백악기까지 대기 산소 농도가 비교적 빠르게 상당히 증가할 때, 다른 사건들도 일어나고 있었다. 하나는 세계 단일 초대륙이었던 판게아가 더 작은 대륙들로 쪼개진 것이었다. 또 하나, 아마도 더 뒤의 중생대 공룡 동물상의 분포와 분류학적 조성에 더 중요할 사건은 식물상의 근본적인 변화였다. 공룡은 겉씨식물이 지배하는 세계에서 진화했다. 침엽수뿐 아니라, 고사리, 석송, 은행나무도 번성하던 때였다. 그러나 백악기 초에 새로운 유형의 식물이 출현했다. 바로 꽃식물이었다.

새로운 형태의 번식방식과 그밖의 적응형질들을 갖춘 이 식물, 즉 속씨식물은 급속한 적응방산을 이루었다. 그들은 지구의 거의 모든 곳에서 이전의 식물상을 대체했고, 약 6,500만 년 전 백악기가 끝날 무렵에는 식생의 90퍼센트가 속씨식물이었다. 이 가용먹이 종류의 전환은 초식동물에게 영향을 미쳤을 것이고, 먹이가 될 수 있는 초식동물의 종류 전환은 육식동물 체제에 직접 영향을 미쳤다. 쥐라기 말 용각류의 멸종은 백악기 말 하드로사우루스의 멸종과 전혀 달랐을 것이다. 초식은 가용식물에 알맞은 형태의 이빨을 가지는 데에 달려 있다. 용각류는 바늘잎을 먹고 살았을 것이며, 그들의 거대한 몸통은 본질적으로 상대적으로 소화가 되지 않는 먹이를 소화하기 위한 거대한 발효조였다. 넓은 잎을 가진 식물, 즉 속씨식물을 먹으려면 바늘잎을 끊어내는 데에 가장 적합한 이빨과 물어뜯는 표면과 형태가 전혀 다른 이빨이 필요했을 것이다. 따라서 용각류가 지배하던 쥐라기 동물상에서 조반류가 지배하는 백악기 동물상으로 넘어가는 과정은 식물의 변화와 어느 정도 관련이 있었을 것이 확실하다. 그러나 호흡도 마찬가지로 어떤 역할을 했을 수 있으며, 아마도 산소 농도가 15퍼센트 이상으로 증가하지 않았다면, 조반류의 정복은 일어나지 않았을 것이다.

쥐라기-트라이아스기 공룡 허파와 조류의 진화

여기에서 우리는 최초의 공룡이 이전에도 없었고 오늘날에도 없는 종류의 동물이었다고 주장했다. 곧추선 자세와 당시의 그 어떤 동물의 호흡계보다 더 효율이 좋은 (단위 시간에 공기에서 추출하는 산소량, 또는 호흡하는 데에 드는 에너지량 면에서) 발전된 기낭 체계 덕분에 말이다. 그러나 이 초기 형태는 내온성을 잃고, 더 수동적인 항온성으로 대체되었을지도 모른다. 항온성을 이용하여 쉴 때 산소 소비량을 줄이고, 활동할 때 급속히 혐기성 (따라서 유독한) 상태로 빠지지 않은 채 계속 움직일 수 있도록 해주는 뛰어난 허파 체계가 바로 그들의 성공 비결이었다. 우리는 쥐라기에 처음 출현한 공룡의 한 집단인 조류가 이윽고 내온성과 현생 파충류의 것과 전혀 다른 종류의 허파를 갖추게 되었다는 것을 안다.

조류형 공룡 — 그리고 공룡형 조류

언제나 흥미를 끄는 티라노사우루스류를 빼고, 최근에 가장 주목을 받아온 공룡 집단은 기저 조류(basal bird)일 것이다. 그들의 몸이 깃털로 덮여 있었는 지를 놓고 격렬한 논쟁이 벌어지지만, 가장 중요한 질문은 언제 왜 비행이 처음 출현했는가 하는 것이다.

최초의 조류는 약 1억5,000만 년 전에 출현했으며, 지금도 최초의 조류라는 영예를 유지하고 있는 시조새(*Archaeopteryx*)는 쥐라기가 시작되기 직전에 출현했다. 산소는 이미 5,000만 년 전부터 증가하고 있었다. 공룡의 거대화는 흔하게 일어났다. 조류의 직계조상은 빨리 달리는 공룡이었고, 어쩌면 앞다리를 먹이를 잡는 용도로 썼을지도 모른다. 버클리 고생물학자 케빈 패디언은 이 움직임이 비행하는 새가 날개를 치는 행동의 선적응이라고 했다. 화석 기록은 최초 조류의 조상이 트로오돈류(troodontid)라는 두발보행 육식 용반류나 이미 깃털을 가지고 있었던 듯한 드로마이오사우루스류(dromaeosaurid)임을 시사한다.

시조새가 날 수 있었을까? 현재 대다수의 전문가는 그렇다고 본다. 그러나 진정한 비행이 언제 이루어졌는지는 논란거리이다. 후기 쥐라기의 "조류"가 정말로 날 수 있었을까? 그렇다면 성공한 집단인 다양한 익룡과 공중에서 경쟁해야 했을 텐데? 후기 백악기 지층에는 "엄지 날개(thumb wing)"를 갖춘 에올루올라비스(*Eoluolavis*)라는 조류의 화석이 나타난다. 엄지 날개는 기동성을 높임으로써 더 느린 속도로 비행할 수 있게 해주는 적응형질이다. 따라서 시조새가 출현한 지 수백만 년 사이에 꽤 발전된 비행이 이루어지고 있었다. 중국에서 새로 발견된 화석들은 백악기 초에 이미 예상 외로 매우 다양한 새들이 있었음을 보여주었다. 비행은 새로운 체형들의 급속한 진화를 자극한 적응형질이었다. 조류의 진화사는 다음 장에서 다루기로 하자. 쥐라

기 이후에 많은 이야기들이 펼쳐지니까 말이다.

조류의 비행은 에너지가 많이 든다. 조류는 날 때 아주 많은 에너지를 쓰며, 게다가 몸집이 작고 내온성이므로 산소를 많이 써야 한다. 그들의 기낭 체계는 산소를 공급하는 역할을 톡톡히 해내고 있다.

공룡의 번식과 산소 농도

20세기 고생물학의 가장 중요한 발견 중의 하나는 공룡의 알이었다.[6] 20세기 후반에 화석 알과 연관된 복잡한 양상을 통해서 연구자들은 공룡의 복잡한 번식 행동, 아니 적어도 알을 낳는 행동에 관해서 어느 정도 추정할 수 있었다. 이 세기에 새로운 장치, 즉 탁상 컴퓨터와 연결된 작은 CT 스캐너가 등장하면서 공룡의 번식을 연구하는 분야에서 제3차 혁명이 일어났다. 이제 알을 물리적으로 훼손하지 않고서도 그 안의 섬세한 배아 구조를 살펴볼 수 있으며, 배아의 발달뿐 아니라, 알 자체가 만들어지는 과정도 점점 더 이해해 가고 있다. 공룡의 알이 어떻게, 왜 만들어졌는지를 말이다.

조류는 번식의 적어도 한 가지 측면에서는 거의 변이가 없다. 공룡을 들여다보는 가장 좋은 창문인 현생 조류는 모두 다공성의 석회질 알을 낳는다. 조류 중에는 태생이 없다. 대조적으로, 현생 파충류 중에는 알이 아니라 새끼를 낳는 계통이 여럿 있다. 또 조류와 알의 형태가 크게 다른 파충류도 있다. 조류와 파충류의 알껍데기는 두 층으로 이루어진다. 안쪽의 유기질 막을 결정질인 층이 뒤덮은 형태이다. 결정질 물질의 양은 종에 따라서 크게 다르다. 조류에게서는 탄산칼슘 층이 두껍게 둘러싼 알부터 결정질 물질이 거의 없어서 바깥층이 물컹거리는 가죽질 막인 알까지 다양하다. 결정질 층의 광물질도 조류, 악어류, 도마뱀류의 방해석 성분에서부터 거북류의 아라고나이트(aragonite, 탄산칼슘의 다른 결정 형태)에 이르기까지 다양하다. 그래서 알은 크게 두 종류로 나뉜다. 단단한 결정질(crystalline) 알과 부드러운 가죽질(parchment) 알이다. 일부 연구자들은 가죽질 알을 신축성을 띤 것(일부 거북과 도마뱀)과 부드러운 것(대부분의 뱀과 도마뱀)으로 세분하기도 한다. 놀랄 일도 아니지만, 알의 단단한 정도에 따라서 화석이 될 가능성도 크게 차이가 난다. 단단한 알은 화석이 많고(주로 공룡의 알), 신축성을 띤 알은 몇 개 되지 않고, 부드러운 알은 전혀 없다.

공룡에 아주 많은 관심이 쏠리므로, 그들의 번식 습성에 관해서 많은 추측들이 이루어져왔지만(두 마리의 거대한 세이스모사우루스가 짝짓기를 한다는 상상만 해도 움찔하게 된다), 아직도 수수께끼가 많이 남아 있다. 공룡에 관한 선구적인 발견 중의 하나는 그들이 방해석 결정 껍데기로 감싼 커다란 석회질 알을 낳았다는 것이다. 이 알 화석은 1920년대에 첫 고비 사막 탐사에 나선 미국 자연사 박물관 탐사대가 발견했다. 그 뒤로 백악기의 공룡 알 수천 개가 발견되어왔고, 몬태나 대학교의 잭 호너는 공룡이 둥지를 짓는 양상을 발견하고 널리 알림으로써 공룡의 번식을 들여다볼 또 하나의 창문을 열었다. 그러나 이 백악기의 양상이 공룡 전체의 특징일까? 이 질문은 미결 상태로 계속 논쟁을 낳고 있다. 대다수의 연구자들은 모든 공룡이 단단한 껍데기를 가진 알을 낳았다고 가정하지만, 증명된 것은 결코 아니며, 뒤에서 살펴보겠지만 몇몇 초기 공룡은 가죽질 알이나 더 나아가서 새끼를 낳았을 수도 있다는 간접적인 증거가 있다.

공룡 알 화석은 거의 모두 백악기의 것이다. 결정 형태, 크기, 수, 구멍이 난 양상은 알에 따라서 크게 다르다. 그러나 가장 흥미로운 과학적 질문은 다양성이 아니다. 쥐라기의 공룡 알 화석은 훨씬 더 적으며, 트라이아스기의 공룡 알 화석은 발견된 것이 거의 없다. 왜 그럴까? 백악기 세계의 보존 특성이 달라서 육지에서 어떤 것이 화석이 되고, 되지 않고가 결정되는 양상이 달랐기 때문일까? 아니면 백악기(특히 공룡 알의 대부분이 발견된 후기 백악기)에 비해서 트라이아스기와 쥐라기의 산소 농도가 너무 낮았기 때문일까?

몇 가지 가능성이 있다. 어쩌면 정말로 어떤 보존 편향이 있을 것이다. 백악기 이전에도 백악기만큼 알이 흔했지만, 트라이아스기와 쥐라기의 공룡 지층이 백악기의 지층에 비해서 적음으로써 이런 차이가 나타났을 수도 있다.

그렇다면 이 차이는 그저 표본 크기의 차이에서 비롯된 것이 된다. 또 한 가지 가능성은 백악기 이전의 알이 백악기 알에 비해서 화석화가 잘 되지 않았을 수도 있다는 것이다. 백악기 이전의 알이 조류의 알처럼 석회질이 아니라, 현생 파충류의 알처럼 가죽질이었다면 확실히 그러했을 것이다. 그리고 바다의 어룡처럼, 일부 공룡이 알이 아니라 새끼를 낳았다면, 찾아낼 수 있는 알이 더 적을 것이 확실하다. 그리고 생명 역사의 많은 측면에서 종종 그랬듯이, 대기 산소 농도는 번식 양상을 규정하는 데에도 중요한 역할을 했을 수 있다.

백악기 지층에서 공룡의 화석 알은 달걀처럼 (그러나 더 두꺼운) 탄산칼슘 껍데기로 덮여 있지만, 매끄러운 달걀과 달리 대개 길게 주름이 있거나 혹이나 있다. 이런 장식은 암컷이 알을 낳은 뒤에 묻었을 때, 알과 덮은 물질 사이에 공기가 흐를 수 있게 해주었을 것이다. 알을 묻는 습성이 화석으로 보존될 가능성을 더 높여주었을지도 모르며, 그것이 백악기의 알이 그토록 많은 반면, 다른 시대의 알은 적은 이유를 설명하는 데에 도움을 줄 수도 있을 것이다. 두꺼운 석회질은 묻혔을 때 흙이나 모래로부터 받는 압력을 견디는 데에도 도움을 주었을 것이다.

또 현재 우리는 후기 백악기에 공룡이 둥지를 짓고 묻을 때 알을 배치하는 양상 같은 복잡한 행동에 관해서 많이 알고 있지만, 그 이전의 공룡들이 어떻게 했는지는 모른다. 후기 백악기의 두발보행 공룡인 트로오돈은 알들을 두 개씩 짝지어 수직으로 배열했고, 잭 호너는 몬태나의 후기 백악기 하드로사우루스가 복잡한 알 묻기 행동을 했음을 보여주었다.

석회질 알의 이점은 단단해서 포식자가 깨뜨리기가 더 어려우며, 배아의 발달도 돕는다는 것이다. 배아가 알 안에서 발달할 때, 껍데기의 탄산칼슘 중의 일부는 녹아서 뼈 성장에 쓰인다. 또 석회질 껍데기는 세균 감염도 막아줄 수 있다. 그러나 대가가 따른다. 탄산칼슘 껍데기는 설령 아무리 얇다고 해도 안팎으로 공기나 물이 통과하지 못하게 막을 것이다. 그러나 발달하는 배아는 물과 공기가 필요하다. 그래서 모든 석회질 알에는 산소를 가진 공기가 들어올 수 있도록 구멍이 나 있다. 그러나 물이 금방 빠져나가서 건조해질 정도로 구멍이 많지는 않다. 물을 충분히 확보하기 위해서, 알의 내부에는 알부민(우리에게 친숙한 달걀 "흰자위"의 주성분)이라는 화합물이 아주 많이 있으며, 알부민은 배아에 물을 제공한다. 모든 조류와 악어류는 이런 종류의 알을 낳는다.

파충류 알의 두 번째 종류인 가죽질 알은 거북류와 대다수의 도마뱀이 낳는 알이다. 이 유형의 알은 물을 흡수하여 사실상 부피가 더 늘어날 수 있다. 그러나 투수성은 양방향 통로이다. 가죽질 알은 물을 잃기도 쉽다. 많은 거북과 악어는 알을 묻음으로써, 포식자로부터 숨기는 동시에 물 손실을 줄이려는 습성을 가진다.

알을 묻는 방식에도 위험은 있다. 발달하는 배아는 모두 산소를 필요로 하므로, 배아에게는 대기로부터 산소가 들어올 수 있게 해줄 알이 필요하다. 알이 너무 깊게 혹은 공기가 통하지 않는 침전물 속에 묻힌다면, 배아는 질식할 것이다. 그리고 알을 낳은 곳이 고지대라면, 설령 부모의 보살핌을 받는다고 해도, 같은 운명에 처할 위험이 높다. 지금까지 생물학자들은 파충류와 조류의 발달속도에 영향을 미치는 주된 변수가 온도라고 보고, 그것을 집중적으로 연구해왔다. 그러나 고지대 도마뱀에서 얻은 단서들은 산소 농도도 분명히 어떤 역할을 함을 시사한다.

고지대에 사는 현생 도마뱀들은 종종 태생, 즉 새끼를 낳곤 한다. 또 오랜 시간 알을 출산길(birth canal)에 담고 있는 종류도 있다. 이 두 사례는 발달을 늦출 수 있을 만큼 기온이 떨어질 수 있는 환경에서 비교적 높은 온도를 유지하기 위해서 그런 행동을 한다고 설명되어왔다. 그러나 이 두 적응형질은 배아를 산소 흡수율이 낮아지도록 폐쇄된 곳에서 키우면 줄어들거나 완전히 사라진다. 석회질 알은 어미의 몸에서 산란될 때까지는 알 안으로 산소가 들어가지 못하므로 어미가 몸속에 계속 가지고 있을 수가 없다.

따라서 수수께끼가 하나 생긴다. 파충류는 네 가지 번식 양상을 보여준다. 태생, 장시간 모체 안에 머무는 가죽질 알, 모체에서 형성되자마자 산란되는 가죽질 알, 석회질 알이 그것이다. 그리고 산란된 뒤에도 여러 양상을 보인다. 알은 묻힐 수도 있고 그렇지 않을 수도 있으며, 묻히지 않을 때에는 부모의 보살핌을 받거나 그렇지 않을 수도 있다. 각 유형이 어떤 이점을 가졌으며 언제 처음 출현했는지는 아직 잘 모른다.

그리고 두 번째 수수께끼가 있다. 알려진 공룡 알은 대부분 백악기, 앞에서 말했듯이 주로 후기 백악기의 것이며, 석회질이다. 또 공룡이 알을 묻는 습성을 보였다는 것도 후기 백악기의 한 특징이다. 그런데 백악기 이전의 공룡은 어떠했을까? 후기 쥐라기의 용각류와 두발보행을 하는 용반류의 알이 발견되기는 했어도—가장 잘 보존된 것은 포르투갈에서 나왔다. 알 속에 배아의 뼈까지 남아 있다—더 이전의 암석에서는 공룡 알이든 둥지든 거의 찾아볼 수가 없다. 트라이아스기의 것이라고 알려진 알은 극소수에 불과하다.

따라서 다양한 종류의 알들이 정확히 언제 진화했는지는 여전히 수수께끼이다. 2005년에 후기 페름기부터 트라이아스기까지 점점 메말라가는 기후에서 건조를 피하기 위한 적응형질로서 석회질 알이 페름기 말에 처음 출현했다는 주장이 나왔다. 불행히도 이 주장을 뒷받침할 화석 증거는 전혀 없다. 그 시대에 무궁류(거북을 낳은 조상 집단), 이궁류(악어와 공룡의 조상 집단), 단궁류(우리의 조상 집단)가 존재했음에도 페름기의 알이라고 인정된 것은 단 한 점도 없다. 게다가 후기 트라이아스기의 알 화석 가운데 공룡의 것이라고 여겨지는 것은 극소수에 불과하다. 여기에서 한 가지 큰 난제가 제기된다. 백악기 퇴적층에 흔하게 보존된 공룡 알이 페름기와 트라이아스기의 같은 유형의 퇴적 환경에서는 발견되지 않는다는 사실이다. 조룡류가 페름기나 트라이아스기에 단단한 알을 낳았다면—당시 어느 파충류 집단이든 단단한 알을 낳았다면—우리는 이미 그것을 발견했을 것이다.

증거가 없다는 점을 논거로 삼는다는 것은 위험하지만, 그래도 결국 숫자가 말하는 것은 받아들여야 한다. 모든 증거는 백악기 이전에는 알을 낳는 육상동물들이 단단한 알을 낳는 사례가 흔하지 않았음을 시사한다. 2012년에 남아프리카에서 공룡의 단단한 알이 발견된 것이 유일한 예외 사례이다.

지금으로서는 앞으로 얼마나 집중적으로 채집에 나서든 간에 이 추세가 바뀔 가능성은 적어 보인다.

공룡 알은 두 가지 형태만 알려져 있다. 둥근 것과 길쭉한 것이다. 그러나 알껍데기를 구성하는 결정의 배열 패턴은 7가지임이 밝혀졌다. 모든 공룡이 알을 낳는 단일 조상에서 진화했다고 한다면, 알껍데기의 세부 구조가 이렇게 다양하다는 점이 놀랍게 여겨질 수도 있다. 그러나 단단한 껍데기를 가진 알을 낳는 형질이 여러 시대에 걸쳐 서로 다른 공룡 계통들에서 진화했다고 하면, 충분히 예상할 수 있는 결과일 것이다. 현생 파충류와 조류에게서 발견되는 알껍데기 세부 구조까지 더한다면, 파충류, 비조류형 공룡, 진정한 조류형 공룡인 조류의 기나긴 역사에 걸쳐 진화한 알껍데기 미세 구조는 총 12가지이다.

이 각각의 미세 구조는 특정한 집단이나 종의 알이 정상적으로 받는 서로 다른 스트레스에 적응하여 나온 형질일 것이다. 한 예로 깊이 묻히는 거북의 알은 높은 나무 위의 둥지에 있는 울새의 알과 전혀 다른 도전 과제들에 직면한다. 그러나 또 한 가지 가능성이 있는데, 다양한 석회질 알들이 독자적인 진화 역사의 증거라는 것이다. 즉 단단한 알이 공룡 계통을 비롯하여 여러 계통에서 독자적으로 진화했을 수도 있다.

"이상적인" 산소 농도

현생 육상동물들 가운데 상당수의 진화에 관한 새로운 발견들 중에서 가장 흥미로운 것 하나는 그 동물 집단들 가운데 상당수가 후기 고생대에 지금보다 산소 농도가 높았던 꽤 짧은 기간에 출현했다는 것이다. 이 말은 도마뱀, 거북, 악어, 포유류로 진화할 집단들의 최초 구성원들뿐 아니라, 현생 척추동물의 많은 집단들에도 적용된다. 그러나 이 추세를 시사하는 것이 육상 척추동물만은 아니다. 많은 곤충, 거미류, 달팽이류의 기저 집단들을 포함하여 육상 무척추동물들의 상당수도 3억여 년 전 석탄기에 출현했다. 지난 5년 동안 이루어진 새로운 실험들은 육상 척추동물의 알과 곤충의 알 양쪽에서 배아 발달이 가장 빠른 속도로 이루어지는 "마법의" 산소 농도가 있으며, 그것이 27퍼센트임을 시사한다.

현재의 대기 산소 농도는 21퍼센트이다. 그러나 악어와 곤충을 연구한 자료들은 그들의 최적 발달이 산소 농도가 27퍼센트일 때 이루어진다는 것을 보여준다. 그보다 더 낮거나 높은 산소 농도에서 배양한 알은 발달하여 부화하기까지 더 오래 걸린다. 산소 농도가 더 낮을 때—트라이아스기 말에는 아마 10–12퍼센트였을 것이다—에는 아예 부화하지 못하는 알들이 많거나 대부분이다. 알을 먹는 포식자도 마찬가지로 적어져서 그렇게 오랫동안 먹히지 않는다고 할 때 그렇다. 그 방정식에 열을 추가하면 생존 가능성이 더욱 낮아진다. 알에는 산소가 들어갈 구멍이 필요한데, 기온이 올라가면 이 구멍을 통해서 물이 빠져나감으로써 배아가 사망할 확률이 더 높아진다. 최악의 조합은 지금보다 더 덥고 건조하면서 대기 산소 농도가 10–12퍼센트인 세계일 것이다. 우리는 그런 시대가 있었음을 안다. 후기 트라이아스기였다. 후기 트라이아스기에 알을 낳는 동물들은 심각한 문제에 처했다.

문제는 파충류가 처음에 산소 농도가 비교적 높은 세계에서 출현했다는 것이다. 바로 석탄기였고, 그 시기의 산소 농도는 27퍼센트를 넘었다. 이 초기 파충류는 양막란을 개발했다. 그러나 지구의 산소 농도가 낮아지고 기온이 증가함에 따라서, 원래의 파충류 알은 죽음의 덫이 되었을 것이다. 알 안으로 산소가 충분히 확산되어 들어가지 못하는 반면, 바깥으로 확산되어 나가는 물은 너무 많았다. 새끼를 낳는 것이 고온과 낮은 산소 농도(기온이 올라가면 더욱 심해진다)에 더 잘 대처하는 방법이었을 것이다. 따라서 태생의 진화는 후기 페름기에 지구 산소 농도가 낮아진 데에 대한 반응이었을지 모른다. 남아프리카, 러시아, 남아메리카에서 엄청나게 많은 수궁류 뼈가 발견되었지만, 같은 지층에서 알이나 둥지는 전혀 발견되지 않았다. 이 무렵에 수궁류는 이미 태생을 진화시킨 것인지도 모른다. 그들의 후손인 진정한 포유류가 가진 바로 그 형질이 공룡이 처음 출현할 그 무렵에 처음 출현한 것이다.

후기 쥐라기에 많은 공룡 계통들에서 산소 증가에 반응하여 석회질 알이 진화했고, 산소 농도가 낮은 중기 쥐라기 환경에 이르기까지 있었던 가죽질 알은 살아남을 수 없었던 것인지도 모른다.

후기 페름기에서 트라이아스기에 이르기까지 고온에 산소 농도가 낮은 조건은 태생이나 산소가 알 안으로 들어가고 이산화탄소가 배출되는 데에 효과적이었을 부드러운 알의 진화를 자극했을 것이다. 반면에 후기 쥐라기–백악기의 더 높은 산소 농도(그리고 계속되는 고온 상태)는 단단한 알과 복잡한 둥지에 알을 묻는 습성의 진화를 촉진했다.

독특한 물질대사처럼, 태생 대 난생의 대조적인 양상은 모든 생물학적 형질 가운데 가장 근본적으로 중요한 것 중의 하나이지만, 놀랍게도 진화생물학자들의 주목을 거의 받지 못한 것이기도 하다. 기원 시기와 출생 전략들의 분포 양상을 알아내어 이 문제를 해결하는 것이 가까운 미래의 주된 연구 주제여야 하겠지만, 유감스럽게도 보존된 가죽질 알이 없기 때문에 해결하기가 어려울 수도 있다.

15

온실 바다 :
2억-6,500만 년 전

중생대 세계(트라이아스기, 쥐라기, 백악기)에 관한 논의는 대부분 육상동물, 특히 공룡에 집중된다. 그러나 당시 해양 세계에서도 큰 변화가 일어나고 있었다. 중생대가 흘러감에 따라서 얕은 바다는 점점 더 현대와 비슷해져갔지만, 중간 수심과 심해의 동물상은 오늘날의 동물상과 전혀 다른 채로 남아 있었다. 얕은 물에서 깊은 물까지의 단면을 보면, 이 점이 잘 드러난다. 중생대 말, 후기 백악기의 바다도 다를 바 없다. 물 속으로 깊이 들어가면서 바다가 어떤 모습을 하고 있을지를 요약해보자. 중생대 "온실" 바다라고 부를 수 있는 것에 관해서 우리가 현재 이해하고 있는 꽤 많은 사항들을 이 여행을 하면서 요약할 수 있다.[1]

온실 바다 위의 대기는 바다의 화학적 및 물리적 환경과 상호작용하면서 중요한 영향을 미친다.[2] 대기의 온도, 극지방에서 적도까지의 온도 차이, 바닷물의 화학—얼마나 많은 산소가 녹아 있는가를 포함하여—에 따라서 해양의 조건과 그 안에 어떤 생물들이 살지가 정해졌다. 한 가지 중요한 물리적 사실은 따뜻한 물이 차가운 물보다 산소를 덜 품는다는 것이다. 백악기의 마지막 500만 년을 제외하고 중생대 내내, 극지에서 적도까지 대기는 덥고 습했다. 그러나 열만으로도 바다의 총 산소 농도는 오늘날보다 더 낮아졌다. 그것을 낮은 대기 산소 농도와 결합하면 우리는 중생대 바다가 지금과 대단히 달랐으며 생명이 살아가기 힘든 환경이었음을 이해할 수 있다. 당시에 살던 생명이 이 산소 농도가 낮은 세계의 바다에 대처하기 위해서 여러 방면으로 진화한 것도 놀랄 일은 아니다.

중생대 세계가 지금과 달랐기는 하지만, 한 가지 면에서는 친숙해 보일 수도 있다. 우리 세계의 고도가 낮은 대기에 곤충에서 새와 박쥐에 이르기까지 아주 다양하고 많은 동물들이 날아다니듯이, 중생대의 하늘도 생명과 움직임으로 가득한 곳이었다. 대기는 곤충을 비롯한 온갖 비행생물들로 가득했겠지만, 오늘날의 동물들과 전혀 다른 두 집단도 있었다. 작은 프테로닥틸루스를 포함한 거대한 익룡류(파충류)와 많은 조류였다. 당시의 조류는 대다수의 현생 조류와 형태가 전혀 달랐고, 이빨을 가진 것도 있고 그렇지 않은 것도 있었으며, 날개를 가진 것도 있고 그렇지 않은 것도 있었다.

백악기 바다의 연안에는 대개 일종의 넓은 초호(礁湖)가 펼쳐져 있었다. 초호는 산호초가 일종의 벽처럼 에워쌈으로써 형성된 호수이다. 대개 그런 초호는 외해보다 더 따뜻하고 산소 농도가 더 낮다. 초호의 얕은 물에는 오늘날 바다의 열대 초호와 연안 환경에 사는 종류들과 매우 비슷한 그리고 많은 사례에서는 같은 분류군(속 같은 것)에 속하는 조개류와 고둥류가 살았을 것이다.

예를 들면, 굴을 파는 이매패류, 뿔조개류, 굴류, 가리비류, 홍합류, 개오지류, 청자고둥류, 나팔고둥류, 수정고둥류, 물레고둥류, 성게류(전 세계의 얕은 물에 사는 "정형[regular]" 성게류와 오늘날의 연잎성게류 같은 굴을 파는 "부정형[irregular]" 성게류)가 이미 존재했다. 닭새우류와 게류도 있었을 것이다. 종합하면, "현생" 동물상은 후기 백악기의 얕은 바다에 이미 잘 자리를 잡고 있었으며, 사실 후기 백악기(약 9,000만 년 전부터 6,500만 년 전까지)가 끝날 무렵에 일어난 거인의 시대를 종식시킨 대량멸종에 상대적으로 거의 영향을 받지 않았다.

현재의 바다에서와 마찬가지로 더 깊이 들어가면, 생명의 종류가 바뀌면서 얕은 물의 굵은 모래 환경에서 사는 종들보다 입자가 더 고운 침전물에 적응한 형태들이 나타났을 것이다. 현재까지도 살고 있는 많은 이매패류를 비롯하여 다양한 종류의 굴을 파는 동물들이 많이 살았을 것이다. 침전물 속에 숨는 것은 주요 생존 전술이었다. 후기 백악기에는 연체동물 껍데기를 부수거나 거기에 구멍을 뚫을 수 있도록 적응한 다양한 포식자가 살았기 때문이다. 또 초호의 얕은 물에는 현생 산호처럼 초를 형성하는 생물들이 만든 다양한 석회석 덩어리들이 있었을 것이다. 이 덩어리들은 지금과 마찬가지로 당시에도 바람을 맞아서 호처럼 휘어지면서 말굽 모양으로 자란 작은 초들이다.

해안에서 좀더 떨어진 곳에는 대보초가 있었을 것이다. 대보초는 바닥에서부터 해수면까지 죽 자라났을 것이다. 이 거대한 석회암 벽은 커다란 섬이나 대륙의 대륙붕이 끝나고 대륙사면과 심해가 시작되는 지점에서 자랐으며, 길이가 수백에서 수천 킬로미터에 이르렀을 것이다. 대보초 장벽의 양편에는 경골어류와 상어, 홍어, 가오리 같은 연골어류 등 수많은 어류 종들이 살았을 것이다.

대보초의 안쪽 가장자리—사실 대보초 전체—는 오스트레일리아의 그레이트 배리어 리프 같은 오늘날의 많은 대보초들과 똑같아 보였을 것이다. 그러나 한 가지 주된 차이점은 현재의 산호초에는 산호 종들이 살고 있지만, 당시의 주된 뼈대 건축가는 결코 산호가 아니었다는 것이다.

우리가 초라고 하는 파도에 견디는 삼차원 구조는 오르도비스기 이래로 생명의 주요 공동체가 되어왔다. 초는 건축 물질과 접합 물질로 건축되어왔으며 지금도 마찬가지이다. 초는 산호 "벽돌"로 이루어진 벽돌집을 조류, 납작하게 자라는 산호, 탄산칼슘 알갱이 모르타르가 뒤덮고 있는 것과 비슷하다. 그러나 오래된 도시에 비유하는 것이 훨씬 더 나을 듯하다. 수 세기에 걸쳐 건물들이 솟아올라서 얼마간 존속하다가 무너져내리거나 해체되지만, 미처 다 제거되기 전에 기존 잔해 위에 새로운 건축물이 들어서는 식이다. 시간이 흐르면서 점점 더 늘어가는 석조 건축물들의 엄청난 무게에 못 이겨서 때로 이 오래된 도시의 토대인 지각 자체가 서서히, 그러나 측정할 수 있을 만큼 가라앉기도 한다.

그것이 바로 산호초의 특성이다. 수 세기에 걸쳐 기존 산호초 표면에 더 크고 더 넓은 산호초가 붙으면서 햇빛을 받기 위해서 위로 자란다. 이웃보다 더 빨리 자라기 위해서 진정으로 목숨을 건 경주가 펼쳐진다. 산호들은 생명을 주는 햇빛이 가려지고 공간을 빼앗기는 것을 피하고자 남들보다 더 빨리 자라기 위해서 경쟁한다. 각각의 산호 폴립 안에서 자라는 단세포 조류 수백만 개가 햇빛을 필요로 하며, 육식성인 산호 폴립 자신이 살아가려면 물을 접하는 공간이 필요하기 때문이다. 몸속에 든 미세한 조류는 산호동물이 거대한 뼈대를 구축할 수 있도록 도우며, 쌍편모충류라는 이 조류는 그 보답으로 양분을 얻고 먹히지 않도록 보호를 받는다. 미세한 산호 유충은 플랑크톤으로 떠돌다가 무생물인 단단한 표면 위에 내려앉아서 해수면을 향해서 자라기 시작한다. 운이 좋으면 이 미세한 유충은 폴립 하나에서 수십만 개의 폴립으로 이루어진 거대한 군체로 자라서, 수 세기 이상을 살면서 수천 톤에 이르는 드넓은 탄산칼슘 뼈대를 만들 수도 있다. 비록 현재 수천만 년이나 된 단일 군체들이 있기는 하지만, 거대한 군체도 결국은 죽는다. 죽으면 산호 뼈대는 부서지고 그 위에서 다시 새 산호가 자란다.

백악기 온실 바다의 초도 이 과정과 그들이 건설하는 형태면에서는 전혀 다를 바가 없었지만, 당시의 건축 재료는 산호초가 아니라 조개초(clam reef)였다. 즉 현재 살고 있는 조개와는 닮은 점이 전혀 없어 보이는 아주 커다란 조개들이 초를 만들었다. 그들은 루디스트(rudist)라는 기이한 모양의 이매패류였으며, 원통 모양의 껍데기 위에 열고 닫을 수 있는 뚜껑을 갖춘 세워놓은 쓰레기통처럼 보이는 것이 대부분이었다. 오늘날 열대에 사는 "대왕조개(Tridacna)"만 한 것들도 있었다. 그러나 홀로 자라는 대왕조개와 달리, 루디스트는 오늘날의 홍합처럼 다닥다닥 붙어 자랐으며, 붙어 있을 만한 모든 공간을 차지하면서, 심지어 서로의 껍데기 위에도 달라붙어서 자랐다.

루디스트 조개의 아래쪽 패각인 커다란 원통은 옆 원통들과 나란히 수직으로 촘촘이 맞붙어 있어서, 마치 높이가 30-60센티미터에 때로 폭이 30센티미터에 이르는 원뿔을 빽빽하게 세워놓은 듯했고, 각 원통의 꼭대기에는 화려한 색깔의 살들이 햇빛을 향해서 내밀어져 있었다. 산호처럼, 그들도 미세한 공생체, 즉 광합성을 위해서 빛을 필요로 하고 보답으로 조개에 풍부한 산소를 제공하고 조개에게서 이산화탄소와 노폐물 제거하는 단세포 식물을 몸에 가지고 있었다. 그러나 커다란 크기에 이르는 데에 수 세기가 걸리기도 하는 산호와 달리, 이 조개류는 아주 빨리 자랐다. 플랑크톤으로 떠다니다가 얕은 바다의 바닥(몸속에 미세한 식물을 가지고 있어서 생존하려면 햇빛이 필요했을 것이다)에 가라앉은 지 1년도 지나기 전에, 이 작은 조개는 두꺼운 탄산칼슘 껍데기를 만들어서 1년 이내에 성숙한 크기로 자랐다. 그들은 단단한 패각을 가진 채 자라는 동족 후손들과 마찬가지로, 돌아다니지 않고 한 곳에 웅크린 채 자리를 차지하고서 빨리 자랐다가 일찍 죽곤 했다. 산호 뼈대는 한 개체에서 높이와 폭이 1미터쯤 되는 군체로 자라기까지 한 세기가 필요할 수 있지만, 루디스트는 그만큼 자라는 데에 기껏해야 5년밖에 걸리지 않는다.

모든 초가 그렇듯이, 루디스트초도 수면을 향해서 죽 솟아올랐다. 그래서 바깥쪽으로 가면 수심이 가파르게 깊어졌다. 초 바깥으로는 중생대의 드넓은 바다가 펼쳐졌고, 이 바다의 상공과 바닥에는 지금은 사라진 생물들이 살고 있었다.

이 바다의 수면 근처에는 커다란 상어류와 거대한 원양 파충류가 돌아다녔을 것이다. 후자에는 목이 길거나 짧은 장경룡, 도마뱀처럼 생긴 모사사우루스(mosasaurs) 등이 속했다. 그들은 아마 현생 물범과 비슷한 생활을 했을 것이다. 먹이를 찾아서 물 속으로 뛰어들기는 하지만, 숨을 쉬려면 물 밖으로 나와야 했을 것이다. 그러나 그들은 물범보다, 아니 때때로 쉬거나 번식을 하기 위해서 물 밖으로 나올 필요가 있는 동물들 가운데 가장 컸다.

온실 바다의 바닥도 지금의 대다수 해저와 달랐다. 온실 바다의 바닥이나 심지어 수심 중간층의 조건과 그나마 비슷한 곳은 현재의 흑해뿐일 것이다. 즉 녹아 있는 산소가 거의 없어서 물고기조차 대부분 살아갈 수 없는 따뜻한 환경이었다. 흑해의 바닥처럼 온실 바다의 바닥도 검은 진흙이었다. 미세한 유기물 알갱이가 아주 많이 갇혀 있어서 검다. 이 깊은 바닷물에는 산소가 거의 없었다. 사실 너무 적어서 유기물의 정상적인 분해가 일어날 수 없거나, 산소가 녹아 있는 해저보다 훨씬 더 느린 속도로 일어난다. 이 진흙 침전물의 표면에서 몇 센티미터 깊이까지에서 살던 미생물의 종류도 지금과 전혀 달랐다. 그들은 황을 먹고 사는 종류였고, 독특한 형태의 호흡을 하면서 부산물로 황화수소와 메탄을 내뿜었다.

중생대 해저에서 정상적인 수준의 산소 농도를 필요로 하는 동물들이 살 수 있을 만큼 산소가 충분한 곳은 극소수에 불과했을 것이다.[3] 그러나 그 온실 바다에서는 산소 농도가 낮은 조건에 잘 적응한 두 종류의 연체동물이 진화했다. 하나는 이매패류로서 해저에서 살았다. 또 하나는 엄청난 다양성을 보인 두족류인 암모나이트류이다. 이들은 물에 떠 다녔지만, 해저에서 먹이를 구했다.

여기에서 우리가 말하는 백악기 바다의 암모나이트는 쥐라기 초에 처음 출현한 집단이었으며, 그 시기의 암석에 그들이 갑자기 출현한 것은 후기 백악기보다 거의 1억3,000만 년 전에 일어난 트라이아스기-쥐라기 대량멸종이 새로운 디자인의 암모나이트를 비롯하여 새로운 유형의 동물들이 출현할 문을 열었음을 시사한다. 그들은 화석을 사냥하는 이들에게 기쁨을 준다. 우리 두 사람은 지난 20년 동안 암모나이트가 있는 지층을 연구하는 데에 많은 시간을 쏟았지만, 암모나이트는 우리의 끈끈한 우정에 걸림돌이 되어 왔다. 워드는 암모나이트 화석의 흔적만 있어도 넋이 나갈 정도로 푹 빠지곤 한다. 반면에 커슈빙크는 박물관에 전시해도 좋을 멋진 표본에도 서슴없이 드릴로 구멍을 뚫어서 고지자기 시료를 채취할 것이다. 실제로 그렇게 해왔다.

암모나이트 집단은 쥐라기 초의 지층에서 출현하여 이 장의 온실 바다가 지속된 시기까지 살았는데, 생명의 역사뿐 아니라 지질학과 화석을 이용한 연대 측정 분야에서도 대단히 중요하다. 전 세계에는 트라이아스기 말의 해성 지층 위를 쥐라기 지층이 덮고 있는 곳이 많다. 그런 지층이 드러난 곳에서는 시간을 따라서 걸어다닐 수 있으며, 지층들이 죽 이어져 있다면, 후기 트라이아스기와 전기 쥐라기의 극적인 사건들을 모두 다 볼 수 있다. 이 시대의 암석은 조금 어색하게도, 종의 사망에 영예를 붙이는 듯한 이른바 5대 대량멸종 사건 중의 하나인 트라이아스기 대량멸종의 증거를 간직하고 있다. 후기 트라이아스기 지층을 따라서 걸으면, 먼저 납작한 조개인 할로비아(*Halobia*)의 화석이 가득한 지층이 나오고, 이어서 좀더 젊은 지층에서 훨씬 더 많은 모노티스(*Monotis*) 화석을 만난다. 그 뒤에 조개류는 사라지고, 몇 미터 두께에 걸쳐서 헐벗은 암석과 시간만이 이어진다. 약 300만 년 동안 이어진 라에티아조(Rhaetian stage)라는 트라이아스기의 마지막 시대이다.

마지막으로 화석이 거의 없는 이 두꺼운 지층이 끝난 뒤, 새로운 집단이 갑자기 출현한다. 바로 암모나이트이다. 후기 트라이아스기 지층에도 암모나이트가 있기는 하지만, 풍부하게 나오는 일은 없다. 그러나 쥐라기 초의 암모나이트는 가장 유명한 산지인 영국의 라임 레지스 해변과 독일 남부를 비롯하여 세계 각지에서 대량으로 발견되며, 겨우 몇 미터 두께의 지층에서도 엄청난 다양성을 보인다. 그들은 한 시기에 단 한 종만이 나타나는 트라이아스기의 납작한 조개류와 다르다. 쥐라기 전기의 이 암모나이트는 다양하고 풍부하다. 그것은 큰 폭으로 이루어졌던 산소 농도의 하락이 마침내 끝나고 서서히 올라가고 있었다는 것을 말해준다. 그러나 암모나이트가 산소 농도가 갑자기 오늘날의 수준까지 올라갔다고 말하고 있는 것은 아니다. 암모나이트는 쥐라기 초의 해수면에 약간의 산소가 존재하기 시작했기 때문에 출현했으며, 그들은 그 상황 변화를 대단히 잘 이용했다. 그들은 지구에서 낮은 산소 농도에 가장 잘 적응한 축에 속했고 쥐라기와 백악기의 온실 바다에서 생태적 이점을 얻을 수 있었고 그 기회를 잡았기 때문에 그렇게 불어난 것이다.

앵무조개류(nautiloid)와 암모나이트류가 여러 개의 방으로 나뉜 껍데기 때문에 전반적으로 모습이 비슷해서, 우리는 그들이 생활방식도 다소 비슷했을 것이라고 여긴다. 현생 앵무조개의 서식 범위를 보면, 대개 산소가 많이 녹아 있는 물에 살고 있다. 그러나 그들은 산소가 적은 해저에서도 산다. 이

점은 큰 궁금증을 일으켰다. 전반적으로 두족류는 산소 농도가 높은 환경을 필요로 한다는 것이 상식이었는데, 방으로 나뉜 껍데기를 가진 두족류 중에서 남아 있는 한 집단인 앵무조개는 그렇지 않았으니 말이다. 앵무조개는 대단히 강하며, 물 밖에 내놓아도 견딜 수 있다. 그들은 10–15분 동안 물 밖에 있어도 아무런 문제가 없다. 물 속에서 그들은 지금까지 진화한 것들 가운데 가장 크고 가장 힘센 아가미로 엄청난 양의 물을 걸러서 산소를 흡수하므로, 산소 농도가 낮은 물에서도 충분한 산소 분자를 얻을 수 있다. 낮은 산소 농도에 적응한 동물이 있다면, 앵무조개가 바로 그렇다. 영국 동물학자 마틴 웰스는 뉴기니에서 앵무조개들을 생포하여 산소 소비량을 측정함으로써 그렇다는 사실을 증명했다. 앵무조개는 산소 농도가 낮은 상황에 접하면, 두 가지 행동을 한다. 첫째, 물질대사를 늦춘다. 둘째, 강하게 헤엄치는 능력을 이용하여 먹이가 아니라 산소 농도가 더 높은 물을 찾아서 아주 멀리까지 나아간다.

전기 쥐라기 지층에서 암모나이트 화석들이 대량으로 출현한다는 것은 그들이 너무나 귀한 그 기체가 최소한으로 녹아 있는 물에서 최대한의 산소를 추출하도록 탁월하게 설계되어 있었음을 시사한다. 따라서 쥐라기에서 백악기에 걸친 암모나이트의 체제는 트라이아스기–쥐라기 경계 무렵에 세계적인 낮은 산소 농도에 반응하여 진화한 것일 수도 있다. 그들의 새로운(더 이전의 암모나이트류에 비해서 새로운) 체제를 보면, 껍데기 크기에 비해서 방이 아주 컸다. 그 때문에 그들은 더 얇은 껍데기를 써야 했고, 그러려면 봉합선이 더 복잡해져야 했다. 또 그런 봉합선 덕분에 빠른 성장이 가능해졌고 부력 조절을 위해서 방에서 물을 빼내는 속도도 높일 수 있었다. 그들은 커다란 체방 안에서 가장 안쪽까지 몸을 움츠릴 수 있었고, 조상들에 비해서 아가미가 아주 길었다.

암모나이트가 앵무조개처럼 아가미가 4개였는지, 혹은 현생 오징어와 문어처럼 2개였는지는 알지 못한다. 전기 쥐라기의 대다수가 가진 유선형 껍데기가 아니었기 때문에, 이들은 빨리 헤엄치지 못했을 것이 분명하다. 그들은 비행선처럼 껍데기 안을 공기로 채움으로써 수면 근처에서 느릿느릿 떠다니거나 천천히 헤엄쳤을 가능성이 훨씬 더 높다.

쥐라기의 암모나이트는 백악기에 들어설 때까지 세부적인 측면에서만 변했을 뿐이지만, 그 뒤로 껍데기 디자인에 놀라운 변화가 일어나기 시작했다. (앵무조개의 껍데기 같은) 원래의 평면선회(planispiral, 평권)형 껍데기를 가진 종류도 여전히 많았지만, 백악기에는 다른 형태의 껍데기들도 출현했다. 이제 암모나이트를 찾아서 후기 백악기 바다로 들어가보기로 하자.

모양은 제각이지만, 대다수의 암모나이트는 해저를 돌아다니면서 갑각류 같은 작은 먹이를 찾아먹었다. 한 환경에서 껍데기 모양이 제각각 다른 12종류가 넘는 암모나이트가 살기도 했다. 지름이 2.5센티미터에 불과한 작은 것도 있었고, 2미터에 달하는 거대한 것도 있었다. 백악기에 살던 것들은 대부분 껍데기에 일종의 방어 장비라고 할 복잡하게 뻗은 이랑이나 혹이 나 있었다. 그것은 이 온실 바다에 껍데기를 잘 부수는 포식자들이 많이 있었음을 입증하며, 장경룡과 모사사우루스가 그들의 주요 포식자였을 가능성이 높다.

암모나이트는 앵무조개의 껍데기 안에 들어간 오징어와 다소 비슷해 보였을 것이다. 현생 앵무조개는 촉수가 90개인 반면, 암모나이트는 8개나 10개였을 것이다. 앵무조개는 청소동물인 반면, 현생 오징어와 중생대의 암모나이트는 살아 있는 동물을 먹이로 삼는 육식동물이었다.

온실 바다의 두 번째 연체동물은 조개류였다. 루디스트처럼 기이한 형태는 아니었지만, 그래도 오늘날의 조개류와는 확실히 달랐다. 그들은 이노케라무스(Inoceramus)라는 납작한 조개류였다. 그들은 굴과 유연관계가 있었고, 종이 다양했으며, 진흙으로 뒤덮인 해저에서 서로 경쟁하며 살았다. 그들은 굴을 팔 수 없었고, 그저 바닥에 놓인 채 돌아다녀야 했다. 각정에서 각구에 이르는 길이가 2.5미터에 이르는 부드러운 종륵이 나 있는 아몬드 모양의 거대한 것도 있었다. 그러나 오늘날의 모든 조개와 달리, 크기에 비해서 그들의 껍데기는 거의 종잇장처럼 얇았고, 약하게 장식된 위쪽 껍데기는 굴, 가리비,

태형동물, 따개비, 관벌레 등 다양한 동물들로 뒤덮여 있곤 했다. 대개 이노케라무스 조개류는 "정상적인" 연체동물이나 다른 무척추동물들이 살기에는 산소가 너무 부족한 해저와 물에 살았다. 아주 많은 동료 연구자들은 이 조개류가 현생 조개류와 어떻게 달랐는지를 더 잘 이해하기 위해서 지구화학적 방법을 적용해왔다. 미국 자연사 박물관의 닐 랜드먼은 지구화학자인 커크 코크런과 함께 이 중생대 공동체의 기이한 측면들을 보여주는 새로운 연구 결과를 내놓았다.

이노케라무스와 다른 조개들의 크기를 비교하기만 해도, 우리는 그들이 얼마나 기이했는지를 알 수 있다. 오늘날 가장 큰 조개인 열대의 대왕조개는 끝에서 끝까지의 길이가 1.8미터에 이르고, 무게가 수백 킬로그램까지 나갈 수 있다. 그러나 그 다음으로 큰 조개인 코끼리조개는 길이가 기껏해야 30센티미터이고 생체 조직의 무게는 0.5-1킬로그램에 불과하다. 굴 중에서는 길이가 30센티미터에 이르는 것도 있지만, 흔하지는 않다. 이노케라무스는 현생 대왕조개와 훨씬 더 작은 코끼리조개 사이의 틈새를 채운다. 페름기에서 백악기 말에 멸종하기 전까지 대단히 다양한 종류의 이노케라무스가 살았으며, 그들은 온실 바다에서 가장 번성했다. 이 커다란 조개류는 현생 조개처럼 바닷물을 걸러서 먹이를 얻는 것이 아니라, 몸속에 미생물을 가지고 있어서 온실 바다의 산소 농도가 낮고 유기물이 풍부한 바닥에서 스며나오는 메탄 같은 화학물질로 살아갔다.

온실 바다의 마지막 영역은 중간 수역이다.[4] 즉 햇빛이 닿지 않을 만큼 깊지만, 정체된 바닥보다는 수십 킬로미터 위에 있는 물을 말한다. 현재의 대양에서 이 드넓은 중간 해역은 지구에서 가장 넓은 단일한 서식지이며, 해수면과 그곳의 햇빛 및 대기를 전혀 접하지 못하고, 해저와도 접하지 않으면서 살아가도록 적응한 수많은 생물들이 산다. 이곳의 삶은 "사이"에 머무는 데에 달려 있다. 따뜻한 얕은 물이나 더 깊은 차가운 해저는 포식에서 수온과 산소 조건에 이르기까지 여러 측면에서 이들에게 치명적일 수 있기 때문이다. 따라서 중간 부력을 이루고 유지하는 적응형질이 생존에 대단히 중요하다.

오늘날의 대양에서 몸집이 조금 있는 동물들 가운데 이 해역에 가장 흔한 것은 오징어이다. 이들은 촉수나 지방이나 가벼운 화학물질이 농축된 몸속의 주머니를 이용하여 떠 있도록 진화했다. 주머니에 농축된 암모니아가 풍부한 물질들은 몸 전체를 바닷물보다 가볍게 할 수 있을 정도이다.

오징어의 먹이는 하나하나로 보면 작지만 수가 아주 많다. 엄청난 규모의 헤엄치는 온갖 작은 동물들로 이루어진다. 이들은 심해 산란층(deep scattering layer, DSL)을 형성할 만큼 무리를 짓기도 한다. 이 용어는 1940년대에 세계 최초의 수중 음파 탐지기를 바다에 집어넣었을 때 발견된 현상에서 나왔다. 심해 산란층은 무수히 많은 작은 갑각류, 그밖의 단각류와 등각류 같은 절지동물들, 그리고 다양한 문들에 속한 동물들로 이루어진다. 낮에 생물들의 이 거대한—아마도 수심 800-600미터에 걸쳐 있을—층은 해안에서 멀리 떨어진 난바다에서 사방으로 수백, 아니 수천 킬로미터까지 뻗어 있다. 날이 저물 무렵이면, 이 층 전체가 위로 수심이 더 얕은 곳으로 헤엄쳐 올라오기 시작하며, 기가톤에 달하는 수많은 동물들이 들어차서 어두컴컴하기 그지없는 이 층은 양분이 더 풍부한 더 얕고 더 따뜻한 곳에 도달한다. 심해 산란층 동물상의 대다수를 차지하는 통통한 미세한 절지동물들이 낮에 이곳까지 올라온다면 치명적인 위험에 처할 것이다. 어류와 오징어 같은 포식자의 눈에 띌 것이기 때문이다.

우리는 이 근본적으로 새로운 형태의 해양 생활방식이 백악기에 처음 출현했다는 증거를 꽤 가지고 있다. 그 이전에는 중간 수심 해역에서 찾아다닐 만한 먹이 자원이 전혀 없었을 것이고, 따라서 몸집이 조금 있는 그 어떤 동물 종에게서도 생애 내내 떠다녀야 할 뿐 아니라 어떤 식으로든 밤이면 수백 미터를 올라갔다가 아침이 될 때 다시 수백 미터를 내려올 수 있게 해줄 다양한 적응형질이 진화하지 않았을 것이다. 그러나 중간 수심 해역의 절지동물이 출현하자, 새로운 형태의 부력기구를 사용하면서 그들을 먹을 수 있는 동물들이 급속히 진화했다. 중간 수심에서 어떤 식으로든 무중력 상태로 떠 있으려면, 이 부력기구가 가장 근본적인 적응형질이었다.

이 자원을 이용하는 쪽으로 진화한 육식동물은 주로 암모나이트였지만, 그들은 기존의 조상 형태인 평권형과 모양이 전혀 달랐다. 평권형은 해저 바로 위에서 살아가는 종들의 특징이었다. 중간 수심의 암모나이트는 생애 내내 떠 있도록 해주는 껍데기를 가지고 있었다. 그들의 기이한 껍데기로는 어떤 식으로든 빠르게 헤엄칠 수 없었을 것이다. 그러나 일단 중간 수심층에 생물들이 살면서 그 두꺼운 바닷물, 즉 액체층이 생물들의 서식지가 되자, 오직 그 층에 머물면서 낮에는 하강했다가 밤에는 상승하면서 먹이가 풍부하고 포식자가 없는 수심을 찾아낼 수 있기만 하면 풍부한 먹이를 얻을 수 있었을 것이다. 그래서 그들은 느릿느릿 떠다니면서 살았다. 본질적으로 이 기이한 동물들은 열기구처럼 행동했다. 부력을 일으키는 커다란 장치가 위에 있고 그 밑에 승객이 타는 작은 바구니가 매달려 있는 식이었다.

중간 수심의 암모나이트는 부력을 효율적으로 조절해야 했다.[5] 우리는 현생 앵무조개의 부력 체계가 대단히 엉성하며 느리게 작동한다는 것을 안다. 그러나 암모나이트류 전체는 아름다운 봉합선과 복잡한 격벽도 포함하는 훨씬 더 복잡한 부력기구를 가지고 있었을지 모른다. 즉 안으로 빠르게 물을 넣거나 빼냄으로써 원래 공기가 차 있을 방을 밸러스트로 삼을 수 있었을지 모른다. 당시에 새로 출현한 이 후기 백악기의 암모나이트는 비공식적으로 이형(異形, heteromorphic) 암모나이트라고 한다. 데본기에 처음 출현하여 백악기 말에 최종 몰락할 때까지 존속했던 암모나이트의 원래의 전통적인 둘둘 말린 디자인과 다른 껍데기를 가졌기 때문이다. 그들은 약 6,000만 년 동안 존속했는데, 그 이전에도 그 이후에도 그들의 체제는 결코 나타난 적이 없다. 그들은 칙술루브 소행성이 모든 암모나이트를 끓여 익히는 날까지 존속했다.

이형 암모나이트 중의 일부는 거대한 달팽이 껍데기처럼 보였다. 그러나 공기로 채워진 방들이 있고, 마지막의 길게 뻗은 부위 아래에 암모나이트의 부드러운 부위와 촉수 등이 붙어 있는 형태의 달팽이 껍데기였다. 거대한 종이 클립처럼 생긴 것도 있었고, 그저 거대한 갈고리처럼 보이는 것도 있었다. 그러나 가장 흔한 것은 직선으로 길게 뻗은 원뿔 모양이었다. 이 원뿔의 뾰족한 끝이 맨 처음에 생긴 방이며, 성체가 될 무렵에는 이 가늘고 긴 원뿔의 길이가 약 2미터에 이르기도 했다. 이들은 껍데기의 부력을 일으키는 방들 아래쪽에서 촉수를 수직으로 아래로 늘어뜨린 채, 물에 수직으로 떠다녔다. 이들은 바쿨리테스(*Baculites*)였고, 후기 백악기에 가장 흔한 육식동물이었을지 모른다.

바쿨리테스는 대규모 무리를 이루어서 중간 수심을 가득 채웠다.[6] 그들은 백악기 바다를 묘사한 많은 벽화와 그림에 종종 등장하는데, 예외 없이 마치 어류와 오징어인 양, 화살 같은 긴 원뿔을 수평으로 뻗은 채 돌아다니는 모습으로 잘못 그려져 있다. 그런 자세를 취하기란 불가능했을 것이다. 그들은 수직으로 향해 있었다. 가장 처음에 생긴 작은 껍데기 부위가 맨 위에 있고, 무거운 머리와 촉수가 아래에 매달려 있었다. 그들은 결코 옆으로 헤엄칠 수도, 아니 옆으로 기울어진 형태로 떠 있을 수도 없었을 것이다. 그들은 오직 위아래로만 움직였을 것이다. 제트 추진력을 이용하여 위로 놀라울 만큼 빠르게 솟구쳤다가, 서서히 가라앉는 식이었을 것이다. 어류와 상어 같은 바쿨리테스의 포식자들은 정상적인 형태의 공격을 시도하다가 계속 어리둥절한 상황을 맞이하곤 했을 것이다. 대개 먹이는 포식자보다 더 빨리 앞으로 헤엄쳐서 달아나려고 한다. 그러나 공격자는 수직으로 길게 뻗은 동물이 마치 끈에 매달린 꼭두각시처럼 위로 쑥 솟아오르는 광경을 접했을 것이다. 그들은 허탕을 친 채 목숨을 부지하려는 먹이라면 달아날 것이라고 생각되는 방향으로 헤엄쳐 갔을 것이다.

중생대 해양 혁명

중생대의 더 뒤에, 바다에서 방어기구에 혁신적인 변화가 일어났다. 데이비스에 있는 캘리포니아 대학교의 고생물학자 게리 베르메이는 그것을 단순히 중생대 해양 혁명이라고 불렀다.[7] 진화적인 의미에서 해양 포식자들이 마구 날뛴 세계라는 말에 다름 아니었다.

어릴 때 눈이 먼 우리의 친구이자 동료인 게리 베르메이가 고생대 이후의 연체동물 껍데기에서 보강하기 위해서 나타난 복잡한 적응형질들을 "보는" (그의 표현이다) 모습을 지켜보고 있으면, 마치 공연하는 피아노 연주자의 손가락을 보는 듯하다. 그의 손가락은 마치 뼈가 없는 듯이 빠르고 복잡한 움직임을 보이면서, 나탑의 가시부터 각구의 두꺼운 입술에 이르기까지 고둥 껍데기의 많은 형태학적 특징들 위를 달리면서 "연주한다." 껍데기의 취약한 배꼽 부위를 부드럽게 어루만지면서 그곳이 석회질 물질로 채워져 있음을 발견하기도 하고, 마찬가지로 두꺼운 껍데기 각구 입술의 바깥쪽에 난 미세하지만 보강하는 역할을 하는 이빨들 위를 떨어대면서 빠르게 훑기도 한다. 우리가 그를 박물관의 표본들이 들어 있는 서랍으로 안내하면, 그는 단 하나의 감각, 즉 촉각을 써서 우리를 새로운 깨달음의 세계로 안내한다.

촉각은 기억을 떠올리게도 하지만, 마음속에 세계를 그려내기도 한다. 베르메이의 명민한 정신은 바로 이 촉각만으로 페름기 이후에 점점 더 공격적이고 껍데기를 부술 능력을 갖춘 새로운 포식자들이 진화함에 따라서, 무척추동물, 초식동물들과 더 작은 포식자들에게서도 점점 더 뛰어난 석회질 갑옷이 공진화하고 있는 광경을 "눈앞에 펼쳐 보일" 수 있었다. 그것을 일반화한 개념이 바로 중생대 해양 혁명이다.

처음에 그 개념은 페름기 대량멸종 이후에 포식이 껍데기를 부수는 방향으로 옮겨갔다는 것만을 가리켰다. 즉 고생대의 조개, 고둥, 극피동물, 완족동물의 껍데기처럼 예전에는 난공불락이었던 요새 속에 숨어 있는 풍부한 고기를 얻는 새로운 방법을 갖추는 쪽으로 나아갔다는 것이다. 그 뒤로 그 개념은 확장되어왔다.

먹이의 적응형질도 그에 못지않게 인상적이었다. 해저의 침전물 위나 그 바로 밑에서 살아가던 조개류에게서는 깊게 굴을 파는 적응형질이 진화했다. 이 새로운 조개류는 이치류(heterodont clam)라고 한다(두 껍데기가 만나는 교합선을 따라서 많은 "이빨"이 나 있기 때문이다). 그들은 외투막을 한 쌍의 수관과 융합함으로써 중요한 해부학적 혁신을 이루었다. 오늘날 이 굴을 파는 조개류는 조개들 중에서 가장 다양한 집단이 되어 있다. 제각기 모래나 진흙, 실트를 빠르게 파고들 수 있도록 적응한 다양한 종들이 있다. 이들이 굴을 파는 이유는 단 하나로, 포식을 피하기 위해서이다. 침전물 위가 아니라 속에 들어간다고 해서 먹이를 더 잘 구할 수 없다는 것은 분명하다. 그러나 생존 가능성은 크게 증가한다. 굴을 파는 (또는 구멍을 뚫는) 생활방식이 가능하도록 형태에 근본적인 변화가 일어난 집단은 더 있으며, 고둥류, 새로운 종류의 다모류, 일부 어류, 그리고 전혀 새로운 성게류가 그렇다.[8]

근본적인 혁신을 보여준 또다른 무척추동물 집단은 바다나리류(crinoid)라는 극피동물 집단이었다.[9] 거대한 꽃처럼 생긴(그래서 바다나리라고 한다) 이 무척추동물들은 고생대에 부착(附着) 생활을 한 전형적인 집단이었다. 그들은 플랑크톤 유생 단계를 지난 뒤에 정착하면 결코 이동할 수 없었다. 그들은 바닥에 붙어 있었다. 오늘날 미국 중서부를 차로 지나가면 그들이 과거에 얼마나 많았는지를 말해주는 놀라운 증거를 볼 수 있다. 도로변의 절개지에 보이는 암석들은 거의 다 부착된 바다나리류의 긴 줄기를 이루었던 것들이 부서져서 생긴 작고 둥근 "조각들"로 이루어진 것이다. 그렇게 엄청나게 번식하려면, 극도로 맑고 따뜻한 얕은 바다가 드넓게 펼쳐져 있어야 하며, 그 바닥은 바다나리의 숲에 뒤덮여서 보이지도 않았을 것이다. 햇빛이 이 얕은 바닥까지 뚫고 들어갈 수 있었을지는 불분명하지만, 그래도 바다나리에게는 별 상관이 없었을 것이다. 그들은 미세한 플랑크톤을 먹으며, 적어도 대사 측면에서 "완행선"을 타고 있었다. 그러나 일단 부착되면 결코 이동할 수 없었고, 폭풍이나 포식자에게 뜯겨나가면 곧 죽었을 것이다.

대규모 죽음만큼 새로운 진화를 자극하는 것은 없다. 페름기 대멸종은 지구에서 바다나리류를 거의 전멸시켰고, 포식자가 많아짐으로써 새로운 법칙이 지배하게 된 중생대에 바다나리류는 곧 자신들을 먹이로 삼도록 설계된 모든 포식자들의 먹이가 되었다. 바다나리에게서 먹이를 얻기란 쉽지 않았을 것이다. 얼마 되지 않는 살을 보호하기 위해서 그토록 많은 탄산칼슘 뼈대를 만드는 생물은 그들 말고는 없을 것이기 때문이다. 그러나 부착형 바다나리류는 줄기가 없는 새로운 바다나리 집단에 밀려났다. 새로운 집단은 지금도 살고 있으며, 현생 산호초에서 발견되는 가장 아름다운 생물에 속한다. 그들은 실제로 헤엄을 칠 수 있다. 팔을 벌려서 날개처럼 부드럽게 하느작거리면서 아주 우아하게 느릿느릿 움직인다.

중생대 해양 혁명은 포식자와 먹이 쪽으로만 일어난 것이 아니라, 점점 더 새로운 서식지를 개척하는 쪽으로도 일어났다.[10] 조개와 고등이 포식을 피하기 위해서 점점 더 깊이 굴을 팔 수 있도록 형태가 진화했을 뿐 아니라, 침전물을 먹이로 삼는 다른 무척추동물들도 점점 늘어나면서 이루어진 것이다. 앞에서 캄브리아기 대폭발을 설명하는 장에서 말한 것과 비슷하게, 흔적화석의 다양성과 수가 증가한다는 것이 바로 이 변화가 일어났다는 증거이다. 그 결과 생물교란이 일어나지 않은 중생대의 퇴적층은 거의 찾아보기 어렵다.

동물들에게 근본적인 변화가 일어나고 있던 곳이 중생대 바다의 바닥과 그 속만은 아니었다. 동물이 존재한 이래 처음으로, 수면부터 바닥까지 바다 전체를 생물이 이용하는 일이 일어나고 있었다. 새로 진화한 형태들 가운데 상당수는 동물이 아니었다. 원생동물과 심지어 떠다니는 단세포 식물성 플랑크톤에게서도 새로운 종류들이 진화했다. 중생대 지층에서는 중요한 새로운 종류의 미화석들이 발견된다. 한 예로 아메바와 비슷하지만 뼈대가 있는 대단히 다양한 유공충들이 진화했다. 물에 떠다니는 종류도 있었고 바닥에 사는 종류도 있었다. 또 규질(珪質) 방산충들도 진화했다. 그러나 중생대와 그 뒤의 플랑크톤에 일어난 가장 근본적인 변화는 원석조류(圓石藻類)라는 조류 집단의 진화였다. 이들의 미세한 뼈대가 해저에 쌓였다가 암석으로 변한 것이 바로 잘 알려진 백악(白堊)이라는 물질이다.

원석조류는 공 모양의 몸 바깥에 코콜리스라는 6-12개의 미세한 탄산칼슘 판이 붙어 있는 미세한 식물이다. 조류가 죽으면, 이 작은 판들은 바닥에 가라앉아서 쌓이며, 이루 헤아릴 수 없이 많은 판들이 쌓여서 유명한 도버의 하얀 절벽 같은 거대한 퇴적암을 형성한다. 영국에서 프랑스, 폴란드, 벨기에, 네덜란드, 스칸디나비아 전역, 그리고 구소련의 많은 지역을 거쳐 흑해에 이르기까지 유럽의 북쪽 가장자리는 모두 이런 절벽으로 둘러싸여 있다. 코콜리스는 지구 기온에 큰 영향을 미쳐왔다. 코콜리스는 흰색이며, 따라서 햇빛을 우주로 반사하여 지구를 식힌다.

동물들에게 호흡계를 중심으로 새로운 체제를 만들도록 자극한 캄브리아기 대폭발처럼, 트라이아스기 바다의 동물들도 다양한 새로운 적응형질을 보여준다. 앞에서 살펴보았듯이, 육상동물들은 다양한 형태의 허파들을 실험했다. 바다에서도 같은 유형의 실험이 이루어졌다. 이매패류는 거의 끝없이 펼쳐진 양분이 풍부하지만 산소 농도가 낮은 해저에 반응하여 새로운 유형의 체제뿐 아니라 새로운 생리까지 진화시킨 집단이었다.

산소가 매우 부족하다는 점 때문에 한 가지 의미에서 이매패류에게는 해저가 대단히 살기에 좋은 곳이기도 했다. 죽은 플랑크톤을 비롯한 생물들의 형태로, 환원 상태의 탄소가 엄청난 양으로 해저에 떨어져서 묻혔다. 산소가 있는 바닥에서는 여과 섭식자나 침전물을 먹는 생물과 청소동물이 이 물질을 금방 먹어치웠을 것이다. 그러나 산소 농도가 낮은 조건에서는 그런 생물들이 살 수 없으며, 해저에서 죽은 생물들을 분해하는 일을 하는 흔한 세균조차도 없었다. 앞에서 살펴보았듯이, 바로 이것이 트라이아스기에 산소 농도가 치솟은 한 가지 이유이다. 그러나 조개류는 이곳에서 살아갈 방법을 터득했다. 앞에서 말한 산소 농도가 아주 낮은 해저에서 살았던 이노케라무스 조개 같은 극소수는 떨어지는 유기물이 아니라, 유기물이 풍부한 해저에서 스며나오는 메탄을 먹고 살았다. 메탄생성균은 산소가 적거나 없는 조건에서 번성하는 세균 집단이다. 산소가 있는 해저에서도 침전물 속으로 몇 센티미터만 들어가면 산소가 전혀 없는 곳이 나오며, 그런 곳에는 메탄생성균이 살 수 있다. 그들은 대사를 할 때, 메탄을 부산물로 배출한다. 이노케라무스는 아가미에 메탄과 녹아 있는 다른 유기물을 이용할 수 있는 세균을 가지고 있었을지 모르며, 아니면 그냥 세균을 먹었을 수도 있다. 오늘날 심해 분출구 동물들에게서도 다소 비슷한 메커니즘이 보인다. 그곳의 거대한 관벌레와 조개류는 이런 화학물질들을 먹이로 삼는다. 그러나 현생 열수 분출구 동물상은 산소화가 이루어진 환경에서 산다는 점이 다르다. 그곳의 동물들은 아가미조차 필요없다. 그러나 중생대의 조개류는 그렇게 운이 좋지 않았다.

산소가 거의 없는 바다에서 살아가기 위해서 전혀 다른 유형의 체제를 진화시킨 또다른 동물은 갑각류, 바로 게와 바닷가재였다. 전반적으로 새우처럼 생긴 갑각류 체형은 고생대 지층에서도 발견되지만, 게는 비교적 새로운 발명품이다. 게는 그저 새우 형태에서 배를 몸 아래로 집어넣은 체제이다. 머리와 가슴을 석회질의 무거운 장갑판과 융합함으로써 게는 포식자가 깨기 어려운 견과가 되었다. 그리고 이 장갑판 아래에 배를 집어넣은 것은 천재적인 디자인이다. 포식자의 공격에 깨지기 가장 쉬운 곳이 바로 배 부위인데, 그 취약 부위를 갑옷에 넣어서 없앰으로써 게는 금방 해양 세계의 주류로 부상했다. 또한 게는 다른 먹이들을 먹을 뿐 아니라 커다란 집게발로 연체동물의 껍데기도 부수어 열 수 있다. 그래서 껍데기를 깨는(durophagous) 포식자라고 한다. 그 전까지는 껍데기를 가진 동물을 깨서 먹을 수 있는 포식자가 거의 없었다. 게를 비롯한 갑각류는 그 방법을 터득했다.

따라서 게의 체제가 새롭게 출현한 이유가 방어(두꺼워지고 석회질화한 머리가슴부 밑으로 배를 집어넣음으로써) 및 공격(한 쌍의 강한 집게발)과 관련이 있다는 견해는 널리 받아들여져 있다. 그러나 또 한 가지 이유가 있다. 게의 디자인은 머리가슴부 밑의 폐쇄된 공간으로 아가미를 집어넣은 뒤에 갇힌 아가미로 물을 끌어들임으로써 호흡 효율을 높이려는 주된 적응형질의 일부로서 출현했다는 것이다.

게의 아가미 디자인은 아가미를 통과하는 물의 양을 늘리는 경이로운 방법이다.

게는 새우처럼 생긴 생물에서 진화했으며, 이 조상들에게서 우리는 게 아가미 체계가 점차 진화하는 양상을 볼 수 있다. 새우의 아가미는 몸 아래쪽에 부분적으로 에워싸여 있다. 등 쪽은 덮여 있지만, 아가미는 체절에 붙어 있으며 아래쪽의 물에 개방되어 있다.

중생대 온실 바다는 시간이 흐르면서 변했다. 그러나 가장 특징적인 두 집단, 즉 암모나이트류와 이노케라무스 이매패류는 약 6,500만 년 전, 아주 운이 나쁜 날을 맞이하지 않았더라면, 지금도 우리 곁에 있었을 수도 있다. 중생대 생물상에서 그 특징적인 존재들을 없앤 칙술루브 소행성이 없었다면 말이다.

16
공룡의 죽음 :
6,500만 년 전

때로는 뛰어난 과학소설 작가들이 과거를 가장 잘 요약할 수도 있다. 대량 멸종 사건들 가운데 가장 유명한 K-T 사건(앞의 서론에서 말했지만, 이 책에서 우리는 최신 용어보다는 K-T라는 기존 용어를 택했다)을 가장 잘 묘사한 사례를 하나 들어보자. 우리는 시대의 상징이 된 작가인 윌리엄 깁슨과 브루스 스털링의 책 『차분기관(*The Difference Engine*)』에서 이 놀라운 묘사를 발견하고 무척 기뻐했다.

백악기 지구에 격변의 폭풍이 휩쓸었다. 거대한 불길이 타올랐고, 혜성의 잔해가 굽이치는 대기에 섞여서 시들어가는 식물들을 바짝 말려 죽였고, 이제는 산산이 부서지고만, 그 세계에 적응했던 장엄한 공룡이 대량멸종에 쓰러졌다. 그리고 혼돈 속에 진화의 기구들이 풀려나서 날뛰면서 황폐해진 지구를 낯선 새로운 생물 집단들로 다시 채웠다.

우리가 잘 알다시피, 이 "낯선 새로운 생물 집단들"에는 오늘날 지구에 사는 많은 종류의 포유동물들이 포함되어 있었다. 그러나 어떻게 우리는 공룡을 멸종시킨 것이 정말로 소행성이라고 확신할 만큼 알게 된 것일까? 이 "사실"은 1990년대 말부터, 즉 버클리의 앨버레즈 연구진이 대량멸종뿐 아니라 지질학적 과정 전반에 관한 우리의 이해를 철저히 바꾼 폭탄 같은 발견을 한지 20년 뒤부터 널리 받아들여져왔다.

대량멸종 연구는 약 1800-1860년까지 지질학이라는 분야가 막 싹터서 발전하던 가장 생산적인 초창기에 지질학에 아주 복잡하게 얽혀들었다. 당시에 수십 년에 걸쳐 지질학적 물질과 지층뿐 아니라 지구에 존재하는 동식물들이 어떻게 출현했는지를 설명할 가장 기본적인 원리가 무엇인지를 놓고 논쟁이 벌어졌다. 논쟁은 동일과정 원리를, 즉 현재가 과거를 이해하는 열쇠라고 주장하는 측과 격변 원리를 내세우는 측 사이에 벌어졌다. 후자는 프랑스 혁명이 일어나기 직전과 직후에 걸쳐 활동한, 멸종이 실제로 일어났음을 처음으로 인식한 학자인 조르주 퀴비에 남작과 그 후계자들이 주장했다. 후계자들 가운데 가장 중요한 인물은 알시드 도르비니이다. 그는 지질시대 단위의 발전과 현대화에 계속 기여한 인물이었다. 그러나 퀴비에와 도르비니가 지질학에 기여한 것은 사실이지만, 그들은 화석 기록을 연구하면서 처음으로 발견했던 대량멸종의 놀라운 증거들을 설명하기 위해서 초자연적인 요인을 끌어들였다. 둘 다 초자연적인 존재가 이따금 홍수로 세계를 뒤덮어서 기존 생물들을 대부분 없애고 홍수 뒤의 육지와 바다를 새로 생물들로 뒤덮는다고 믿었다.

　새로운 세대의 지질학자들과 자연사학자들은 동일과정설과 격변설 사이에서 오락가락해왔다. 그러다가 이윽고 동일과정설이 이겼다. 암석, 그 특징, 연대의 해석은 점점 더 정교해져갔지만 점점 더 늘어가는 대량멸종 사건들을 설명하는 데에 필요할 여러 차례의 홍수는커녕, 홍수가 단 한번이라도 세계를 뒤덮었다는 증거가 전혀 나오지 않았기 때문이다. 가장 오래된 것부터 가장 최근의 것에 이르기까지, 오르도비스기, 데본기, 페름기, 트라이아스기, 백악기-제3기에 일어난 대량멸종 사건들은 현재 5대 사건이라고 불린다. 20세기 무렵에 격변설은 더 이상 아무도 받아들이지 않을 정도가 되었다. 알갱이가 하나하나 지루할 만큼 쌓여서 두꺼운 지층이 형성된다고 보기보다는 더 자극적인 뭔가가 있기를 바라는 많은 이들의 돈을 우려먹으려고 시도하는 별난 저술가들이 이따금 나온 것을 빼면 말이다. 그러나 (찰스 다윈을 포함하여) 동일과정 원리로 대량멸종을 설명하려는 이들이 계속 거북하게 여겨온 한 가지 측면이 있었다.

지질학은 대량멸종이 아주 느리게 꾸준히 일어나는 사건이며, 시간이 충분하기만 하면 기후와 더 나아가서 해수면에서 나타나는 관찰 가능한 변화가 20세기 후반기에 모든 지질학자들이 받아들인 5대 대량멸종 사건 때 수많은 종들이 사라진 것을 설명할 수 있다고 결론지었다.

그러나 동의하지 않는다는 외침이 소수 있었다(그러나 소수로 끝났다). 그중 독일 남부 튀빙겐 대학교의 고생물학자 오토 쉰더볼프의 주장이 가장 두드러졌다. 쉰더볼프는 느리고 꾸준한 변화는 대량멸종의 원인이 아니라고 했다. 대신에 (오랜 세월 화석 기록과 변화를 꼼꼼히 살펴본 끝에) 그는 대량멸종이 훨씬 더 파국적이고 급격한 사건으로 일어났다고 추정했으며, 가까운 별이 초신성이 될 때에도 알려진 대량멸종 가운데 하나 이상을 일으킬 만큼 충분한 영향을 미칠 수 있었을 것이라고 주장했다. 더 나아가서 그는 그것에 과거로 회귀하는 이름을 붙였다. 그는 그것을 신격변설이라고 했고, 그것은 과거를 지극히 비동일과정적인 방식으로 설명한다는 의미였다.

지질학계는 쉰더볼프의 주장을 외면했다. 느린 기후 변화, 느린 해수면 변화야말로 대량멸종의 "사실"—그리고 추정된 원인—이었다. 1950년부터 30년 동안, 지질학 분야는 세속적인 (그리고 느린) 원인으로 모든 것을 설명할 수 있다는 개념에 푹 빠져 있었다. 쉰더볼프의 추측이 나온 1950년대부터 1980년까지 대량멸종에 관한 논의는 그런 상황에 놓여 있었다. 그 이후로 모든 것이 변했다. 1980년 6월 6일, 유럽 상륙작전 36주년 기념일에, 백악기-제3기 대량멸종을 소행성이 일으켰다는 앨버레즈의 논문이 오래되고 장엄하지만 이미 전반적으로 흔들리고 있었고, 대량멸종의 원인으로서는 더 흔들리던 동일과정설이라는 누각을 침입했다.[1] 그것은 어떤 의미에서는 오늘날까지도 이어지고 있는 과학 전쟁의 출발점이었다. 앨버레즈 연구진은 그 질문에 답했다.

충돌과 대량멸종

태양계의 표면이 단단한 모든 행성과 위성에 나 있는 수많은 크레이터들은 적어도 우리 태양계 역사의 초기에 충돌 사건이 아주 많았고 중요했음을 보여주는 경이로우면서도 인상적인 증거이다. 충돌은 태양계 바깥의 대다수, 아니 모든 천체에도 마찬가지로 위험할 것이다. 그리고 행성에 일어나는 모든 격변들 가운데 가장 잦으면서 가장 중요하지 않을까? 충돌은 이전의 주류 집단들을 제거하여 전혀 새로운 집단이나 그 전까지 미미했던 집단이 번성할 길을 열어줌으로써 행성의 생물 역사를 통째로 바꿀 수 있다. 그래서 1980년 앨버레즈 연구진이 내놓은 논문은 여러 면에서 대단히 중요했다.

K-T 멸종이 정말로 거대한 천체의 충돌로 일어났다고 대다수의 지질학자들을 납득시킨 가장 중요한 증거 가운데 두 가지는 경계층에 쌓인 점토에 이리듐 함량이 높고, 이리듐과 함께 이른바 "충격 석영"이 많이 섞여 있다는 발견이었다. 1997년 무렵에는 이리듐이 고농도로 검출된 K-T 경계층이 전 세계에 50곳이 넘었다. 이리듐은 지표면에는 매우 드물지만, 대다수의 소행성과 혜성에는 지구보다 훨씬 더 많이 들어 있기 때문에, 충돌의 지표로 여겨진다. 충격 석영 알갱이도 충돌의 지표로 여겨진다. 대다수의 K-T 경계층에서 발견되는 모래알 크기의 석영에 나 있는 얇은 층들은 커다란 소행성이 석영이 들어 있는 암석에 고속으로 충돌할 때처럼 강한 압력이 가해지는 사건을 통해서만 생길 수 있다. "지구의" 조건에서는 여러 층의 충격 엽상 구조를 가진 그런 석영 알갱이가 자연적으로 생길 수 없다.

K-T 경계층에서는 이리듐과 충격 석영 알갱이뿐 아니라, 충돌 직후에 형성되었을 것이 분명한 격렬한 화재의 증거도 발견된다.[2] 세계 각지의 K-T 경계층 점토에서 미세한 검댕 입자들이 발견되었다. 이런 형태의 검댕은 식생이 불에 탈 때에만 생기며, 출토되는 양을 보면 지표면의 상당히 넓은 면적에 걸쳐서 숲과 덤불이 불탔음을 시사한다.

비록 처음에는 논란이 있었지만, 1980년대에 광물학적, 화학적, 고생물학적 자료들이 쌓이면서 대다수의 전문가들은 커다란(지름 ~10-15킬로미터) 혜성이나 소행성이 ~6,500만 년 전에 지구에 충돌했고, 당시에 살던 종의 절반 이상이 K-T 경계에서 다소 갑작스럽게 멸종했다고 받아들였다. 그리고 멕시코 유카탄 지역에서 바로 그 시기의 커다란 충돌 크레이터(칙술루브 크레이터)가 발견됨으로써 여전히 충돌 가설에 맞서던 견해들을 거의 다 쓸어 버렸다.

앨버레즈 연구진에 따르면, 궁극적인 살해자는 충돌 뒤에 몇 개월 동안 지속된 어둠이었다. 그들은 그것을 블랙아웃(blackout)이라고 불렀다. 블랙아웃은 충돌 직후에 대량의 운석 잔해와 지구 물질들이 공중으로 휩쓸려 올라가서 오랫동안 떠돌면서 햇빛을 가린 것을 말하며, 그 결과 플랑크톤을 비롯하여 지구에 살던 식물들의 상당수가 죽었다. 식물이 죽자, 먹이사슬을 따라서 기아와 재앙의 물결이 퍼져나갔다.

몇몇 연구진은 그런 대기 변화가 얼마나 치명적인 영향을 미쳤을지를 추정하는 모형을 구축해왔다. 무엇보다도 먼지와 더불어 엄청난 양의 황이 대기로 휩쓸려 올라갔을 것이 분명하다. 이 황 가운데 일부는 황산으로 전환된 뒤, 산성비가 되어서 내렸을 것이다. 이 산성비도 살해 메커니즘 중의 하나였을 수 있지만, 아마도 황은 산성화를 통해서 직접 살해하기보다는 냉각을 일으키는 매개체로서 훨씬 더 중요한 역할을 했을 것이다. 그러나 생물권에는 대기 먼지 입자(에어로졸)가 태양 에너지를 흡수함으로써 지표면에 전달되는 에너지의 양이 줄어든 것(8-13년 동안 20퍼센트까지도)이 더 피해를 입혔을 수 있다. 그 결과 충돌 이전에 대체로 열대였던 세계의 기온이 10년 동안 영하에 가깝거나 그 이하로 떨어지고도 남았을 것이다. 이 모형 결과들은 블랙아웃이 대량멸종에 일조했다는 앨버레즈 연구진의 주장이 옳았음을 말해준다. 단기간에 대기의 에어로졸 농도가 크게 증가함으로써 겨울이 오래 이어졌을 것이다.

충돌로 생긴 먼지는 엄청나게 많았다.[3] (지름 10킬로미터의) 커다란 소행성이나 혜성의 충돌로 생긴 대기 먼지는 (수개월 수준의) 장기간 블랙아웃을 일으켜서 광량을 광합성에 필요한 수준 미만으로 떨어뜨리고, 육지를 급속히 냉각시킴으로써 지구 기후에 영향을 미쳤다. 그러나 이 모형의 가장 불길한 예측은 충돌로 생긴 엄청난 양의 대기 먼지가 지구 물 순환에 영향을 미쳤다는 것이다. 이 문제는 전에는 알아차리지 못한 것이었다. 세계의 평균 강수량은 몇 개월 동안 90퍼센트 넘게 감소했고, 그해 말까지도 평년의 약 절반에 불과한 수준에 머물렀다. 다시 말해서, 지구는 춥고, 어둡고, 건조해졌다. 대량멸종, 특히 식물과 그들을 먹는 동물들을 멸종시킬 탁월한 요리법이었다.

마지막으로 충돌 직후 몇 시간 사이에 많은 암석 파편들이 고속으로 하늘에서 비처럼 쏟아져 내렸고, 거의 외계에 가까운 높이까지 휩쓸려 올라갔다가 대기를 뚫고 내린 그 파편들은 지구의 식생을 불태울 만큼 뜨거웠다. 역사상 가장 큰 삼림 화재가 모든 대륙에서 일어났을 수 있으며, 그것만으로도 육지에 사는 공룡들이 전멸했을 수 있다.

사전 멸종

지금은 K-T 대량멸종 때 75퍼센트에 이르는 종들이 사라졌다고 알려져 있다. 육지에서는 공룡이 사라지는 한편으로, 포유류가 출현한 것이 이 사건의 특징이었다. 바다에서는 백악기 쪽에서는 암모나이트가 사라졌고, 고제3기 쪽에서는 조개류와 고둥류가 해양생물상의 주류로 부상했다. 그러나 연대 측정 기술이 향상됨에 따라서, 원래의 단 한 차례의 충돌 이론으로 설명할 수 있는 것보다 백악기-고제3기 경계의 "대량멸종"이 훨씬 더 복잡한 양상을 띠고 있다는 것이 드러나고 있다. 현재 우리는 최종 타격이 일어나기에 앞서, 적어도 두 차례의 "사전 K-T" 대량멸종의 물결이 있었음을 안다. 물론 충돌 이론은 여전히 전폭적으로 지지를 받고 있다. 그러나 지난 몇 년에 걸쳐서 나온 연구 결과들로 범람 현무암 분출도 살해 메커니즘의 일부였다는 것이 재확인되었다.

이 시기에는 공룡의 화석이 거의 없으므로, 그들이 얼마나 빨리 멸종했을지를 화석을 통해서 알아낸다는 것은 거의 불가능하다. 화석 기록은 미화석으로 가득하며, 소행성이나 혜성의 충돌로 갑작스럽게 멸종이 일어났다는 주장을 크게 뒷받침한 것은 그 화석들이었다. 그러나 우리는 육지와 바다에서 더 큰 화석들이 어떤 운명을 겪었는지 알 필요가 있으며, 가장 많이 연구가 된 것은 앞의 장에서 말한 두족류인 암모나이트이다.

후기 백악기의 적도 쪽에서 산 마지막 암모나이트의 멸종을 연구하기에 가장 좋은 곳은 비스케이 만을 따라서 드러나 있는 두꺼운 지층들이다. 비스케이 만은 프랑스 남서부와 에스파냐 북동부에 걸쳐 있는 넓은 지역이다. 그중에서 수마야라는 오래된 바스크족 소도시 근처의 바위 해안이 가장 좋다.[4] 이곳에는 7,200만 년 전부터 약 5,000만 년 전까지의 지층들이 수백 미터 높이에 걸쳐서, 마치 펼친 책의 책장들처럼 드러나 있다. 이 만의 지층에는 대량 멸종의 경계가 뚜렷이 드러나 있으며, 암석과 색깔의 변화만으로도 어디가 경계인지를 확연히 알 수 있다.

수마야 해안을 따라서 펼쳐진 암석 중에서 가장 오래된 것은 약 7,100만 년 전의 것이다. 각 층은 15–30센티미터 두께이며, 쌍을 이루고 있다. 두꺼운 석회암 지층과 석회 성분이 더 적은 얇은 이회암(泥灰岩, marl)이 번갈아 놓여 있다. 이 층들은 쌍쌍이 수천 번에 걸쳐 쌓였다가 오래 전에 석화하여 암석 해안이 되었다. 암석의 종류와 화석을 통해서 우리는 이 지층들이 꽤 깊은 물에서 쌓였다는 것을 안다. 대륙붕의 가장 깊은 곳이나 그 너머, 수심 200–400미터쯤 되는 곳에서 쌓였다.

해안의 대부분의 지역에서 이 지층들은 수직으로 서 있으며, 북쪽으로 가파른 경사를 이루면서 뻗어 있다. 남쪽에서 북쪽으로 해안선을 따라서 걸으면 시간의 흐름을 따라가는 셈이 된다. 그러나 암석들이 심한 경사를 이루고 조석간만의 차가 커서, 썰물 때에야 드러나고 다가가기가 매우 힘든 곳도 꽤 많다.

이 암석 해안의 유일한 입구인 긴 계단을 내려가서(따라서 시간을 거슬러 올라가서) 걷는 출발점에 서면, 어디에서나 화석을 볼 수 있다. 대부분은 앞의 장에서 말한 커다란 조개인 이노케라무스이지만, 암모나이트 화석도 마찬가지로 많고, 크게 부푼 심장처럼 보이는 성게 화석도 꽤 있다. 척추동물의 뼈나 상어의 이빨은 전혀 없지만—공룡 뼈도 전혀 없다—이 해성층은 가장 많은 공룡들이 우글거렸던 시기 중의 하나에 육지에서 형성된 지층과 같은 시대의 것이다.

가장 궁금증을 일으키는 것은 이노케라무스이다. 그들은 지름 60센티미터까지도 자라며, 더 자잘한 조개들, 사실은 다른 종들인 조개들 사이에 놓인 납작한 거대한 판처럼 보인다. 이곳에 쌓인 지층 가운데 약 100미터 두께에 걸쳐 그들은 각 층에서 흔하게 나타나며, 경사가 진 채로 뻗어 있어서 조사가 가능한 층리면이 수백 제곱미터에 이르는 층도 있다. 화석은 지층의 옆면보다는 위나 바닥에서 가장 흔히 발견되므로, 언제나 커다란 층리면의 윗면이 화석을 사냥하기에 가장 좋은 곳이 된다. 수마야에서는 탐사하고 채집할 만한 층리면이 많이 있어서, 어떤 시대의 층에서든 간에 아주 많은 화석을 볼 수 있다. 그러나 그 뒤에 커다란 조개들은 사라진다. 암모나이트가 멸종했음을 뚜렷이 보여주는 지층은 그보다 100미터쯤 더 올라가면 나온다. 암모나이트와 성게는 계속 풍부하게 존재하다가 갑작스럽게 그리고 극적으로 사라진다.

비스케이 만 해안에서 이루어진 연구와 다른 백악기 말 퇴적층에서 이루어진 연구들은 이노케라무스 이매패류가 암모나이트가 갑작스럽게 사라지기 약 200만 년 전에 서서히 죽어갔다고 말한다. 실제로 UC 버클리의 찰스 마셜이 개발한 통계기법을 써서, 마셜과 워드는 충돌의 가장 중요한 증거들인 이리듐, 충격 석영, 유리질 소구체(엄청난 충돌로 공중으로 휩쓸려 올라간 암석 파편들이 빠른 속도로 다시 떨어지면서 녹아서 미세한 유리 조각으로 변한 것으로 텍타이트[tektite]라고 한다)를 포함한 층이 나타나기 전까지 이 지역에 적어도 22종의 암모나이트가 존재했음을 보여주었다.

이노케라무스 멸종의 이상한 점은 그들이 암모나이트보다 한참 전에 죽었다는 것이 아니라, 멸종 시점이 지역마다 달랐다는 것이다. 한 예로 남극대륙의 백악기 암석에서 이노케라무스 화석은 7,200만 년 전, 다시 말해서 암모나이트가 멸종한 시기보다 약 700만 년 전부터는 전혀 나오지 않는다. 현재 우리는 전 세계에 분포했던 이 이매패류가 먼저 남극대륙 지역에서 시작하여 서서히 북반구로 퍼져나간 멸종의 물결에 휩쓸렸음을 안다. 이 물결은 거의 질병과 흡사하게 서서히 북쪽으로 퍼지면서 조개류를 전멸시켰다. 그러나 그것은 결코 질병이 아니었다. 추위와 산소였다.

백악기가 거의 끝날 무렵, 남반구 고위도에서 산소를 함유한 해수의 열염순환(thermohaline circulation : 온도와 염분 차이로 밀도가 더 높아진 물이 해저로 흐르는 현상/역주)이 시작되었고, 약 200만 년에 걸쳐서 산소를 함유한 이 차가운 심층수는 남쪽에서 북쪽으로 향하면서 모든 바다로 퍼졌다. 이 물은 우리가 이노(ino)라는 애칭으로 부르는 조개류를 전멸시켰고, 이 조개류의 멸종은 생명의 역사에 일어난 한 가지 사건이었다. 그들은 1억6,000만 년 넘게 존속한 대단히 성공한 집단이었기 때문이다. 그러나 그들은 다른 종류의 바다에, 즉 산소 농도가 낮고 따뜻한 물에 적응해 있었다. 추위와 산소가 그들을 죽인 것이다.

충돌만 있었을까?

이제 우리는 K-T 대량멸종을 일으킨 듯한 주된 사건을 현재 어떻게 이해하고 있는지를 요약할 수 있다. 혜성 충돌은 한 차례였지만, 해수면이 두 차례 급격히 변한 직후(100-300만 년 뒤)에 일어났으며, 해수면 변동은 해양 화학에 큰 변화가 일어나는 와중에 일어났다는 것이다.[5] 충돌은 유카탄 반도에 있는 현재 칙술루브라고 하는 커다란(지름이 300킬로미터에 이르는) 크레이터를 형성했다. 비록 크레이터의 실제 크기가 얼마인지를 놓고 아직 논란이 있기는 하지만, 그 구조가 크레이터라는 점에는 이제 의문의 여지가 없다. 충돌 지점의 지질과 지리적 특성이 살해 메커니즘의 효과를 최대화했을 수도 있다. 충돌 지점에 황 함량이 높은 증발암(蒸發巖, evaporite : 물의 증발이 심하게 일어나는 지역에서 형성된 퇴적암/역주)이 있었고, 충돌한 혜성 자체에 있던 황까지 더해져서 더욱 치명적인 영향을 미쳤을 수 있기 때문이다. 6,500만 년 전 혜성이 적도에서 얕은 바다 밑에 있던 증발 잔류물이 풍부한 탄산염 대지에 충돌함으로써, 믿어지지 않을 끔찍한 결과가 빚어진 듯하다. 전 세계의 대기 기체 조성의 변화, 기온 급감, (충돌 지점의 증발암에서 나온 황에서 주로 생성된) 산성비와 세계적인 화재가 지금까지 살해 메커니즘으로 제시된 것들이다. (전부는 아니지만) 대다수의 과학자들은 멕시코 동부 해안을 따라서 여러 곳에서 발견되는 입자가 굵은 두꺼운 쇄설 퇴적암 층이 충돌의 충격파를 통해서 형성되었다고 본다. 가장 중요한 살해 메커니즘은 오래 이어진 겨울이었다. 그 겨울은 대기의 에어로졸 농도가 단기간에 걸쳐 엄청나게 늘어남으로써 찾아왔다.

충돌 이후의 대기 변화를 추정하는 최근에 발표된 또다른 모형은 충돌로 대기 먼지 농도가 급증한 것도 마찬가지로 치명적인 결과를 가져왔을 것이라고 주장한다. 바다였든 육지였든 간에 충돌 지점에서 미세한 먼지도 엄청난 양이 생겼을 것이고, 그 먼지들은 (개월 규모에서) 장기간에 걸쳐 블랙아웃을 가져왔을 것이다. 이 광량 감소(광합성에 필요한 수준 미만으로)는 육지를 급속히 식혔을 것이다. 이 엄청난 먼지는 세계의 물 순환에도 악영향을 미쳤을 것이다. 첨단 기후 모형은 대규모 충돌 사건 이후에 세계 평균 강수량이 몇 개월 동안 90퍼센트 이상 줄어들었고, 충돌 1년이 될 때까지도 겨우 절반 수준에 머물렀음을 시사한다. 그 강수량 감소가 생물상에 어떤 영향을 미쳤는지는 잘 밝혀져 있다.[6]

그렇다면 데칸 용암대지의 범람 현무암은?

지금까지 K-T 대량멸종이 대체로 하나의 사건으로 일어났다는 식으로 설명했다. 지구가 강타를 당했고, 그 충돌로 일어난 환경 변화로 지구에 살던 종의 절반 이상이 죽었다는 설명이다. 이제 설명이 되지 않고 남아 있는 사항은 단 하나뿐이다. 소행성이 지구 역사상 그 어떤 시기보다도 이미 범람 현무암이 가장 왕성하게 분출하고 있던 유별난 시기에 충돌했다는 사실이다. 데칸 용암대지(Deccan Trap)를 형성한 이 사건은 이루 말할 수 없는 엄청난 양의 현무암이 지표면으로 쏟아져나온 것을 말한다. 이 현무암은 지구 깊숙한 곳에서 유래했다. 약 8억4,000만 년 전, 맨틀과 중심핵의 경계 근처에서 거대한 녹은 암석 덩어리가 약 2,000만 년에 걸친 여정이 될 상승을 시작했다. 이 거대한 녹은 암석 덩어리는 상승하는 동안 여러 차례 진극배회를 일으켰을 가능성이 아주 높다. 진극배회는 자전하는 지구의 운동량 보존 법칙에 따라서 설정된 내부 평형을 무너뜨리는 거대한 질량 덩어리가 있을 때 거대한 땅덩어리들이 움직이는 사건이다. 대륙들이 급속히 움직일 때 일부 환경은 불안정해질 수도 있다. 한 예로, 캐나다 서부의 상당 지역과 알래스카는 8,400만 년 전보다 더 이전에는 지금의 멕시코가 있는 위도에 있었을 것이다. 그러나 중생대가 끝날 무렵에는 멕시코와 멀어진 상태였다.

범람 현무암이 미친 영향들 가운데 생명에 가장 큰 여파를 미친 것은 이 책에서 여러 차례 언급했던 사례들처럼, 범람 현무암이 뿜어질 때 이산화탄소를 비롯한 온실 가스들도 대량으로 뿜어졌다는 것이다. 지구의 극지방을 비롯한 고위도 지역은 금방 따뜻해졌지만, 적도에서는 그보다 기온의 상승속도가 느렸다. 이런 조건이 바로 우리가 온실 멸종이라고 부르는 것을 빚어낸다. 대량의 범람 현무암은 고위도를 가열함으로써, 대양을 정체 상태, 더 나아가서 무산소 상태로 만들었다. 그러자 유독한 황화수소로 가득한 심층수가 수면으로 올라왔다. 데본기, 페름기, 트라이아스기 말에 일어났던 것과 똑같은 멸종의 물결이 휩쓸었다. 여기에서 한 가지 지저분한 비밀은 이 대량멸종을 연구하는 이들이 이 불편한 증거를 오랫동안 못 본 척해왔다는 것이다. 소행성 충돌로 대량멸종을 충분히 설명하고도 남는 상황에서 굳이 정체에 따른 죽음이라는 설명을 덧붙일 필요가 있을까?

그러나 질문이 충분히 흥미롭다면, 과학은 결국 상황을 바로잡는다. 그리고 6,500만 년 전에 왜 공룡(그리고 다른 수많은 생물들)이 멸종했는가라는 질문만큼 흥미를 끄는 질문은 거의 없다. 다른 모든 범람 현무암 분출이 엄청난 피해를 입히고 멸종을 일으킨 것이 명백한데, 데칸 용암대지가 별 다른 영향을 미치지 않았다는 것은 말이 되지 않았다.[7]

사실 데칸 용암대지도 많은 피해를 입혔다. 조금 겸손함을 제쳐두면, 아마도 가장 좋은 증거는 우리 두 사람이 남극대륙에서 한 연구일 것이다. 2012년, 우리 학생인 톰 토빈은 충돌보다 수십만 년 전에 실제로 바다가 따뜻해지고 있었고, 그 때문에 종들이 죽었다는 연구 결과를 내놓았다.[8] 앞에서 말했듯이, 지구 온난화(궁극적으로 범람 현무암의 결과)는 고위도에서 더 크게(온도 변화가) 일어난다. 열대는 이미 가능한 만큼 따뜻한 상태이다. 현 시대에서 이미 보고 있듯이, 온도 변화의 효과—그리고 온도 변화에 따른 재앙과 멸종—가 가장 심하게 나타나는 곳은 남북극 지방이다.

　K-T 시기에도 마찬가지이다. 맞다, 커다란 소행성이 우리를 강타했다. 그러나 이 사건이 일어나기 수십만 년 전, 범람 현무암 때문에 세계가 갑자기 더워지면서 바닷물이 정체되어 썩고 있었다. 이 장은 권투라는 진부한 비유로 마무리할 수 있다. 녹아웃 펀치는 정의상 한 방을 가리킨다. 그러나 아무리 강력하다고 한들, 첫 주먹에 녹아웃이 일어나는 일은 거의 없다. 무수히 잽을 날리고 몸에 타격을 입힌 뒤에야 녹아웃이 일어날 상황이 마련된다. 데칸 용암대지는 세계를 약화시켰다. 그리고 소행성이 마무리를 지었다.

17

오래 지체된 제3차 포유류 시대 : 6,500만-5,000만 년 전

최초의 포유류라고 알려진 동물은 모르가누코돈류(morganucodontid)라는 땃쥐만 한 작은 존재였다. 이들은 약 2억1,000만 년 전 트라이아스기 말에 더 커다란 포식자들 사이에서 살았다(아마도 벌벌 떨면서 말이다). 이들은 트라이아스기-쥐라기 대량멸종을 어찌어찌 견뎌냈다. 그 사건 뒤에 곧 다른 원시적이지만 "진정한" 포유동물들이 출현했다. 우리를 포함하여 현생 포유류는 모두 이 멸종에서 살아남은 한 계통의 후손이다. 기나긴 공룡의 시대가 지독한 참화로 끝을 맺은 뒤의 세계는 그들의 세상이었다. 쥐들이 우글거리는 세계였다. 아니 적어도 생쥐만 한 생존자들의 세계였다.[1]

오랫동안 고생물학자들은 모든 현생 포유류의 공통 조상이 판게아가 중생대 내내 서서히 쪼개지고 있을 때 북쪽 대륙 중의 하나에서 출현하여 대륙 사이에 형성된 육교(또는 좁은 수로)를 건너서 서서히 남쪽으로 향해서 남극 대륙과 오스트레일리아까지 이주했다고 믿었다. 여기에는 셔윈-윌리엄스 진화 모형(Sherwin-Williams model of evolution)이라는 이름이 붙여졌다. 북쪽에서 남쪽으로 지구에 페인트를 뚝뚝 떨어뜨리며 칠하는 상표로 유명한 미국의 오래된 페인트 회사의 이름을 땄다. 그러나 이 개념은 화석과 유전학 양쪽에서 나오는 새로운 증거들 앞에서 불신을 받은 산더미 같은 가설들 중의 하나가 되어야 했다. 지금은 포유류의 근대화 물결이 남쪽에서 북쪽으로 퍼진 것처럼 보인다. 북쪽에서 발견된 그 어떤 화석보다 훨씬 더 오래된 새로 발굴된 포유류 화석들은 특히 더 많은 것을 말해준다.

유전학자들도 이보디보와 DNA 비교 연구를 통해서 중요한 새로운 깨달음을 얻곤 하는 친숙한 양상을 다시금 보여주는 결과를 내놓았다. 21세기에는 끊임없이 놀라운 연구 결과들이 나오고 있다.[2]

그중에서 가장 중요한 것 세 가지를 꼽아보자. 첫째, 주요 포유류 "집단들"—현생 18개 목, 일부 아목과 과까지도—은 사실상 공룡이 멸종하기 오래 전에 다양해졌다는 것이다. 이 집단들이 K-T 경계 재앙 이후에야 진화했다는 오랫동안 유지된 생각을 뒤엎는 개념이었다. 화석은 대다수의 현생 집단이 공룡이 멸종한 뒤인, 약 6,000만 년 전에 출현했음을 시사한다. 그러나 분자 자료는 약 1억 년 전에 그들이 사실상 다양해지기 시작했음을 시사한다.[3]

둘째, 가장 초기의 포유류 진화와 그 뒤의 분화는 북쪽 대륙들이 아니라 남쪽 대륙들에서 일어났다. 셋째, 아주 먼 친척이라고 여겼던 많은 집단들은 사실상 가까운 친족이었다. 한 예로, 고생물학자들은 늘 박쥐가 나무땃쥐, 날여우원숭이, 영장류와 같은 상목(上目)에 속한다고 가정해왔다. 그러나 유전자 자료는 박쥐를 돼지, 소, 고양이, 말, 고래와 같은 집단이라고 말한다. 지금은 고래가 물범을 낳은 집단의 후손이 아니라, 돼지처럼 생긴 조상에서 유래했다는 것이 알려져 있다.

턱뼈와 귀뼈의 분리를 비롯한 해부학적 변화는 포유류의 성공에 많은 기여를 했다. 이 두 뼈가 나누어짐으로써 더 뒤의 포유류는 머리뼈를 옆과 뒤로 늘릴 수 있었다. 즉 그것은 뇌가 더 커지기 위한 선결조건이었다. 그러나 모든 혁신들 가운데 가장 중요한 것은 포유류 이빨에 일어난 혁신이었다. 모르가누코돈은 턱뼈의 위아래 어금니가 서로 맞물림으로써, 먹이를 베어낼 수 있게 되었다.

오늘날의 포유류는 크게 두 집단으로 나뉜다. 아주 작은 새끼를 낳아서 주머니에서 키우는 조상형인 유대류와 그들의 후손인 훨씬 더 다양하고 풍부한 태반류이다. 현재의 새로운 DNA 자료는 태반류가 무려 1억7,500만 년 전에 유대류와 갈라지기 시작했음을 시사한다.[4] 화석도 화답해왔다. 가장 놀라운 화석은 중국에서 나왔다.[5] 태반류가 예전에 생각했던 것보다 훨씬 더 일찍 진화하기 시작했다는 DNA 추론 결과를 뒷받침하는 원시 태반류 종의 온전한 화석이 랴오닝 성에서 새로 발견되었다. 에오마이아(*Eomaia*)라는 이 화석은 1억2,500만 년 전의 것이다. 그 결과 고생물학자들이 최초의 원시 태반류가 그보다 무려 5,000만 년 더 이전인 쥐라기에 진화하기 시작했다고 말하는 유전적 증거를 받아들이기가 좀더 수월해졌다.[6]

현생 태반류 가운데 가장 오래된 집단에는 코끼리, 땅돼지, 매너티, 바다소, 바위너구리가 속해 있다.[7] 아프리카 대륙이 이전의 초대륙 판게아에서 쪼개질 때, 이 동물들도 함께 딸려와서 수천만 년 동안 독자적으로 진화했다. 남아메리카도 유라시아와 북아메리카 대륙과 갈라져서 수백만 년에 걸쳐 멀어져갔고, 남아메리카에서는 나무늘보, 아르마딜로, 개미핥기가 진화했다. 북쪽의 대륙들에서는 물범, 소, 말, 고래, 고슴도치, 설치류, 나무땃쥐, 원숭이, 이윽고 인간까지 포함하는 지구에서 가장 젊은 태반류를 가지고 있다.

그러나 설령 K-T 대량멸종보다 이전에 포유류가 크게 다양해진 상태였다고 해도, 가장 눈에 띄는 변화—크기 증가—는 그 대량멸종 직후에 일어났다. 그로부터 27만 년이 지나기 전에, 포유류는 다양해지면서 몸집이 점점 더 커지고 있었다. 비록 진정으로 커다란 포유류는 약 5,500만 년이 되어서야 출현하지만 말이다. 당시에 지구 기온이 빠르게 상승하면서 동시에 거의 남북극 가까이에 이르기까지 전 세계에서 숲이 퍼져나갔고, 식물 역사의 이 측면이 포유류 다양성이 크게 증가하도록 자극했을 수도 있다.

팔레오세의 육상 세계

팔레오세는 오직 K-T 대량멸종이 있었기 때문에 나왔다. 그 대량멸종은 원인과 효과가 명백했다. 그리고 그 뒤의 세계는 수많은 측면에서 이전과 매우 달랐다.

육지에서는 대단히 오랜 세월 지배했던 공룡이 사라지면서, 생존자들 사이에 다소 빨리 해결해야 할 완전히 새로운 생태학적 관계가 펼쳐졌다. 그리고 수많은 육상동물들이 갑자기 사라지면서, 새로운 종 형성의 진화적 수도 꼭지가 왈칵 열리면서 여태껏 없었던 가장 대규모의 다양성 분출 사건 중의 하나가 일어났다. 육지에서 포유류가 가장 큰 승자가 된 것은 명백하지만, 조류도 돌아왔고 얼마 동안은 다양한 자원을 놓고서 육상 포유류와 경쟁했다.

우주에서 돌덩어리가 떨어졌을 때 바다에서도 대량멸종이 일어났다. 엄청난 기후 변화는 수천 년 동안 생태계에 계속 영향을 미쳤고, 육지와 바다 양쪽에서 이미 조금 식었던 세계에 엄청난 기후 불안정이 추가되었다. 생물 세계도 더할 나위 없이 황폐해져갔다. 무엇보다도 공룡이 사라지자 숲은 더 빽빽해졌다. 현생 코끼리가 멀리 돌아다니면서 마구 먹어치우는 습성으로 숲 사이의 탁 트인 공간을 유지하는 역할을 하듯이, 몸집이 훨씬 더 컸던 공룡도 실질적으로 식생 패턴에 영향을 미쳤을 것이 분명하다. 그런 공룡이 갑자기 사라지자, 숲은 빽빽해졌다. 마치 부지런한 정원사가 갑자기 일을 그만두자, 오랫동안 다듬고 가지를 쳤던 나무들이 마구 자라는 것과 같았다.

K–T 대량멸종이라는 격변이 일어난 지 700만여 년이 지난 후기 팔레오세에 지구 기후는 안정을 되찾은 상태였다. 지구는 서서히 따뜻해지고 있었다. 산소 동위원소 증거를 통해서 우리는 적도 바다의 표층수 온도가 섭씨 20도를 넘어섰고, 무려 26도에 이른 곳도 있었음을 안다. 즉 오늘날 비슷한 위도에 있는 해수 온도와 비슷한 수준이었다. 그러나 고위도 해역은 우리 세계와 큰 차이를 보였다. 현재 북극권과 남극대륙 주위의 바다 표층수 온도는 거의 어는점에 가까운 반면, 당시에 10–12도에 달했다. 따라서 적도와 남북극의 온도 차이는 약 10–15도로서, 지금의 절반에 불과했다. 그렇기는 해도 수온이 차이가 나므로, 지금과 꽤 비슷한 양상으로 해수 순환이 이루어졌다. 가장 중요한 점은 지금도 그렇듯이, 고위도에서 형성된 산소를 함유한 수괴가 결국은 해저까지 가라앉았으리라는 것이다.

6,500만 년 전 K–T 대량멸종 이후에, 생존한 포유류가 식물의 분포 양상

에 영향을 미치기 시작할 만큼 커지는 데에는 수백만 년이 걸렸다. 당시를 상상한 그림에는 악취를 풍기며 썩어가는 공룡 시체들이 가득한 세계에서 쥐만 한 작은 포유류가 방공호처럼 생긴 굴에서 빠져나와서 돌아다니는 모습이 종종 그려져 있다. 썩은 고기를 먹을 수 있는 포유류는 몇 달 동안 극락을 맛보았을 것이다. 그러나 곧 공룡들은 뼈밖에 남지 않았을 것이고, 남아 있던 것들도 금방 썩어 사라지거나 묻혀버림으로써 모든 포유동물은 여태껏 없던 새로운 먹이그물 체계를 고안해야 할 상황에 내몰렸다. 풀이 출현하기 전이라서, 초기 팔레오세의 초식동물들은 풀을 뜯는 종류가 아니라 나뭇잎이나 열매를 먹는 종류였다. 사실 나뭇잎을 먹는 종류도 거의 없었던 듯하다. 팔레오세 포유류의 이빨은 그들이 대부분 질긴 잎보다는 부드러운 싹, 열매, 곤충을 먹었음을 시사한다. 뿌리나 덩이뿌리를 먹는 종류도 있었을 것이다. 팔레오세 후반기에야 잎을 먹기에 적합한 이빨 형태가 어느 정도 보인다. 그러나 그 진화적 수도꼭지는 일단 열리자, 새로운 종류의 포유동물들을 쏟아내는 가운데 점점 더 몸집이 큰 종류도 내보냈다. 그리하여 K-T 대량멸종이 일어난 지 겨우 900만 년 뒤, 생물 세계는 다시 한번 환경 위기를 겪게 된다.

팔레오세 에오세 최고온기

우리가 아는 한, 신생대 초까지 지구는 적어도 9번의 대량멸종을 겪었다. 첫 번째는 산소 급증 사건과 그것이 촉발한 눈덩이 지구 사건 때였고, 두 번째는 10억여 년 뒤에 일어난 크라이오제니아기 때였다. 그리고 에디아카라기 말, 캄브리아기 말, 오르도비스기 말, 데본기 말, 페름기 말, 트라이아스기 말, 백악기 말에 일어났다. 원인은 산소가 갑자기 증가한 것부터 너무 적어진 것까지, 포식자의 출현부터 황화수소의 배출과 결합된 무산소 조건과 소행성 충돌에 이르기까지 놀라울 만큼 다양했다. 그러다가 팔레오세 말, 즉 공룡이 멸종한 지 겨우 900만 년 뒤, 새로운 암살자가 등장했다. 바로 메탄이었다. 이 메탄 때문에 지구 역사상 가장 빠른 속도로 지구 기온이 급증하는 일이 또 한 차례 일어났다. 바로 이 일을 팔레오세 에오세 최고온기 (Paleocene-Eocene Thermal Maximum, PETM) 사건이라고 한다.

이 사건을 처음 발견한 것은 후기 팔레오세의 온도 변화 사건을 살펴보는 데에 전혀 관심이 없었던 해양학자들이었다.[8] 그들은 미국의 해양 시추 계획 (Ocean Drilling Program, ODP)의 일환으로, 심해저 코어를 떠서 K-T 대량멸종에 관한 새로운 자료를 얻고자 했다. 그러나 백악기 지층까지 구멍을 뚫으려면, 먼저 에오세, 이어서 팔레오세 퇴적층을 지나가야 했다. 연구자들은 목표로 한 깊이까지 계속 뚫으면서 에오세와 팔레오세의 퇴적층 코어를 채취했다.

이 두 시대의 코어를 살펴보고 저서 유공충이라는 미세한 단세포 원생생물의 껍데기에 든 탄소와 탄소의 동위원소를 측정하자, 탄소-12와 탄소-13의 비율뿐 아니라 추정된 온도가 측정에 오류가 있다고 여겨질 만큼 값이 너무나 비정상적이었다. 연구진은 코어들을 죽 비교했다. 그러자 대양의 더 깊은 물에서 형성된 지층이 더 얕은 물에서 형성된 지층보다 더 높은 온도에서 쌓였다는 것이 드러났다. 오늘날은 얼어붙은 남극대륙 주변의 해역에서도 물은 수심이 깊어질수록 더 차가워지며, 훨씬 더 따뜻했던 팔레오세에도 깊은 물이 얕은 물보다 더 차가웠어야 마땅하다. 그러나 측정 결과는 정반대였다. 깊은 물은 따뜻했고, 얕은 물은 차가웠다. 즉 심해가 비정상적으로 따뜻했던 짧은 기간이 존재했던 것이다.

팔레오세-에오세 경계에 이를 무렵에 세계의 화산재량이 급증했다.[9] 먼지와 마찬가지로 이 미세한 물질은 대기에서 해저로 가라앉지만, 화산재는 대기 폭풍이 아니라 화산 분출을 통해서 나온다. 이 화산재 증가는 약 5,800만-5,600만 년 전 세계의 화산 활동이 갑자기 증가함으로써 일어날 수 있었다. 세계 여러 곳에서 조사를 더 하자, 이것이 어느 한 해양분지에 한정된 비정상적인 사건이 아니라 세계적인 현상임이 확인되었다.

후기 팔레오세의 열대는 온도에 별 변화가 없었지만(더운 상태로), 북극권과 남극권은 확연히 따뜻해졌다. 팔레오세에 적도와 극지방의 수온 차이는 무려 17도였다(지금은 더 심한 22도이다). 그러나 에오세 초에는 이 차이가 겨우 6도로 줄었다. 그리고 고위도가 더 따뜻해질수록, 적도와 극지방 사이의 열 교환속도도 느려졌고, 그에 따라서 폭풍의 수와 세기도 줄어들었다. 이전에도 여러 차례 그러했듯이, 세계는 잔잔해지고 아주 뜨거워졌다. 이것은 온실 대량멸종의 또 한 사례였다.

팔레오세-에오세 경계 양쪽의 두 코어에서 탄소 동위원소를 조사한 결과도 놀라웠다. 대량멸종의 징표인 단기적으로 급감한 결과가 나왔다. 식물의 양이 줄어들 때 나타나는 형태의 기록이었다. 다른 고생물학자들은 해당 수역의 바닥 거주자들의 생존 기록을 조사하기 시작했다. 그들은 특히 흔한 저서생물, 즉 바닥에 사는 생물인 유공충을 살펴보았는데, 바닥에서 대량멸종이라는 격변이 일어났다는 증거를 찾아냈다. 이것이 심해가 갑작스럽게 따뜻해지면서 찬물에 적응한 종을 단기간에 몰살시킨 사례일까? 이 연구 결과는 1990년대 초에 발표되었다. 그 직후에 일본 고생물학자 K. 가이호가 저서생물의 운명은 심해의 수온 증가 때문이 아니라, 심해의 산소 농도 저하로 일어난 것이라고 추론한 연구 결과를 내놓았다. 그 말은 직관적으로 꽤 와닿았다. 따뜻한 물은 부영양화를 일으키고 산소가 적을 때가 많기 때문이다.

표층수가 따뜻해지는 가운데, 심해 온난화와 해저 산소 농도 저하까지 일어났다. 이런 일이 일어난 궁극적인 원인은 무엇이었을까? K-T 소행성 충돌 사건은 얕은 물에서 거의 모든 플랑크톤을 전멸시킬 만큼 파괴를 일으켰지만, 당시에 심해는 위에서 내려오는 양분이 줄어든 것을 빼면 비교적 피해를 입지 않았다. 바다의 가장 깊은 곳의 온난화는 해저의 넓은 영역이 금방 데워진다고 하면 일어날 수 있겠지만, 그러려면 전혀 새로운 유형의 심해 화산 활동이 일어나야 할 것이다. 해저에는 고열이 흐르는 곳들이 있기는 하지만, 그런 곳들은 해저 확장이 일어나는 비교적 좁은 중앙해령—해저에서 지각판이 성장하는 곳—에 국한되어 있다. 중앙해령을 따라서 화산 활동이 더 증가하여 지각판이 훨씬 더 빨리 움직인다고 해도 그런 일이 일어나지는 않을 것이다. 그보다는 따뜻한 열대의 표층수가 증발로 더 짜져서 더 밀도가 높아짐으로써 가라앉아서 해저 전체가 따뜻해졌다고 보는 편이 더 올바른 추측일 것이다. 이 따뜻한 짠물은 해저를 따라서 팔레오세의 추운 고위도까지도 운반되었을 것이다.

팔레오세 바다에서는 산소를 가진 차가운 표층수가 정상적인 양상으로 심해저까지 내려가는 과정과 해류의 몇몇 측면이 제대로 작동하지 않았을 것이다. 심해 열염 순환 체계—대양의 물이 뒤섞이는 주된 방식—가 현재의 바다에서 이루어지는 양상과 정반대로 작용했을 것이다. 첫 번째 희생자는 산소를 필요로 하는 미생물, 즉 심해의 저서 유공충이었다. 이 종들 가운데 상당수는 전멸했고, 그것도 사건이 약 40만 년 동안 지속되었을 뿐인데 비교적 급속히 사라졌다. 그러나 대량멸종이라고 부르려면, 바다만이 아니라 육지의 동물상도 영향을 받았음을 보여주어야 할 것이다. 그래서 연구자들은 육지에서 일어난 사건들도 살펴보기 시작했다.

이 온실 사건으로 해양생물들에 전반적으로 변화가 일어나고 있을 때, 육지에서도 변화가 일어났다.[10] 심해에서 멸종이 이루어졌음이 새롭게 밝혀지자, 고생물학자들은 팔레오세 말에 육지에서도 멸종이 일어났는지 알아보기 위해서 팔레오세 육상동물의 화석 기록도 새롭게 (새로운 화석도 채집하면서) 살펴보기 시작했다. 머지않아서 포유류에 엄청난 변화가 일어났다는 것이 드러났다. 곧 정확한 연대 측정을 통해서 육지와 바다에서 멸종이 동시에 일어났음이 밝혀졌다.

육지의 화석 기록을 보면, 그 사건 자체는 현생 포유류 동물상의 출발점을 나타내는 듯했다. 팔레오세 후반기에 많은 종류의 포유동물이 살았지만 (채집된 표본을 통해서 30개 과가 밝혀졌다), 그들 중에는 작은 것들이 많았고, 설치류 같은 작은 형태의 생존자들, 많은 종류의 유대류, 너구리처럼 생긴 일부 유제류(有蹄類, 기이한 역설이지만 팔레오세에는 완전히 새로운 초식성 유제류가 육식동물 역할을 맡았다)를 비롯하여 이제는 더 이상 존재하지 않는 집단에 속한 것들도 있었다. 또 진정한 식충동물과 최초의 (식충동물처럼 여전히 작은 크기의) 영장류도 있었다. 그러나 후기 팔레오세에는 더 큰 형태들도 존재했고, 그중 일부는 정말로 기이했다.

판토돈트(pantodont)라는 집단(개만 한 것에서 물소만 한 것까지 있다)은 잎을 먹었으며, 그들로부터 하마 같은 반수생 형태, 나무 위에서 생활하는 동물, 숲 바닥을 네발로 돌아다니는 몸집이 더 큰 형태가 갈라져나왔다. 대체로 그들은 다리가 짧고 땅딸막했다. 적어도 현생 초식동물에 비해서 아주 굼뜨고 꼴사납게 걸었을 것이라는 생각이 절로 떠오른다. 그러나 그들은 몸집이 컸고, 팔레오세 말에는 거대한 디노케라타(Dinocerata) 같은 더욱 큰 초식동물들이 등장했다. 디노케라타는 머리뼈에 기이한 혹과 뿔까지 나 있어서 거대한 코뿔소처럼 생겼다.

팔레오세에서 에오세로 넘어가는 시기의 지층들에서는 종의 감소가 나타나며, 시간이 흐르면서—즉시가 아니라—새로운 종류의 뼈들이 나타난다. 우리에게 더 친숙한 종류들도 많다. 우제류(偶蹄類)와 기제류(奇蹄類)도 처음 출현했다. 곧 새로운 초식동물들을 먹는 현생 집단들과 유연관계가 있는 더 현대적인 육식동물들도 진화했고, 이 모든 일들은 세계의 기후 자체를 바꾼 하나의 사건과 관련이 있었다. 과거의 대량멸종 사건들에서 얻은 한 가지 교훈은 대규모의 멸종으로 새로운 형태의 가능성을 시험할 문이 열리지 않는다면, 새로운 형태는 진화하지 못했으리라는 것이다. 팔레오세 말에도 바로 그런 일이 일어났다.

우리 동료인 프란체스카 매키너리는 북아메리카 서부에서 자신이 하는 연구를 멋지게 요약하면서 PETM을 설명하는 데에 도움이 될 만한 이야기를 해주었다. 그녀는 이 사건이 무엇보다도 우리 인류와 밀접한 관계가 있다고 했다. 당시에 대기로 배출된 탄소량이 약 1만2,000-1만5,000기가톤인데, 우리 인류가 지난 세월 산업을 가동하고 에너지를 이용하면서 배출한 양과 거의 같다는 것이다. PETM에는 늘어난 온실 가스로 기온이 올라가면서 지금보다 세계가 5-9도 더 따뜻했다. 실제 사건이 지속된 기간은 약 1만 년이었다. 이 사건 전후의 식물상은 달랐다. 소나무와 그 동족들인 겉씨식물들은 모습을 감추었다. 스미소니언 박물관의 고생물학자 스콧 윙은 PETM 전까지 살았던 식물들은 주로 저위도에, 따라서 온도가 더 높은 곳에서 살던 것들이라고 했다. 사건 이후에 그 기존 식물들은 회복되었고, 말 그대로 지상의 지옥이었던 그 1만 년 이전에 살았던 곤충들도 돌아왔다. 그러나 포유류는 아니었다. 이 사건으로 북아메리카 포유류 동물상은 완전히 바뀌었다.

마지막으로 한 가지만 더 말하자. 현재 있는 것과 같은 거대한 빙상이 당시에도 있었다면 빠르게 녹았을 것이다. 그러면 해수면이 상승한다. 우리는 그것이 인간이 일으키는 온난화의 가장 위험한 측면이라고 본다. 지금 우리는 남극대륙과 그린란드의 얼음을 녹이고 있으며, 앞으로 수백 년에 걸쳐 현재 농경지 가운데 드넓은 면적이 물에 잠길 것이다. 현재 해수면 상승속도가 가장 빠른 곳은 중국 남부 해안이다. 해발고도가 해수면에 가까운 곳에 논들이 조성되어 있고, 세계에서 가장 인구가 밀집된 지역 중의 하나이다.

식어가는 신생대 세계의 초원과 포유동물

에오세부터 2,350만-530만 년 전의 마이오세가 시작될 때까지, 세계는 서서히 식기 시작했다. 이 과정이 시작된 에오세에는 거의 알아차리지 못할 수준이었고, 사실 당시에는 현재의 북극권 안쪽까지도 악어가 우글거리는 열대림이 퍼져 있었다. 그러나 올리고세에는 이 냉각이 가속되면서 전혀 다른 유형의 주요 기후를 빚어냈고, 거의 균일했던 세계 기후가 극단적인 계절 변화가 일어나는 기후로 바뀌었다. 동시에 남극대륙에 거대한 대륙 빙상이 형성되기 시작했고, 아마 그린란드의 빙상도 이때 생기기 시작했을 것이다. 빙상이 커지면서 해수면은 빠르게 급격히 낮아졌다. 고위도의 많은 지역에서는 숲이 서서히 초원과 사바나로 대체되어 갔다. 다른 변화들도 일어나고 있었으며, 생명의 역사에 엄청난 영향을 미칠 대기 변화도 그중 하나였다.

식물에게는 이산화탄소가 필요하다. 이산화탄소 농도는 단기적으로 증감을 거듭해왔지만, 수십억 년에 걸친 지구 역사에서 보면, 그런 증감은 사실 더 장기적인 추세 속의 미미한 변이에 불과하다. 이산화탄소 농도가 장기적으로 감소하는 추세를 말한다. 이 장기적인 감소 추세에 따라서, 특히 지난 4,000만 년 동안 지구는 서서히 식어왔다. 그러나 신생대에 식물의 진화에 영향을 미친 것은 기온 변화만이 아니다. 더 중요한 것은 C4 광합성이라는 더 효율적인 형태의 광합성이 진화한 것이 아닐까? 많은 식물들에서 C4 광합성은 더 오래된 기구인 C3 광합성(여기서 C3와 C4는 식물 세포가 이산화탄소와 햇빛을 이용하여 만드는 유기물의 종류에 따라서 구분하는 명칭이다)을 대체했다. 사실 C4 광합성은 그 방법을 쓰는 식물의 수라는 측면에서 유달리 빠르게 중요한 위치로 올라섰다.

C3와 C4 경로를 이용하는 식물들은 서로 다른 독특한 탄소 동위원소 서명을 남긴다. 생체 조직을 조사하는 용도의 질량분석기로 식물 조직에 들어 있는 이 서명을 측정할 수 있다. 식물만이 이 서명을 가진 것이 아니라, 식물을 먹는 동물에게서도 마찬가지로 흔적이 남는다. 그래서 화석 기록을 조사하면, 어떤 초식동물 종이 C3 또는 C4 식물을 먹었는지, 더 나아가서 둘을 어떤 비율로 먹었는지도 알아낼 수 있다.

C4 식물이 언제 출현했는지를 설명하는 증거는 두 가지가 있다. 첫 번째는 분자시계이다. C4와 C3 식물의 유전체를 비교한 유전학자들은 두 메커니즘의 차이가 꽤 커서 C4 식물이 적어도 2,500만 년 전(혹은 3,200만 년 전보다 더 이전)에 출현했을 것이라고 추론했다. 그러나 화석 기록은 C4 광합성이 언제 출현했냐는 질문에 전혀 다른 답을 제시한다. C4 식물의 화석은 1,200만-1,300만 년 전에야 처음 나오기 때문이다.

C4 경로의 진화는 한 차례 일어난 돌파구가 점점 더 많은 식물 종에게 퍼져나가는 식으로 일어난 것이 아니다. 사실 그 진화는 서로 다른 많은 식물 계통에서 적어도 40번 이상 독자적으로 일어났을 수 있다. 이윽고 C4 식물은 뜨겁고 건조한 기후에 적응한, 불과 가뭄에 잘 견디는 종들로도 진화했다.

가장 중요한 C4 식물은 풀(초본)이다. 풀은 오늘날 도시의 물가 잔디밭에서 흔히 볼 수 있는 기러기 같은 수많은 조류와 커다란 포유류를 비롯하여 아주 많은 초식동물의 먹이이기 때문이다. 이산화탄소 농도의 감소, 특히 지난 2,000만 년 동안 이루어진 감소는 C4 초원의 확장에 크게 기여했다.[11] 대부분의 풀은 숲 바닥에서는 살 수 없다. 숲 바닥은 그늘이 지고 더 서늘해서 풀이 자라기에 좋은 조건이 아니다.

반면에 삼림 파괴는 탁 트인 서식지를 더 많이 만들어냄으로써, 풀이 자라기에 훨씬 더 좋은 조건을 형성한다. 이산화탄소 농도의 장기적인 감소가 널리 퍼진 C4 풀의 진화를 촉발했다는 개념이 오랫동안 주류를 이루어왔지만, 최근에 다른 새로운 개념이 나왔다. 이산화탄소 농도의 감소보다 지구의 숲 면적 변화가 그에 못지않게, 아니 그보다 더 중요한 역할을 했다는 것이다. 그렇다면 삼림 면적을 급감시킨 원인이 무엇이었을까? 답은 삼림 화재인 듯하다.

삼림 화재가 미치는 효과는 식물이 사는 행성에서 매우 저평가되고 있는 한 가지 측면이다. 물론 불은 산소 농도에 영향을 받는다. 산소 농도가 높았던 시기, 특히 약 3억2,000만-3억 년 전의 석탄기에는 삼림 화재가 계속 일어났을 수도 있다. 그 시기에 우주에서 지구를 보았다면, 대기가 검은 연기로 짙게 뒤덮여 있는 모습이 보였을 것이다. 맑고 화창한 날이 드물 만큼 연무가 늘 흐릿하게 세계를 뒤덮고 있었을지도 모른다. 대륙의 상당 부분을 뒤덮은 그런 연기는 지구 기온에 매우 중요한 영향을 미쳤을 것이다. 삼림 화재로 나오는 연기 가운데 많은 부분은 위에서 보면 밝은 색깔을 띨 수 있기 때문이다. 세계를 뒤덮은 연무와 연기는 더 많은 햇빛을 우주로 반사시켰을 것이고, 그럼으로써 알베도(albedo, 지구에 닿는 햇빛이 반사되는 정도)를 변화시켰을 것이다.

이 모든 일은 연쇄적인 사건들을 일으킴으로써 지구 기후뿐 아니라 생명의 역사 전체에 근본적인 변화를 일으켰을 것이다. 산소 농도가 증가하여 석탄기 내내 30퍼센트를 넘는 수준으로 유지되는 시기에는 삼림 화재가 더 많이 일어났을 것이다. 앞에서 말했듯이, 그 결과 지구 기온이 낮아지면서 일련의 사건들을 촉발했고, 결국 지구 역사상 극지방에 가장 오랫동안 빙하가 유지된 시기 중의 하나가 나타났다. 눈덩이 지구 때처럼 지구 전체로 빙하가 퍼지는 않았지만, 거의 그런 시기만큼 오래 이어졌다. 얼음으로 뒤덮인 시기는 5,000만 년 넘게 지속되었을 수도 있으며, 이 시기는 동물의 육지 정복, 그전까지 살 수 없었던 대륙의 고지대에 정착할 수 있는 (당시의 기준으로) 새롭고 발전된 육상식물의 진화, 모든 척추동물 집단 중에서 가장 중요한 몇몇—최초의 파충류와 곧이어 포유류의 조상—의 출현을 포함하여 지구 역사상 가장 중요한 사건들 가운데 몇 가지가 일어난 시기와 일치한다. 그러나 불이 식물의 역사, 따라서 생명의 역사 전반에 영향을 미쳤을 또 한 가지 측면이 있다.

아마존 유역의 화재에 관한 최신 연구들은 자연 화재가 기후에 큰 영향을 미칠 수 있으며, 열대에서만 그런 것이 아님을 보여주었다. 데이비드 비어링은 『에메랄드 행성』에서, 1988년 4월에 북아메리카의 화재로 생긴 연기가 북아메리카 많은 지역에서 구름의 형성을 방해했을 수 있으며, 그 결과 강수 양상에 영향을 미쳤을지 모른다고 썼다. 사실 그 시기에 심각한 가뭄이 있었고, 수개월 동안 20세기에 가장 건조한 시기 중의 하나가 지속되었다. 이 봄 가뭄에 이어서 가장 큰 규모의 자연 화재 가운데 몇 건이 일어났다. 그중 1988년 7월에 북아메리카에서 일어난 두 건은 옐로스톤 국립공원을 중심으로 드넓은 면적을 불태웠다. 비어링은 C4 초원의 확장을 새로운 방식으로 이해하도록 환기시킨다. 양의 되먹임 체계가 일어났을 수도 있다는 것이다.[12]

양의 되먹임은 특정한 한 방향으로 환경 변화를 증가시키는 것을 말한다. 현재의 우리 세계에서 따뜻해지는 대기는 북극의 얼음을 더 많이 녹이며, 그럼으로써 북반구에서 햇빛을 강하게 반사시키는 얼음 면적의 비율을 점점 줄이고 있다. 바다를 뒤덮은 하얀 얼음은 햇빛을 우주로 반사하는데, 얼음이 녹아서 더 짙은 색의 바닷물이 드러나면 바다는 훨씬 더 많은 태양열을 흡수한다. 그러면서 바다는 따뜻해진다.

바다가 따뜻해지면 얼음이 더 많이 녹고, 이 순환 과정은 계속된다. 양의 되먹임은 온난화가 더욱 온난화를 일으킨다는 것이다. 데이비드 비어링은 삼림 화재가 더 많은 삼림 화재를 일으키는 양의 되먹임이 나타난다고 주장했다. 불은 기후를 바꾸어서 가뭄을 심화시키며, 그 결과 더 넓은 면적이 불에 더 취약해지면서, 화재로 피해를 입는 면적이 늘어난다. 그런 식으로 순환이 계속된다. 화재가 더 많은 화재를 일으킨다.

우리는 지구 기온이 급속히 증가하는 시대에 진입했다. 기온 증가가 궁극적으로 지구에 어떤 영향을 미칠지에 대해서 우리가 아예 모르는 것은 아니다. 그러나 따뜻해지고 해수면이 높아진 새로운 세계가 산업, 인구, 문명에 어떤 영향을 미칠지는 그보다 예측하기가 더 어렵다.

18

조류의 시대 :
5,000만−250만 년 전

어릴 때 처음 배우는 생명의 역사는 다음과 같이 나뉘어 있곤 한다. 먼저 어류가 나오는 어류의 시대가 있고, 그 다음 일부가 뭍으로 기어올라가면서 양서류의 시대가 시작되고, 이어서 파충류의 시대 또는 공룡의 시대가 나온다. 마지막은 포유류의 시대로 끝난다. 왜 이런 체계가 널리 쓰이는지 이해하기는 어렵지 않다. 사람은 일목요연하게 정리하는 것을 좋아하며, "시대"를 죽 이어놓는 것은 가장 좋은 정리 방법이다. 그러나 이 설명에는 아주아주 많은 문제가 있으며, 조류가 빠져 있다는 점에서 더욱 그렇다. 그러니 여기에서 조류의 시대라고 이름 붙일 만한 시대를 살펴보기로 하자.[1]

조류의 진화는 주요 연구 주제 중의 하나이다.[2] 이 주제에도 "신념"이 강한 두 주요 학파가 있기 때문에, 계속 열띤 논쟁이 벌어져왔다. 한쪽은 조류가 공룡이 아닌 이궁류, 즉 나중에 공룡 자체를 낳은 많은 파충류 형태 중의 하나와 비슷하게 생긴 한 집단에서 진화했다고 보았다. 다른 한쪽은 공룡이 조류의 직계조상이라고 보았다. 더 나아가서 이 학파는 분기분류학의 방법론을 동원하여 우리가 조류라고 부르는 집단이 사실은 고도로 분화한 형태의 공룡에 불과하다고 주장을 뒷받침한다.[3]

몸집이 작은 많은 두발보행 육식 공룡이 알을 낳는 방식 면에서 조류를 닮았을 뿐 아니라, 그 알도 조류의 알과 비슷하다는 점을 보여주는 화석들은 아주 많다. 더 놀라운 점은 시조새가 처음 출현하기 전후에도 많은 공룡들이 깃털이 달린 날개처럼 생긴 팔을 가지고 있었다는 새로운 발견들이 나왔으며, 그것은 공룡이 나는 능력을 얻으려는 두 번째 시도를 하고 있었음을 시사한다. 문제는 시조새라는 이 유명한 화석이 공룡이었느냐 여부였다.[4]

논란은 1996년 무렵으로 거슬러 올라간다. 당시에 고생물학자인 앨런 페두시아는 시조새가 출현한 직후인 약 1억3,500만 년 전의 지층에서 새로 발견된 화석을 조사하면서 그것이 흥미로운 조류라고 해석했다. 리아오닝고르니스(Liaoningornis)라는 그 새는 전혀 공룡새처럼 보이지 않았다.[5] 현생 조류와 비슷하게 가슴뼈에 굵은 비행 근육이 붙어 있기는 했다. 게다가 그 화석은 시조새와 거의 다르지 않은 고대 조류의 화석들과 함께 발견되었다. 그런 고등한 진화가 어떻게 그렇게 빨리 일어날 수 있었을까? 페두시아는 시조새가 처음 출현한 약 1억4,000만–1억3,500만 년 전에 조류가 이미 아주 널리 퍼져 있었을지 모르며, 그 무렵에 이미 다양한 서식지를 차지하고 있었을지 모른다고 결론지었다. 시조새보다는 "발전된" 형태이기는 하지만, 그들은 현생 조류의 기준에서 보면 여전히 원시적이었다. 그렇다면 그들은 어디로 갔을까? 페두시아는 그들의 대부분이 약 6,500만 년 전 공룡과 함께 멸종했고, 모든 현생 조류의 조상은 6,500만–5,300만 년 전에 공룡과 독자적으로 진화했다고 믿는다. 이것이 이른바 조류의 빅뱅(big bang) 이론이다.[6] 페두시아와 그의 동료들은 조류와 공룡의 유사성이 그저 수렴 진화의 산물이라고 본다. 자연선택을 통해서 독자적으로 비슷한 형태를 갖춘 사례들이라는 것이다.

이 학파는 현생 조류가 늦게, 즉 6,500만 년 전 K–T 경계 대량멸종 직후나 그보다 수천만 년 뒤에 출현했다고 본다. 이 견해는 더 이상 조류 진화 연구자들 사이에서 주류 견해가 아니다.[7] 지난 10년 사이에 1억3,000만–1억1,150만 년 전의 백악기 암석에서 많은 다양한 조류 화석들이 발견되어왔다. 대부분이 중국에서 나왔다. 이 화석 중의 일부는 우리에게 친숙한 뼈가 들어 있는 짧은 꼬리를 가진 조류가 진화하기에 앞서, 뼈가 들어 있는 긴 꼬리를 가진 대단히 다양한 조류가 있었음을 보여준다.[8] 그러나 공룡에서 조류로 진화했다는 이론도 중국의 1억4,500만–1억2,500만 년 전의 지층에서 깃털 달린 공룡 두 종이 발견됨으로써 지지를 받았다. 그보다 좀더 뒤인 백악기 초에 조류가 출현했기 때문이다.

사실 깃털은 대단히 많은 연구가 이루어져온 관심 대상이다. 깃털은 처음에 왜 진화했으며(기능적인 측면에서), 비행하는 데에 필요한 날개 깃털은 처음에 어떻게 진화했을까? 이 연구 중에는 굴절적응(exaptation)이라는 개념에 기대는 것이 많다. 이는 어느 특정한 적응형질이 다른 쪽으로 전용되는 것을 말한다. 우리는 모두 다운 점퍼와 침낭을 통해서 깃털이 얼마나 좋은지를 잘 안다. 깃털이 단열과 보온 기능이 뛰어나다는 점은 분명하다. 그러나 보온 기능은 새가 나는 데에 쓰고 날기 위해서 필요한 용도와는 거리가 멀다. 깃털은 화석으로 거의 남지 않으며, 따라서 화석 기록을 이용하여 기원과 출현을 조사하는 고생물학에 별 도움을 주지 못한다. 그러나 지난 수십 년 사이에 종종 그랬듯이, 여기에서도 중국의 화석들이 구원자로 등장해왔다. 절묘할 만큼 깃털이 보존된 공룡 화석뿐 아니라,[9] 때로 부드러운 부위까지 보존된 화석이 나오고 있다(중국 화석만이 아니다).[10] 그러나 대개 그렇듯이, 조류 진화의 증거도 견해 차이나 노골적인 반대 없이 받아들여지는 사례는 거의 없다.[11] 절지동물, 파충류, 공룡(조류 형태), 포유류에게 일어난 주요 혁신 중의 하나인 비행(단순한 활공이 아니다)의 진화는 예전에도 그랬고 지금도 많은 연구 결과가 나오는 생산적인 주제이다.[12]

지금까지 알려진 중생대의 조류는 120종이 넘으며, 아프리카 본토를 제외한 모든 대륙에서 화석이 나왔다.[13] 새로운 정보가 나오고 있어도, 조류 진화의 몇몇 측면들을 둘러싸고 여전히 논쟁이 벌어진다. 현생 조류의 기원과 다양화가 이루어진 시기를 둘러싼 논쟁도 그중 하나이다.[14]

조류는 백악기(약 1억4,500만 년 전에 시작하여 약 1억 년 전에 끝난 전기 백악기와 약 1억 년 전부터 6,500만 년 전까지 이어진 후기 백악기로 나눌 때)의 가장 오래된 시기에도 발견되었다. 전기 백악기의 조류는 매우 다양한 형태와 크기로 빠르게 진화한 것이 분명하다. 콘푸키우소르니스(*Confuciusornis*)처럼 강한 부리를 가진 까마귀만 한 것도 있었고, 날개에 거대한 발톱이 달린 형태도 있었다. 사페오르니스(*Sapeornis*)처럼, 갈매기의 날개와 흡사한 좁으면서 아주 긴 날개를 가진 것들도 있었다. 또 참새만 한 에오이난티오르니스(*Eoenantiornis*)와 이베로메소르니스(*Iberomesornis*)처럼 작은 새들도 있었다. 그러나 온갖 개선된 비행 형질들을 가지고 있었어도, 이 전기 백악기의 조류는 여전히 시조새처럼 턱에 이빨이 나 있었다. 또 머리뼈, 날개, 발의 모양이 다양하다는 것은 그들이 씨를 먹는 종류, 물고기, 곤충, 나무즙, 고기를 먹는 종류 등 이미 다양한 생활양식으로 분화했음을 시사한다. 그들의 날개와 갈비뼈는 시조새가 출현한 직후에, 현생 조류와 그다지 다르지 않은 비행 능력이 진화했음을 시사한다.

초기 백악기 조류가 온갖 개선된 특징들을 가지고 있었어도, 이 초기 새들은 이빨이라는 고대의 특징을 여전히 가지고 있었다. 모든 현생 조류는 부리는 각질이며, 수많은 섭식 습성에 맞게 갖가지 형태로 분화했다. 그런데 이빨 없는 새는 언제 출현했을까? 이 질문은 여전히 논란거리로 남아 있지만, 남극 반도의 추운 지역에서 방금 답이 나왔을지도 모른다.

이빨 없는 현생 조류는 백악기의 이빨 있는 조상에서 진화했다. 그러나 그것은 대체라기보다는 추가였다. 이빨과 긴 꼬리를 가진 더 이전의 원시적인 조류는 후기 백악기의 몸집이 가장 크고 하늘을 지배하던 익룡을 비롯하여 백악기의 날개 달린 파충류와 함께 계속 번성하면서 다양화했기 때문이다. 이빨 있는 조류는 백악기 말까지는 계속 화석으로 나오지만, K-T 사건 때 전멸했다. 적어도 백악기 말의 지층들이 가장 완벽하게 보존된 곳에서 발견된 조류 화석들을 정리한 가장 최근의 자료에 따르면 그렇다. 미국 서부의 내륙 지방인 헬크리크 지층이 그곳인데, 이곳에서는 트리케라톱스, T. 렉스와 함께 많은 원시적인 조류 화석이 발견된다.

당시에 살아남은 조류 계통은 비교적 원시적인 치조상목(齒鳥上目, Paleognathae)이었다. 타조, 레아, 화식조 같은 날지 못하는 커다란 새들이 여기에 포함된다. 지난 1,000년 사이에 인류가 멸종시킴으로써 더 이상 볼 수 없는 뉴질랜드의 커다란 모아와 마다가스카르의 코끼리새 같은 진정한 거인도 같은 계통이었다. 오리류, 육상 가금류, 가장 잘 나는 새들 등 현재 흔한 새들 중의 일부인 이른바 신조류(Neoaves)는 치조상목에서 유래했다.

헬크리크 지층과 북아메리카의 같은 시대의 지층들에서 지금까지 나온 조류 화석은 총 17종이다. 그중에는 헤스페로르니스(*Hesperornis*)라는 몸길이 1.2미터의 땅딸막한 잠수하는 새가 속한 헤스페로르니스류의 이빨 달린 잠수하는 새 집단을 비롯하여 가장 오래된 7종도 있었다. 작은 종류도 있었고, 쥐라기나 백악기의 가장 큰 조류에 속한 종류도 있었다. 이 화석들은 공룡이 지배하던 시대의 말에 이미 조류의 다양화가 상당히 많이 진행되었음을 인상적으로 보여준다.

사실 이 지층의 "조류군"은 해양 조류 쪽으로 심하게 편향되어 있는 듯하다. 후기 백악기에 근처에 있던 내해가 북아메리카를 두 개의 커다란 아대륙으로 나누고 있었다는 점을 생각하면 놀랄 일도 아니다. 이 집단들 가운데 고제3기까지 살아남은 것은 없으며, 후기 백악기의 마스트리히트세(Maastrichtian)의 마지막 200만-300만 년을 포함하고 있는 헬크리크 지층에 그들이 있다는 것은 고대 조류의 대량멸종이 칙술루브 소행성 충돌 시기와 일치한다는 것을 말해준다.[15] 그러나 바로 이 부분은 아직도 논쟁거리이다. 북아메리카 지층에서 발견된 조류들이 대부분 형태학적인 의미에서 "발전된" 종들이지만, 신조아강(新鳥亞綱)이라는 중요한 집단에 속하는 것은 전혀 없다. 이 조류군은 후기 백악기의 가장 다양한 집단이다. 비록 현생 조류에 비하면, 다양성과 상이성(체제의 수)이 낮기는 하지만 말이다. 그러나 이 화석 집단은 K-T 대량멸종이 조류에게 얼마나 영향을 미쳤는지를 이해하는 데에 핵심적인 기여를 한다.

어떤 척추동물 집단이 충돌 멸종의 영향에서 살아남을 수 있었다면, 그들은 조류일 것이 확실하다. 우주에서 온 거대한 돌덩어리가 지구를 강타하는 충격 직후의 며칠 동안 세계의 숲은 대부분 불탔다. 이어서 산성비가 내렸고, 6개월 동안 어둠이 지속되면서 모든 육상 생태계와 심해 세계를 제외한 해양과 민물의 모든 생태계에 기아와 죽음을 안겨주었다. 그만큼 이 충돌은 엄청난 결과를 가져왔다. 그러나 심해 생태계도 표층에 사는 플랑크톤과 동물의 사체들이 가라앉아서 유입되는 주요 먹이 공급이 줄어들거나 중단됨에 따라서 결국 심각한 피해를 입었을 것이다. 육지에서는 동물의 크기에 따라서 생존 가능성이 달라졌다. 몸집이 클수록 살아남을 가능성이 적었다. 그러나 조류는 몸집이 크지 않다.

재빨리 흩어져서 영향이 덜한 땅으로 피신하는 능력이 있기 때문에, 집단으로서의 조류는 날지 못하는 동물—그리고 날지 못하는 새들—보다 멸종률이 더 낮았을 것이라고 예상할 수 있다. 불행히도 조류는 뼈가 약하고 속이 비어 있어서 화석으로 거의 남지 않는다. 따라서 애초에 조류는 화석 자체가 드물다. 그러나 매우 부지런히 화석 채집이 이루어진 덕분에, 지금은 중생대-신생대 전환기에, 생명의 역사서가 불탄 시기에 조류가 어떤 운명을 거쳤는지를 적어도 어느 정도 근거를 가지고 추측할 수 있을 만큼 정보가 쌓였다.

후기 백악기 무렵에 조류가 존속한 기간은 커다란 칙술루브 충돌로 공룡이 가득한 세계가 조류형 공룡 한 종류만 남은 세계로 바뀐 뒤부터 지금까지의 세월을 이미 넘어섰다.

조류 대분화

현생 조류의 다양화 시점을 알려주는 또 하나의 정보원이 있다. 바로 DNA이다. 21세기의 첫 10년 동안 이루어진 많은 독자적인 연구들은 현생 종(고대 조류가 살던 시대의 생존자로부터 진화했다고 여겨지는 종)의 DNA를 토대로 새로운 "진화 계통수"를 제시했다.[16] 이 새로운 계통수에는 몇 가지 놀라운 특징이 있다. 이를테면, 논병아리라는 민물에 흔한 잠수하는 새의 가장 가까운 친척은 홍학이다! 또 벌새는 쏙독새의 분화한 형태이고, 매는 수리류나 독수리류보다 명금류와 더 가까운 친척이라는 것이다. 이 새로운 결론들도 놀라운데, 더욱 입을 쫙 벌어지게 만드는 내용도 있다.

한 예로, 새 계통수는 티나무(tinamou)라는 비행하는 새들의 목(目)을 날지 못하는 타조, 에뮤, 키위가 속한 가지에 소속시킨다. 이 부분이 중요한 이유는 날지 못하는 형질이 이 계통에서 적어도 두 차례 진화했거나, 아니면 티나무 집단이 날지 못하는 조상에서 비행 능력을 다시 진화시켰음을 시사하기 때문이다. 여기에서 끝이 아니다. 새 계통수는 연작류(조류 목 중에서 가장 규모가 크고 가장 성공한 집단)의 가장 가까운 친척이 앵무류라고 말한다. 그러나 이렇게 새로운 내용이 많이 있기는 해도, 현생 조류의 가장 근원적인 분기가 일어난 시기, 즉 더 원시적인 집단이라고 여겨지는 치조상목과 신조아강이 갈라지는 진화적 분기점이 어디에 있는지는 아직도 불분명하다.

현생 조류는 네오르니테스(Neornithes)로 분류된다. 베가 섬에서 발견되어 베가비스(*Vegavis*)라고 이름이 붙여진 조류 화석을 연구한 끝에, 최근에야 이들이 백악기 말에 몇몇 근원 계통으로 진화했다는 것이 밝혀졌다. 네오르니테스는 치조상목(티나무, 타조, 에뮤, 키위)과 신조아강(나머지 모든 새)으로 나뉜다. 신조아강이 현재 친숙한 여러 집단으로 갈라진 시기도 거의 알려져 있지 않다. 가장 나은 증거는 K–T 대량멸종 이전에 이미 네오르니테스의 근원적인 분기가 일어났음을 시사한다. 그런데 얼마나 전에 일어났다는 것일까? 앞에서 말했듯이, 현생 조류가 K–T 멸종 사건 뒤에야 진화했다고 아주 굳게 믿는 (앨런 페두시아 같은) 전문가 집단이 아직 있으며, 신조아강의 방산이 다른 공룡들의 멸종 전에 일어났는지 그 뒤에 일어났는지를 놓고도 의구심을 제기하는 이들이 있다.

따라서 남극대륙 베가 섬에서 나온 새로운 자료는 중요하다. 베가 섬은 그전까지 조류 진화 연구에 가장 중요한 화석들이 발견된 곳 중의 하나인 제임스 로스 섬의 북쪽에 있는 작은 섬이다. 베가 섬의 화석은 현생 조류가 백악기 말에 비조류형 공룡들과 함께 살았음을 보여주는 최초의 증거였다.

오랫동안 고생물학자들을 감질나게 만든 의문이 하나 더 있다. 신생대 중반에 조류는 다시 한번 거대한 육식 공룡이 되려고 시도했다. 가장 유명한 사례가 이른바 "공포새(terror bird)"이다. 이 새들은 오늘날의 모든 주요 육상 육식 포유동물(개, 고양이, 곰, 족제비 집단들)의 조상인 당시 출현하고 있던 현생 육식동물들과 심각한 경쟁을 했을 것이 분명하다.

여전히 살고 있는 날개 없는 커다란 새들(주금류)—가장 먼저 떠오르는 타조를 비롯하여, 화식조, 레아 같은 동물들—의 진화는 늘 두발보행 공룡의 체제로 회귀한 것처럼 보여왔다. 이 거대한 새들은 과거와 현재의 나는 새들이 흔히 하는 식의 이주를 통해서 드넓은 대륙들 사이를 건너거나 섬에서 섬으로 뛰어 건널 수가 없다. 그래서 날지 못하는 주요 조류 집단들이 각자 고립된 종의 형성을 통해서 독자적으로 진화했다고 오랫동안 여겨져왔다. 이런 새들의 대부분은 현재의 남반구 대륙들에 산다. 그 대륙들이 중생대에 하나의 커다란 땅덩어리로 합쳐져 있었다는 점을 생각할 때, 그들의 분포는 아프리카의 타조, 남아메리카의 레아, 오스트레일리아의 화식조가 곤드와나라는 고대 땅덩어리가 쪼개짐으로써 나온 산물임을 시사한다. 그러나 새로운 DNA 연구로 나온 한 가지 놀라운 결과는 이 날지 못하는 새들이 비행 능력을 잃은 뒤에 각자의 집단으로 진화한 것이 아니라, 그 전에 진화했다는 것이다.[17]

아프리카와 마다가스카르가 곤드와나 초대륙에서 가장 먼저 갈라져나온 커다란 땅덩어리이므로, 연구자들은 아프리카와 마다가스카르가 일찍 격리됨으로써 진화적 힘이 작용하여 가장 오래된 주금류, 즉 아프리카의 타조와 마다가스카르의 몸집이 더 컸던 코끼리새를 출현시켰을 것이라고 추정했다. 마다가스카르와 아프리카가 가깝기 때문에, 타조와 코끼리새는 서로 유연관계가 가까운 반면, 남아메리카와 뉴질랜드—지금은 멸종한 모아와 아직 살아 있는 키위가 격리 상태에서 진화한, 아니 적어도 그렇다고 여겨지는—의 주금류를 비롯하여 다른 대륙들의 날지 못하는 새들과는 더 멀어야 했다. 그런데 DNA를 분석하니 놀라운 결과가 나타났다.

DNA 연구는 마다가스카르의 코끼리새가 가까이 있는 아프리카의 타조보다 뉴질랜드의 새들과 더 가깝다는 것을 보여주었다. 이 뜻밖의 결과는 이 집단들이 비행 능력을 잃기 전에 진화적으로 갈라졌다는 결론을 강력하게 뒷받침한다.

현생 주금류는 유일하게 남아 있는—그렇지 않았을 때도 있었다—과거의 커다란 공룡형 조류이다. 지금은 사라진 가장 큰 육지 새들도 두발보행을 한 중생대 육식 공룡의 체제로 진화적으로 회귀했음을 보여주었다. 특히 공포새, 즉 포루스라코스류(phorusrhacid)는 약 6,000만 년 전에 남아메리카에서 진화하여 약 200만 년 전까지 존속했다. 플라이스토세의 첫 번째 빙하기가 찾아오면서 지구 전체로 드넓은 빙원이 퍼지던 시기였다. 이들은 적어도 북아메리카로도 진출했고, 신생대의 대부분의 시기에 걸쳐 남아메리카의 최상위 포식자로 군림했다. 현재는 공포새 같은 생물이 살지 않으며, 그 점은 다행일지 모른다.

2010년 CT 기술을 이용한 새로운 연구를 통해서, 우리는 이 거수들이 어떻게 살고 죽었는지를 새롭게 이해할 수 있었다. 스캔해보니 이 괴물 포식자의 거대한 부리가 속이 텅 비어 있다는 사실이 드러났다. 놀라운 결과였다. 그렇다면 부리가 약해졌을 것이고 좌우로 움직일 때 깨지기 쉬웠을 것이다. 따라서 그들은 부리를 마치 도끼처럼 썼을지 모른다. 또 먹이를 죽일 때 갈고리 발톱이 달린 강한 다리도 썼을지 모른다.

날지 못하는 새들이 대개 그렇듯이, 공포새도 날개가 작고 뭉툭한 반면, 다리가 길고 강했고 발에는 커다란 갈고리 발톱이 달려 있었다. 그들은 근육질 다리로 땅 위를 아주 빨리 달렸을 것이다. 일부 공포새 종은 평탄한 곳을 시속 110킬로미터로 달릴 수 있었을 것이라고 추정되며, 남아메리카의 드넓은 팜파스에는 그렇게 달릴 공간이 많았다. 그런 곳에서는 치타나 다름없었을 것이다. 빠른 질주 능력, 괴물 같은 부리, 강한 다리와 치명적인 발톱을 갖춘 공포새는 대단히 뛰어난 포식자였을 것이 분명하다.

그들은 머리가 아주 컸고 새들 중에서 가장 뇌가 컸다. 그것은 어떤 불편한 깨달음을 안겨준다. 최근에 아프리카 회색앵무의 지능을 연구한 신경과학자들과 심리학자들은 우리가 조류의 지능을 대단히 과소평가해왔음을 깨달았다. 영장류학자들은 다양한 영장류를 고등한 인지 기능과 연관지으려고 애쓰고 있지만, 전반적으로 조류, 특히 공포새는 지구를 걸은 동물 중에서 가장 지능이 뛰어난 종에 속할지 모른다.

19

인류와 10번째 멸종 :
250만 년 전부터 현재까지

수십 년 전, 세계가 새로운 대량멸종의 시대로 진입하고 있는지도 모른다고 주장하는 책이 몇 권 나왔다(워드가 쓴 책도 두 권 있다. 『진화의 끝[*The End of Evolution*]』과 제목을 바꿔서 낸 개정판인 『시간의 강[*Rivers in Time*]』이다).[1] 그중 하나인 리처드 리키의 『제6의 멸종(*The Sixth Extinction*)』은 우리가 이 책에서 개괄한, 종의 50퍼센트 이상이 사라진 사건들을 5대 대량멸종 사건들이라고 공식적으로 지칭했다.[2] 오르도비스기 말, 데본기 말, 페름기, 트라이아스기, 백악기 말에 일어난 멸종 사건을 말한다. 그러나 우리는 앞의 장에서 다룬 PETM 같은 더 소규모 사건들 및 쥐라기와 백악기에 몇 차례 일어난 작은 규모의 사건들과 구별할 수 있을 만큼 규모가 큰 사건들을 더 포함시켜서, 실제로 대량멸종이 10번 일어났다고 주장하련다.

1. 산소 급증 멸종. 죽은 종과 개체의 비율로 따지면, 모든 멸종 사건 가운데 가장 큰 격변이었다고 할 수 있다. 당시 산소는 거의 모든 미생물에게 치명적인 독이었을 것이다. 거의 동시에 일어난 제1차 눈덩이 지구 형성과 결합되면서, 이 사건은 최악의 멸종 사건이자 최초의 멸종 사건이 되었을 것이다. 바깥으로 걸어나갔는데 숨을 쉴 공기가 더 이상 없다고 상상해보라. 공기가 있기는 하지만, 전혀 다른 공기이다. 지구 생명을 이루고 있던 수생 생물들도 같은 상황에 처했다. 바다는 독가스로 채워졌다. 바로 산소였다.

2. 크라이오제니아기 멸종. 후기 원생대의 눈덩이 지구 사건과 결합되어 일어났다. 육지와 바다 모두 지저분한 두꺼운 얼음으로 뒤덮였다. 광합성은 줄어들다가 대부분 중단되었다. 육지와 바다의 다양하고 풍부했던 생물들(바다에 훨씬 더 많았다)이 사라졌다. 다양성만이 아니라 생물량도 급감했다.

3. 벤디아기-에디아카라기 멸종. 미생물 매트인 스트로마톨라이트와 특히 원생대-고생대 경계에서 에디아카라 생물군의 멸종이 포함된다. 에디아카라의 낙원을 게걸스럽고―그리고 더 중요한 측면인―활발하게 움직이는 동물들이 침입하여 느릿느릿 움직이는 미생물로 가득한 바다와 육지에서 닥치는 대로 먹어치우는 바람에 일어난 듯하다.

4. 캄브리아기 말 스파이스(SPICE) 멸종. 삼엽충의 대다수, 버제스 셰일의 많은 "기이한 경이들", 그밖의 많은 생물들의 멸종. 가장 중요한 점은 방어하기 위해서 몸을 말 수도 없고 껍데기에 방어용 장식물도 거의 없는 원시적인 체절과 눈을 가진 삼엽충들이 사라지면서 삼엽충들에게 전면적인 변화가 일어났다는 것이다. 무엇보다도 포식자가 증가했기 때문인 듯하다. 최초로 진정으로 몸집이 크고 이동성을 갖추고 갑옷까지 입은 육식 두족류인 앵무조개류가 이 멸종에 관여했으며, 화학적 변화도 기여했다.

5. 오르도비스기 대량멸종. 열대 종들의 전멸. 추위나 해수면 변화로 일어났을 것이다.

6. 데본기 대량멸종. 해양의 저서 및 수생 동물들의 멸종. 최초의 온실 멸종?

7. 페름기 대량멸종. 육지와 바다의 온실 멸종.

8. 트라이아스기 대량멸종. 육지와 바다의 온실 멸종.

9. 백악기-고제3기 대량멸종. 온실과 충돌의 조합 멸종.

10. 플라이스토세-홀로세 대량멸종. 250만 년 전부터 현재까지. 기후 변화와 인간 활동.

우리를 걱정시키는 것은 이 목록의 마지막 항목이다. 다른 멸종 사건들, 특히 온실 멸종 사건들도 무시무시하게 느껴지지만, 그럴 필요가 없다. 그 사건들은 아주 서서히 진행되었기—그리고 앞으로도 그럴 것이기—때문이다. 느린 죽음……그리고 우리 종은 멸종하지 않을 것이다. 우리는 강력한 멸종내성(extinction-proof)을 가진다. 그렇다, 우리는 살아남을 것이다. 그러나 그렇다고 행복할까? 텅 빈 행성에서? 우리가 기르는 동식물들에 둘러싸인 채? 그들의 도약 유전자들은 장기적으로 기이하고 예측 불가능한 나름의 캄브리아기 대폭발을 일으킬 것이다.

10번째 멸종에 들어서다

2010년에 에티오피아의 유물 순회 전시가 열리면서 가장 유명한 화석 중의 하나가 미국에 들어왔다.[3] 바로 초기 원인(原人)인 루시(Lucy)였다.[4] 키가 약 110센티미터이고, 원래 뼈대 가운데 겨우 40퍼센트만 남아 있기 때문에 사실 루시는 루시라고 할 만한 것이 많지 않다. 그러나 루시는 우리에게 아주 많은 것들을 말해왔다.

성적 이형성(性的 二形性)은 한 종의 암수 형태가 다르다는 것을 묘사하는 용어이다. 인류에게만 쓰이는 용어는 분명 아니며, 반드시 수컷이 더 큰 것도 아니다. 다양한 두족류(흥미롭게도 앵무조개는 예외이다)를 비롯하여 많은 동물들은 암컷이 더 크다. 정자보다 난자를 만들기 위해서 신체기관이 더 커야 하기 때문인 듯하다. 그러나 침팬지에서 우리 인간에 이르는 사람과 (Hominidae)에 속하는 동물들은 수컷이 더 크다. 인간의 이형성은 통계적으로 유의미한 수준이며, 인종에 따라서 다소 차이가 있지만, 여성의 키가 남성 키의 약 90-92퍼센트에 해당하는 듯하다. 그러나 루시의 종족은 전혀 달랐다.

그 종족의 화석 뼈가 루시만 남아 있는 것은 결코 아니다. 그녀의 종인 오스트랄로피테쿠스 아파렌시스(*Australopithecus afarensis*)는 1974년 도널드

조핸슨 연구진이 그녀를 발견했을 당시에 우리가 이해하던 (혹은 모르던) 것에 비하면, 훨씬 더 많이 알려져 있다. 더 최근에 발견된 루시의 동족 뼈 중에는 생전의 키를 꽤 정확히 추정할 수 있을 만큼 온전히 남아 있는 남성 뼈대도 있다. 이 뼈에는 빅맨(Big Man)이라는 이름이 붙었다. 루시의 키가 110센티미터인 반면, 그는 150센티미터였다. 둘이 마주 서면 루시의 턱이 그의 배꼽 바로 위에 올 것이다. 얼굴을 아래로 숙이지 않는다면 말이다.

루시와 빅맨이 A. 아파렌시스의 성별을 대변한다면, 여성의 키가 남성 키의 70퍼센트에 불과하다는 의미이다. 그렇다면 문화적인 차원에서만이 아니라 행동 측면에도 영향이 있었을 것이다. 2012년에 워싱턴 대학교의 인류학자 패트리샤 크레이머는 그들의 다리 길이를 토대로 남녀의 걷는 속도를 세밀하게 분석하여, 가장 알맞은 걷기 속도가 빅맨은 시속 4.7킬로미터인 반면, 루시는 그보다 꽤 느린 3.7킬로미터임을 밝혀냈다.[5] 따라서 여성이 남성을 따라다니는 것은 고역이었을 것이고, 포식자가 가득한 세계에서 계속 헉헉거리며 지내는 것은 그리 좋은 생존 전술이 아닐 것이다. 그래서 크레이머는 침팬지처럼 원인 남녀도 각자 따로 식량을 찾아서 채집하거나 사냥하러 돌아다니면서 하루의 많은 시간을 떨어져 지냈을 것이라고 주장했다.

아프리카에서 발견된 다른 새로운 화석들도 오랫동안 유지되던 견해들을 뒤엎고 있다. 루시와 그 동족은 후기 플라이오세 아프리카 북부와 동부 세계를 재현한 모형이나 그림에 예외 없이 직립 자세로 걷는 모습으로 나온다. 군데군데 자그마한 숲이 있는 초원을 배경으로 삼아서 말이다. 그러나 루시와 같은 종의 한 여성—그러나 루시보다 약 10만 년 전의 뼈—의 어깨뼈를 처음으로 조사해보니, 그녀와 그 종족이 땅에서 걷도록 적응해 있을 뿐 아니라, 나무를 타는 자이기도 했음을 시사하는 특징들이 나타났다. 우리의 이면 조상들이 나무 위에서 상당한 시간을 보냈는지 여부는 열띤 논쟁의 대상이었다.[6] 주된 이유는 이 새로운 발견이 나오기 전까지, 나무를 타는 자에게 필요한 형태적 적응형질이 있었는지를 살펴볼 방법이 없었기 때문이다. 이 새로운 연구 결과는 오스트랄로피테쿠스가 기존에 믿어왔던 것처럼 일찍 나무에서 내려오지 않았을 수도 있다고 말하는 듯하다.

사람과가 지구에 늦게 출현한 신참이기는 하지만, 우리 집단인 영장류의 역사는 백악기까지 거슬러 올라간다. 당시의 푸르가토리오우스(*Purgatorious*)라는 조상은 K-T 대량멸종 때 살아남았다. 우리로서는 다행한 일이었다. 이 최초의 영장류 중의 일부는 여우원숭이 계통에 속했다. 4,500만 년 전, 더 발전된 영장류—오늘날의 원숭이, 유인원, 인간을 포함하는 최초의 진원류—가 아시아의 화석 기록에 등장한다. 가장 오래된 화석은 중국에서 발견되었는데, 에오시미아스(*Eosimias*)라는 이름이 붙었다.

약 3,400만 년 전, 명백히 더 영리하고 더 크고 아마도 더 공격적이었을 원숭이류가 진화했다. 그중 카토피테쿠스(*Catopithecus*)라는 종류는 머리뼈가 오늘날의 작은 원숭이만 하고, 얼굴이 비교적 납작하며, 인간과 동일한 치열—즉 앞니 2개, 송곳니 1개, 작은 어금니 2개, 큰 어금니 3개—을 가진 최초의 영장류이다. 현재 우리는 "인류"라고 말할 수 있는 존재—즉 아프리카의 오스트랄로피테쿠스—가 언제, 어디에서 처음 출현했는지까지 우리 자신의 진화 계통수를 꽤 많이 알고 있다.

고인류학자들은 우리 종을 낳은 종분화 사건이 언제, 어디에서 일어났는지를 알아내는 놀라운 일을 해왔다. 사람과는 500만-600만 년 전, 앞서 말한 루시와 그 동족인 오스트랄로피테쿠스 아파렌시스가 출현하면서 시작된 듯하다. 그 뒤로 우리 과에는 9종이 출현했다. 비록 이 숫자를 놓고 계속 논쟁이 벌어지고 있기는 하지만 말이다. 새로운 발견과 기존 뼈의 새로운 해석이 이루어질 때마다 이 숫자는 변하는 듯하다. 그러나 플라이스토세 이전 초기 인류의 가장 중요한 후손은 우리 사람속(*Homo*)의 최초 구성원인 호모 하빌리스(*Homo habilis*, 손재주가 있는 사람)였다. 도구를 사용하는 능력을 가진 이들은 약 250만 년 전에 출현했다. 이들은 약 150만 년 전에 호모 에렉투스(*Homo erectus*)를 낳았고, 호모 에렉투스는 약 20만 년 전에 직접 또는 호모 하이델베르겐시스(*Homo heidelbergensis*)라는 중간 단계를 거쳐서 우리 종인 호모 사피엔스(*Homo sapiens*)를 낳았다. 우리 종은 많은 변종으로 더 세분되어왔다. 네안데르탈인을 변종으로 보는 연구자도 있는 반면, 호모 네안데르탈렌시스(*Homo neanderthalensis*)라는 별도의 종으로 보는 연구자도 있다. 최근 인류 고생물학의 가장 흥미로운 측면은 새로 쏟아져나오는 네안데르탈인의 DNA를 추출하여 해독한 연구 결과들이다.[7] 가장 최신의 증거에 따르면, 사람 계통과 네안데르탈인 계통은 현생 인류와 현재 우리의 DNA가 출현하기 전에 갈라졌다고 한다. 즉 우리는 그들의 후손이 아니며, 그들의 조상도 아니었다. 둘 다 양쪽 종과 다른 멸종한 공통 조상에서 진화했다.[8]

각 새로운 인류 종의 형성은 기존 인류의 한 소집단이 어떤 식으로든 모집단과 여러 세대에 걸쳐 격리될 때 일어났다. 1960–1970년대에는 현생 인류가 칸델라브룸(candelabrum : 나뭇가지 모양의 촛대/역주) 진화 양상이라는 것을 통해서 출현했다는 견해도 있었다. 세계 각지에 퍼져서 서로 격리된 호모 에렉투스 같은 고대 인류의 집단들에서, 저마다 다른 시기와 장소에서, 호모 사피엔스가 진화했다는 것이다. 지금 보면 어처구니없는 개념이다.

화석 기록은 우리 종—호모 사피엔스의 더 고대 형태와 구분하기 위해서 임의로 현생 종이라고 부르기도 한다—의 가장 오래된 구성원이 19만5,000년 전에 현재의 에티오피아에 살았다고 말해준다. 이 화석이 가장 오래된 부족을 대변하는지, 아니면 진정한 기원 장소에서 떨어져나와서 돌아다니다가 우연히 에티오피아에서 화석이 된 집단의 것인지는 알지 못하며, 그 점은 그다지 중요하지 않다. 그 직후에 이 무리는 아프리카 대륙의 가장 남쪽을 향해서 걷기 시작했고, 이어서 북쪽을 향해서도 걸었다. 그들은 아프리카를 떠나서 유라시아로 들어가는 길을 찾아냈고, 그럼으로써 전 세계로 퍼져나갔다.[9] 그들은 사실상 우리 종의 다른 집단들과 격리되었고, 돌아다니면서 접한 전혀 다른 환경에 각자 적응해갔다. 아프리카의 평원과 더 북쪽의 햇빛이 덜 들고 얼음으로 뒤덮인 곳, 그리고 그 사이의 어느 지역이든 간에, 각 지역에서 생존하려면 형태적으로나 생리적으로나 전혀 다른 적응형질들이 필요했다. 우리 종의 인구가 늘어남에 따라서, 변이도 늘어났다. 그리고 다양한 진화적 변화도 일어났다. 그러나 이 모든 변화는 같은 종 내에서 이루어졌다.

마지막 빙하기와 생명

기후학자들은 지난 250만 년 동안 관찰된—빙원이 넓어지고 해수면이 낮아지는 아주 추운 기후가 오래 지속되다가 더 짧게 따뜻한 시기가 이어지는 일이 반복되는—기후 변화가 밀루틴 밀란코비치가 주창했던 궤도 변화의 산물이라는 이론을 오랫동안 고수해왔다. 얼음 코어를 채굴하여 유례없을 만큼 세밀하게 최근 시대의 기후 변화를 파악할 수 있게 되기 전까지, 그들은 기후 변화가 느리게 일어나왔다고 생각했다. 그러나 상세히 분석하자, 그렇지 않다는 것이 명확해졌다.

얼음 코어 기록과 심해 고생물학 및 동위원소 기록 등 다른 기후 변화 자료들은 지난 80만 년 동안 간빙기—훨씬 더 추운 빙하기 사이에 있는 더 따뜻한 시기—가 평균 약 1만1,000년 동안 지속되었음을 시사한다. 2만2,000년마다 되풀이되는 지구의 궤도 변화인 세차운동 주기의 약 절반이다. 현재의 간빙기는 이미 1만1,000년 넘게 지속되었으며, 일부 기록에 따르면 따뜻한 시기가 1만4,000년 동안 이어져온 듯하다. 이것이 지금 이 순간 빙하가 전진하고 있다는 의미일까? 결코 그렇지 않다. 몇 가지 근거가 있다. 우선 기후에 영향을 미치는 궤도 변화가 세차운동만은 아니다. 기록들을 보면 45만-35만 년 전에는 간빙기가 1만1,000년보다 훨씬 더 길었다. 이 간빙기는 궤도 이심률이 최소인 시기와 일치했다. 마침 현재 최소 궤도 이심률 양상이 진행되고 있으므로, 현재의 간빙기가 앞으로도 수천 년, 아니 수만 년 동안 지속될 수도 있음을 시사한다. 물론 언제든지 끝날 수도 있다.

플라이스토세는 한 가지 중요한 형태의 기후 변화가 약 250만 년 전에 시작된 시기였다. 신생대의 빙하기 이전의 마지막 세 동안 고위도에 형성되었던 드넓은 추운 초원과 툰드라는 육지를 뒤덮은 새로운 형태의 덮개에 밀려났다. 바로 얼음이었다. 빙하가 형성되면서 해마다 눈과 얼음이 서서히 늘어났고, 빙하는 서서히 남쪽으로 밀려 내려왔다. 이윽고 대륙 빙하는 각지의 산악 빙하와 융합되기 시작했고, 이 지독한 결합은 육지를 빙하와 겨울 속에 가두었다.

그렇다고 해서 널리 상상하는 것처럼, 지구 전체가 얼음에 갇힌 것은 결코 아니었다. 1년 내내 살기 좋은 열대와 산호초와 따뜻하고 햇볕이 잘 드는 지역도 여전히 있었다. 그러나 적어도 어떤 식으로든 간에, 빙하에 영향을 받지 않은 곳은 없었을 것이다. 세계 기후가 변하면서, 바람과 강수의 양상도 달라졌기 때문이다. 얼음에서 멀리 떨어진 곳도 기후가 변했다. 아마도 더 추워지거나 더 따뜻해졌을 것이고, 더 심하게 건조해지는 곳도 많았을 것이다. 빙원이 전진하는 앞쪽으로는 드넓은 추운 사막과 반사막이 형성되었다. 한편 아프리카 북부의 사하라 사막처럼 본래 메마른 지역에서는 강수량이 증가하기도 했다. 반면에 빙하기가 시작되기 이전의 수천만 년 동안 비교적 기후가 안정되어 있던 아마존 유역과 아프리카 적도 지역을 뒤덮었던 드넓은 우림은 심한 냉각과 건조를 겪었고, 그 결과 드넓은 정글은 사라지고 드넓게 형성된 건조한 사바나로 둘러싸인 자그마한 숲들만이 군데군데 남았다.

인류의 확산

인류가 지구 전체로 퍼져나갈 때에도 급속한 기후 변화가 일어나곤 했다. 약 3만5,000년 전까지는 오늘날의 우리를 만드는 마지막 진화적 변화가 일어난 듯하다. 이 새로운 인류를 현생 인류라고 할 수 있으며, 그들은 조금씩 세계를 정복해갔다. 그들은 서서히, 그러나 꾸준히 새로운 지역으로 진출했다. 그 일이 한 세기 안에 일어난 것은 아니었다. 유럽인이 북아메리카를 정복하는 식으로, 수 세기 사이에 드넓은 토착 식생으로 뒤덮였던 대륙을 대규모 경작지와 콘크리트로 뒤덮인 대륙으로 바꾸는 식으로 이루어진 것이 결코 아니었다. 그 정복은 느렸다. 수천 년에 걸쳐 낙엽이 떨어져 쌓이듯이, 수천 년에 걸쳐 현생 인류는 서서히 지구 전체로 퍼져나갔다. 3만5,000년 전에는 오스트레일리아라는 섬 대륙까지 호모 사피엔스의 서식지가 되어 있었다.

그러나 북아시아는 아직 미개척지였다. 그리고 아시아 너머의 더욱 큰 영토인 남북 아메리카도 아직 인류의 발이 닿지 않은 채였다.

현재의 시베리아인 드넓은 땅에 처음 발을 디딘 사람들은 대형 사냥감을 쫓은 구석기 시대 사냥꾼들이었다. 그들은 3만 년 전에 그곳에 도착했고, 이미 그 혹독한 기후에서 살아가는 데에 적합한 전통을 간직하고 있었다. 시베리아 동부의 석기들은 당시의 유럽 석기와 얼마간 차이를 보이며, 동남 아시아의 격지석기 문화에 영향을 받았음이 분명했다. 그러나 주요 기술인 커다란 돌촉 제작은 대형 동물을 사냥하기 위한 것이었다.

시베리아에 처음 인간이 발을 디딘 시기는 약간 따뜻했던 기후가 다시 차가워지기 시작할 때였다. 이 더 따뜻했던 시기와 그 뒤의 차가워진 시기는 인류가 살기 험한 지역으로 퍼지도록 자극했을 수도 있다. 인류가 시베리아에 도착한 직후에 지구는 다시 식기 시작했고, 2만5,000년 전 무렵에는 빙하기가 상당히 진행된 상태였다.

서유럽과 북아메리카에서는 거대한 대륙 빙원이 가차 없이 남쪽으로 내려오면서 드넓은 지역을 두께 1.5킬로미터가 넘는 얼음으로 뒤덮었다. 그러나 시베리아에는 수분이 너무 적어서 얼음이 그렇게 두껍게 형성될 수 없었다. 나무를 찾아볼 수 없는 이 드넓은 얼어붙은 땅의 인류는 점점 더 동쪽으로 나아갔다. 나무가 거의 없었으므로, 잡은 동물의 가죽과 뿔은 중요한 자원이 되었고, 가장 큰 사냥감—마스토돈과 매머드—의 뼈는 집의 뼈대로 쓰였다. 이 사람들은 대형 동물 사냥꾼이 되었고—그래야 했기 때문에—그들의 주된 사냥감은 매머드와 마스토돈이었을지도 모른다.

아마도 3만-1만2,000년 전에 몇 차례 소규모 물결을 이루어서 인류가 아시아를 건너 베링기아(Beringia)에 정착할 무렵, 북아메리카의 넓은 지역을 덮은 대륙 빙원은 오래 지속된 일련의 추운 시기를 통해서 최대가 되었다. 얼음의 양이 늘어남에 따라서 해수면은 낮아지기 시작했고, 오랫동안 물 속에 잠겨 있던 드넓은 땅이 드러나서 맨 땅이 되었다. 일부 지역에서 이 드러난 땅은 그전까지 고립된 섬이었던 곳들과 넓은 땅덩어리 사이의 이주 경로의 역할을 했다. 그러다가 빙하가 마침내 녹기 시작하자, 해수면도 따라서 상승하기 시작했다. 1만4,000년 전까지도 캐나다의 대부분과 현재 미국의 넓은 지역을 덮고 있던 대륙 빙하는 기온이 서서히 증가함에 따라서 천천히 녹고 있었다.

그러나 그 직후에 녹는 과정을 가속시킨 새로운 사건이 일어났다. 얼음이 충분히 녹아서 빙하가 더 이상 해안에서 바다까지 뻗어가지 않게 되자, 현재의 캐나다와 미국 북부의 동쪽과 서쪽 해안에서 빙산이 떨어져나오는 일도 없어졌다. 빙하 극대기(약 1만8,000-1만4,000년 전)에는 봄마다 해안에서 엄청난 양의 빙산들이 바다로 떨어져나왔고, 이 빙산들은 계속 물을 차갑게 하고 아주 차가운 바람을 일으켰다. 그 바람은 육지까지도 차갑게 만들었다. 그러나 빙하의 형성이 멈추자, 해안에서 더 따뜻한 바람이 불기 시작했고, 대륙의 모든 곳에서 얼음이 더 빠르게 녹기 시작했다.

빙하의 최전선인 녹는 지점은 대단히 혹독한 곳이 되었다. 후퇴하는 빙하벽을 따라서 끊임없이 강한 바람이 휘몰아쳤다. 바람이 아주 세서 휩쓸린 모래와 실트가 거대한 더미를 이루었다. 이렇게 쌓인 것을 뢰스(loess)라고 한다. 또 씨도 바람에 운반됨으로써, 빙하 앞쪽에 흩날리는 흙에는 곧 개척 식물들이 정착했다. 처음에는 양치식물이 들어왔고, 이어서 더 복잡한 식물들이 자리를 잡았다. 빙하가 물러난 곳에 먼저 버드나무, 노간주나무, 사시나무, 다양한 관목들이 들어와서 안정한 군락을 이루었다. 곧이어 지역에 따라서 서로 다른 식물들이 들어와서 천이(遷移)가 이루어졌다. 서부의 더 온대지역에서는 대개 가문비나무 위주의 낮은 숲이 형성되었다. 중위도의 더 추운 지역에는 대개 영구동토층과 툰드라가 형성되었다. 그러나 모든 곳에서 빙하가 물러나고 있었고, 빙하가 이주함에 따라서, 아니 더 정확히 말하면 북쪽이 녹음에 따라서, 툰드라가 따라서 올라갔고, 곧 드넓은 가문비나무 숲이 뒤따랐다.

북아메리카의 드넓은 가문비나무 군락은 나무 사이사이에 풀과 관목이

자라는 울창한 숲이라기보다는 탁 트인 숲에 가까웠다. 오늘날 북서부에 몇 군데 남아 있는 오래된 숲에서 볼 수 있는 울창한 미송(더글러스 소나무) 군락, 즉 덤불과 쓰러져 썩어가는 나무들이 빽빽하게 뒤엉켜서 커다란 동물이나 사람이 지나가기가 몹시 어려운 숲과는 전혀 달랐다.

빙하기 내내 북아메리카의 얼음에 뒤덮인 지역보다 더 남쪽에는 다양한 서식지가 있었다. 숲, 툰드라, 초원, 사막도 있었고, 대형 포유동물들의 엄청난 무리가 살아갈 수 있을 만큼 식물이 자랐다. 세계의 많은 지역에서 얼음과 추위가 사라지자, 인구가 확연히 증가하기 시작했다.

1만 년 전까지 인류는 남극대륙을 제외한 모든 대륙에 정착하는 데에 이미 성공했고, 지역별 적응형질들이 갖추어지면서 오늘날 우리가 인종이라고 말하는 집단들이 형성되었다. 오랫동안 연구자들은 피부색 같은 뚜렷한 특징들이 오직 햇빛의 양에 따른 적응형질이라고 생각했지만, 더 최근의 연구 결과들은 우리가 "인종적" 특징이라고 하는 것 가운데 상당수가 서로 다른 환경에 적응하기 위해서 나온 것이라기보다는 그저 성 선택을 통해서 나온 형질일 수도 있음을 시사한다. 그러나 형태학자들의 눈에 거의 띄지 않는 다른 많은 적응형질들도 진화하고 있었다.

아프리카에는 대형 포유동물이 많다. 지구에서 몸집이 큰 초식동물과 육식동물의 다양성이 그렇게 높은 곳은 또 없다. 그러나 이 동물의 낙원은 사실 예외적인 사례가 아니라, 일반적인 현상이었다. 세계의 식생이 우거진 온대와 열대 지역은 모두 최근까지 아프리카와 비슷했다. 그러나 카루에서 코끼리를 전멸시킨 힘들과 마찬가지로, 한 가지 유별난 사건이 지난 5만 년에 걸쳐 지구의 대형 포유동물의 다양성을 없애왔다.

몸집이 큰 동물이 사라지면 멸종을 연구하는 이들에게는 엄청난 도전 과제를 안겨주는 셈이 되겠지만, 과거로부터 얻은 한 가지 중요한 교훈은 몸집이 큰 동물의 멸종이 더 작은 동물의 멸종보다 생태계의 구조에 훨씬 더 중대한 영향을 미친다는 것이다. 백악기 말의 멸종이 중요한 것은 수많은 작은 포유류들이 사라졌기 때문이 아니라, 거대한 공룡들이 사라졌기 때문이다.

아주 거대한 육상동물인 공룡들이 사라지자, 육상 환경은 재편되었다. 마찬가지로 지난 5만 년에 걸쳐 세계 대부분의 지역에서 몸집이 큰 포유류 종의 대다수가 사라진 사건이 어떤 의미가 있는지는 이제야 드러나고 있으며, 그 사건의 여파는 앞으로 수백만 년 동안 계속될 것이다.

멸종은 특히 약 1만5,000–1만2,000년 전의 후기 플라이스토세에 일어났다. 당시에 북아메리카에서 상당히 높은 비율로 대형 포유동물들이 사라졌다. 적어도 35속(따라서 최소한 그만큼의 종)이 사라졌다. 그중 6속은 다른 대륙에도 살고 있었다(말[馬]이 그렇다. 말은 남아메리카에서는 사라졌지만, 구대륙에서는 계속 살았다). 그러나 대다수는 멸종했다. 사실 분류학적으로 따지면, 사라진 동물들은 아주 다양한 집단에 속했다. 그들은 7목 21과에 속했다. 이 꽤 다양한 집단들의 유일한 공통점은 대부분(전부는 아니다)이 대형 동물이었다는 것이다.

가장 잘 알려져 있고 상징적인 존재가 된 동물은 코끼리처럼 생긴 장비류(Probiscidea)로서, 마스토돈과 곰포데어(gomphothere)와 매머드가 여기에 속했다. 이들은 아직 살아 있는 두 종류의 구세계 코끼리들과 유연관계가 가까웠다. 이들 중에서 북아메리카에 가장 널리 분포했던 것은 아메리카 마스토돈이었다. 이 종은 북아메리카 대륙의 동쪽 끝에서 서쪽 끝까지 빙하가 없는 모든 곳에 퍼져 있었다. 특히 동부의 삼림지대에 가장 흔했고, 나무와 관목, 특히 가문비나무를 뜯어 먹었다. 곰포데어는 현재 살아 있는 어떤 동물과도 다른 기이한 집단이었으며, 플로리다의 퇴적층에서 신뢰하기가 어려운 흔적이 나온 것을 제외하고, 북아메리카보다는 남아메리카에 널리 분포했다. 마지막 집단인 매머드로 대변되는 북아메리카의 코끼리류는 컬럼비아 매머드와 털 매머드 두 종이 있었다.

북아메리카 빙하기의 상징이 된 또 하나의 대형 초식동물 집단은 큰땅늘보와 그들의 가까운 친척인 아르마딜로(armadillo)이다. 북아메리카에서 이 집단의 7속이 멸종했고, 아메리카 남서부의 아르마딜로 한 종만이 살아남았다. 이 집단들 가운데 몸집이 가장 큰 것은 땅늘보류로서, 흑곰만 한 것에서 매머드만 한 것까지 있었다. 중간 크기의 동물은 오늘날 로스앤젤레스의 타르 구덩이에서 흔히 발견되며, 가장 잘 알려져 있으면서 가장 작은 종인 샤타땅늘보도 커다란 곰이나 작은 코끼리만 했다. 또 하나의 놀라운 동물은 북아메리카의 글립토돈(glyptodon)이다. 이 동물은 몸길이가 3미터이며, 거북의 등딱지 같은 무거운 갑옷을 입고 있었다. 흔한 아홉띠아르마딜로를 통해서 살아남은 속인 아르마딜로류도 멸종을 향해서 나아가고 있었다.

발굽이 있는 우제류와 기제류도 사라졌다. 우제류 가운데 말은 10종까지 있었지만 모두 사라졌다. 맥의 두 종도 사라졌다. 기제류는 더 많이 멸종했다. 플라이스토세 멸종 때, 북아메리카에서만 5과의 13속이 사라졌다. 멧돼지 2속, 낙타 1속, 라마 2속, 산사슴, 엘크-무스, 가지뿔영양 세 종류, 사이가영양 한 종류, 덤불소, 할란사향소가 그렇다.

그렇게 많은 초식동물이 멸종했으니, 육식동물도 많이 멸종한 것이 당연하다. 아메리카 치타, 호모테리움(Homotherium, scimitar cat)이라는 커다란 고양이류, 검치호랑이, 짧은얼굴곰, 플로리다 동굴곰, 스컹크 두 종류, 개 한 종류가 사라졌다. 이 목록에는 없지만, 설치류 3속과 큰비버를 비롯하여 더 작은 동물들도 사라졌다. 그러나 이들은 예외 사례였다. 멸종한 동물들은 대부분 몸집이 컸다.

북아메리카의 멸종은 식물 군락의 조성에 극적인 변화가 일어난 시기와 일치했다. 북반구의 드넓은 지역에서 영양가가 높은 버드나무, 사시나무, 자작나무가 주류인 숲들이 영양가가 훨씬 적은 가문비나무와 오리나무 숲으로 대체되었다. 물론 가문비나무(영양가가 비교적 적은 나무)가 우점하는 지역에서도, 영양가가 더 높은 다양한 식물들이 여전히 있었다. 그러나 기후 변화로 영양가가 높은 식물의 수가 줄어들기 시작하면서, 초식성 포유동물들은 아직 남아 있는 영양가 많은 식물들에 점점 더 매달렸을 것이고, 그럼으로써 그들의 몰락을 더욱 촉진했을 것이다. 그리고 그 결과, 많은 초식성 포유류 종들은 몸집이 줄어들었을 것이다. 플라이스토세가 끝남에 따라서, 더 탁 트이고 다양성이 더 높은 가문비나무 숲과 영양가가 많은 풀들은 영양가가 더 낮고 다양성도 더 낮은 더 빽빽한 숲으로 빠르게 대체되었다. 북아메리카의 동부에서 가문비나무 숲은 참나무, 히코리, 남방소나무 같은 더 크고 더 느리게 자라는 활엽수로 바뀌었고, 북서부 태평양 연안 지역에서는 미송 숲이 경관을 드넓게 뒤덮기 시작했다. 이런 숲들은 앞서 존재한 플라이스토세 식생보다 대형 포유류를 수용할 환경 용량이 훨씬 더 낮다.

심각한 멸종이 북아메리카에서만 일어난 것은 아니다.[10] 북아메리카와 남아메리카는 오랫동안 서로 떨어져 있었기 때문에, 양쪽의 동물들은 전혀 별개의 진화 역사를 거쳤다. 약 250만 년 전에 파나마 지협이 형성되기 전까지 그랬다. 남아메리카에서는 아르마딜로처럼 생긴 거대한 글립토돈뿐 아니라 커다란 땅늘보(이 두 집단은 북쪽으로 이주하여 북아메리카에서 흔해졌다), 커다란 멧돼지, 라마, 커다란 설치류, 몇몇 기이한 유대류 등 독특하고 몸집이 큰 포유동물들이 많이 진화했다. 두 대륙이 연결되자, 양쪽의 동물들이 교환되기 시작했다.

북아메리카와 마찬가지로, 남아메리카에서도 빙하기가 끝난 직후에 대형 포유동물들의 멸종이 일어났다. 1만5,000–1만 년 전에 46속이 멸종했다. 사라진 동물들의 비율로 따지면, 북아메리카보다 남아메리카에서 대형 동물들의 멸종이 더 심하게 일어났다.

오스트레일리아에서는 멸종이 더 심하게 일어났지만, 남북 아메리카보다 더 시기가 빨랐다. 공룡의 시대 이후로 오스트레일리아 대륙은 바다로 둘러싸인 고립된 땅덩어리였다. 따라서 신생대 포유류의 주류와 단절되어 있었다. 오스트레일리아의 포유류는 독자적인 진화 경로를 갔고, 그 결과 대단히 다양한 유대류가 진화했다. 그중에는 몸집이 큰 것도 많았다.

지난 5만 년 동안 오스트레일리아 동물상에 일어난 대량멸종으로 유대류 13속 45종이 사라졌다. 10만 년 전 그 대륙에 살았던 (몸무게가 10킬로그램을 넘는) 대형 유대류 49종 가운데 4종만이 살아남았다. 다른 대륙들에서 새로 들어옴으로써 오스트레일리아 동물의 멸종을 촉진한 동물은 전혀 없었다. 커다란 코알라곰, 디프로토돈(*Diprotodon*)이라는 하마만 한 초식동물 몇

종, 몇몇 대형 캥거루, 대형 웜뱃 몇 종류, 사슴처럼 생긴 유대류 집단이 사라졌다. 육식동물(마찬가지로 모두 유대류)도 사라졌다. 커다란 사자처럼 생긴 동물 한 종과 개처럼 생긴 육식동물도 한 종이었다. 더 최근에는 연안의 섬들에 있던 고양이처럼 생긴 세 번째 포식자가 사라졌다. 거대한 왕도마뱀, 거대한 육지거북, 거대한 뱀을 비롯하여 대형 파충류들도 사라졌고, 날지 못하는 커다란 새 몇 종을 비롯한 조류도 사라졌다. 우리의 멋진 친구인 오스트레일리아인 팀 플래너리는 몸집이 큰 동물들 가운데 살아남은 것은 빨리 달릴 수 있거나 야행성인 것들이었다고 말한다.

오스트레일리아, 북아메리카, 남아메리카의 동물상에 멸종의 물결이 밀려든 시기는 세 지역에 인류가 등장한 시기 및 상당한 기후 변화가 일어난 시기와 일치한다. 현재 나와 있는 믿을 만한 증거들은 인류가 5만-3만5,000년 전에 오스트레일리아에 들어왔다고 말한다. 오스트레일리아의 대형 포유동물은 대부분 3만-2만 년 전에 멸종했다.

아프리카, 아시아, 유럽처럼 인류가 오랫동안 살던 지역에서는 다른 양상이 나타난다. 아프리카에서는 250만 년 전에 심하지 않은 수준의 포유류 멸종이 일어났지만, 다른 지역들에 비해서 더 나중의 멸종은 훨씬 덜했다. 특히 북아프리카의 포유류는 사하라 사막을 만든 기후 변화가 일어날 때 큰 피해를 입었다. 동아프리카에서는 멸종이 거의 없었지만, 남아프리카에서는 약 1만2,000-9,000년 전에 상당한 기후 변화가 일어났을 때 대형 포유류 6종이 사라졌다. 유럽과 아시아도 아메리카나 오스트레일리아보다 멸종이 덜했다. 주된 희생자는 매머드, 마스토돈, 털코뿔소였다.

따라서 멸종 양상은 다음과 같이 요약할 수 있다.

주로 대형 육상동물이 멸종하고 있었다. 더 작은 동물들과 거의 모든 해양생물은 무사했다.

대형 포유류는 아프리카에서 가장 잘 살아남았다. 대형 포유류 속을 살펴볼 때, 북아메리카에서는 73퍼센트, 남아메리카에서는 79퍼센트, 오스트레일리아에서는 86퍼센트가 사라졌다. 반면에 지난 10만 년 사이에 아프리카에서는 14퍼센트가 사라졌을 뿐이다.

멸종은 각 주요 육상동물 집단에는 갑작스러운 일이었지만, 대륙마다 일어난 시기가 달랐다. 지금은 성능 좋은 탄소 연대 측정법을 써서 아주 세밀하게 시대를 측정할 수 있다. 이 기법으로 조사하니, 대형 포유류 가운데 몇 종은 300년도 되지 않는 짧은 기간에 멸종했을 수도 있다는 것이 드러났다.

멸종은 새로운 (인류가 아닌) 동물 집단의 침입으로 일어난 것이 아니었다. 오랫동안 연구자들은 더 고도로 진화하거나 적응한 새 동물이 갑자기 새로운 환경에 들어옴으로써 멸종이 일어나는 사례가 많다고 생각해 왔다. 그러나 빙하기 멸종은 그렇지 않았다. 해당 지역에 이미 살고 있던 동물들의 멸종을 새 동물의 출현과 연관지을 수 있는 사례는 전혀 없기 때문이다.

이 여러 계통의 증거들을 토대로 많은 과학자들은 인류가 이 대량멸종을 일으켰다고 주장한다. 한편, 거대 포유류 멸종이 플라이스토세 빙하기가 끝나면서 일어난 심한 기후 변화로 식생이 변했기 때문이라고 주장하는 측도 만만치 않다. 이 멸종에 관한 논쟁은 주로 원인을 둘러싸고 과잉 살육(인간의 사냥) 진영과 기후 변화 진영 사이에서 벌어진다.

원인이 무엇이든 간에, 아프리카를 제외한 모든 대륙에서 육상 생태계의 대규모 재편이 일어났다. 현재 아프리카에서는 거대 포유류가 사라지고 있다. 그들을 국립공원이나 보호구역에 몰아넣었는데, 그런 제한된 서식지 내에서 살아가는 동물들은 밀렵꾼의 손쉬운 먹잇감이 되고 있기 때문이다.

거대 동물상이 언제 사라진다고 꼭 찍어서 말할 수는 없다. 그러나 지금 돌아보는 우리 눈에는 방금 전에 일어난 일처럼 보인다. 1만 년이라는 시간은 미미하며 우리 기술의 분석 범위를 넘어설 것이다. 우리 기술은 수천만 년이나 수억 년을 분석하는 데에 더 알맞다. 거대 포유류 시대의 종말은 지금 보면 오래 끌어온 듯하지만, 더 먼 과거로 시선을 옮길수록 점점 더 갑작스럽게 일어난 듯이 보일 것이다. 그것이 바로 시간의 오묘한 점 중의 하나이다.

아직 남아 있는 거대 포유동물들은 멸종 위기종 집단을 이루고 있으며, 몸집이 큰 더 많은 포유동물들이 위험에 처해 있다. 현대 대량멸종의 첫 단계가 거대 포유동물들의 멸종이었다면, 현재는 식물, 조류, 곤충에게서 집중적으로 멸종이 일어나는 단계인 듯하다. 세계의 오래된 숲이 논밭과 도시로 변하면서 말이다.

20

지구 생명의 알 수 있는 미래

미래란 결코 도달할 수 없는 시간이며, 경주장에서 달리는 개들의 앞에 매 단 빠르게 움직이는 미끼이다. 생명의 역사에서 배운 교훈이 있다면, 그것은 생명의 게임에 참가한 주요 선수 두 명 중의 한 명은 우연이고 다른 한 명은 진화이며, 우연은 미래에 생명의 역사에 일어날 사건이나 추세를 예측하려는 모든 시도를 불확실한 주장으로 만들어버린다는 것이다. 그러나 행성 과학자이자 뛰어난 작가인 워싱턴 대학교의 도널드 브라운리는 미래가 도저히 들여다볼 수 없을 만큼 흐릿하다는 견해에 반박해왔다. 그는 "알 수 있는(knowable)" 미래가 있으며, 역설적으로 들리겠지만 더 멀리 내다볼수록 미래의 사건들은 더 알 수 있는 것이 된다고 말한다. 브라운리가 말하는 것은 지구와 우리 태양의 특성에 일어날 물리적이고 예측 가능한 변화이다. 알 수 있는 미래의 한 예는 우리 태양의 미래 역사를 꽤 정확히 예측할 수 있다는 것이다. 약 2.5억 년쯤 오차가 날 수도 있겠지만, 아무튼 우리가 아는 태양은 앞으로 75억 년 뒤에 지름이 지구 궤도를 넘어서 아마도 화성까지도 이를 만큼 (따라서 지구와 아마 화성까지도 집어삼킬) 거대한 적색거성이 되리라는 것이다.

과학자들은 지구 생물의 진화를 연구하면서 먼 과거를 점점 더 이해해왔으며, 그 지식은 미래를 이해할 단서도 제공한다. 한 가지 특징은 진화 역사가 생물들의 상호작용(경쟁과 포식)만이 아니라 지구의 물리적 진화 과정, 대기, 바다에도 크게 영향을 받아왔다는 것이다. 미래의 소행성 충돌 빈도와 영향처럼 우연에 따라서 결정되는 사건들이 많이 있겠지만, 우리는 지구 기온, 대기와 바다의 화학에 일어날 변화들, 지구의 여생 동안 반드시 일어날 대규모 지구물리학적 사건들을 꽤 정확히 예측할 수 있다.

거주 가능한 행성이라는 개념은 궁극적으로 행성의 형성과 변화의 산물인 생명을 부양하는 능력에 토대를 둔다. 우리는 이미 중요한 양분을 재순환시키고 지구 기온을 거의 일정하게 유지하는 가장 중요한 원소 재생 체계를 살펴보았으며, 태양의 팽창속도처럼 그런 것들의 변화(혹은 중단)도 알 수 있다. 이런 흐름들 가운데 생명에게 가장 중요한 것은 탄소, 질소, 황, 인, 그밖의 다양한 미량 원소의 이동과 전환이다. 이 다양한 체계들을 가동시키는 에너지는 대개 두 가지 원천에서 나온다. 태양과 지표면 밑에 있는 방사성 물질의 붕괴로 나오는 열이다. 광합성을 통해서 생명의 중요한 에너지원이 되고 있다는 점에서 둘 중에 태양이 훨씬 더 중요하다.

태양은 강력한 핵 반응로이지만, 안정성을 놓고 논란이 벌어진다. 태양이 진화함에 따라서, 수소 원자들이 융합하여 헬륨 원자가 되면서 중심에 있는 입자의 수는 줄어든다. 그러나 역설적으로 태양의 중심에 있는 원자의 수가 줄어들수록, 에너지 출력(빛과 열의 형태)은 서서히, 그러나 꾸준히 증가한다.

태양과 같은 별들은 모두 이 점에서 똑같다. 태양은 지난 45억 년 동안 밝기가 약 30퍼센트 증가했다. 밝기가 증가하면 주위를 도는 행성들에 닿는 햇빛의 세기도 증가한다. 이 변화가 계속되면 바다가 사라지고 금성과 비슷한 뜨거운 환경이 될 것이다. (지구의 미래를 야단스럽게 묘사한 몇몇 장면들에서처럼 바다는 "끓어올라" 사라지는 것이 아니다. 대신에 바닷물의 물 분자가 하나둘 수소 원자를 잃을 것이고, 풀려난 수소는 대기 상공으로 올라가고, 산소만 남을 것이다.)

지구는 역사적으로 내내 태양계의 "온대"에 있었다. 즉 태양과 "적당한" 거리에 있어서 바다와 동물이 얼어붙거나 튀겨지지 않으면서 살 수 있을 만큼 지표면 온도가 유지되었다. 이 거주 가능 영역(우주에서의 실제 공간)이 지구 궤도의 바로 안쪽부터 시작된다는 것은 잘 알려져 있으며, 바깥쪽 경계는 아직 연구가 덜 되어 있는데 화성에 가깝거나 그 너머까지 뻗어 있을 수도 있다. 거주 가능 영역은 태양이 더 밝아질수록 더 바깥으로 이동하며, 미래에는 지구를 넘어서 더 바깥에 설정될 것이다. 그때 지구는 본질적으로 지금의 금성과 다름없어질 것이다. 거주 가능 영역의 안쪽 가장자리는 지구에서 겨우 1,500만 킬로미터 떨어져 있으며, 앞으로 5-10억 년 뒤에 (또는 그보다 더 일찍) 사실상 지구에 닿을 것이다. 그 뒤에는 태양이 너무 밝아져서 지구에 생물이 살 수 없게 될 것이다.

지난 45억6,700만 년 동안 지구에 닿는 태양 에너지의 양이 꾸준히 증가했으니, 금성과 마찬가지로(금성에 생명이 있었다고 한다면 말이다) 지구의 생명도 오래 전에 종말을 고했어야 하지 않을까? 모든 행성 생명 지원 체계 가운데 가장 중요한 것에 속할, 제1장에서 말한 행성 온도조절 장치가 없었다면 그랬을 것이다. 이 장치는 30억 년 (혹은 어쩌면 40억 년) 넘게 지구의 평균 기온을 물의 어는점과 끓는점 사이에서 유지해왔으며(몇 차례 눈덩이 지구 사건을 빼고), 따라서 생명에 가장 중요한 조건—액체 물—이 그 기나긴 세월 동안 지표면에 존속할 수 있게 해주었다. 마찬가지로 중요한 점은 생명이 좁은 온도 범위 내에서 진화했기 때문에, 온도에 의존하는 본질적으로 비슷한 생리 작용과 체내 화학반응을 유지할 수 있었다는 것이다. 이 점을 고려할 때, 기온 상승을 일으킬 태양의 밝기 증가와 대기 이산화탄소 농도 감소야말로 미래의 생물 진화에 가장 큰 영향을 미칠 두 과정이다.

지난 5억 년, 즉 동물의 시대 동안 CO_2 농도가 어떻게 변해왔는지는 지금은 꽤 많이 밝혀져 있다. 모든 동물에게 필요한 산소도 마찬가지로 중요하다. 우리는 이미 과거에서 현재까지 이 두 기체의 농도 변화를 집중적으로 살펴보았다. 우리는 태양이 앞으로 어떤 속도로 점점 더 커지고 더 강렬해질지 알고 있듯이, 앞으로의 이산화탄소와 산소의 농도 변화 추세도 알 수 있으며 따라서 예측할 수 있다.

이산화탄소 농도를 장기적으로 예측한다면, 적어도 지난 10억 년에 걸쳐 관찰된 추세가 계속될 것이라고 볼 수 있다. 느리기는 하지만, 꾸준히 감소한다는 것이다. 이 농도 감소는 생명과 판구조 때문이다. 생물, 특히 해양 생물의 뼈대를 만드는 데에 쓰이는 CO_2가 점점 더 많아질수록 CO_2는 소비된다. 이 뼈대가 바다에 머무른다면, 뼈대에 갇힌 CO_2(탄산칼슘 형태)는 재순환될 것이다. 그러나 판구조 활동은 대륙을 더 넓히고 있으며, 대륙 형성에 쓰이는 석회암의 양도 늘어난다. 그 석회암은 퇴적되어 대륙에 갇힌 대기 CO_2의 무덤이다.

 CO_2 감소라는 장기 추세가 불가피하게 지구를 눈덩이 상태로 빠지게 할 것이라고 생각할 사람도 있을 것이다. 그러나 대기 CO_2 농도 저하로 일어나는 냉각이 노년기 지구의 특징이 되지는 않을 것이다. 지구는 오히려 가열될 것이다. 태양에서 오는 열의 증가는, 이산화탄소와 그 온실 가스 효과의 감소로 일어나는 냉각 효과를 압도할 것이다. 지구 평균 기온이 섭씨 50-60도로 상승할 때, 지구는 바다를 우주로 잃기 시작할 것이다.

 그러나 바다가 사라지는 20-30억 년 뒤보다 한참 전에 이미 생명은 지표면에서 전멸했을 것이다. 대기의 CO_2 농도가 너무 낮아져서 미생물에서 고등식물에 이르기까지, 광합성 생물들이 더 이상 살 수 없을 것이기 때문이다. 이 줄어드는 탄소 자원은 지구의 거주 가능성을 더욱 줄일 것이다. CO_2가 줄어들면 결국 대기 산소도 동물이 살아갈 수 없을 만큼 낮아질 것이기 때문이다.

 이 과정은 지금도 관찰할 수 있다. 약 4억7,500만 년 전 관다발식물이 처음 지표면에 정착했을 때에는 대기 이산화탄소 농도가 높았다. 생리 과정에서 탄소를 보존할 필요가 전혀 없었다. 지금도 많은 식물 종은 CO_2 농도가 최소한 150ppm은 되어야 한다. 한편 제임스 캐스팅은 1997년 논문에서 지구의 중위도에 아주 흔한 초본 종들 가운데 상당수를 비롯하여 전혀 다른 유형의 광합성을 하는 대규모 식물 집단이 있으며, 그들이 CO_2 농도가 더 낮은 환경에서도, 때로는 10ppm밖에 되지 않을 때에도 살아갈 수 있다고 썼다. 앞의 장에서 말한 C4 식물이다. 이 식물들은 CO_2에 더 중독된 사촌들보다 훨씬 더 오래 버틸 것이고, CO_2 농도가 지금보다 훨씬 더 낮은 세계에서도 생물권의 수명을 상당히 더 연장시킬 것이다.

우리는 미래의 식물이 조상인 C3 식물보다 더 낮은 CO_2 농도에서 살아갈 수 있는 방향으로 진화할 것이라고 예측해도 무리가 없다. 또 지구 기온이 계속 상승할 것이므로, 식물에게는 물을 간직하는 일이 점점 더 문제로 대두될 것이다. 식물은 광합성이 이루어질 수 있도록 대기에 소량 있는 이산화탄소를 안으로 들여올 구멍을 더 만들어야 하는 한편으로, 그 구멍을 통해서 빠져나가는 물 분자를 줄여야 한다는 두 충돌하는 욕구를 가질 것이다. 우리는 최소한 미래의 식물들이 광합성을 할 햇빛이 없을 때에는 바깥 세계와 연결되는 입구를 모두 완전히 차단하는 튼튼한 보호층을 갖출 것이라고 예상할 수 있다. 표면이 더 튼튼하게 보강된 새로운 식물들에서는 잎—적어도 현재 형태의 잎—은 사라질 것이라고 예상할 수도 있다. 풀에도 같은 일이 일어날 것이다. 부피에 비해서 상대적으로 표면적이 넓은 풀잎과 얇은 잎을 가진 식물은 물 손실 때문에 사라질 것이다. 물론 이런 일들이 일어날 때 동물도 확연히 변해야 할 것이다.

앞으로 이르면 5억 년, 혹은 10억 년 뒤면, 대기 이산화탄소 농도는 우리에게 친숙한 식물들이 더 이상 존재할 수 없는 수준에 도달할 것이다. 처음에 이 변화는 결코 극적인 양상을 띠지 않을 것이다. 전 세계에서 식물은 서서히 죽어갈 것이지만, 지구 전체가 곧바로 갈색으로 변하지는 않을 것이다. 한 부류의 식물들이 죽으면, 새로운 식물들이 즉시 그 자리를 채울 것이다. 대체한 식물들이 죽어가는 식물들과 거의 똑같아 보일지라도, 이 두 집단의 조직 내에서 일어나는 광합성 과정은 근본적으로 다를 것이다. 이 교체가 일어난 뒤, 지구의 생명은 아마 그 전과 그리 다르지 않은 방식으로 삶을 계속할 것이다. 적어도 당분간은 그렇다.

식물이 낮은 CO_2 농도를 보상하기 위해서 계속 다른 광합성 경로를 진화시킬 가능성도 있다. 그럴 때에는 최소 CO_2 농도에서도 살아남는 식물들이 있을 것이다. 그러나 결국은 이 마지막까지 버티던 식물들도 사라질 것이다. 모든 모형들은 CO_2 농도가 계속 낮아져서 결국 10ppm이라는 한계 수준에

이를 것임을 시사한다.

생물 다양성이 어떻게 될 것인지는 미래의 진화에 관한 가장 중요한 질문에 속한다. 즉 지구의 종수는 어떻게 될까? 여기에서 두 가지 질문이 제기된다. 지금보다 종이 더 늘어날까? 그렇다면 얼마나 오랫동안? 종종 그렇듯이, 이런 질문들에 대답하려면 먼저 과거를 살펴볼 필요가 있다.

낮은 CO_2 농도에 피해를 입는 것은 육지의 식물들만이 아닐 것이다. 커다란 해양식물과 플랑크톤까지도 마찬가지로 영향을 받을 것이다. 그러면 해양 군집에도 심각한 영향이 미칠 것이다. 바다에 떠다니는 단세포 식물, 즉 식물성 플랑크톤은 대다수 해양 군집의 토대이기 때문이다. CO_2 감소는 육상식물뿐 아니라 해양식물에도 직접 영향을 미칠 것이다. 또 육상식물의 죽음은 CO_2가 바다의 식물량에 미치는 영향을 고려하지 않는다고 해도, 해양 플랑크톤의 생물량을 대폭 감소시킬 것이다.

양분은 대다수의 해양 환경에서 식물성 플랑크톤의 증식을 심하게 제한하는 요인이다. 각 계절에 바다로 유입되는 질산염, 철, 인산염은 식물성 플랑크톤을 엄청나게 증식시킨다. 그런데 이 인산염과 질산염은 썩어가는 육상식물에서 나오며, 육지에서 흘러내리는 강물을 통해서 바다로 운반된다. 육상식물의 양이 줄어들면, 바다로 흘러드는 양분의 양도 줄어들 것이다. 바다에는 양분이 고갈될 것이고, 플랑크톤의 양은 급감할 것이다. 이 감소는 결코 회복되지 않을 것이다. 위에서 개괄했듯이, 설령 낮은 CO_2 농도에서 육상식물이 회복된다고 해도 CO_2 고갈이 일어나기 전의 (지금의 세계와 같은) 세계에 있던 것만큼 엄청난 양에 이르는 일은 결코 없을 것이기 때문이다.

육지와 바다에서 현재 구축되어 있는 먹이사슬의 토대는 사라질 것이다. 식물이 사라지면 갑작스럽게 세계의 생산성—지구에 있는 생물의 양을 나타내는 한 척도—도 급감할 것이다. 그러나 아직 생명은 있을 것이다. 남세균처럼 수많은 세균들은 계속 살아갈 것이다. 이 강인한 단세포 생물들은 다세포 식물이 살아가는 데에 필요한 수준보다 더 낮은 CO_2 농도에서도 살수 있고, 다세포 식물이 필요로 하는 산소를 요구하지 않기 때문이다.

식물이 사라지면, 육지의 지형과 지구 표면의 특성에도 극적인 영향이 미칠 것이다. 뿌리가 사라지면 지표면 층은 더 부실해지고, 강의 특성 자체도 달라질 것이다. 현대의 구불거리며 흐르는 넓은 강들은 기껏해야 약 4억 년 전 실루리아기 때 출현했다. 육상식물이 처음 지표면에 정착하여, 뿌리를 뻗어서 강둑을 안정시켰을 때였다. 식물이 죽거나, 비탈이나 토양이나 다른 어떤 열악한 환경 조건 때문에 존재하지 않는다면, 강의 종류 자체가 달라진다. 식물이 뿌리를 내리기 어려운 두 환경인 사막의 선상지나 빙하 전면에서 흐르는 강이나 하천처럼 실이 엉킨 듯한 양상으로 흐른다. 육상식물이 등장하기 전의 강들이 바로 그러했다. CO_2 농도가 식물이 살 수 없는 수준으로 떨어질 때 강은 그런 양상으로 돌아갈 것이다.

토양도 급격히 사라질 것이다. 토양은 바람에 흩날려 사라지고, 헐벗은 암석 표면만이 남을 것이다. 지표면이 그런 상태로 변하기 시작할 때, 알베도, 즉 지구의 반사율도 변할 것이다. 훨씬 더 많은 빛이 우주로 반사될 것이고, 그 결과 지구 기온 평형에 영향이 미칠 것이다. 대기 자체와 대기의 열 전달 및 강수 양상이 근본적으로 바뀔 것이다. 헐벗은 암석 표면에 열기, 추위, 흐르는 물이 작용하여 모래알들이 만들어져서 바람에 실려 운반되기 시작할 것이다. 토양이 사라지면서 화학적 풍화는 줄어들겠지만, 이 물리적 풍화로 엄청난 양의 모래가 바람에 날릴 것이다. 지표면은 드넓게 모래 언덕이 펼쳐진 곳이 될 것이다.

비록 이 사건이 육지에서 (아마도 바다에서도) 모든 식물의 최종 멸종을 뜻할 수 있다고 할지라도, 장기적으로 (아마도 수억 년) 식물들이 죽음으로써 CO_2 농도는 더 떨어지지 않을 가능성이 높다. CO_2 농도가 치명적인 한계까지 떨어지면, 식물들이 죽을 것이고 그에 따라서 풍화 작용도 줄어들어서 CO_2가 다시 대기에 축적될 것이다. 그러면 아직 남아 있던 소수의 씨앗이나 뿌리가 다시 싹이 틀 것이고, 적어도 수천 년 동안 작은 규모에서라도 번성할 것이다. 육지 표면으로 다시 식물이 퍼지면서 풍화속도도 다시 증가하고, 그럼으로써 대기에서 CO_2가 흡수되는 속도도 빨라질 것이다.

동물은 대기 산소에 의존한다. 산소 농도가 0인, 아니 그저 낮은 조건에서 조차도 살 수 있는 동물은 거의 없다(2010년에 지중해 깊은 곳에서 무산소 조건에서 살 수 있는 미세한 무척추동물이 발견되기는 했다). 워싱턴 대학교의 데이비드 캐틀링은 현재의 대기 산소 농도는 21퍼센트인 반면, 식물이 전멸하고 약 1,500만 년이 지나면 1퍼센트 미만으로 떨어질 것이라고 했다.

미래의 인류 진화

생명은 자신의 진화뿐 아니라 멸종의 주된 행위자이기도 하다. 워드의 메디아 가설(Medea hypothesis : 복수에 눈이 멀어 자신의 자식들까지 죽이는 그리스 신화의 여성 메데이아의 이름을 딴 가설/역주)은 생명이 자신의 친구보다는 적에 더 가깝다는 결론에 토대를 두었다. 다양한 생태계와 그 종들이 더 오래 존속한다고 해서 더 잘 적응하면서 성공을 거두는 것은 아니라는 개념이다. 앞에서 살펴보았듯이, 주요 멸종 사건들에서 실제로 살해는 미생물이 만든 다양한 독소가 일으켰다. 따라서 이 책을 지금까지 진화한 모든 종들 가운데 가장 메데이아다운 존재에 관해서 몇 마디 하는 것으로 끝내는 편이 적절할 듯하다. 바로 우리 종 말이다. 우리 종의 진화적 미래는 어떠할까?

과학 소설은 미래의 우리 종을 훨씬 더 커진 뇌가 담긴 더 커다란 머리, 튀어나온 이마, 더 높은 지능을 가진 존재로 묘사하곤 한다. 그러나 아마도 더 커다란 뇌는 인류의 미래가 아닐 것이다. 화석 기록에 따르면, 즉 적어도 지난 수천 세대의 머리뼈 크기를 토대로 할 때, 뇌가 급속히 커지는 시대는 끝난 듯하며, 뇌 크기를 증가시키는 조건(대체로 기후가 원인이었다고 여겨진다)이 다시 나타날 가능성은 적다. 그러나 커다란 뇌가 아니라면, 인류 종의 미래는 어떤 것일까? 또다른 흥미로운 질문은 인류 종이 약 20만 년 전에 형성된 이래로 어떤 상당한 진화를 겪었을지 여부이다.

유전적 연구는 약 20만 년 전 인류 종이 형성된 이래로 인간의 유전체가 몇 가지 주된 재편을 거쳤을 뿐 아니라, 인류 진화의 속도가 지난 3만 년 동안 증가해왔다는 놀라운 사실을 말해준다. 헨리 하펀딩과 존 호크스는 지난 5,000년 사이에, 약 600만 년 전에 현생 침팬지의 조상에서 최초의 원인이 갈라진 이래로 인류가 다른 때보다 100배 더 빨리 진화했다는 연구 결과를 내놓았다. 게다가 인종을 구별하는 데에 쓰이는 형질들의 조합은 아주 최근까지도 세계의 여러 지역들에서 약해지기보다는 더 뚜렷해지는 쪽으로 진화해 왔다. 지난 세기에야 여행이 활발해지고 다른 인종들에 대한 대다수 사람들의 태도가 더 개방적이 되면서 이 양상이 느려졌다. 느려지게 된 주된 이유는 두 가지이다. 농경과 도시이다. 즉 식량과 인구이다.

따라서 인류는 가장 빨리 진화하는 생물인 듯하다. 아니 적어도 아주 최근까지 그러했다. 그 점을 고려하면, 미래의 진화적 변화 측면에서 인류 종의 미래가 어떠할지 추정이 가능하다. 그 종이 포유동물 종의 평균 수명이라고 여겨지는 수백만 년 동안 산다고 가정하고서 말이다. 지난 5,000년 동안 관찰된 진화적 변화의 상당수가 특정한 환경에 적응한 결과이기 때문에, 지금보다 더 많은 인구와 더 큰 도시와 농경지, 온갖 첨단 기술을 갖출 것이라고 예상되는 미래 세계가 우리 종의 진화 결과에 어떻게 영향을 미칠지, 아니 그런 것들에 영향을 받을지 묻는 것이 타당하다. 할 질문은 많다. 인류는 더 커질까, 더 작아질까? 지능은 더 높아질까, 낮아질까? 더 지성적이 될까, 감정적이 될까? 물 부족, 자외선 증가, 세계 기온 증가와 같은 앞으로의 환경 문제들에 더 잘 견딜까, 아닐까? 인류는 새 종을 낳을까, 아니면 현재 진화적으로 불임 상태일까? 인류의 향후 진화는 우리 종의 유전자 안에 있는 것이 아니라, 인간의 뇌와 무기물인 장치를 신경으로 연결하여 실리콘 회로를 덧붙이고 기억을 증강시키는 방식으로 이루어질까? 인류는 다음에 지구를 지배할 지능을 구축하는 자에 불과할까? 기계 말이다.

역사의 종말

"종말이 가까웠다!"면서 걱정하는 사람들―그리고 이 행성의 생명이 적어도 새로운 대량멸종을 앞두고 있다거나 이미 멸종이 진행 중이라고 걱정하는 사람들—에게도 위안거리가 있어야 한다. 지금 우리는 (적어도) 34억 년에 걸친 생명의 역사 전체에서 종수가 정점에 이른 시대를 살고 있는 듯하다. 우리 필자들은 분모가 얼마인지 알지 못하는 한, 현재 생명의 멸종 비율이 몇 퍼센트인지—대량멸종인지(50퍼센트 이상), 소규모 멸종인지(10-50퍼센트), 멸종이 아예 일어나지 않고 있는지—를 증명하기가 불가능하다고 본다. 지구에 160만 종 이상이 산다는 것은 분명하다. 새로운 대량멸종이 일어나고 있다고 판단을 내린다면, 과거에 대량멸종이 일어난 뒤에는 언제나 생물 다양성이 회복되었고 심지어 더 높아지기까지 했다는 사실이 조금 위안이 될 법도 하다.

후자는 위대한 인물인 프랭크 드레이크가 오래 전 필자 중의 한 명과 지구형 행성이 드문지 아닌지 논쟁을 벌일 때 주장한 것이었다. 은하에 지적인 종의 수가 얼마나 될지 추정하는 방법인 드레이크 방정식을 만든 그는 페름기 대멸종 같은 엄청난 대량멸종이 사실상 행성에 좋은 일이라는 견해를 피력했다. 그러나 대가를 치러야 한다.……페름기 멸종 이후에 생물 다양성이 멸종 이전 수준으로 회복되기까지는 500만-1,000만 년이 걸렸다. 세계는 생물 다양성과 생명의 종류 측면에서 원생대로 돌아갔다. 우리는 이 상황을 농담 삼아서 제국의 역습(영화 「스타 워즈」 시리즈의 제목에서 따온 말/역주)이라고 묘사하곤 한다. 유독한 혐기성 미생물들이 지배하는 선캄브리아대 제국의 역습이라고 말이다.

워드의 메디아 가설의 마지막 예측은 그 가설이 생명을 가진 모든 행성에 적용되며, 생명이 단순히 존재함으로써 만들어지는 이 자폭 상자 안에서 빠져나가는 방법은 한 가지뿐이라는 것이다. 바로 지성이다. 미래를 내다보는 지성이다. 그 지성이 내다본 미래 중의 하나는 우리 종이 서식지를 먼저 화성으로 확장한 뒤, 이어서 소행성대를 거쳐, 다른 항성계로 퍼져나가는 모습이다. 또 하나는 우리가 대기로 쏟아내고 있는 이산화탄소가 지구의 모든 얼음을 녹여서 해수면을 상승시키고, 열염 순환을 늦추고, 바닷물을 정체시켜서 해저를 무산소 상태로 만들고, 이어서 표층수까지 무산소 상태가 진행되어 모든 바다에서 한꺼번에 황화수소가 유독한 수준으로 뿜어져나오는 광경이다. 그 미래에는 아주 좋은 가스 마스크를 쓴 동물만이 살아남을 것이다.

역사는 조기경보 체계이다.

끝을 맺으며

영원한 것은 없다. 이 말은 행성에도, 생물에도, 과학자의 경력에도 적용된다. 장례식은 우리 인간이 경험할 수 있는 가장 슬픈 사건에 속한다. 적어도 변화가 일어났음을 표시하는 결정적인 순간이기 때문이다. 삶에서 죽음으로 말이다. 그러나 죽음의 선고나 다름없는 중병에 걸렸을 때처럼, 삶이 끝나갈 때가 더욱 슬프지 않을까? 칸칸이 나뉜 껍데기를 가진 앵무조개가 바로 그런 사례이다. 이 책에서 멸종한 암모나이트의 가장 좋은 모델로 삼은 동물이자, 현재의 모습대로는 아니라고 해도 적어도 주요 분류군에 속한 목으로서 대량멸종의 총알을 뒤뚱거리면서 피한 동물이다. 앵무조개류는 5억 년 전 캄브리아기 대폭발 때 출현했다. 그들은 아직 우리 곁에 있지만, 수가 줄어들고 있으며, 현재 태평양의 여러 지역에서 멸종 위기에 처해 있다. 껍데기를 원하는 수요 때문이다. 과거의 대량멸종은 아름답다는 이유로 생물을 죽이지는 않았다. 그러나 인류가 일으키는 대량멸종은 다른 식으로 펼쳐진다.

2005년에서 2010년 사이에 미국으로 수입된 앵무조개 껍데기만 해도 50만 개나 된다. 그러나 앵무조개는 교역 대상이 되기 이전에 이미 사형 선고를 받은 상태였다. 앵무조개의 체제는 따뜻한 얕은 물에서 생활하도록 진화했다. 앵무조개의 방은 형성될 당시에는 완전히 물로 채워져 있다. 앵무조개는 삼투압 펌프를 써서 그 물을 빼낸다. 원래 그들은 칼슘이 많은 얕은 바다에서 껍데기를 성장시키는 쪽으로 진화했다. 그런데 그 뒤에 우리가 앞에서 개괄한 중생대 해양 혁명이 일어났다. 앵무조개류의 단단한 껍데기는 그 전까지는 아무도 깨지 못했지만, 백악기와 그 이후에 이 단단한 껍데기를 쉽게 깰 수 있는 새로운 종류의 어류가 출현했다. 그들은 더 이상 얕은 물에서 살아갈 수 없게 되었다. 얕은 물은 사형 선고가 되었다.

생명은 변화한다. 앵무조개류는 수백만 년에 걸쳐 서서히 꾸준히 점점 더 깊은 물로 옮겨감으로써 이 새로운 진화적 및 생태적 스트레스에 대처했다. 우리의 새로운 연구 결과에 따르면, 지난 500만 년 사이에 앵무조개류는 평균 수심이 200-300미터인 곳에서 살았지만, 그들의 디자인은 그 수심에 적합하지 않았다. 그들은 성장속도가 더 느려졌다. 예전에는 다 자라기까지 1년이 걸렸지만, 지금은 10-15년이 걸린다. 지금 그들은 심해 동물로 살아간다. 아무리 애써도 살기 힘든, 자원도 적고 어두컴컴한 환경에서 적은 개체수를 유지하면서 말이다. 그리고 포식자들이 그들을 따라서 내려가고 있다. 그들은 더 이상 깊이 들어갈 수가 없다. 그들의 껍데기에는 한계 수심이라는 것이 있기 때문이다. 더 깊이 내려가면 터지면서 즉사할 것이다. 그들은 더 이상 숨을 곳이 없다.

앵무조개의 운명은 모든 동물들을 위한 은유이다. 빠르든 늦든 간에, 진화, 경쟁, 지구와 태양이 나이를 먹으면서 일어나는 자연스러운 변화로 모든 체제는 낡은 것이 된다. 우리 육상동물을 끝장내는 것은 포식자가 아니라, 팽창하는 태양과 낮아지는 이산화탄소 농도일 것이다. 지구에는 더 이상 살아갈 곳이 없어질 것이다. 우리가 앵무조개처럼 살아남고 싶다고 할 때—혹은 더 좋은 예인 20-30억 년 동안 남세균이 해온 것처럼 살아남고자 할 때—우리 종의 유일한 희망은 떠나는 것이다. 이 책의 마지막 장에서 다룬 것은 생명의 역사, 지구에 사는 생명의 역사였다. 그러나 전혀 새로운 책이 있을 수 있다. 아니, 사실상 새로운 책들로 가득한 도서관이 있을 수 있다.

어쩌면 생명은 화성에서 시작되었을 것이다. 우리 지구형 생명 말이다. 그들은 화성을 떠나거나 죽거나 선택을 해야 했다. 우리 유전자는 말한다. 생존하라고.

주

서론

1. J. Loewen, *Lies My Teacher Told Me: Everything Your American History Textbook Got Wrong* (New York: Touchstone Press, 2008).

2. J. Baldwin, *Notes of a Native Son* (Boston: Beacon Press, 1955).

3. N. Cousins, *Saturday Review*, April 15, 1978.

4. P. Ward, "Impact from the Deep." *Scientific American* (October 2006). 나는 1990년대에『디스커버(*Discover*)』잡지 글에 "온실 대량멸종"이라는 말을 썼지만, 실제로 그 용어가 언제 처음 쓰였는지는 알기 어렵다.

5. G. Santayana, *The Life of Reason, Five Volumes in One* (1905).

6. 포티의 책은 지금까지도 걸작으로 남아 있다. 과학적 "사실들"을 정확하게 기술했을 뿐 아니라, 종종 무미건조하게 전달되는 과학적 역사를 일반 대중이 이해하기 쉽게 설명하고 있기 때문이다. 그러나 지금은 낡은 면도 있다(왜 그렇지 않겠는가? 리처드 자신도 새로운 연구 결과를 내놓는데 말이다). 우리는 비교 대상을 찾다가 그의 책을 조금 들러리로 삼았다. 용서해주시기를. 잘 모르는 독자를 위해서 그 책의 제목에서 한 가지만 딴지를 걸고 넘어가기로 하자. 그가 책을 쓸 1990년대 중반에는 지구 생명의 역사가 40억 년이라는 가정이 좀더 유망해 보였겠지만, 지금은 그렇지 않을 수도 있다. 그가 옳을 가능성도 여전히 있지만, 우리는 나름의 논리를 펼치겠다. 그 책이란 바로『생명 : 40억 년의 비밀』(New York: Random House, 1997)이다.

7. 당시에 싹트고 있던 지질학 분야(그리고 하위 분야인 고생물학)의 기본 철학을 개괄한 책. M. J. Rudwick, *The Meaning of Fossils: Episodes in the History of Palaeontology* (London: Science History Publications, 1972). 초판은 구하기 어려웠지만, 나중에 출판사를 바꾸어서 재출간되었다. 러드윅은 1700년대 말부터 1800년대 초까지를 다루었다. 지질시대와 지질 과정에 관한 개념이 지층에서 화석들의 분포 범위와 진화에 관한 초기 개념들과 뒤얽히면서 격렬한 논쟁이 벌어지던 시기이다. 러드윅의 책은 이 역사를 알리는 데에 선구적인 역할을 했으며, 지금도 지질학적 시간과 자연사에 관심 있는 이들의 필독서로 남아 있다.

8. 우리는 수업을 수강하는 대학생들에게 찰스 다윈이 무엇보다도 지질학자였다고 설명한다. 그가 화석 기록을 이해하고 비글 호라는 작은 배에서 내릴 때마다(그는 뱃멀미가 심해서 기회가 생기기만 하면 내렸다) 많은 화석을 채집한 것이 유명한 진화 가설로 이어질 관찰하는 자세를 형성하는 데에 핵심적인 역할을 했기 때문이다. 이 훈련의 의미를 잘 설명한 책은 데스먼드와 무어의『다윈 평전(*Darwin*)』(New York: Warner Books, 1992)이다.

9. M. Rudwick, *Georges Cuvier, Fossil Bones, and Geological Catastrophes: New Translations and Interpretations of the Primary Texts* (University of Chicago Press, 1997).

10. 시대별 종수 변화를 연구한 자료는 많으며, 이 책에서도 자세히 살펴볼 예정이다. 가장

최근의 논문 참조. John Alroy and a host of other authors, "Phanerozoic Trends in Global Diversity of Marine Invertebrates," *Science* 321 (2008): 97.

11. N. Lane, *The Vital Question: Why Is Life the Way It Is?* (London: Profile Books, 2015); *Life Ascending: The Ten Great Inventions of Evolution* (London: Profile Books, 2009); *Power, Sex, Suicide: Mitochondria and the Meaning of Life* (Oxford: Oxford University Press, 2005); *Oxygen: The Molecule That Made the World* (Oxford: Oxford University Press, 2002).

제1장

1. 지층 용어들은 국제층서위원회 웹사이트에 잘 설명되어 있다. 모든 용어와 명칭을 꼼꼼히 살펴보는 공식 단체이다. 다음 장이 도움이 될 것이다. stratigraphy.org-upload-bak-defs.htm.

2. 연대 측정법에는 우라늄, 칼륨-아르곤, 우라늄-납, 스트론튬의 동위원소 측정법과 지자기 층서학이 있다. 이 모든 측정법을 이해하고 싶다면, 마틴 러드윅의 책들을 추천한다. 가장 최근의 책. M. Rudwick, *Earth's Deep History: How It Was Discovered and Why It Matters* (Chicago: University of Chicago Press, 2014).

3. 최초의 체계는 사실 암석의 종류를 구분한 것이었다. 화산암, 변성암, 특히 퇴적암의 종류 (사암, 백악, 셰일 같은 것) 등 각각의 암석이 저마다 다른 시대의 것이라고 여겼다. 그래서 백악기는 유럽에 흔한 암석인 백악을 따서 이름이 붙여졌다. 나중에 같은 종류의 암석이 어느 시대에서든 만들어질 수 있다는 것이 밝혀졌다. 다음을 참조. M. Rudwick, *The Meaning of Fossils: Episodes in the History of Paleontology* (London: Science History Publications, 1972).

4. 화석을 이용하여 시대를 구분하는 방식과 지질연대를 이해하고 정의하는 데에 윌리엄 "스트라타" 스미스가 한 혁신적인 역할은 많은 책에 실려 있다. 그중 하나를 꼽자면, 고인이 된 우리의 친구이자 고생물학자인 UC 버클리의 빌 베리가 쓴 책이 유용하다. W. B. N. Berry, *Growth of a Prehistoric Time Scale* (Boston: Blackwell Scientific Publications, 1987):202.

5. J. Burchfield, "The Age of the Earth and the Invention of Geological Time," D. J. Blundell and A. C.Scott, eds., *Lyell: the Past is the Key to the Present* (London,Geological Society of London, 1998), 137–43.

6. 1800년대 말에 지질시대의 명칭을 부여한 인물은 대단한 명성을 얻기 마련이었다. 랩워스 도 그런 영예를 움켜쥔 인물이었다. 다음의 읽어볼 만한 책 참조. M. Rudwick, *The Great Devonian Controversy: The Shaping of Scientific Knowledge Among Gentlemanly Specialists* (Chicago: University of Chicago Press, 1985).

7. K. A. Plumb, "New Precambrian Time Scale," *Episode* 14, no. 2 (1991): 134–40.

8. A. H. Knoll, et al., "A New Period for the Geologic Time Scale," *Science* 305, no. 5684 (2004): 621–22.

제2장

1. 지구형 행성의 정의와 수 : "지구형"의 정의는 대단히 다양하다. 따라서 우리가 추정하는 그 런 행성의 수도 크게 달라질 수밖에 없다. 다음의 훌륭한 과학적 참고 문헌을 참조. E. A. Petigura, A. W. Howard, G. W. Marcy, "Prevalence of Earth-Size Planets Orbiting Sun-Like Stars," *Proceedings of the National Academy of Sciences of the United States of America* 110, no. 48 (2013). doi:10.1073-pnas.1319909110, and the NASA publicity view, www.nasa.gov-

mission_pages-kepler-news-kepler20130103.html.

2. 나사의 관점은 다음 온라인 자료를 참조. science1.nasa.gov-science-news-scienceat-nasa-2003-02oct_goldilocks-areEarth reference, discussion. 더 관심이 있는 독자는 다음 문헌을 참조. S. Dick, "Extraterrestrials and Objective Knowledge," in A. Tough, *When SETI Succeeds: The Impact of High-Information Contact* (Foundation for the Future, 2000): 47–48.

3. 이 혁명을 촉발한 과학 논문은 아니지만, 이 주제를 접하기에 좋은 논문. G. Marcy et al. "Observed Properties of Exoplanets: Masses, Orbits and Metallicities," *Progress of Theoretical Physics Supplement* no. 158 (2005): 24–42.

4. D. McKay et al., "Search for Past Life on Mars: Possible Relic Biogenic Activity in Martian Meteorite AL84001," *Science* 273, no. 5277 (1996): 924–30.

5. P. Ward, *Life as We Do Not Know It: The NASA Search for and Synthesis of Alien Life* (New York: Viking, 2005); P. Ward and S. Benner, "Alternative Chemistry of Life," in W. Sullivan and J. Baross, eds. *Planets and Life: The Emerging Science of Astrobiology* (Cambridge: Cambridge University Press, 2008): 537–44.

6. W. K. Hartmann and D. R. Davis, "Satellite-Sized Planetesimals and Lunar Origin," *Icarus* 24, no. 4 (1975): 504–14; R. Canup and E. Asphaug, "Origin of the Moon in a Giant Impact Near the End of the Earth's Formation," *Nature* 412, no. 6848 (2001): 708–12; A. N. Halliday, "Terrestrial Accretion Rates and the Origin of the Moon," *Earth and Planetary Science Letters* 176, no. 1 (2000): 17–30; D. Stoffler and G. Ryder, "Stratigraphy and Isotope Ages of Lunar Geological Units: Chronological Standards for the Inner Solar System," *Space Science Reviews* 96 (2001): 9–54.

7. A. T. Basilevsky and J. W. Head, "The Surface of Venus," *Reports on Progress in Physics* 66, no. 10 (2003): 1699–1734; J. F. Kasting, "Runaway and Moist Greenhouse Atmospheres and the Evolution of Earth and Venus," *Icarus* 74, no. 3 (1988): 472–94.

8. D. H. Grinspoon and M. A. Bullock, "Searching for Evidence of Past Oceans on Venus," *Bulletin of the American Astronomical Society* 39 (2007): 540.

9. 지구의 나이를 개괄하기에 좋은 문헌. G. B. Dalrymple, *The Age of the Earth* (Redwood City: Stanford University Press, 1994). 더 학술적인 내용은 그의 논문을 참조. "The Age of the Earth in the Twentieth Century: A Problem (Mostly) Solved," *Special Publications, Geological Society of London* 190 (2001): 205–21.

10. 대충돌이 생명과 생명의 초기 역사에 악영향을 미쳤을 것이라는 주장은 칼텍의 케빈 마허(Kevin Maher)와 데이비드 스티븐슨(David Stevenson)이 1988년에 『네이처』에 쓴 짧은 글에 처음 실렸다. "Impact Frustration of the Origin of Life," *Nature* 331, no. 6157 (1988): 612–14. 그 뒤로 케빈 잔리(Kevin Zahnle)와 놈 슬립(Norm Sleep)을 비롯한 많은 이들이 후속 연구 결과를 내놓았다. K. Zahnle et al., "Cratering Rates in the Outer Solar System," *Icarus* 163 (2003): 263–89; F. Tera et al., "Isotopic Evidence for a Terminal Lunar Cataclysm," *Earth and Planetary Science Letters* 22, no. 1 (1974): 1–21. 최근에 대충돌의 기원을 재검토한 연구 결과가 나왔는데, 주된 응축 단계가 지난 지 수억 년 뒤에 외계 행성들이 이주했을 가능성도 제기되었다. W. F. Bottke et al., "An Archaean Heavy Bombardment from a Destabilized Extension of the Asteroid Belt," *Nature* 485 (2012): 78–81; G. Ryder et al., "Heavy Bombardment on the Earth at ∼3.85 Ga: The Search for Petrographic and

Geochemical Evidence," in *Origin of the Earth and Moon*, R. M. Canup and K. Righter, eds. (Tucson: University of Arizona Press, 2000): 475–92.

11. 지구 대기의 기원을 살펴본 문헌은 대단히 많다. 이 과정에 생명이 한 역할을 설명한 웹사이트 자료. www.amnh.org-learnpd-earth-pdf-evolution_earth_atmosphere.pdf.

다음 문헌도 참조. K. Zahnle et al., "Earth's Earliest Atmospheres," *Cold Spring Harbor Perspectives in Biology* 2, no. 10 (2010).

12. 조지 W. 부시 대통령 시기에는 대학생 수업 때 "텍사스만 한 소행성"이 충돌하여 초기 바다가 증발했다고 이야기하면, 늘 부자연스럽게 낄낄거리는 소리가 들리곤 했다. 그 시기가 지난 지금은 그 개념이 좀더 순수한 과학적인 의미로 해석되는 듯하다. 그와 관련된 물리학을 쉽게 설명한 문헌(제목은 조금 이상하지만 말이다). www.breadandbutterscience.com-CATIS.pdf.

13. 초기 지구 대기에 이산화탄소가 얼마나 있었는지는 알기 어렵다. 직접 측정할 방법이 전혀 없다. J. Walker, "Carbon Dioxide on the Early Earth," *Origins of Life and Evolution of the Biosphere* 16, no. 2 (1985): 117-27. 현생누대("눈에 보이는 생물"의 시대)를 다룬 선구적인 논문 두 편도 참조. D. H. Rothman, "Atmospheric Carbon Dioxide Levels for the Last 500 Million Years," *Proceedings of the National Academy of Sciences* 99, no. 7 (2001): 4167–71, and D. Royer et al., "CO_2 as a Primary Driver of Phanerozoic Climate," *GSA Today* 14, no. 3 (2004): 4–15. 이 장의 나머지 내용을 가장 잘 설명한 대학 교과서도 있다. L. Kump et al., *The Earth System*, 3rd ed. (Upper Saddle River, NJ: Prentice Hall, 2009). 조금 비싸기는 하지만 탁월한 이 교과서는 지구 시스템 과학이 무엇인지 잘 설명하고 있다. 탄소 주기와 거주 가능성을 낳는 다른 원소들의 순환 체계에 관한 내용은 이 책을 토대로 했다.

14. 워드는 이 주제를 다룬 『진화의 키 산소 농도(*Out of Thin Air*)』(Washington, D.C.: Joseph Henry Press, 2006)라는 책을 썼다. 이 책에서 인용한 로버트 버너의 논문들. R. A. Berner, "Models for Carbon and Sulfur Cycles and Atmospheric Oxygen: Application to Paleozoic Geologic History," *American Journal of Science* 287, no. 3 (1987): 177–90. Also highly relevant are: L. R. Kump, "Terrestrial Feedback in Atmospheric Oxygen Regulation by Fire and Phosphorus," *Nature* 335 (1988): 152–54; L. R. Kump, "Alternative Modeling Approaches to the Geochemical Cycles of Carbon, Sulfur, and Strontium Isotopes," *American Journal of Science* 289 (1989): 390–410; L. R. Kump, "Chemical Stability of the Atmosphere and Ocean," *Global and Planetary Change* 75, no. 1–2 (1989): 123–36; L. R. Kump and R. M. Garrels, "Modeling Atmospheric O_2 in the Global Sedimentary Redox Cycle," *American Journal of Science* 286 (1986): 336–60.

15. W. F. Ruddiman and J. E. Kutzbach, "Plateau Uplift and Climate Change," *Scientific American* 264, no. 3 (1991): 66–74, and M. Kuhle, "The Pleistocene Glaciation of Tibet and the Onset of Ice Ages—An Autocycle Hypothesis," *GeoJournal* 17 (4) (1998): 581–95; M. Kuhle, "Tibet and High Asia: Results of the Sino-German Joint Expeditions (I)," *GeoJournal* 17, no. 4 (1988).

16. 로버트 버너의 생애와 업적 : R. A. Berner, "A New Look at the Long-Term Carbon Cycle," *GSA Today* 9, no. 11 (1999): 1–6; R. A. Berner, "Modeling Atmospheric Oxygen over Phanerozoic Time," *Geochimica et Cosmochimica Acta* 65 (2001): 685–94; R. A. Berner, *The Phanerozoic Carbon Cycle* (Oxford: Oxford University Press, 2004), 150.; R. A. Berner, "The Carbon and Sulfur Cycles and Atmospheric Oxygen from Middle Permian

to Middle Triassic," *Geochimica et Cosmochimica Acta* 69, no. 13 (2005): 3211–17; R. A. Berner, "GEOCARBSULF: A Combined Model for Phanerozoic Atmospheric Oxygen and Carbon Dioxide," *Geochimica et Cosmochimica Acta* 70 (2006): 5653–5664; R. A. Berner and Z. Kothavala, "GEOCARB III: A Revised Model of Atmospheric Carbon Dioxide over Phanerozoic Time," *American Journal of Science* 301, no. 2 (2001): 182–204.

제3장
1. 마크 로스의 연구를 이해하려면, 테드 강연을 듣는 것이 가장 나을 듯하다. www.ted.com-talks-mark_roth_suspended_animation.
2. T. Junod, "The Mad Scientist Bringing Back the Dead. . . . Really," Esquire.com, December 2, 2008.
3. E. Blackstone et al., "H$_2$S Induces a Suspended Animation–Like State in Mice," *Science* 308, no. 5721 (2005): 518.
4. D. Smith et al., "Intercontinental Dispersal of Bacteria and Archaea by Transpacific Winds," *Applied and Environmental Microbiology* 79, no. 4 (2013): 1134–39.
5. K. Maher and D. Stevenson, "Impact Frustration of the Origin of Life," *Nature* 331 (1988): 612–14.
6. E. Schrödinger, *What Is Life?* (Cambridge: Cambridge University Press, 1944), 90.
7. P. Davies, *The Fifth Miracle: The Search for the Origin and Meaning of Life* (New York: Penguin Press, 1998), 260.
8. P. Ward, *Life as We Do Not Know It* (New York: Viking Books, 2005).
9. W. Bains, "The Parts List of Life," *Nature Biotechnology* 19 (2001): 401–2; W. Bains, "Many Chemistries Could Be Used to Build Living Systems," *Astrobiology*, 4, no. 2 (2004): 137–67; and N. R. Pace, "The Universal Nature of Biochemistry," *Proceedings of the National Academy of Sciences of the Unites States of America* 98, no. 3 (2001): 805–808; S. A. Benner et al., "Setting the Stage: The History, Chemistry, and Geobiology Behind RNA," *Cold Spring Harbor Perspectives in Biology* 4, no. 1 (2012): 7–19; M. P. Robertson and G. F. Joyce, "The Origins of the RNA World," *Cold Spring Harbor Perspectives in Biology* 4, no. 5 (2012); C. Anastasi et al., "RNA: Prebiotic Product, or Biotic Invention?" *Chemistry and Biodiversity* 4, no. 4 (2007): 721–39; T. S. Young and P. G. Schultz, "Beyond the Canonical 20 Amino Acids: Expanding the Genetic Lexicon," *The Journal of Biological Chemistry* 285, no. 15 (2010): 11039–44.
10. F. Dyson, *Origins of Life*, 2nd ed. (Cambridge: Cambridge University Press, 1999), 100
11. 닉 레인은 꽤 정확한 판단을 내리는 인습타파주의자이다. 에너지의 복잡성을 잘 설명한 그의 논문을 참조. N. Lane, "Bioenergetic Constraints on the Evolution of Complex Life," in P. J. Keeling and E. V. Koonin, eds., *The Origin and Evolution of Eukaryotes. Cold Spring Harbor Perspectives in Biology* (2013).
12. J. Banavar and A. Maritan, "Life on Earth: The Role of Proteins," J. Barrow and S. Conway Morris, *Fitness of the Cosmos for Life* (Cambridge: Cambridge University Press, 2007), 225–55.
13. E. Schneider and D. Sagan, *Into the Cool: Energy Flow, Thermodynamics, and Life* (Chicago,

IL: University of Chicago Press, 2005).

제4장

1. Dr. D. R. Williams, Viking Mission to Mars, NASA, December 18, 2006.

2. www.space.com-18803-viking.

3. ntrs.nasa.gov-archive-nasa-casi.ntrs.nasa.gov-19740026174.pdf. Also see R. Navarro-Gonzáles et al., "Reanalysis of the Viking Results Suggests Perchlorate and Organics at Midlatitudes on Mars," *Journal of Geophysical Research* 115 (2010).

4. P. Rincon, "Oldest Evidence of Photosynthesis," BBC.com, December 17, 2003 and S. J. Mojzsis et al., "Evidence for Life on Earth Before 3,800 Million Years Ago," *Nature* 384 (1996): 55–59; M. Schidlowski, "A 3,800-Million-Year-Old Record of Life from Carbon in Sedimentary Rocks," *Nature* 333 (1988): 313–18; M. Schidlowski et al., "Carbon Isotope Geochemistry of the 3.7×10^9 Yr Old Isua Sediments, West Greenland: Implications for the Archaean Carbon and Oxygen Cycles," *Geochimica et Cosmochimica Acta* 43 (1979): 189–99.

5. K. Maher and D. Stevenson. "Impact Frustration of the Origin of Life," *Nature* 331 (1988): 612–14.

6. R. Dalton. "Fresh Study Questions Oldest Traces of Life in Akilia Rock," *Nature* 429 (2004): 688. This work is continuing; see Papineau et al., "Ancient Graphite in the Eoarchean Quartz-Pyroxene Rocks from Akilia in Southern West Greenland I: Petrographic and Spectroscopic Characterization," *Geochimica et Cosmochimica Acta* 74, no. 20 (2010): 5862–83.

7. J. W. Schopf, "Microfossils of the Early Archean Apex Chert: New Evidence of the Antiquity of Life," *Science* 260, no. 5108 (1993): 640–46.

8. M. D. Brasier et al., "Questioning the Evidence for Earth's Oldest Fossils," *Nature* 416 (2002): 76–81.

9. D. Wacey et al., "Microfossils of Sulphur-Metabolizing Cells in 3.4-Billion-Year-Old Rocks of Western Australia," *Nature Geoscience* 4 (2011): 698–702.

10. M. D. Brasier, *Secret Chambers: The Inside Story of Cells and Complex Life* (New York: Oxford University Press, 2012), 298.

11. "Ancient Earth May Have Smelled Like Rotten Eggs," *Talk of the Nation*, National Public Radio, May 3, 2013.

12. www.nasa.gov-mission_pages-msl-#.U4Izyxa9yxo.

13. www.abc.net.au-science-articles-2011-08-22-3299027.htm.

14. J. Haldane, *What Is Life?* (New York: Boni and Gaer, 1947), 53.

15. L. Orgel, *The Origins of Life: Molecules and Natural Selection* (Hoboken, NJ: John Wiley and Sons, 1973).

16. J. A. Baross and J. W. Deming, "Growth at High Temperatures: Isolation and Taxonomy, Physiology, and Ecology," in *The Microbiology of Deep-sea Hydrothermal Vents*, D. M. Karl, ed. (Boca Raton: CRC Press, 1995), 169–217, and E. Stueken et al., "Did Life Originate in a Global Chemical Reactor?" *Geobiology* 11, no.2 (2013); K. O. Stetter, "Extremophiles and Their Adaptation to Hot Environments," *FEBS Letters* 452, nos. 1–2 (1999): 22–25. K. O.

Stetter, "Hyperthermophilic Microorganisms," in *Astrobiology: The Quest for the Conditions of Life*, G. Horneck and C. Baumstark-Khan, eds. (Berlin: Springer, 2002), 169–84.

17. Y. Shen and R. Buick, "The Antiquity of Microbial Sulfate Reduction," *Earth Science Reviews* 64 (2004): 243–272.

18. S. A. Benner, "Understanding Nucleic Acids Using Synthetic Chemistry," *Accounts of Chemical Research* 37, no. 10 (2004): 784–97; S. A. Benner, "Phosphates, DNA, and the Search for Nonterrean life: A Second Generation Model for Genetic Molecules," *Bioorganic Chemistry* 30, no. 1 (2002): 62–80.

19. G. Wächtershäuser, "Origin of Life: Life as We Don't Know It," *Science*, 289, no. 5483 (2000): 1307–08; G. Wächtershäuser, "Evolution of the First Metabolic Cycles," *Proceedings of the National Academy of Sciences* 87, no. 1 (1990): 200–204; G. Wächtershäuser, "On the Chemistry and Evolution of the Pioneer Organism," *Chemistry & Biodiversity* 4, no. 4 (2007): 584–602.

20. N. Lane, *Life Ascending: The Ten Great Inventions of Evolution* (New York: W. W. Norton & Company, 2009).

21. W. Martin and M. J. Russell, "On the Origin of Biochemistry at an Alkaline Hydrothermal Vent," *Philosophical Transactions of the Royal Society B-Biological Sciences* 362, no. 1486 (2007): 1887–925.

22. C. R. Woese, "Bacterial Evolution," *Microbiological Reviews* 51, no. 2 (1987): 221–71; C. R. Woese, "Interpreting the Universal Phylogenetic Tree," *Proceedings of the National Academy of Sciences* 97 (2000): 8392–96.

23. S. A. Benner and D. Hutter, "Phosphates, DNA, and the Search for Nonterrean Life: A Second Generation Model for Genetic Molecules," *Bioorganic Chemistry* 30 (2002): 62–80; S. Benner et al., "Is There a Common Chemical Model for Life in the Universe?" *Current Opinion in Chemical Biology* 8, no. 6 (2004): 672–89.

24. A. Lazcano, "What Is Life? A Brief Historical Overview," *Chemistry and Biodiversity* 5, no. 4 (2007): 1–15.

25. B. P. Weiss et al., "A Low Temperature Transfer of ALH84001 from Mars to Earth," *Science* 290, no. 5492, (2000): 791–95. J. L. Kirschvink and B. P. Weiss, "Mars, Panspermia, and the Origin of Life: Where Did It All Begin?" *Palaeontologia Electronica* 4, no. 2 (2001): 8–15. J. L. Kirschvink et al., "Boron, Ribose, and a Martian Origin for Terrestrial Life," *Geochimica et Cosmochimica Acta* 70, no. 18 (2006): A320.

26. C. McKay, "An Origin of Life on Mars," *Cold Spring Harbor Perspectives in Biology* 2, no. 4 (2010). J. Kirschvink et al., "Mars, Panspermia, and the Origin of Life: Where Did It All begin?" *Palaeolontogia Electronica* 4, no. 2 (2002): 8–15.

27. D. Deamer, *First Life: Discovering the Connections Between Stars, Cells, and How Life Began* (Oakland: University of California Press, 2012), 286. 우리 친구인 닉 레인의 놀라운 새 연구도 참조. N. Lane and W. F. Martin, "The Origin of Membrane Bioenergetics," *Cell* 151, no. 7 (2012): 1406–16.

28. www.nobelprize.org-mediaplayer-index.php?id=1218.

제5장

1. J. Raymond and D. Segre, "The Effect of Oxygen on Biochemical Networks and the Evolution of Complex Life," *Science* 311 (2006): 1764–67.

2. J. F. Kasting and S. Ono "Palaeoclimates: The first Two Billion Years," *Philosophical Transactions of the Royal Society B-Biological Sciences* 361 (2006): 917–29

3. P. Cloud, "Paleoecological Significance of Banded-Iron Formation," *Economic Geology* 68 (1973): 1135–43.

4. M. C. Liang et al., "Production of Hydrogen Peroxide in the Atmosphere of a Snowball Earth and the Origin of Oxygenic Photosynthesis," *Proceedings of the National Academy of Sciences* 103 (2006): 18896–99.

5. J. E. Johnson et al., "Manganese-Oxidizing Photosynthesis Before the Rise of Cyanobacteria," *Proceedings of the National Academy of Sciences* 110, no. 28 (2013): 11238–43; J. E. Johnson et al., "O_2 Constraints from Paleoproterozoic Detrital Pyrite and Uraninite," *Geological Society of America Bulletin* (2014), doi: 10.1130-B30949.1.

6. J. E. Johnson et al., "O_2 Constraints from Paleoproterozoic Detrital Pyrite and Uraninite," *Geological Society of America Bulletin*, published online ahead of print on February 27, 2014, doi: 10.1130/B30949.1

7. R. E. Kopp et al., "Was the Paleoproterozoic Snowball Earth a Biologically Triggered Climate Disaster?" *Proceedings of the National Academy of Sciences* 102 (2005): 11131–36.

8. J. E. Johnson et al., "Manganese-Oxidizing Photosynthesis Before the Rise of Cyanobacteria."

9. Ibid.

10. R. E. Kopp and J. L. Kirschvink, "The Identification and Biogeochemical Interpretation of Fossil Magnetotactic Bacteria," *Earth-Science Reviews* 86 (2008): 42–61.

11. Ibid.

12. D. A. Evans et al., "Low-Latitude Glaciation in the Paleoproterozoic," *Nature* 386 (1997): 262–66.

13. J. L. Kirschvink et al. "Paleoproterozoic Snowball Earth: Extreme Climatic and Geochemical Global Change and Its Biological Consequences," *Proceedings of the National Academy of Sciences* 97 (2000): 1400–1405.

14. J. L. Kirschvink and R. E. Kopp, "Paleoproterozic Ice Houses and the Evolution of Oxygen-Mediating Enzymes: The Case for a Late Origin of Photosystem-II," *Philosophical Transactions of the Royal Society of London, Series B* 363, no. 1504 (2008): 2755–65.

15. D. A. D. Evans et al., "Paleomagnetism of a Lateritic Paleoweathering Horizon and Overlying Paleoproterozoic Red Beds from South Africa: Implications for the Kaapvaal Apparent Polar Wander Path and a Confirmation of Atmospheric Oxygen Enrichment," *Journal of Geophysical Research* 107, no. 2326.

제6장

1. H. D. Holland "Early Proterozoic Atmospheric Change," in S. Bengtson, ed., *Early Life on Earth* (New York Columbia University Press, 1994), 237–44.

2. D. T. Johnston et al., "Anoxygenic Photosynthesis Modulated Proterozoic Oxygen and

Sustained Earth's Middle Age," *Proceedings of the National Academy of Sciences* 106, no. 40 (2009), 16925-29.

3. A. El Albani et al., "Large Colonial Organisms with Coordinated Growth in Oxygenated Environments 2.1 Gyr Ago," *Nature* 466, no. 7302 (2002): 100-104.2; www.sciencedaily. com-releases-2010-06-100630171711.htm.

4. D. E. Canfield et al., "Oxygen Dynamics in the Aftermath of the Great Oxidation of Earth's Atmosphere," *Proceedings of the National Academy of Sciences* 110, no. 422 (2013).

5. A. H. Knoll, *Life on a Young Planet: The First Three Billion Years of Evolution on Earth* (Princeton: Princeton University Press, 2003).

제7장

1. R. C. Sprigg, "Early Cambrian 'Jellyfishes' of Ediacara, South Australia and Mount John, Kimberly District, Western Australia," *Transactions of the Royal Society of South Australia* 73 (1947): 72-99.

2. M. F. Glaessner, "Precambrian Animals," *Scientific American* 204, no. 3 (1961): 72-78.

3. 게링은 오스트레일리아 과학계의 거인이며, 더 나아가서 전 세계의 유명 과학자들과 오랜 세월 에디아카라 동물군을 공동으로 연구해왔다. 그가 기획한 새 전시실이 문을 열었다는 것만으로도 애들레이드까지 여행할 가치가 있다. 다음을 참조. J. G. Gehling et al., in D. E. G. Briggs, ed., *Evolving Form and Function: Fossils and Development* (Yale Peabody Museum, 2005), 45-56; J. G. Gehling et al., "The First Named Ediacaran Body Fossil, Aspidella terranovica," *Palaeontology* 43, no. 3 (2000): 429; J. G. Gehling, "Microbial Mats in Terminal Proterozoic Siliciclastics; Ediacaran Death Masks," *Palaios* 14, no. 1(1999): 40-57.

4. P. F. Hoffman et al., "A Neoproterozoic Snowball Earth," *Science* 281, no. 5381 (1998): 1342-46; F. A. Macdonald et al., "Calibrating the Cryogenian," *Science* 327, no. 5970 (2010): 1241-43.

5. F. A. Macdonald et al., "Calibrating the Cryogenian," *Science* 327, no. 5970 (2010): 1241-43.

6. B. Shen et al., "The Avalon Explosion: Evolution of Ediacara Morphospace," *Science* 319 no. 5859 (2008): 81-84; G. M. Narbonne, "The Ediacara Biota: A Terminal Neoproterozoic Experiment in the Evolution of Life," *Geological Society of America* 8, no. 2 (1998): 1-6; S. Xiao and M. Laflamme, "On the Eve of Animal Radiation: Phylogeny, Ecology and Evolution of the Ediacara Biota," *Trends in Ecology and Evolution* 24, no. 1 (2009): 31-40.

7. R. Sprigg, "On the 1946 Discovery of the Precambrian Ediacaran Fossil Fauna in South Australia," *Earth Sciences History* 7 (1988): 46-51.

8. S. Turner and P. Vickers-Rich, "Sprigg, Martin F. Glaessner, Mary Wade and the Ediacaran Fauna," Abstract for IGCP 493 conference, Prato Workshop, Monash University Centre, August 30-31, 2004.

9. A. Seilacher, "Vendobionta and Psammocorallia: Lost Constructions of Precambrian Evolution," *Journal of the Geological Society, London* 149, no. 4 (1992): 607-13; A. Seilacher et al., "Ediacaran Biota: The Dawn of Animal Life in the Shadow of Giant Protists," *Paleontological Research* 7, no. 1 (2003): 43-54. 돌프 사일라처도 그중 한 명이었다. 그는 아내인 에디트와 함께 전 세계를 돌아다녔다. 그는 뛰어난 과학자이자 우리가 아는 한

가장 따뜻한 마음을 가진 과학자 중의 한 사람이었다. 그의 연구 업적은 다음 문헌을 참조. Derek Briggs, ed., *Evolving Form and Function: A Special Publication of the Peabody Museum of Natural History* (New Haven, CT: Yale University 2005).

10. 애들레이드 대학교의 종신교수인 마틴 글래스너는 모슨 홀의 글래스너 연구실에서 지낸다. 그곳에는 그가 채집한 많은 화석들과 기록한 공책들이 산더미처럼 쌓여 있다.

11. 사우스 오스트레일리아 박물관, 에디아카라 화석 전시실. www.samuseumn.sa.gov.au/explore/museum-galleries/ediacaran-fossils.

12. B. Waggoner, "Interpreting the Earliest Metazoan Fossils: What Can We Learn?" *Integrative and Comparative Biology* 38, no. 6 (1998): 975–82; D. E. Canfield et al., "Late-Neoproterozoic Deep-Ocean Oxygenation and the Rise of Animal Life," *Science* 315, no. 5808 (2007): 92–95; B. Shen et al., "The Avalon Explosion: Evolution of Ediacara Morphospace," *Science* 319, no. 5859 (2008): 81–84.

13. B. MacGabhann, "There Is No Such Thing as the 'Ediacaran Biota,'" *Geoscience Frontiers* 5, no. 1 (2014): 53–62.

14. N. J. Butterfield, "*Bangiomorpha pubescens* n. gen., n. sp.: Implications for the Evolution of Sex, Multicellularity, and the Mesoproterozoic-Neoproterozoic Radiation of Eukaryotes," *Paleobiology* 26, no. 3 (2000): 386–404.

15. M. Brasier et al., "Ediacaran Sponge Spicule Clusters from Mongolia and the Origins of the Cambrian Fauna," *Geology* 25 (1997): 303–06.

16. J. Y. Chen et al., "Small Bilaterian Fossils from 40 to 55 Million Years before the Cambrian," *Science* 305, no. 5681 (2004): 218–22; A. H. Knoll et al. "Eukaryotic Organisms in Proterozoic Oceans," *Philosophical Transactions of the Royal Society* 361, no. 1470 (2006): 1023–38; B. Waggoner, "Interpreting the Earliest Metazoan Fossils: What Can We Learn?" *Integrative and Comparative Biology* 38, no. 6 (1998): 975–82.

17. A. Seilacher and F. Pflüger, "From Biomats to Benthic Agriculture: A Biohistoric Revolution," in W. E. Krumbein et al., eds., *Biostabilization of Sediments*. (Bibliotheks- und Informationssystem der Carl von Ossietzky Universität Odenburg, 1994), 97–105; A. Ivantsov, "Feeding Traces of the Ediacaran Animals," Abstract, 33rd International Geological Congress August 6–14, 2008, Oslo, Norway; S. Dornbos et al., "Evidence for Seafloor Microbial Mats and Associated Metazoan Lifestyles in Lower Cambrian Phosphorites of Southwest China," *Lethaia* 37, no. 2 (2004): 127–37.

18. 스발바르 자료는 다음 문헌에서 인용. A. C. Maloof et al., "Combined Paleomagnetic, Isotopic, and Stratigraphic Evidence for True Polar Wander from the Neoproterozoic Akademikerbreen Group, Svalbard, Norway," *Geological Society of America Bulletin*, 118, nos. 9–10 (2006): 1099–124; 센트럴 오스트레일리아 자료는 다음 문헌에서 인용. N. L. Swanson-Hysell et al., "Constraints on Neoproterozoic Paleogeography and Paleozoic Orogenesis from Paleomagnetic Records of the Bitter Springs Formation, Amadeus Basin, Central Australia," *American Journal of Science* 312, no. 8 (2012): 817–84.

19. R. N. Mitchell, "True Polar Wander and Supercontinent Cycles: Implications for Lithospheric Elasticity and the Triaxial Earth," *American Journal of Science* 314, no. 5 (2014): 966–78.

20. J. Kirschvink, R. Ripperdan, D. Evans, "Evidence for Large Scale Reorganization of Early

Cambrian Continental Masses by Inertial Interchange True Polar Wander," *Science* 277, no. 5325 (1997): 541–45.

제8장

1. 유감스럽게도 이 걸작은 더 이상 대학생의 필독서가 아니다. 이 상황을 되돌리기 위해서, 우리는 워싱턴 대학교에서 '새로운 생명의 역사'라는 강의를 듣는 학생들에게 『종의 기원』 (London: 1859)을 읽도록 해왔다.

2. 다윈과 버제스 셰일뿐 아니라 캄브리아기까지 다룬 놀라운 입문서. S. J. Gould, *Wonderful Life: The Burgess Shale and the Nature of History* (New York: W. W. Norton & Company, 1989). 우리의 친구였던 스티븐은 우리가 들어본 바로는 가장 강의를 잘하는 사람이었다. 그의 목소리를 직접 들어보았어야 한다. 그의 강연 능력은 엄청난 지식과 진화 및 다윈에 통달하고 영어를 자유자재로 다룰 수 있는 능력에서 나왔다. 헉슬리가 다윈의 불도그였다면, 굴드는 다윈에게 으르렁댄 핏불테리어였다.

3. K. J. McNamara, "Dating the Origin of Animals," *Science* 274, no. 5295 (1996): 1993–97.

4. A. H. Knoll and S. B. Carroll, "Early Animal Evolution: Emerging Views from Comparative Biology and Geology," *Science* 284, no. 5423 (1999): 2129–371.

5. K. J. Peterson and N. J. Butterfield, "Origin of the Eumetazoa: Testing Ecological Predictions of Molecular Clocks Against the Proterozoic Fossil Record," *Proceedings of the National Academy of Sciences* 102, no. 27 (2005): 9547–52.

6. M. A. Fedonkin et al., *The Rise of Animals: Evolution and Diversification of the Kingdom Animalia* (Baltimore: Johns Hopkins University Press, 2007), 213–16.

7. 캄브리아기 대폭발이 고생물학에서 가장 중요한 사건 중의 하나—유일하다고는 할 수 없지만—라는 견해를 반박하기란 어렵다. 그러나 생명의 기원을 연구하는 이들은 늦게야 출현한 동물들을 그다지 중요하게 여기지 않는다. 생명에 도달하기까지가 어려운 일이었지, 일단 생명이 출현한 뒤에는 동물이 자연히 따라나오게 마련이었다는 것이다. 우리 둘은 이 문제에서 의견이 갈린다. 이 대폭발의 중요성을 최신 관점에서 다룬 논문들이 많이 있다. G. E Budd and J. Jensen, "A Critical Reappraisal of the Fossil Record of the Bilaterian Phyla," *Biological Reviews* 75, no. 2 (2000): 253–95; and S. J. Gould, *Wonderful Life*.

8. 캄브리아기의 산소 농도는 여전히 논란거리이다. 우리는 로버트 버너의 GEOCARBSULF 모형을 여전히 신뢰한다. R. A. Berner, "GEOCARBSULF: A Combined Model for Phanerozoic Atmospheric Oxygen and Carbon Dioxide," *Geochimica et Cosmochimica Acta* 70 (2006): 5653–64.

9. N. J. Butterfield, "Exceptional Fossil Preservation and the Cambrian Explosion," *Integrative and Comparative Biology* 43, no. 1 (2003): 166–77; S. C. Morris, "The Burgess Shale (Middle Cambrian) Fauna," *Annual Review of Ecology and Systematics* 10, no. 1 (1979): 327–49.

10. D. Briggs et al., *The Fossils of the Burgess Shale* (Washington, D.C.: Smithsonian Institution Press, 1994).

11. H. B. Whittington, Geological Survey of Canada, *The Burgess Shale* (New Haven: Yale University Press, 1985), 306–308.

12. J. W. Valentine, On the Origin of Phyla (Chicago: University of Chicago Press, 2004). See also J. W. Valentine and D. Erwin, *The Cambrian Explosion: The Construction of Animal*

Biodiversity (Roberts and Co. Publishing, 2013). 413; J. W. Valentine, "Why No New Phyla after the Cambrian? Genome and Ecospace Hypotheses Revisited," abstract, *Palaios* 10, no. 2 (1995): 190–91. See also S. Bengtson, "Origins and Early Evolution of Predation" (free full text), in M. Kowalewski and P. H. Kelley, *The Fossil Record of Predation. The Paleontological Society Papers 8* (Paleontological Society, 2002): 289–317.

13. P. Ward, *Out of Thin Air* (Joseph Henry Press, 2006).

14. S. Carroll, *Endless Forms Most Beautiful: The New Science of Evo Devo and the Making of the Animal Kingdom* (New York: W. W. Norton & Company, 2004).

15. H. X. Guang et al., *The Cambrian Fossils of Chengjiang, China: The Flowering of Early Animal Life* (Oxford: Blackwell Publishing, 2004).

16. 아주 교양 있는 두 저술가들 사이에서 벌어진 이 지독한 싸움은 1800년대였다면 결투장에 서 어느 한쪽 또는 양쪽이 죽음으로써 끝이 났을 것이다. 굴드는 그저 사이먼을 정중하게 대하기만 했다. 사이먼은 그것조차 하지 않았다. 이 논쟁을 잘 묘사한 자료. www.stephen jaygould.org-library-naturalhistory_cambrian.html.

17. M. Brasier et al., "Decision on the Precambrian-Cambrian Boundary Stratotype," *Episodes* 17, nos. 1–2 (1994): 95–100.

18. W. Compston et al., "Zircon U-Pb Ages for the Early Cambrian Time Scale," *Journal of the Geological Society of London* 149 (1992): 171–84.

19. A. C. Maloof et al., "Constraints on Early Cambrian Carbon Cycling from the Duration of the Nemakit-Daldynian-Tommotian Boundary Delta C-13 Shift, Morocco," *Geology* 38, no. 7 (2010): 623–26.

20. M. Magaritz et al., "Carbon-Isotope Events Across the Precambrian-Cambrian Boundary on the Siberian Platform," *Nature* 320 (1986): 258–59.

제9장

1. 우리 친구인 몬태나 대학교의 조지 스탠리만큼 고대 초에 대해서 해박한 사람은 없다. 그의 탁월한 저서는 입문서로 좋다. G. Stanley, *The History and Sedimentology of Ancient Reef Systems* (Springer Publishing, 2001). 다음 문헌도 좋다. E. Flügel in W. Kiessling, E. Flugel, and J. Golonka, eds., *Phanerozoic Reef Patterns* 72 (SEPM Special Publications, 2002), 391–463.

2. 고배류(Archaeocyatha)는 가장 신기한 화석에 속한다. 20세기에 그들은 알려진 그 어떤 문에도 속하지 않는다고 여겨졌다. 지금은 해면동물문에 소속시킨다. 그러나 그들은 "원뿔 안에 원뿔"이 든 신기한 구조이다. 마치 속이 빈 아이스크림 콘을 다른 콘에 끼운 듯하다. 우리가 아는 한 그들은 초를 형성한 최초의 생물이다. 우리는 생물이 만든 삼차원 구조물로서 파도를 막아내는 것을 초라고 정의하기 때문이다. F. Debrenne and J. Vacelet, "Archaeocyatha: Is the Sponge Model Consistent with Their Structural Organization?" *Palaeontographica Americana* 54 (1984): 358–69.

3. T. Servais et al., "The Ordovician Biodiversification: Revolution in the Oceanic Trophic Chain," *Lethaia* 41, no.2 (2008): 99.

4. P. Ward, *Out of Thin Air: Dinosaurs, Birds, and Earth's Ancient Atmosphere* (Washington, D.C.: Joseph Henry Press, 2006).

5. P. Ward, *Out of Thin Air*. 우리의 동료이자 멸종 논문의 공저자인 마셜이 탁월하게 요약한 문헌도 참조. C. R. Marshall, "Explaining the Cambrian 'Explosion' of Animals," *Annual Review of Earth and Planetary Sciences* 34 (2006): 355–84.

6. J. Valentine, "How Many Marine Invertebrate Fossils?" *Journal of Paleontology* 44 (1970): 410–15; N. Newell, "Adequacy of the Fossil Record," *Journal of Paleontology* 33 (1959): 488–99.

7. D. M. Raup, "Taxonomic Diversity During the Phanerozoic," *Science* 177 (1972): 1065–71; D. Raup, "Species Diversity in the Phanerozoic: An Interpretation," *Paleobiology* 2 (1976): 289–97.

8. J. J. Sepkoski, Jr., "Ten Years in the Library: New Data Confirm Paleontological Patterns," *Paleobiology* 19 (1993): 246–57; J. J. Sepkoski, Jr., "A Compendium of Fossil Marine Animal Genera," *Bulletins of American Paleontology* 363: 1–560.

9. J. Alroy et al., "Effects of Sampling Standardization on Estimates of Phanerozoic Marine Diversification," *Proceedings of the National Academy of Sciences* 98 (2001): 6261–66.

10. J. Sepkoski, "Alpha, Beta, or Gamma: Where Does All the Diversity Go?" *Paleobiology* 14 (1988): 221–34.

11. J. Alroy et al., "Phanerozoic Diversity Trends," *Science* 321 (2008): 97.

12. A. B. Smith, "Large-Scale Heterogeneity of the Fossil Record: Implications for Phanerozoic Biodiversity Studies," *Philosophical Transactions of the Royal Society of London* 356, no. 1407 (2001): 351–67; A. B. Smith, "Phanerozoic Marine Diversity: Problems and Prospects," *Journal of the Geological Society, London* 164 (2007): 731–45; A. B. Smith and A. J. McGowan, "Cyclicity in the Fossil Record Mirrors Rock Outcrop Area," *Biology Letters* 1, no. 4 (2005): 443–45; A. B. Smith, "The Shape of the Marine Palaeodiversity Curve Using the Phanerozoic Sedimentary Rock Record of Western Europe," *Paleontology* 50 (2007): 765–74; A. McGowan and A. Smith, "Are Global Phanerozoic Marine Diversity Curves Truly Global? A Study of the Relationship between Regional Rock Records and Global Phanerozoic Marine Diversity," *Paleobiology* 34, no. 1 (2008): 80–103.

13. M. J. Benton and B. C. Emerson, "How Did Life Become So Diverse? The Dynamics of Diversification According to the Fossil Record and Molecular Phylogenetics," *Palaeontology* 50 (2007): 23–40.

14. S. E. Peters, "Geological Constraints on the Macroevolutionary History of Marine Animals," *Proceedings of the National Academy of Sciences* 102 (2005): 12326–31.

15. 이것은 고생물학에서 우리가 좋아하는 "벌거벗은 임금님"이 나타나는 시기 중의 하나이다. 캔자스 대학교의 한 연구진은 오르도비스기 대멸종이 깊은 우주의 감마선 폭발로 일어났을 수 있다는 가설을 제시했다. 먼 은하의 펄서나 마그네타(강력한 자기장을 가진 중성자별) 같은 작지만 강한 에너지를 가진 별이 엄청난 에너지를 뿜어내어 그런 사건이 일어날 가능성은 충분하다. 그러나 그런 감마선 폭발이 지구를 튀겨서 오르도비스기 대량멸종을 일으켰다는 주장은 환상에 불과하다. 감마선 폭발을 오르도비스기 대량멸종과 연관지을 증거는 전혀 없다. 「스타 워즈」에 나오는 불칸족이나 다스 베이더라면 기분이 좋지 않은 날에 그런 폭발을 쉽게 일으켰을 수도 있다(베이더가 건드릴 다른 초신성은 없었을까?). See A. L. Melott and B. C. Thomas, "Late Ordovician Geographic Patterns of Extinction Compared

with Simulations of Astrophysical Ionizing Radiation Damage," *Paleobiology* 35 (2009): 311–20. Also see www.nasa.gov-visionuniverse-starsgalaxies-gammaray_extinction.html.

16. R. K. Bambach et al., "Origination, Extinction, and Mass Depletions of Marine Diversity," *Paleobiology* 30, no. 4 (2004): 522–42.

17. S. A. Young et al., "A Major Drop in Seawater 87Sr-86Sr during the Middle Ordovician (Darriwilian): Links to Volcanism and Climate?" *Geology* 37, 10 (2009): 951–54.

18. S. Finnegan et al., "The Magnitude and Duration of Late Ordovician-Early Silurian Glaciation," *Science* 331, no. 6019 (2011): 903–906.

19. S. Finnegan et al., "Climate Change and the Selective Signature of the Late Ordovician Mass Extinction," *Proceedings of the National Academy of Sciences* 109, no. 18 (2012): 6829–34.

제10장

1. 초기 사지류와 그들의 진화적 위치를 탁월하게 요약한 자료. www.devoniantimes.org-opportunity-tetrapodsAnswer.html, and S. E. Pierce et al., "Three-Dimensional Limb Joint Mobility in the Early Tetrapod *Ichthyostega*," *Nature* 486 (2012): 524–27, and P. E. Ahlberg et al., "The Axial Skeleton of the Devonian Tetrapod *Ichthyostega*," *Nature* 437, no. 1 (2005): 137–40.

2. J. A. Clack, *Gaining Ground: The Origin and Early Evolution of Tetrapods*, 2nd ed. (Bloomington: Indiana University Press, 2012).

3. E. B. Daeschler et al., "A Devonian Tetrapod-Like Fish and the Evolution of the Tetrapod Body Plan," *Nature* 440, no. 7085 (2006): 757–63; J. P. Downs et al., "The Cranial Endoskeleton of *Tiktaalik roseae*," *Nature* 455 (2008): 925–29; and a summary: P. E. Ahlberg and J. A. Clack, "A Firm Step from Water to Land," *Nature* 440 (2006): 747–49.

4. N. Shubin, *Your Inner Fish: A Journey into the 3.5-Billion-Year History of the Human Body* (Chicago: University of Chicago Press, 2008); B. Holmes, "Meet Your Ancestor, the Fish That Crawled," *New Scientist*, September 9, 2006.

5. A. K. Behrensmeyer et al., eds., *Terrestrial Ecosystems Through Time: Evolutionary Paleoecology of Terrestrial Plants and Animals* (Chicago and London: University of Chicago Press, 1992); P. Kenrick and P. R. Crane, *The Origin and Early Diversification of Land Plants. A Cladistic Study* (Washington: Smithsonian Institution Press, 1997).

6. S. B. Hedges, "Molecular Evidence for Early Colonization of Land by Fungi and Plants," *Science* 293 (2001): 1129–33.

7. C. V. Rubenstein et al., "Early Middle Ordovician Evidence for Land Plants in Argentina (Eastern Gondwana)," *New Phytologist* 188, no. 2 (2010): 365–69. 언론 기사도 참조. www.dailymail.co.uk-sciencetech-article-1319904-Fossils-worlds-oldest-plants-unearthed-Argentina.html.

8. J. T. Clarke et al., "Establishing a Time-Scale for Plant Evolution," *New Phytologist* 192, no. 1 (2011): 266–30; M. E. Kotyk et al., "Morphologically Complex Plant Macrofossils from the Late Silurian of Arctic Canada," *American Journal of Botany* 89 (2002): 1004–1013.

9. 곤충과 척추동물의 침입을 연구한 우리의 논문. P. Ward et al., "Confirmation of Romer's

Gap as a Low Oxygen Interval Constraining the Timing of Initial Arthropod and Vertebrate Terrestrialization," *Proceedings of the National Academy of Sciences* 10, no. 45 (2006): 16818–22.

제11장

1. 곤충과 척추동물의 육지 진출에 관한 우리의 연구 논문. P. Ward et al., "Confirmation of Romer's Gap as a Low Oxygen Interval Constraining the Timing of Initial Arthropod and Vertebrate Terrestrialization," *Proceedings of the National Academy of Sciences* 10, no. 45 (2006): 16818–22.

2. R. Dudley, "Atmospheric Oxygen, Giant Paleozoic Insects and the Evolution of Aerial Locomotor Performance," *The Journal of Experimental Biology* 201 (1988): 1043–50; R. Dudley, *The Biomechanics of Insect Flight: Form, Function, Evolution* (Princeton: Princeton University Press, 2000); R. Dudley and P. Chai, "Animal Flight Mechanics in Physically Variable Gas Mixtures," *The Journal of Experimental Biology* 199 (1996): 1881–85; also C. Gans et al., "Late Paleozoic Atmospheres and Biotic Evolution," *Historical Biology* 13 (1991): 199–219l; J. Graham et al., "Implications of the Late Palaeozoic Oxygen Pulse for Physiology and Evolution," Nature 375 (1995): 117–20; J. F. Harrison et al., "Atmospheric Oxygen Level and the Evolution of Insect Body Size," *Proceedings of the Royal Society B-Biological Sciences* 277 (2010): 1937–46.

3. D. Flouday et al., "The Paleozoic Origin of Enzymatic Lignin Decomposition Reconstructed from 31 Fungal Genomes," *Science* 336, no. 6089 (2012): 1715–19.

4. Ibid..

5. J. A. Raven, "Plant Responses to High O_2 Concentrations: Relevance to Previous High O_2 Episodes," *Global and Planetary Change* 97 (1991): 19–38; and J. A. Raven et al., "The Influence of Natural and Experimental High O_2 Concentrations on O_2-Evolving Phototrophs," *Biological Reviews* 69 (1994): 61–94.

6. J. S. Clark et al., *Sediment Records of Biomass Burning and Global Change* (Berlin: Springer-Verlag, 1997); M. J. Cope et al., "Fossil Charcoals as Evidence of Past Atmospheric Composition," *Nature* 283 (1980): 647–49; C. M. Belcher et al., "Baseline Intrinsic Flammability of Earth's Ecosystems Estimated from Paleoatmospheric Oxygen over the Past 350 Million Years," *Proceedings of the National Academy of Sciences* 107, no. 52 (2010): 22448–53. 이 실험에 관해서 한마디 딴죽을 걸자면, 더 높은 발화 온도에서 시험을 하지 않았다는 점에서 결함이 있다는 것이다. 낮은 산소 농도에서도 번갯불은 이 연구에 쓰인 것보다 훨씬 더 높은 발화 온도를 형성한다.

7. D. Beerling, *The Emerald Planet: How Plants Changed Earth's History* (New York: Oxford University Press, 2007).

8. Q. Cai et al., "The Genome Sequence of the Ground Tit *Pseudopodoces humilis* Provides Insights into Its Adaptation to High Altitude," *Genome Biology* 14, no. 3 (2013); www.geo. umass.edu-climate-quelccaya-diuca.html. 고지대 둥지에 관한 내용은 워드의 책을 참조. P. Ward, *Out of Thin Air: Dinosaurs, Birds, and Earth's Ancient Atmosphere* (Washington, D.C.: Joseph Henry Press, 2006).

9. P. Ward, *Out of Thin Air*.

10. M. Laurin and R. R. Reisz, "A Reevaluation of Early Amniote Phylogeny," *Zoological Journal of the Linnean Society* 113, no. 2 (1995): 165–223.

11. P. Ward, *Out of Thin Air*.

제12장

1. C. Sidor et al., "Permian Tetrapods from the Sahara Show Climate-Controlled Endemism in Pangaea," *Nature* 434 (2012): 886–89; S. Sahney and M. J. Benton, "Recovery from the Most Profound Mass Extinction of All Time," *Proceedings of the Royal Society, Series B* 275 (2008): 759–65.

2. 중국 메이산의 무척추동물군은 이 격변 시기의 해양 화석 가운데 가장 많이 연구가 이루어지는 사례에 속한다. 다음의 문헌들을 비롯하여 엄청난 자료가 나와 있다. S.-Z. Shen et al., "Calibrating the End-Permian Mass Extinction," *Science* 334, no. 6061 (2011): 1367–72; Y. G. Jin et al., "Pattern of Marine Mass Extinction Near the Permian–Triassic Boundary in South China," *Science* 289, no. 5478 (2000): 432–36.

3. C. R. Marshall, "Confidence Limits in Stratigraphy," in D. E. G. Briggs and P. R. Crowther, eds., *Paleobiology II* (Oxford: Blackwell Scientific, 2001), 542–45; 애들레이드의 우리 동료들이 내놓은 더 최근의 연구 결과도 참조. C. J. A. Bradshaw et al., "Robust Estimates of Extinction Time in the Geological Record," *Quaternary Science Reviews* 33 (2011): 14–19.

4. "End-Permian Extinction Happened in 60,000 Years—Much Faster than Earlier Estimates, Study Says," Phys.org, February 10, 2014. S. D. Burgess et al., "High-Precision Timeline for Earth's Most Severe Extinction," *Proceedings of the National Academy of Sciences* 111, no. 9 (2014): 3316–21.

5. L. Becker et al., "Impact Event at the Permian–Triassic Boundary: Evidence from Extraterrestrial Noble Gases in Fullerenes," *Science* 291 (2001): 1530–33.

6. L. Becker et al., "Bedout: A Possible End-Permian Impact Crater Offshore of Northwestern Australia," *Science* 304 (2004): 1469–76.

7. K. Grice et al., "Photic Zone Euxinia During the Permian-Triassic Superanoxic Event," *Science* 307 (2005): 706–09.

8. C. Cao et al., "Biogeochemical Evidence for Euxinic Oceans and Ecological Disturbance Presaging the End-Permian Mass Extinction Event," *Earth and Planetary Science Letters* 281 (2009): 188–201.

9. L. R. Kump and M. A. Arthur, "Interpreting Carbon-Isotope Excursions: Carbonates and Organic Matter," *Chemical Geology* 161 (1999): 181–98.

10. K. M. Meyer and L. R. Kump, "Oceanic Euxinia in Earth History: Causes and Consequences," *Annual Review of Earth and Planetary Sciences* 36 (2008): 251–88.

11. T. J. Algeo and E. D. Ingall, "Sedimentary C_{org}:P Ratios, Paleoceanography, Ventilation, and Phanerozoic Atmospheric pO_2," *Palaeogeography, Palaeoclimatology, Palaeoecology* 256 (2007): 130–55; C. Winguth and A. M. E. Winguth, "Simulating Permian-Triassic Oceanic Anoxia Distribution: Implications for Species Extinction and Recovery," *Geology* 40 (2012): 127–30; S. Xie et al., "Changes in the Global Carbon Cycle Occurred as Two

Episodes during the Permian-Triassic Crisis," *Geology* 35 (2007): 1083–86; S. Xie et al., "Two Episodes of Microbial Change Coupled with Permo-Triassic Faunal Mass Extinction," *Nature* 434 (2005): 494–97; G. Luo et al., "Stepwise and Large-Magnitude Negative Shift in $d^{13}C_{carb}$ Preceded the Main Marine Mass Extinction of the Permian-Triassic Crisis Interval," *Palaeogeography, Palaeoclimatology, Palaeoecology* 299 (2011): 70–82; G. A. Brennecka et al., "Rapid Expansion of Oceanic Anoxia Immediately before the End-Permian Mass Extinction," *Proceedings of the National Academy of Sciences* 108 (2011): 17631–34.

12. P. Ward et al., "Abrupt and Gradual Extinction Among Late Permian Land Vertebrates in the Karoo Basin, South Africa," *Science* 307 (2005): 709–14; C. Sidor et al., "Permian Tetrapods from the Sahara Show Climate-Controlled Endemism in Pangaea"; and S. Sahney and M. J. Benton, "Recovery from the Most Profound Mass Extinction of All Time."

13. R. B. Huey and P. D. Ward, "Hypoxia, Global Warming, and Terrestrial Late Permian Extinctions," *Science*, 308, no. 5720 (2005): 398–401.

14. P. Ward et al., "Abrupt and Gradual Extinction Among Late Permian Land Vertebrates in the Karoo Basin, South Africa."

제13장

1. 트라이아스기 초 지층이 고온 상태에서 쌓였다는 것은 온실 멸종 모형을 입증하는 주요 증거이다.

2. S. Schoepfer et al., "Cessation of a Productive Coastal Upwelling System in the Panthalassic Ocean at the Permian–Triassic Boundary," *Palaeogeography, Palaeoclimatology, Palaeoecology* 313–14 (2012): 181–88.

3. 초의 역사는 오르도비스기를 다룬 장에서 살펴보았다. 조지 스탠리는 여전히 이 분야 최고의 전문가이다. G. D. Stanley Jr., ed., *Paleobiology and Biology of Corals*, Paleontological Society Papers, vol. 1 (Boulder, CO: The Paleontological Society, 1996), 이 연속 간행물 중에는 고대의 초와 현대 산호초의 여러 측면들을 아주 쉽게 설명한 권도 있다. G. Stanley Jr., "Corals and Reefs: Crises, Collapse and Change," 이 글은 원래 2011년 10월 8일 미니애폴리스에서 열린 미국 지질학회 연례총회에서 고생물학회 단기 강좌용으로 지은 것이다.

4. P. C. Sereno, "The Origin and Evolution of Dinosaurs," *Annual Review of Earth and Planetary Sciences* 25 (1997): 435–89; P. C. Sereno et al., "Primitive Dinosaur Skeleton from Argentina and the Early Evolution of Dinosauria," *Nature* 361 (1993): 64–66; P. C. Sereno and A. B. Arcucci, "Dinosaurian Precursors from the Middle Triassic of Argentina: *Lagerpeton chanarensis*," *Journal of Vertebrate Paleontology* 13 (1994): 385–99. 초기 공룡과 다른 무척추동물의 진화를 다룬 중요한 문헌들. M. J. Benton, "Dinosaur Success in the Triassic: A Noncompetitive Ecological Model," *Quarterly Review of Biology* 58 (1983): 29–55; M. J. Benton, "The Origin of the Dinosaurs," in C. A.-P. Salense, ed., *III Jornadas Internacionales sobre Paleontologia de Dinosaurios y su Entorno* (Burgos, Spain: Salas de los Infantes, 2006), 11–19; A. P. Hunt et al., "Late Triassic Dinosaurs from the Western United States," *Geobios* 31 (1998): 511–31; R. B. Irmis et al., "A Late Triassic Dinosauromorph Assemblage from New Mexico and the Rise of Dinosaurs," *Science* 317 (2007): 358–61; R. B. Irmis et al., "Early Ornithischian Dinosaurs: The Triassic Record," *Historical Biology* 19

(2007):, 3–22; S. J. Nesbitt et al., "A Critical Re-evaluation of the Late Triassic Dinosaur Taxa of North America," *Journal of Systematic Palaeontology* 5 (2007): 209–43; S. J. Nesbitt et al., "Ecologically Distinct Dinosaurian Sister Group Shows Early Diversification of Ornithodira," *Nature* 464 (2010): 95–98.

5. D. R. Carrier, "The Evolution of Locomotor Stamina in Tetrapods: Circumventing a Mechanical Constraint," *Paleobiology* 13 (1987): 326–41.

6. E. Schachner, R. Cieri, J. Butler, G. Farmer, "Unidirectional Pulmonary Airflow Patterns in the Savannah Monitor Lizard," *Nature* 506, no. 7488 (2013): 367–70.

7. A. F. Bennett, "Exercise Performance of Reptiles," in J. H. Jones et al., eds., *Comparative Vertebrate Exercise Physiology: Phyletic Adaptations*, Advances in Veterinary Science and Comparative Medicine, vol. 3 (New York: Academic Press, 1994), 113–38.

8. N. Bardet, "Stratigraphic Evidence for the Extinction of the Ichthyosaurs," *Terra Nova* 4 (1992): 649–56. See also C. W. A. Andrews, *A Descriptive Catalogue of the Marine Reptiles of the Oxford Clay. Based on the Leeds Collection in the British Museum (Natural History), London.* Part II (London: 1910): 1–205, 모태니(R. Motani)가 탁월하게 요약한 내용도 참조. "The Evolution of Marine Reptiles," *Evolution: Education and Outreach* 2, no. 2 (2009): 224–35.

9. P. Ward et al., "Sudden Productivity Collapse Associated with the Triassic-Jurassic Boundary Mass Extinction," Science 292 (2001): 115–19; P. Ward et al., "Isotopic Evidence Bearing on Late Triassic Extinction Events, Queen Charlotte Islands, British Columbia, and Implications for the Duration and Cause of the Triassic-Jurassic Mass Extinction," *Earth and Planetary Science Letters* 224, nos. 3–4: 589–600. 우리도 네바다와 퀸샬럿 제도에서 이 동위원소 이상을 확인했다. K. H. Williford et al., "An Extended Stable Organic Carbon Isotope Record Across the Triassic-Jurassic Boundary in the Queen Charlotte Islands, British Columbia, Canada," *Palaeogeography, Palaeoclimatology, Palaeoecology* 244, nos. 1–4 (2006): 290–96.

10. P. E. Olsen et al., "Ascent of Dinosaurs Linked to an Iridium Anomaly at the Triassic-Jurassic Boundary," *Science* 296, no. 5571 (2002): 1305–07.

11. J. P. Hodych and G. R. Dunning, "Did the Manicougan Impact Trigger End-of-Triassic Mass Extinction?" *Geology* 20, no. 1 (1992): 51–54; L. H. Tanner et al., "Assessing the Record and Causes of Late Triassic Extinctions," *Earth-Science Reviews* 65, nos. 1–2 (2004): 103–39; J. H. Whiteside et al., "Compound-Specific Carbon Isotopes from Earth's Largest Flood Basalt Eruptions Directly Linked to the End-Triassic Mass Extinction," *Proceedings of the National Academy of Sciences* 107, no. 15 (2010): 6721–25; M. H. L. Deenen et al., "A New Chronology for the End-Triassic Mass Extinction," *Earth and Planetary Science Letters* 291, no. 1–4 (2010): 113–25.

제14장

1. 우리가 밥 배커에게 경의를 표하듯이, 공룡 연구자들은 모두 다음의 대작에 경의를 표한다. *The Dinosauria* by D. B. Weishampel et al., (Oakland: University of California Press, 2004). 두껍고 무겁고 비싼 이 책은 2014년까지도 여전히 공룡 책의 결정판으로 남아 있다.

2. 지금은 공룡의 기낭을 다룬 문헌이 많이 나와 있다. 밥 배커가 그 문제를 맨 처음으로 다룬 사람이며, 그레고리 폴은 그 가설을 크게 확장했다.

3. D. Fastovsky and D. Weishampel, *The Evolution and Extinction of the Dinosaurs* (Cambridge: Cambridge University Press: 2005).

4. P. O'Connor and L. Claessens, "Basic Avian Pulmonary Design and Flow-Through Ventilation in Non-Avian Theropod Dinosaurs," *Nature* 436, no. 7048 (2005): 253–56. 정반대 견해는 다음을 참조. J. A. Ruben et al., "Pulmonary Function and Metabolic Physiology of Theropod Dinosaurs," *Science* 283, no. 5401 (1999): 514–16.

5. W. J. Hillenius and J. A. Ruben, "The Evolution of Endothermy in Terrestrial Vertebrates: Who? When? Why?" *Physiological and Biochemical Zoology* 77, no. 6 (2004): 1019–1042. 에릭슨(Greg Erickson)의 연구도 중요하다 : G. M. Erickson et al., "Tyrannosaur Life Tables: An Example of Nonavian Dinosaur Population Biology," *Science* 313, no. 5784 (2006): 213–17; 드리클(de Ricqles)의 중요한 연구도 참조. A. de Ricqles et al., "On the Origin of High Growth Rates in Archosaurs and their Ancient Relatives: Complementary Histological Studies on Triassic Archosauriforms and the Problem of a 'Phylogenetic Signal' in Bone Histology," *Annales de Paleontologie* 94, no. 2 (2008): 57.

6. K. Carpenter, *Eggs, Nests, and Baby Dinosaurs: A Look at Dinosaur Reproduction* (Bloomington: Indiana University Press, 2000).

제15장

1. R. Takashima, "Greenhouse World and the Mesozoic Ocean," *Oceanography* 19, no. 4 (2006): 82–92.

2. A. S. Gale, "The Cretaceous World," in S. J. Culver and P. F. Raqson, eds., *Biotic Response to Global Change: The Last 145 Million Years* (Cambridge: Cambridge University Press, 2006), 4–19.

3. T. J. Bralower et al., "Dysoxic-Anoxic Episodes in the Aptian-Albian (Early Cretaceous)," in *The Mesozoic Pacific: Geology, Tectonics and Volcanism*, M. S. Pringle et al., eds. (Washington, D.C.: American Geophysical Union, 1993), 5–37.

4. B. T. Huber et al., "Deep-Sea Paleotemperature Record of Extreme Warmth During the Cretaceous," *Geology* 30 (2002): 123–26; A. H. Jahren, "The Biogeochemical Consequences of the Mid-Cretaceous Superplume," *Journal of Geodynamics* 34 (2002): 177–91; I. Jarvis et al., "Microfossil Assemblages and the Cenomanian-Turonian (Late Cretaceous) Oceanic Anoxic Event," *Cretaceous Research* 9 (1988): 3–103. 워드와 많은 동료들은 전 세계에서 부력을 비롯한 이형 암모나이트의 특성을 연구해왔다. 탁월한 입문서. *Ammonoid Paleobiology*, Neil Landman et al., eds. (Springer, 1996). 바쿨리테스의 방향은 워드가 1976년 캐나다 온타리오의 맥매스터 대학교 박사 학위 논문에서 경랍(scale wax) 모형을 써서 입증했다. P. Ward, Ph.D. thesis, McMaster University, Ontario Canada, 1976.

5. 닐 랜드먼 연구진의 경이로운 연구(이것만이 아니다!). N. H. Landman et al., "Methane Seeps as Ammonite Habitats in the U.S. Western Interior Seaway Revealed by Isotopic Analyses of Well-preserved Shell Material," *Geology* 40, no. 6 (2012): 507. 이 연구진의 다른 새로운 발견들이 실린 문헌. N. H. Landman et al., "The Role of Ammonites in the Mesozoic Marine Food Web Revealed by Jaw Preservation," *Science* 331, no. 6013 (2011): 70–72. 바쿨리테스 암모나이트의 섭식 메커니즘을 비롯한 먹이 습성을 처음으로 밝혀낸 논문이다.

6. Ibid.

7. G. J. Vermeij, "The Mesozoic Marine Revolution: Evidence from Snails, Predators and Grazers," *Palaeobiology* 3 (1977): 245–58.

8. S. M. Stanley, "Predation Defeats Competition on the Seafloor," *Paleobiology* 34, no. 1 (2008): 1–21.

9. T. Baumiller et al., "Post-Paleozoic Crinoid Radiation in Response to Benthic Predation Preceded the Mesozoic Marine Revolution," *Proceedings of the National Academy of Sciences of the United States of America* 107, no. 13 (2010): 5893–96.

10. T. Oji, "Is Predation Intensity Reduced with Increasing Depth? Evidence from the West Atlantic Stalked Crinoid Endoxocrinus parrae (Gervais) and Implications for the Mesozoic Marine Revolution," *Palaeobiology* 22 (1996): 339–51.

제16장

1. L. W. Alvarez et al., "Extraterrestrial Cause for the Cretaceous-Tertiary Extinction," *Science* 208, no. 4448 (1980): 1095. 그 뒤에 바로 그 크레이터가 발견되었다 : A. R. Hildebrand et al., "Chicxulub Crater: A Possible Cretaceous-Tertiary Boundary Impact Crater on the Yucatan Peninsula, Mexico," *Geology* 19 (1991): 867–71.

2. P. Schulte et al. "The Chicxulub Asteroid Impact and Mass Extinction at the Cretaceous-Paleogene Boundary," *Science* 327, no. 5970 (2005): 1214–18.

3. J. Vellekoop et al., "Rapid Short-Term Cooling Following the Chicxulub Impact at the Cretaceous-Paleogene Boundary," *Proceedings of the National Academy of Sciences* 111, no 21 (2014): 7537–7541.

4. 화석 기록에 나타나는 멸종 양상을 다룬 문헌은 아주 많다. 우리는 조금 뻔뻔하기는 하지만, 워드의 책을 추천한다. P. Ward, *Under a Green Sky: Global Warming, the Mass Extinctions of the Past, and What They Can Tell Us About Our Future* (Washington, D.C.: Smithsonian, 2007).

5. 우리 동료 데이비드 자블론스키가 탁월하게 요약한 내용도 참조. D. Jablonski, "Extinctions in the Fossil Record (and Discussion)," *Philosophical Transactions of the Royal Society of London, Series B* 344, 1307 (1994): 11–17.

6. D. M. Raup and D. Jablonski, "Geography of End-Cretaceous Marine Bivalve Extinctions," *Science* 260, 5110 (1993): 971–73. P. M. Sheehan and D. E. Fastovsky, "Major Extinctions of Land-Dwelling Vertebrates at the Cretaceous-Tertiary Boundary, Eastern Montana," *Geology* 20 (1992): 556–60; R. K. Bambach et al., "Origination, Extinction, and Mass Depletions of Marine Diversity," *Paleobiology* 30, no. 4 (2004): 522–42. D. J. Nichols and K. R. Johnson, *Plants and the K–T Boundary* (Cambridge: Cambridge University Press, 2008); P. Ward et al., "Ammonite and Inoceramid Bivalve Extinction Patterns in Cretaceous-Tertiary Boundary Sections of the Biscay Region (Southwestern France, Northern Spain)," *Geology* 19, no. 12 (1991): 1181–84; 반대 견해는 다음을 참조. N. MacLeod et al., "The Cretaceous-Tertiary Biotic Transition," *Journal of the Geological Society* 154, no. 2 (1997): 265–92.

Also see P. Shulte et al., "The Chicxulub Asteroid Impact and Mass Extinction at the Cretaceous-Paleogene Boundary," *Science* 327, no. 5970 (2010): 1214–18.

7. V. Courtillot et al., "Deccan Flood Basalts at the Cretaceous-Tertiary Boundary?" *Earth and Planetary Science Letters* 80, nos. 3–4 (1986): 361–74; C. Moskowitz, "New Dino-Destroying Theory Fuels Hot Debate," space.com, October 18, 2009.

8. T. S. Tobin et al., "Extinction Patterns, $\delta^{18}O$ Trends, and Magnetostratigraphy from a Southern High-Latitude Cretaceous-Paleogene Section: Links with Deccan Volcanism," *Palaeogeography, Palaeoclimatology, Palaeoecology* 350–52 (2012): 180–88.

제17장

1. 오랫동안 척추동물 고생물학의 교과서 역할을 한 책. Robert L. Carroll, *Vertebrate Paleontology and Evolution* (New York: W. H. Freeman and Company, 1988). 우리가 제3차 포유류 시대라고 부른 시기를 연구한 새로운 자료. O. R. P. Bininda-Emonds et al. "The Delayed Rise of Present-Day Mammals," *Nature* 446, no. 7135 (2007): 507–11; Z.-X. Luo et al., "A New Mammaliaform from the Early Jurassic and Evolution of Mammalian Characteristics," *Science* 292, 5521 (2001): 1535–40.

2. J. R. Wible et al., "Cretaceous Eutherians and Laurasian Origin for Placental Mammals Near the K–T Boundary," *Nature* 447, no. 7147 (2007): 1003–6; M. S. Springer et al., "Placental Mammal Diversification and the Cretaceous–Tertiary Boundary," *Proceedings of the National Academy of Sciences* 100, no. 3 (2002): 1056–61.

3. K. Helgen, "The Mammal Family Tree," *Science* 334, no. 6055 (2011): 458–59.

4. Q. Ji et al., "The Earliest Known Eutherian Mammal," *Nature* 416, no. 6883 (2002): 816–22.

5. Z.-X. Luo et al., "A Jurassic Eutherian Mammal and Divergence of Marsupials and Placentals," *Nature* 476, no. 7361 (2011): 442–45.

6. 화석은 다람쥐만 한 털난 동물이 완전한 포유동물은 아님을 시사한다. http://news.uchicago.edu/article/2013/08/07/fossil-indicates-hairysquirrel-sized-creature-was-not-quite-mammal#sthash.zgMkt2xN.dpuf.

7. Z.-X. Luo, "Transformation and Diversification in Early Mammal Evolution," *Nature* 450, no. 7172 (2007): 1011–19.

8. J. P. Kennett and L. D. Stott, "Abrupt Deep-Sea Warming, Palaeoceanographic Changes and Benthic Extinctions at the End of the Paleocene," *Nature* 353 (1991): 225–29.

9. U. Röhl et al., "New Chronology for the Late Paleocene Thermal Maximum and Its Environmental Implications," *Geology* 28, no. 10 (2000): 927–30; T. Westerhold et al., "New Chronology for the Late Paleocene Thermal Maximum and Its Environmental Implications," *Palaeogeography, Paleoclimatology, Palaeoecology* 257 (2008): 377–74.

10. P. L. Koch et al., "Correlation Between Isotope Records in Marine and Continental Carbon Reservoirs Near the Palaeocene-Eocene Boundary," *Nature* 358 (1992): 319–22.

11. M. D. Hatch, "C(4) Photosynthesis: Discovery and Resolution," *Photosynthesis Research* 73, nos. 1–3 (2002): 251–56.

12. E. J. Edwards and S. A. Smith, "Phylogenetic Analyses Reveal the Shady History of C4 Grasses," *Proceedings of the National Academy of Sciences* 107, nos. 6 (2010): 2532–37; C. P. Osborne and R. P. Freckleton, "Ecological Selection Pressures for C4 Photosynthesis in the Grasses," *Proceedings of the Royal Society B-Biological Sciences* 276, no. 1663 (2009):

1753–60.

제18장

1. 이 장에 관해서 개인적으로 한 가지 말하고 싶다. 워드는 "애완동물"로 앵무새를 두 마리 키웠다. 그 새와 인간의 관계에서 어느 쪽이 애완동물이었는지는 불분명하지만 말이다. 분명한 것은 지능의 수준이었다. 그리고 앵무새만 그런 것이 아니다. 까마귀 같은 새 떼를 지켜본 사람이라면, 엄청난 지능이 발휘되고 있으며 더 진화할 가능성이 있음을 알아차릴 수 있다. 우리는 그들을 "새대가리"라고 경멸한다. 아프리카 회색앵무와 우리의 뇌 크기를 비교한 뒤, 그들이 완전한 문장을 말할 수 있고, 셈을 할 수 있고, 복잡한 행동을 할 수 있다는 점을 생각해보라. 우리 모두는 매일 먹는 닭이 어리석기를 바랄 것이다. 그러나 그렇지 않을지 모른다.

2. K. Padian and L. M. Chiappe, "Bird Origins," in P. J. Currie and K.Padian, eds., *Encyclopedia of Dinosaurs* (San Diego: Academic Press, 1997), 41–96; J. Gauthier, "Saurischian Monophyly and the Origin of Birds," in K. Padian, *Memoirs of the California Academy of Sciences* 8 (1986): 1–55; L. M. Chiappe, "Downsized Dinosaurs: The Evolutionary Transition to Modern Birds," *Evolution: Education and Outreach* 2, no. 2 (2009): 248–56.

3. J. H. Ostrom, "The Ancestry of Birds," *Nature* 242, no. 5393 (1973): 136; J. Gauthier, "Saurischian Monophyly and the Origin of Birds," in K. Padian, *Memoirs of the California Academy of Sciences* 8 (1986): 1–55; J. Cracraft, "The Major Clades of Birds," in M. J. Benton, ed., *The Phylogeny and Classification of the Tetrapods, Volume I: Amphibians, Reptiles, Birds* (Oxford: Clarendon Press, 1988), 339–61.

4. A. Feduccia, "On Why the Dinosaur Lacked Feathers," in M. K. Hecht et al., eds. *The Beginnings of Birds: Proceedings of the International* Archaeopteryx *Conference Eichstatt 1984* (Eichstatt: Freunde des Jura-Museums Eichstatt, 1985), 75–79; A. Feduccia et al., "Do Feathered Dinosaurs Exist? Testing the Hypothesis on Neontological and Paleontological Evidence," *Journal of Morphology* 266, no. 2 (2005): 125–66.

5. J. O'Connor, "A Revised Look at Liaoningornis Longidigitris (Aves)." *Vertebrata PalAsiatica* 50 (2012): 25–37.

6. A. Feduccia, "Explosive Evolution in Tertiary Birds and Mammals," *Science* 267, no. 5198 (1995): 637–38; A. Feduccia, "Big Bang for Tertiary Birds?" *Trends in Ecology and Evolution* 18, no. 4 (2003): 172–76.

7. M. Norell and M. Ellison, *Unearthing the Dragon: The Great Feathered Dinosaur Discovery* (New York: Pi Press, 2005); R. Prum, "Are Current Critiques of the Theropod Origin of Birds Science? Rebuttal to Feduccia 2002," *Auk* 120, no. 2(2003): 550–61; S. Hope, "The Mesozoic Radiation of Neornithes," in L. M. Chiappe et al., *Mesozoic Birds: Above the Heads of Dinosaurs* (Oakland: University of California Press, 2002), 339–88; P. Ericson et al., "Diversification of Neoaves: Integration of Molecular Sequence Data and Fossils," *Biology Letters* 2, no. 4 (2006): 543–47; K. Padian, "*The Origin and Evolution of Birds* by Alan Feduccia (Yale University Press, 1996)," *American Scientist* 85: 178–81; M. A. Norell et al., "Flight from Reason. Review of: *The Origin and Evolution of Birds* by Alan Feduccia (Yale University Press, 1996)," *Nature* 384, no. 6606 (1997): 230; L. M. Witmer, "The Debate

on Avian Ancestry: Phylogeny, Function, and Fossils," in L. M. Chiappe and L. M. Witmer, eds., *Mesozoic Birds: Above the Heads of Dinosaurs* (Berkeley: University of California Press, 2002), 3–30.

8. C. Pei-ji et al., "An Exceptionally Preserved Theropod Dinosaur from the Yixian Formation of China," *Nature* 391, no. 6663 (1998): 147–52; G. S. Paul, *Dinosaurs of the Air: The Evolution and Loss of Flight in Dinosaurs and Birds* (Baltimore: Johns Hopkins University Press, 2002), 472; X. Xu et al., "An *Archaeopteryx*-like Theropod from China and the Origin of Avialae," *Nature* 475 (2011): 465–70.

9. D. Hu et al., "A Pre-*Archaeopteryx* Troodontid Theropod from China with Long Feathers on the Metatarsus," *Nature* 461, no. 7264 (2009): 640–43; A. H. Turner et al., "A Basal Dromaeosaurid and Size Evolution Preceding Avian Flight," *Science* 317, no. 5843 (2007): 1378–81; X. Xu et al., "Basal Tyrannosauroids from China and Evidence for Protofeathers in Tyrannosauroids," Nature 431, 7009 (2004): 680–84; C. Foth, "On the Identification of Feather Structures in Stem-Line Representatives of Birds: Evidence from Fossils and Actuopalaeontology," *Paläontologische Zeitschrift* 86, no. 1 (2012): 91–102; R. Prum and A. H. Brush, "The Evolutionary Origin and Diversification of Feathers," *Quarterly Review of Biology* 77, no. 3 (2002): 261–95.

10. M. H. Schweitzer et al., "Soft-Tissue Vessels and Cellular Preservation in *Tyrannosaurus rex*," *Science* 307, no. 5717 (2005); C. Dal Sasso and M. Signore, "Exceptional Soft-Tissue Preservation in a Theropod Dinosaur from Italy," *Nature* 392, no. 6674 (1998): 383–87; M. H. Schweitzer et al., "Heme Compounds in Dinosaur Trabecular Bone," *Proceedings of the National Academy of Sciences of the United States of America* 94, no. 12 (1997): 6291–96.

11. Dr. Paul Willis, "Dinosaurs and Birds: The Story," The Slab, http://www.abc.net.au/science/slab/dinobird/story.htm.

12. J. A. Clarke et al., "Insight into the Evolution of Avian Flight from a New Clade of Early Cretaceous Ornithurines from China and the Morphology of *Yixianornis grabaui*," *Journal of Anatomy* 208 (3 (2006): 287–308.

13. N. Brocklehurst et al., "The Completeness of the Fossil Record of Mesozoic Birds: Implications for Early Avian Evolution," *PLOS One* (2012); J. A. Clarke et al., "Definitive Fossil Evidence for the Extant Avian Radiation in the Cretaceous," *Nature* 433 (2005): 305–8.

14. L. Witmer, "The Debate on Avian Ancestry: Phylogeny, Function and Fossils," in L. Chiappe et al., eds., *Mesozoic Birds: Above the Heads of Dinosaurs* (Berkeley, California: University of California Press, 2002), 3–30; L. M. Chiappe and G. J. Dyke, "The Mesozoic Radiation of Birds," *Annual Review of Ecology and Systematics* 33 (2002): 91–124; J. W. Brown et al., "Strong Mitochondrial DNA Support for a Cretaceous Origin of Modern Avian Lineages," *BMC Biology* 6 (2008): 1–18; J. Cracraft, "Avian Evolution, Gondwana Biogeography and the Cretaceous-Tertiary Mass Extinction Event," *Proceedings of the Royal Society B-Biological Sciences* 268 (2001): 459–69; S. Hope, "The Mesozoic Radiation of Neornithes," in L. M. Chiappe et al., eds., *Mesozoic Birds: Above the Heads of Dinosaurs* (Berkeley: University of California Press, 2002), 339–88; Z. Zhang et al., "A Primitive Confuciusornithid Bird from China and Its Implications for Early Avian Flight," *Science in China Series D* 51, no. 5 (2008):

625–39.

15. N. R. Longrich et al., "Mass Extinction of Birds at the Cretaceous–Paleogene (K–Pg) Boundary," *Proceedings of the National Academy of Sciences* 108 (2011): 15253–57; G. Mayr, *Paleogene Fossil Birds* (Berlin: Springer, 2009), 262; J. A. Clarke et al., "Definitive Fossil Evidence for the Extant Avian Radiation in the Cretaceous," *Nature* 433 (2005): 305–8; T. Fountaine, et al., "The Quality of the Fossil Record of Mesozoic Birds," *Proceedings of the Royal Academy of Sciences B-Biological Science* 272 (2005): 289–94.

16. P. Ericson et al. "Diversification of Neoaves: Integration of Molecular Sequence Data and Fossils," *Biology Letters* 2, no.4 (2006): 543–47; but see J. W. Brown et al., "Nuclear DNA Does Not Reconcile 'Rocks' and 'Clocks' in Neoaves: A Comment on Ericson et al.," *Biology Letters* 3, no. 3 (2007): 257–20; A. Suh et al., "Mesozoic Retroposons Reveal Parrots as the Closest Living Relatives of Passerine Birds," *Nature Communications* 2, no.8 (2011).

17. K. J. Mitchell et al., "Ancient DNA Reveals Elephant Birds and Kiwi Are Sister Taxa and Clarifies Ratite Bird Evolution," *Science* 344, no. 6186 (2014): 898–900.

제19장

1. P. Ward, *Rivers in Time* (New York: Columbia University Press, 2000).

2. R. Leakey and R. Lewin, *The Sixth Extinction* (Norwell, MA: Anchor Press, 1996).

3. "Lucy's Legacy: The Hidden Treasures of Ethiopia," Houston Museum of Natural Science, 2009.

4. D. Johanson and M. Edey, *Lucy, the Beginnings of Humankind* (Granada: St Albans, 1981); W. L. Jungers, "Lucy's Length: Stature Reconstruction in *Australopithecus afarensis* (A.L.288-1) with Implications for Other Small-Bodied Hominids," *American Journal of Physical Anthropology* 76, no. 2 (1988): 227–31.

5. B. Yirka, "Anthropologist Finds Large Differences in Gait of Early Human Ancestors," Phys. org, November 12, 2012; P. A. Kramer, "Brief Communication: Could Kadanuumuu and Lucy Have Walked Together Comfortably?" *American Journal of Physical Anthropology* 149 (2012): 616–2; P. A. Kramer and D. Sylvester, "The Energetic Cost of Walking: A Comparison of Predictive Methods," *PLoS One* (2011).

6. D. J. Green and Z. Alemseged, "*Australopithecus afarensis* Scapular Ontogeny, Function, and the Role of Climbing in Human Evolution," *Science* 338, no. 6106 (2012): 514–17.

7. J. P. Noonan, "Neanderthal Genomics and the Evolution of Modern Humans," *Genome Res.* 20, no. 5 (2010): 547–53.

8. K. Prufer et al., "The Complete Genome Sequence of a Neanderthal from the Althai Mountains," *Nature* 505, no. 7481 (2014): 43–49.

9. P. Mellars, "Why Did Modern Human Populations Disperse from Africa ca. 60,000 Years Ago?" *Proceedings of the National Academy of Sciences* 103, no. 25 (2006): 9381–86.

10. P. Ward, *The Call of Distant Mammoths: What Killed the Ice Age Mammals* (Copernicus, Springer-Verlag, 1997).

역자 후기

해마다 수많은 연구 결과가 쏟아지고, 기존 견해에 심각한 의문을 제기하는 주장까지 이따금 나오고 있는 이 시대에 생명의 역사 전체를 다루는 책을 쓰기란 쉬운 일이 아닐 것이다. 하지만 저자들의 말마따나 리처드 포티의 걸작『생명 : 40억 년의 비밀』이 처음 나온 지도 어느덧 20년에 가까워진다. 그 뒤로 수많은 발견이 이루어졌고, 우리의 생명에 대한 이해 수준도 그만큼 깊어졌다. 그것이 바로 저자들이 새로운 지식을 반영한 이 책을 쓰고자 한 이유이다.

그러나 이 책은 생명의 진화만을 다루고 있지 않다. 이 책은 생명이 어떤 환경에서 왜 진화했는지, 또 어떤 이유로 멸종했는지까지 깊이 있게 살펴본다. 지구가 온통 얼음으로 뒤덮인 시대가 있었다는 눈덩이 지구 이론을 내놓는 등 지구의 역사와 고생물학 분야에서 탁월한 업적을 이룬 저자들은 그 해박한 지식을 토대로 생명과 지구가 서로 어떻게 영향을 미치면서 변해왔는지를 포괄적으로 살펴본다.

우리는 대량멸종이라고 하면, 대개 공룡을 멸종시킨 소행성 충돌을 떠올린다. 하지만 저자들은 더 여러 차례의 대량멸종을 일으킨 주된 원인이 있었음을 우리에게 상기시킨다. 바로 오늘날 우리가 온실 가스를 배출하면서 일으키는 지구 온난화가 과거에도 수많은 생물들을 멸종시킨 원인이었다는 것이다. 그것이 바로 저자들이 역사를 조기경보 체계라고 말하는 이유이다.

온실 효과와 생명의 진화 및 멸종 이야기를 비롯하여, 이 책에는 과학계의 최신 연구 성과들과 저자들이 생명의 역사라는 관점에서 그것들을 종합하면서 얻은 새로운 깨달음이 가득하다. 저자들은 대기의 산소와 이산화탄소 농도, 기온 변화, 지질학적 사건, 생명의 진화를 하나로 엮어서 지구 역사 전체를 새롭고도 전체적인 관점에서 보여주고 있다.

인명 색인